城市地下空间运行安全风险及应对

苏栋　邱绍峰　胡明伟　庞小朝　耿明　编著

清華大學出版社
北　京

内 容 简 介

城市地下空间及其内部基础设施在运营过程中面临各种灾害威胁，因此运行综合监测及风险应对的重要性日益凸显。本书共分5章，首先系统梳理了国内外地下空间各类灾害的典型案例，并对各灾害的致灾因子和致灾过程进行分类总结；然后通过理论分析和数值仿真等手段，对地下空间灾害作用机理和演化过程进行了深入的分析，提炼了地下空间灾害跟踪识别的关键指标，并提出风险量化分级和应急处置方法；最后构建了地下空间灾害风险应对决策支持知识库系统。

本书可作为土木、水利、交通、城市规划、安全管理等领域从事城市地下空间研究的科研人员，以及高等院校相关专业学生的参考用书，也可供城市地下空间规划、设计、运维、管理相关从业人员参考。

图书在版编目(CIP)数据

城市地下空间运行安全风险及应对/苏栋等编著. —北京：清华大学出版社，2022.4
ISBN 978-7-302-60483-9

Ⅰ. ①城… Ⅱ. ①苏… Ⅲ. ①城市空间－地下建筑物－安全管理－研究 Ⅳ. ①TU94

中国版本图书馆 CIP 数据核字(2022)第 055418 号

责任编辑：秦 娜 王 华
封面设计：陈国熙
责任校对：王淑云
责任印制：杨 艳

出版发行：清华大学出版社
网 址：http://www.tup.com.cn，http://www.wqbook.com
地 址：北京清华大学学研大厦 A 座 **邮 编**：100084
社 总 机：010-83470000 **邮 购**：010-62786544
投稿与读者服务：010-62776969，c-service@tup.tsinghua.edu.cn
质量反馈：010-62772015，zhiliang@tup.tsinghua.edu.cn
印 装 者：三河市东方印刷有限公司
经 销：全国新华书店
开 本：170mm×240mm **印 张**：23 **字 数**：436 千字
版 次：2022 年 5 月第 1 版 **印 次**：2022 年 5 月第1 次印刷
定 价：168.00 元

产品编号：095690-01

编委会名单

前言

PREFACE

21世纪是地下空间开发利用开启高速、纵深发展的时代，纵观世界发达国家和我国城市建设现状，向地下要空间、要土地、要资源，已成为现代化城市发展的必然趋势。

近年来，随着我国经济建设的快速发展和城市化水平的不断提高，城市地下空间开发利用呈现多样化、深度化和复杂化的趋势，主要类型包括地铁、地下停车场、地下商业街、综合管廊、地下道路、地下垃圾转运站、地下变电站等，规模由小到大、结构由简单到复杂、深度由浅层到深层、功能由单一到综合。与此同时，城市地下空间及其内部基础设施在运营过程中面临水灾、火灾、爆炸、恐怖袭击、地震等不同类型的灾害威胁，而复杂环境下的地下工程活动也可能对既有地下结构带来影响甚至风险。因此，城市地下空间运行综合监测及风险应对成为研究的前沿和热点。然而，目前在地下空间灾害作用机理、灾害风险分析及预测、多灾害耦合作用等方面的基础理论尚不完善，在灾害监测方面缺少基于灾害成因和演化规律的跟踪识别指标的研究与提炼，在风险决策方面缺少量化分级应对方法的支持等。

依托国家重点研发项目"城市地下基础设施运行综合监测关键技术研究与示范"的课题一"地下基础设施灾害作用和风险推理及决策支持研究"（No. 2018YFB2100901），由深圳大学、中铁第四勘察设计院集团有限公司、铁科院（深圳）研究设计院有限公司组成的课题组收集梳理了国内外城市地下空间的主要灾害案例，基于地铁、地下综合体、综合管廊等地下基础设施的共性及特性，提炼各灾害的成因特征和演化规律，得到灾害跟踪识别指标，提出相应的风险量化分级方法和应急处置措施，形成风险决策支持知识库，以期为城市地下空间的运行综合监测、风险应对、快速决策并实现灾后的迅速恢复提供理论基础和支撑。

本书共分为5章。第1章首先收集整理了国内外地下空间水灾、火灾、爆炸、关键设备系统故障、地下结构病害，以及地震、大范围停电、人群踩踏、外部施工入侵、移动物体进入、轨旁设备脱落和维修机具遗落等突发事件致灾的典型案例，并进行分类梳理与统计。第2章对各灾害的致灾因子和致灾过程进行分类分析，建立各灾害的事故树、事件树和贝叶斯网络模型等，并通过理论分析和数值仿真等手段，结合相关实例，对地下空间水灾、火灾、爆炸、电扶梯故障和地下结构病害的灾害作用机理和演化过程进行深入的分析。第3章在灾害作用机理分析的基础上，提炼地下空间灾害跟踪识别的关键指标，并提出风险量化分级和相应的应急处置方法。第4章利用基于社会力模型的仿真手段，开展地铁车站在突发水侵或突发大客流时的人员应急疏散和客流组织问题的研究。第5章综合前述研究成果，集成城市地下空间的灾害演化机理、灾害跟踪识别指标、风险分级及应急处置策略等知识，构建地下空间灾害风险应对决策支持知识库系统。

除了苏栋、邱绍峰、胡明伟、庞小朝、耿明，参与本课题研究和本书编写工作的还有李强、雷国平、刘曦洋、刘建、付连著、杨磊、周晓青、刘奥、李成洋、王康任、孙雪兵、王小岑、李政道、姚婉琼、李晓聃、汪永元，以及研究生陈伟杰、龚小强、汤静妍、李微微、薛德韩、马睿、万卓、李向卫、缪钰、黄聪、吴泽雄、吴炯、唐瑞、张丽梅，对他们的付出在此表示衷心的感谢。

由于作者水平有限，书中难免存在不足和不妥之处，真诚希望读者和专家批评指正。

编委会

2022年3月

目录

CONTENTS

第1章

城市地下空间运行主要安全风险及案例

随着城市地下空间的快速发展，地下空间的开发利用已经成为城市建设的重要组成部分，但地下空间及其内部基础设施在运营过程中面临各种类型的灾(病)害威胁，时刻存在着安全风险。本章收集整理了国内外城市地下空间水灾、火灾、爆炸、关键设备系统故障、地下结构病害及其他安全风险事故的典型案例，并对案例进行了统计分析，以增强人们对城市地下空间及地下基础设施内各种灾(病)害的了解和认识，并为后续研究灾(病)害致灾机理、跟踪识别方法和应急处置手段提供基础。

1.1 城市地下空间水灾

近年来，全球变暖和过快的城市化发展导致的热岛效应，造成城市及其周边的降雨量不均匀，极端天气频发，暴雨强度加大等现象。根据调查，全国多数城市均发生过内涝，且频率呈上升趋势。北京、上海、广州、南京、武汉、郑州、济南、西安、杭州、福州等大城市暴雨积涝成灾，大量地下综合体、地铁水灾事故报道也屡见不鲜。不仅如此，水灾受灾情况也极其严重，造成的损失也非常大。在中华人民共和国应急管理部发布的2020年上半年全国自然灾害情况报告中显示，我国洪涝灾害已造成26个省(自治区、直辖市)1770.7万人次受灾，119人死亡或失踪，84.9万人次紧急转移安置，1.5万间房屋倒塌，直接经济损失393.1亿元。

1.1.1 地下空间水灾典型案例

事故概况：2021年5月20日上午9时20分左右，大量水流涌入上海地铁15号线桂林路站(在建中，暂未开通)，导致区间隧道内积水(图1-1)，至11时许，积水已升至影响列车安全通行的高度，同时部分地面轨旁信号设备等因进水无法正常运转，导致15号线运营受阻。经全力排水抢修，至12时40分左右，15号线积水区段满足临时通行条件，截至当天14时左右，15号线恢复正常运营。

处理情况：一方面查找涌水源头，切断涌水防止继续向区间隧道涌入，同步调集力量全力组织抢排水，并在市水务部门的支持下，多路排水同时并进抽排水；另一方面，启动应急预案，全力组织抢排水，并采取行车和客运调整、地面公交驰援以及“四长联动”等一系列措施，尽可能将影响降至最低。详细的处理方案主要分为五步：一是调整行车组织方案尽最大可能减少积水对运营造成的影响，调整紫竹高新区站至华东理工大学站、吴中路站至顾村公园站小交路运行，华东理工大学站至桂林公园站下行列车单线双向运行；二是加强现场客流应对，通过换乘限流、出入口导向告知、现场客流疏导等举措进行大客流管控；三是在市交通主管部门的指导、协调下，启动“姚虹路站至华东理工大学站”应急公交预案，约20辆公交车接驳疏导乘客；四是启动上海南站、姚虹路

图1-1 水流涌入隧道现场图

(图片来源于东方网，www.eastday.com)

站、华东理工大学站、吴中路站“四长”(站长、轨交公安警长、属地街镇长、派出所所长)联动机制,加强现场客运组织和站外地面交通分流;五是及时对外公布运营影响信息,通过站广播、车广播、移动电视、官方网站、微博等渠道,连续快速告知最新情况,引导路网客流。处置过程中,15 号线客流总体平稳。

事故原因:外部施工影响。

事故启示:地下空间发生水灾时,首先要考虑寻找水灾发生的原因,并及时采取措施阻止水流继续涌入,同时进行排水工作;其次由于地铁是交通运输的重要工具,水灾发生后要及时考虑乘客的需求,为乘客安排交通工具,尽可能减少损失;最后,发生水灾后要及时发布通知告诉群众由水灾造成的不良影响,如地铁停运等,给乘客充足的时间改变计划,减小对社会的影响。

1.1.2 地下空间水灾案例统计分析

截至 2021 年 7 月,搜集到与地下空间相关的水灾事件共 49 例。按照引发水灾的主要原因,将其分为地表周围管道破裂、暴雨地表积水倒灌、江河漫流、内部管道破裂、结构渗漏五大原因。

(1) 地表周围管道破裂。收集地表周围管道破裂引发地下综合体水灾的相关案例共 5 例,造成乘客被困、电扶梯中断等后果,案例详情见表 1-1。

表 1-1 地表周围管道破裂案例分析

序号	案例	水灾原因	受灾情况及后果
1	2011 年 7 月上海徐家汇港汇地铁站漏水	换乘通道上方港汇广场地下一根生活用水管发生爆裂	在 1 号线换乘 9 号线的通道内一台上行电梯受到漏水的影响而被隔离
2	2012 年 6 月伦敦地铁水灾	地面管道突然破裂	200 万升水冲入地铁,数百名乘客被困地铁两个多小时
3	2015 年 1 月北京地铁 14 号线漏水	附近一小区污水管被施工挖断渗水,大量水涌进还未开通的 C 口	水流涌进地下一层,渗到地下二层
4	2019 年 12 月厦门地铁“吕厝事件”	周边物业开发地块施工现场发生约 $500m^2$ 塌陷,导致水管破裂	大量积水涌入站厅、站台、轨行区
5	2020 年 5 月长沙地铁 3 号线水灾	连夜超强暴雨导致排污水管爆裂	基坑东侧围护桩间出现大量涌水

(2) 暴雨地表积水倒灌。暴雨地表积水倒灌是引发地下空间水灾的最主要原因,收集相关案例共 32 例,常见灾害后果包括地铁停运、地下商场停业、电气系统瘫痪以及经济损失,其中 12 个代表性案例详情见表 1-2。

表 1-2　暴雨地表积水倒灌案例

序号	案　　例	水灾原因	受灾情况及后果
1	1996 年 10 月美国波士顿地铁系统积水淹没	暴雨	淹没深度超过 7m，共 11 个地铁站受到重创，即平均每 1km 就有一个地铁站受灾
2	1998 年 7 月韩国汉城（今首尔）地铁淹没	特大暴雨袭击	电气和通信系统瘫痪
3	2001 年 9 月中国台北地铁积水事故	地铁隧道的设计没有考虑防水间隔	平均每座车站的积水约 1 万吨，其中台北车站的积水约 6 万吨，加上区间隧道的积水，总积水量约 30 万吨，损失成本约为 200 亿元新台币
4	2011 年 7 月中国北京地铁雨水倒灌	暴雨	北京地铁 1 号线古城车辆段与运营正线的联络线洞口积水猛涨，水面持续抬高并有少量雨水进入正线
5	2013 年 9 月中国上海地铁水灾	暴雨	地面积水沿电缆沟进入地下，引发 2 号线信号设备故障
6	2015 年 7 月中国武汉地铁 4 号线	站外工地施工导致雨水涌入轨行区	地铁停运出现“龙吐水”现象，造成地铁 4 号线改为区间运营
7	2016 年 7 月中国西安地铁小寨站雨水倒灌	雨水倒灌	站厅、站台、设备区等多处进水，致使小寨站关闭
8	2019 年 6 月中国武汉地铁 11 号线	暴雨	D 口同有轨列车连接的外部通道产生积水
9	2019 年 7 月美国纽约长岛地铁站暴雨淹水	暴雨且没有临时排水系统	暴雨冲毁了纽约长岛一地铁站的临时围墙，雨水淹没了站台。地铁入口和站台天花板大量漏水，且开动的地铁列车内部漏水严重
10	2019 年 10 月日本新干线	“海贝思”台风	列车的电子机械浸水，损失超过 382 亿日元
11	2021 年 7 月中国郑州地铁 5 号线	暴雨，积水冲垮出入场线挡水墙进入正线区间	列车停于隧道内，12 人死亡、5 人受伤，站内最高水位约 5m
12	2021 年 7 月中国广州地铁 21 号线	暴雨，正在施工的地面挡水墙小面积倒塌	雨水倒灌进入神州路站，21 号线沿线的黄村站至苏元站（共 6 站）暂停服务

（3）江河漫流。收集江河漫流引发地下空间水灾的相关案例共 3 例，3 例灾害的后果均较为严重，经济损失重大。案例详情见表 1-3。

表 1-3 江河漫流案例

序号	案　　例	水灾原因	受灾情况及后果
1	2000 年 9 月日本名古屋市地铁受淹	受东海水灾的影响,河水泛滥流入地下空间	该市地铁受淹严重
2	2007 年 7 月中国济南银座购物广场	3h 内骤降暴雨 180mm(百年一遇),护城河水倒灌	所有经营设施和商品被淹,水位最高时达 1.6m,损失数千万元
3	2018 年 6 月中国四川成都地铁受淹	1 号线广福站外的施工工地基坑护壁发生透水,外加广福站 A1 口外河流水位上涨,致使河水侵入车站,造成车站积水	地铁广福站临时关闭

(4) 内部管道破裂。收集到地铁轨行区及站厅层水管破裂引发地下空间水灾的相关案例共 5 例,主要造成了站厅层及轨行区积水,影响地铁的正常运行,灾害后果相对较小。案例详情见表 1-4。

表 1-4 内部管道破裂案例

序号	案　　例	水灾原因	受灾情况及后果
1	2016 年 1 月大连地铁隧道内水管爆裂	地铁 2 号线西安路站下行方向隧道内一处水管突然爆裂	2 号线下行方向列车无法正常运行
2	2016 年 1 月上海地铁水管破裂	地铁 1 号线锦江乐园站靠近站台的水管突然爆裂	站厅产生积水
3	2016 年 1 月上海地铁消防水管破裂	16 号线一根室内的消防用水管道发生爆裂	16 号线的西侧站厅内积水并结起了冰霜
4	2018 年 10 月深圳地铁 4 号线消防水管爆裂	4 号线会展中心区间消防水管破裂	福田口岸至福民站下行区间行车轨道被消防水淹
5	2019 年 8 月西安文景路站漏水事件	消防管路法兰连接处脱开导致大量消防水涌出	对车站客运服务造成较大影响

(5) 结构渗漏。结构渗漏造成地下空间水灾的案例较少(共 4 例),且灾害后果较轻。案例详见表 1-5。

表 1-5 结构渗漏案例

序号	案　　例	水灾原因	受灾情况及后果
1	2003 年 7 月上海轨道 4 号线隧道塌陷	区间隧道发生渗水	大量流沙涌入,地面大幅沉降,地面建筑部分倒塌,直接损失 1.5 亿元,修复费用 10 亿元以上
2	2011 年 7 月北京地铁 10 号线	结构渗漏	站厅产生积水

续表

序号	案　　例	水灾原因	受灾情况及后果
3	2018年6月高铁西安北站站厅漏水事件	天花板大量漏水	负一层站厅北闸机外侧地面大面积积水，未影响北客站正常运营
4	2019年8月西安地铁金滹沱站D口漏水事件	通道侧墙大量进水，A口顶板漏水、直梯基坑漏水	D出入口延迟开启2h 25min，A口直梯停梯

综上所述，对事故原因进行分类统计，首先可发现暴雨地表积水、倒灌引发的水灾案例共32例，占比65.3%，是引发地下空间水灾最主要的原因。其次是地表周围管道破裂和内部管道破裂，各自占比10.2%，如图1-2所示。

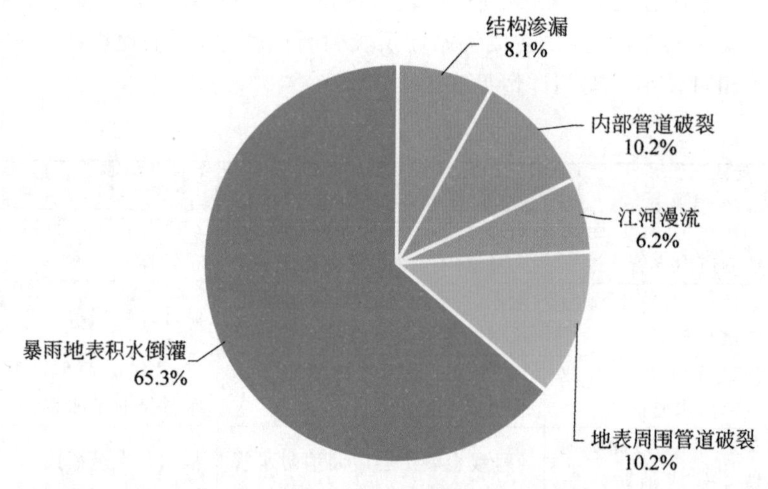

图1-2　水灾原因统计分析

1.2　城市地下空间火灾

我国城市地下空间开发的规模在逐渐扩大，用途越来越广泛，功能更加复杂多样，随之而来的是地下空间中的易燃物、火灾荷载大量增加，火灾隐患也逐渐凸显出来，而地铁、地下综合体等地下空间由于人员密度大，灾害情况下安全疏散更加困难，更容易造成严重后果。

1.2.1　地下空间火灾典型案例

事故概况：2003年2月18日9时55分左右，韩国大邱市地铁1号线一名乘客，在1079次列车驶进中央路车站时故意纵火，导致车厢内的座椅、顶板和地板着火，乘客被困在车厢内无法逃生。3min 后，从对向驶入中央路车站的 1080 次列车也被引燃起火，如图 1-3 所示。

图 1-3 地铁火灾现场救援图

（图片来源于新华网，www.xinhuanet.com）

事故影响：事故导致 198 人死亡，146 人受伤，造成的财产损失高达 47 亿韩元。

事故原因：事故发生的直接原因是乘客人为纵火，导致车站和列车内的设施燃烧后释放大量有毒有害气体。事故扩大主要原因是地铁工作人员应对措施不当：一是车站值班员、地铁控制中心调度员未根据现场火情，向 1080 次列车司机下达停车指令，导致 1080 次列车进入火灾区域；二是列车司机在火灾发生后，既没有采取灭火措施，也没有及时引导乘客疏散，而是自己逃离现场，特别是后来进入中央路车站的 1080 次列车驾驶员在逃离火灾现场时拔走了列车的主控钥匙，致使列车完全停电，无法自动打开车门，导致大量乘客窒息死亡。

事故启示：

（1）城市轨道交通运营单位应加强应急处置，科学应对突发事故。此次事件中地铁控制中心值班员和车站值班员未根据现场火情及时拦停后进站列车，违章指挥司机进站。

（2）城市轨道交通运营单位应建立负责运营安全保障和应急处理的部门，实行必要的安全检查。同时还应对工作人员进行严格的教育和培训，提高运营管理人员的应急处置能力，使他们在发生火灾险情后，能够采取积极的措施，不慌乱，不逃离，准确判断，尽最大努力营救被困乘客，并力争在最短的时间内消除事故。

（3）城市轨道交通系统内的安全设施设备应配备齐全并保持状态良好。一是列车和车站要配备灭火器，让乘客在起火之初能够采取灭火自救行动。二是列车和车站要配备防范火灾事故的安全设备。如火灾自动报警设备、自动喷淋灭火装置、除烟设备和紧急照明装置等。三是应确保车站内通风设备的容量，以便能够尽快排除火灾发生时的大量浓烟以及列车内的座椅、地板等燃烧后释放的大量有毒有害气体。

1.2.2 地下空间火灾案例统计分析

从目前搜集到国内外与地下空间及地下基础设施相关的近百起火灾案例中，按照火灾发生的位置不同，将其分为地铁火灾、地下综合体火灾、地下管廊火灾三种类型，提取分析了不同案例火灾发生的原因，以及造成的灾害后果。

（1）地铁火灾事故。据搜集到的地铁火灾事故案例显示，地铁火灾事故发生的年份较早，目前所搜集到的最近的案例是发生在2012年的广州，火灾是由电力事故引起的。通过所搜集到的火灾事故案例还可以发现，引起火灾的原因主要是电路短路、电气设备故障及人为纵火等，地铁内部一旦发生火灾，极易造成大面积人员伤亡。案例详见表1-6。

表1-6 地铁火灾事故案例

序号	案例	火灾原因	受灾情况及后果
1	1969年11月，中国北京地铁1号线火灾	电气事故	6人死亡，200多人受伤中毒，烧毁电力机车2节
2	1983年8月，日本名古屋地下街地铁站火灾	变电所整流器短路	火灾持续3个多小时，3名消防队员死亡，3名救援队员受伤
3	1987年11月，英国伦敦地铁君王十字车站火灾	乱丢烟蒂引发电气火花	32人死亡，100多人受伤
4	1991年，美国纽约地铁火灾	列车追尾起火	5人死亡，155人受伤
5	1995年10月，阿塞拜疆巴库地铁火灾	机车电路事故	558人死亡，269人受伤
6	1999年7月，中国广州地铁1号线降压配电所火灾	电气设备线路事故	火灾直接经济损失20.6万元人民币
8	2000年，美国华盛顿地下火灾	电缆事故引发火灾	10人受伤，运营中断
9	2003年2月，韩国大邱1079号地铁列车火灾	人为纵火	198人死亡，146人受伤
10	2005年，法国巴黎列车火灾	列车电线短路	19人受伤
11	2011年2月，中国北京地铁10号线起火	自动扶梯事故，梯级间隙照明灯具及线路短路	运营中断，电梯烧毁

（2）地下综合体火灾事故。据搜集到的地下综合体火灾事故案例显示，发生火灾的场所多聚集在地下商场和地下仓库等区域，引起火灾的原因主要是地下商场内存放的物品如家具、衣物等可燃物引起着火，也有线路短路引发火灾的情况。由于地下空间的封闭性，灭火难度较大，所以地下综合体内的火灾持

续时间相对外部开放空间的着火时间较长，过火面积也较大，容易造成较大的人员伤亡和经济损失。案例详见表1-7。

表1-7 地下综合体火灾事故案例

序号	案例	火灾原因	受灾情况及后果
1	2000年12月，中国河南洛阳老城区东都商厦火灾	地下家具商场着火引发火灾	309人因窒息死亡
2	2005年，中国四川自贡隧道商城火灾	商城内店铺着火	隧道内近180m长的店铺烧得面目全非，过火面积达1000m^{2}左右
3	2009年1月，俄罗斯莫斯科某施工的地下车库火灾	隔断塑料泡沫板被引燃	7名塔吉克斯坦籍建筑工人死亡
4	2009年3月，中国四川南充某家具厂地下仓库火灾	库中存放着的大量可燃物被引燃	火灾持续了6天6夜，持续救灾工作量很大
5	2013年，中国长春依林小镇地下商城火灾	服装饰品销售商场起火	过火面积约70m^2，火灾持续了1h，1人死亡
6	2018年6月，中国四川达州好一新商贸城地下冷库火灾	线路短路引发火灾	过火面积51 100m^2，持续了60多个小时的扑救，造成1人死亡

(3) 地下管廊火灾事故。据搜集到的地下管廊火灾事故案例显示，地下管廊内的火灾多因燃气、原油等可燃油气泄漏遇到火花发生爆炸引起的，地下管廊内部很少有人员出入检查，因此可燃物在泄漏时不易被人及早发现进行有效控制。可燃气体和原油泄漏爆炸产生的火灾往往强度较大，受灾区域影响范围大，灭火难度也较大，容易造成较大损失。案例详见表1-8。

表1-8 地下管廊火灾事故案例

序号	案例	火灾原因	受灾情况及后果
1	2004年，英国曼彻斯特市管廊起火	管廊内起火	约13万户电话线被烧断，周围4个城市的通信受到影响
2	2006年1月，中国石油西南油气田分公司管道爆炸	输气管线泄漏引发天然气管外爆炸，高热空气迅速回流管内与天然气混合又引发后续两次爆炸	10人死亡，3人重伤，47人轻伤
3	2013年，瑞典斯德哥尔摩管廊起火	电力故障引起廊内火灾	市内一辖区供电和通信中断
4	2013年11月，中国山东青岛市黄岛区发生暗渠内油气爆炸	大量原油泄漏流入市政排水暗渠，现场处置人员操作不当产生撞击火花	62人死亡、136人受伤，直接经济损失达75 172万元人民币

续表

序号	案　　例	火灾原因	受灾情况及后果
5	2014年8月,中国台湾高雄市管廊多次大爆炸	地下管道腐蚀,导致可燃气泄漏	32人死亡,321人受伤
6	2015年,英国伦敦管廊火灾	管廊内天然气管道泄漏起火	天然气供应中断,近5000人被紧急疏散
7	2017年,美国斯克内克塔市管廊起火爆炸	管廊内电缆线短路起火,并引起爆炸	井盖冲到4m多高,有大量浓烟从井口冒出,附近部分地区停电,街道封闭
8	2017年,美国亚特兰大杰克逊机场管廊起火	管廊内电缆起火	停电11h,期间航班被取消

1.3 城市地下空间爆炸灾害

近年来,国内外暴乱、恐怖袭击导致的爆炸事件频繁发生,作为公共场所之一的地铁车站因人员密集、空间相对封闭而成为恐怖分子袭击的首选目标,当前恐怖主义已经成为影响世界形势的最主要的非传统安全问题,也是我国地下空间安全面临的主要威胁之一。除此之外,由人为操作失误、技术故障等原因导致的火灾、爆炸事件也时常发生。另外,煤气管道的意外泄漏也会引起地下管廊爆炸事故。一旦爆炸事故发生,往往产生人员伤亡以及经济损失的严重后果。因此,地下空间的防爆与防恐已经成为维护国家安全稳定、保障人民生命财产安全、构建和谐社会的重要任务。

1.3.1 地下空间爆炸灾害典型案例

事故概况:当地时间2016年3月22日,比利时布鲁塞尔欧盟总部附近地铁站发生爆炸。

事故影响:连环爆炸事件造成至少34人遇难,其中,机场爆炸造成14人死亡,81人受伤;地铁站爆炸则造成至少20人死亡,106人受伤。事件发生后,比利时当局将布鲁塞尔的安全警报级别调升至最高级,布鲁塞尔交通管理部门宣布关闭市内所有交通方式,所有进出港航班全部取消或备降,比利时全国进入紧急状态,临时关闭法国和比利时边境。

事故原因:比利时官方确认此连环爆炸事件为自杀式恐怖袭击。伊斯兰国在事发后宣布对此事负责。

事故启示:

(1) 建立先进的地铁、机场安检系统。致力于构建技防、人防与物防相结合

图 1-4 "3·22"布鲁塞尔恐怖袭击事件

(图片来源于中华网,www.china.com)

的安检立体网格,既规范安检执行方式、改善公众安检体验,又利用科技创新为安检提速;加强安全检查,加强安全防护,切实把安全检查落到实处,防微杜渐,防患于未然。

(2) 建立完善的城市轨道交通防恐应急系统。该系统应包括监控、通信、情报、指挥、消防、急救等多个子系统,是多方面、多层次的综合处理系统。通过系统建设,提高城市轨道交通系统应对爆炸袭击的能力。

(3) 建立反恐安保和应急处置体系。对于发生的爆炸事件,各部门应协调应对,及时做出反应。为确保协调机制的程序性和可操作性,应明确规定各部门的责任。一旦发生爆炸事件,协调机制应自动启动,各部门自主进入状态,以应对突发事件。在我国,城市人民政府是处置事故灾难的主体,城市各部门应主动配合,密切协作,整合资源,共同应对处置爆炸事件。

(4) 城市轨道交通运营单位应启动应急预案。爆炸、毒气事故发生后,运营单位应立即启动应急预案,做好人员疏散,配合有关部门做好事故处置、伤员救治和善后工作。

1.3.2 地下空间爆炸灾害案例统计分析

目前,对地下空间的恐怖袭击与爆炸等灾害事故进行调研,收集到与地下基础设施相关的灾害事件共 41 例,分为地下综合体爆炸事故、地铁爆炸事故、地下管廊爆炸事故三大类,其中部分代表性案例如表 1-9～表 1-11 所示。

表 1-9 地下综合体爆炸事故案例

序号	案　　例	爆炸原因	受灾情况及后果
1	1987 年 3 月 15 日,中国哈尔滨地下亚麻厂内发生爆炸	亚麻粉尘浓度过高引起爆炸	事故造成 58 人死亡,117 人受伤,除尘系统严重损毁,厂房设备严重损坏
2	1993 年 2 月 26 日,美国纽约世界贸易中心双子楼地下停车场发生爆炸袭击事件	恐怖袭击	事故造成 6 人死亡,1000 多人受伤,爆炸产生一个巨坑,整个地下层都被炸穿,汽车被炸毁

续表

序号	案　例	爆炸原因	受灾情况及后果
3	2012年10月6日,中国保定市一小区6层居民楼从地下室到六层被炸裂	非法制造、储存雷管	事故造成8人死亡,27人受伤,楼体部分垮塌
4	2013年12月26日,中国四川泸州摩尔玛商场发生连环爆炸,地下一层起火燃烧	燃气工人接错管道	事故造成4人死亡,40人受伤
5	2014年12月21日,中国乌鲁木齐一建筑地下室锅炉房爆炸	锅炉某部位长期漏水并渗入煤渣产生可燃气体,开灯导致爆炸	事故造成2人受伤,爆炸还引燃了相邻地下室存放的汽车配件
6	2017年12月28日,阿富汗喀布尔某建筑地下一层发生爆炸	恐怖袭击	事故造成41人死亡,84人受伤

表1-10　地铁爆炸事故案例

序号	案　例	爆炸原因	受灾情况及后果
1	1995年7月25日,法国巴黎市圣米歇尔地铁站发生恐怖袭击,车厢突然爆炸	恐怖袭击	造成4人死亡,62人受伤,地铁站爆炸起火,损伤严重
2	1995年10月28日夜,阿塞拜疆首都巴库的一列地铁列车失火	技术原因引起的列车失火	造成558人死亡,269人受伤,列车严重损毁,建筑物遭受不同程度损伤
3	2004年3月11日,西班牙马德里地铁发生了一系列有预谋的炸弹袭击	恐怖袭击	造成191人死亡,1800多人受伤,列车被炸断,车厢严重扭曲
4	2005年7月7日,英国伦敦发生多起地铁和公共汽车爆炸事件	恐怖袭击	造成52死亡,700多人受伤,伦敦附近整个地铁交通网络中断
5	2010年3月29日,俄罗斯莫斯科卢比扬卡和文化公园两地铁站发生了自杀性连环爆炸	恐怖袭击	造成41人死亡,88人受伤,地铁列车严重损毁,周围防护设施遭受不同程度破坏
6	2015年12月1日,土耳其伊斯坦布尔一地铁站附近发生爆炸	恐怖袭击	事故造成5人受伤,地铁车厢损毁
7	2016年2月18日,中国重庆轨道3号线1号车厢内突然发生爆炸	爆炸物为乘客携带的蓄电池	车厢严重损毁,未造成人员伤亡
8	2016年3月22日,比利时梅尔贝克地铁站发生爆炸	恐怖袭击	造成34人死亡,187人受伤,地铁车站严重损毁

续表

序号	案例	爆炸原因	受灾情况及后果
9	2017年4月3日，俄罗斯圣彼得堡地铁发生爆炸事件	恐怖袭击	造成至少14人死亡、50多人受伤，车顶的大梁被炸断，车厢内部严重损毁
10	2017年9月15日，英国伦敦帕森斯格林地铁站发生起火爆炸事件	恐怖袭击	造成30人受伤

表1-11　地下管廊爆炸事故案例

序号	案例	爆炸原因	受灾情况及后果
1	1995年1月3日，中国济南市一地下煤气管道发生爆炸事故	管道泄漏	事故造成13人死亡，55人受伤，爆炸点附近房屋、商铺、门窗、玻璃受损
2	2000年2月19日，中国濮阳市一公司发生地下废弃天然气管线爆炸事故	管道泄漏	事故造成15人死亡，56人受伤，其中重伤13人，周围建筑物损毁严重
3	2010年7月28日，中国南京市栖霞区万寿村15号发生爆炸	拆迁工地丙烯管道被挖断，泄漏后发生爆炸	事故造成至少22人死亡，120人受伤，离爆炸地点100m范围内的建筑物毁坏严重，屋顶坍塌、玻璃破碎
4	2013年1月23日，中国广西北海市区发生地下管道爆炸事故	未定性	约100m的路段已被炸毁，未造成人员伤亡
5	2013年11月22日，中国青岛市一输油管道原油泄漏现场发生爆炸	管道泄漏	造成62人死亡、136人受伤，爆炸还造成周边多处建筑物不同程度损坏，多台车辆及设备损毁，供水、供电、供暖、供气多条管线受损
6	2018年7月20日，美国纽约市中心地下蒸汽管道爆炸	管道破裂	造成5人轻微受伤，部分天然气管道、水管和电力被中断
7	2019年1月18日，墨西哥伊达尔戈州图斯潘市—图拉市输油管道发生爆炸	盗窃燃料	事故造成100多人死亡

1.4 城市地下基础设施关键设备系统故障

目前,地铁是城市最重要的地下基础设施。根据最近几年的事故安全公告,现阶段地铁安全问题仍然存在,随着我国行车密度的增大,各类性质的事故时有发生。其中,根据历史案例统计,在各类地铁安全事故中,脱轨事故危害极大,备受社会关注。一方面,车辆脱离轨道伴随着轮轨间巨大的作用力,城市轨道车辆、线路等设备势必会发生损坏,直接造成大额经济损失;另一方面,脱轨的车辆失去正常的运行能力,直接造成车辆本身的安全问题,间接导致运营系统崩溃、列车晚点停运、线路瘫痪等,导致行车时间中断及相关检修维护作业延误。

此外,根据某地铁公司编发的《重要故障分析报告》,整理得到该地铁公司2014—2017年运营安全事故共63起,设备因素是导致运营安全事故发生的主要原因,占比达58.7%。其中,地铁牵引供电系统具有沿线布置、线长点多、无备用设备、工作环境狭窄、安装质量良莠不齐等特点,并且故障致灾类型复杂、成因众多,因此导致故障的真正原因不易排查,并且由于处理过程中存在诸多不确定因素,还容易引发突发性、扩延性的连锁反应。

在地下空间内,自动扶梯由于零部件较多且使用频率高,其运行状态关乎群众安全。根据《自动扶梯制造与安装安全规范》规定,自动扶梯必须有17种安全装置,在自动扶梯零部件发生故障时,可以有效停梯、防止设备启动,从而降低因设备故障带来的风险。安全装置在一定程度上抑制了灾害的发生,但是由于设备制造、乘客乘坐、设备维保及日常管理方面存在各种各样的问题,所以随着扶梯的大量使用,近年各地均有扶梯事故发生。

1.4.1 轨道系统故障案例与统计分析

1. 轨道系统故障典型案例

事故概况:2013年1月8日上午,昆明地铁00755次列车由大学城南站开往晓东村站。9时09分,列车运行到春融街站至斗南站上行区间百米标DK30+905处(距离斗南站500多米处)时,与轨道左侧掉落并侵入行车线路限界的人防门门体发生碰撞。

事发时,列车发生第一次碰撞后,司机陈某随即采取制动措施,列车滑行后头车的第一转向架左侧车轮脱轨。脱轨的第一节车厢车头左侧与该处第一扇人防门门框发生侧面碰撞。列车与第一扇人防门发生碰撞后,列车车头弹起,并与第二扇人防门上侧门框发生碰擦,第二次碰擦导致驾驶室车顶上方通风单元坠落，砸在司机李某的身上，并造成司机李某死亡和陈某受轻伤。事故模拟如图 1-5 所示。

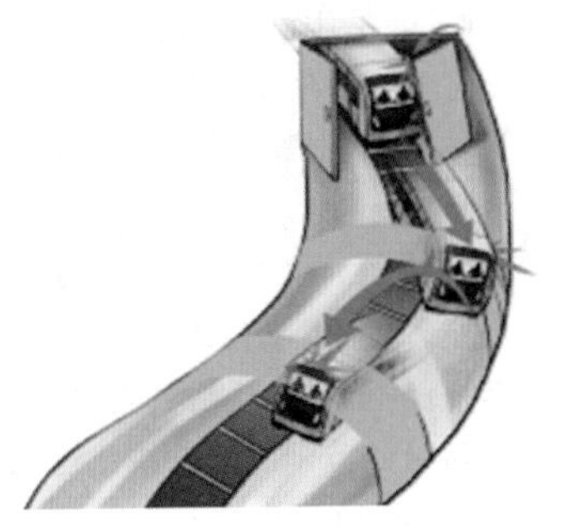

图 1-5 昆明地铁事故列车及列车轮脱轨模拟

（图片来源于中国网，www.china.com.cn）

事故影响：事故造成 1 人死亡，1 人受伤。

事故原因：事故的直接原因是地铁高架与地下隧道过渡段处防火门坠落，侵入行车线路的限界，从而导致列车脱轨。事故的间接原因是施工单位未严格按照施工要求安装防火门，导致防火门在列车经过时产生的强大吸力下松动，事故车辆经过时的吸力最终导致防火门坠落。

事故启示：

（1）加强轨道系统设备的安全监测和维护保养。对钢轨、接触网、道岔等设备的维护保养，在作业完毕后，要确保作业区域线路出清，防止异物侵界造成列车脱轨事故。

（2）加强司机的业务培训，提高应急处置能力。加强司机的业务培训和作业标准化执行，严格遵守呼唤应答、进路确认，守住运营安全的最后一道防线，确保运营安全第一。

2. 轨道系统故障案例统计分析

通过调研搜集了国内外城市轨道交通近 30 多年轨道致灾案例，数据来源主要为《城市轨道交通运营安全典型案例汇编》、相关参考文献及事故报告、已出版的书籍资料以及网站等。在列车实际运营中，发生脱轨的次数有限，因此本小节除搜集列车脱轨事故外，还聚焦汇总轨道系统故障中列车追尾、翻车及可能诱发脱轨的（列车停运、晚点、人员伤亡等）事故案例。

调研结果及规律表明，城市轨道交通脱轨的地点分为站内和站外，即列车在不同行驶速度下脱轨均有可能会发生，并且直接或间接影响相关车辆运行及线路运营安全。表 1-12 集中梳理了部分正线脱轨或站台脱轨事故案例发生后的影响（包含经济损失、人员伤亡、列车停运晚点、线路维护抢修等）。

表 1-12　正线及站内脱轨相关风险的直接及间接后果

位置	序号	事 故 说 明	直接影响	间接影响
正线脱轨	1	2009 年 6 月 23 日,美国华盛顿哥伦比亚特区和马里兰州交界处,两辆 6 节车厢的地铁列车在托腾堡地铁站和塔科马站之间发生追尾事故	列车脱轨	人员伤亡(9 死 70 多伤)
	2	2011 年 8 月 2 日,中国南京地铁 2 号线上一列西向行驶的列车离开下马坊站约 200m 时,车厢外冒火花,车厢内也冒出浓烟,在第四节车厢下面,20 多米的道床拱起,将铁轨高高抬起,导致列车的第三和第四节车厢上下错位近 0.5m 迫停区间	列车停运 72h	无人员伤亡
	3	2013 年 1 月 8 日,中国昆明地铁列车运行到春融街站至斗南站上行区间,与轨道左侧掉落并侵入行车线路限界的人防门门体发生碰撞	列车脱轨	人员伤亡(1 死 1 伤)
	4	2014 年 7 月 15 日,俄罗斯莫斯科地铁阿尔巴特—波科罗夫斯卡娅线一列车在胜利公园站至斯拉维扬斯克站之间发生列车脱轨事故	列车脱轨	人员伤亡(22 死 161 伤)
	5	2015 年 3 月 25 日,中国北京地铁亦庄线台湖车辆段试车线,一列车在调试过程中冲出试车线并冲上段外马路,造成列车脱轨,车头栽入路北土沟	列车脱轨	人员伤亡(1 伤)
	6	2017 年 6 月 27 日,美国纽约地铁内部施工管理不到位钢轨侵界列车脱轨事故	列车脱轨	人员伤亡(34 伤)
站内脱轨	1	2009 年 12 月 22 日,中国上海轨道交通 1 号线 150 号列车与正在折返的 117 号空车发生侧面冲撞事故	列车停运	人员伤亡(2 死 110 多伤)
	2	2014 年 3 月 24 日,美国芝加哥地铁一列车快要驶入奥黑尔国际机场站时,因司机疲劳驾驶没有减速,导致列车瞬间失控,越过了缓冲挡车器,冲上站台	列车脱轨	人员伤亡(30 伤)
	3	2014 年 5 月 2 日,韩国首尔 2 号线地铁去往蚕室方向的两班列车在上往十里站时发生追尾事故	列车脱轨	人员伤亡(200 多伤)
	4	2016 年 10 月 17 日,意大利罗马地铁列车正停靠在罗马市中心火车站附近的维托里奥广场站内,另一列地铁列车进站,车头撞到了停靠地铁列车的车尾,造成严重的追尾事故	列车脱轨	人员伤亡(2 死 110 多伤)
	5	2019 年 9 月 17 日,中国香港港铁红磡站附近发生列车出轨事故。事故列车从旺角东方向驶进红磡站,车头已经进入一号站台。从站台内望出,列车行驶方向的第四、五、六节车厢发生出轨,其中第四与第五节车厢连接部断开,横亘多条铁轨,部分车门飞脱,但未有车厢翻覆的情况发生	列车脱轨	人员伤亡(8 伤)

根据已有案例统计结果，站内脱轨发生概率(47%)和正线脱轨发生概率(53%)十分接近。最直接后果主要体现在列车脱轨引发停运和晚点，甚至导致严重的人员伤亡及经济损失。其中，正线脱轨中除直接导致列车逼停或晚点外，间接引起人员伤亡或经济损失的概率为44.4%；站内脱轨中除直接导致列车逼停或晚点外，间接引起人员伤亡或经济损失的概率为70%，如图1-6所示。

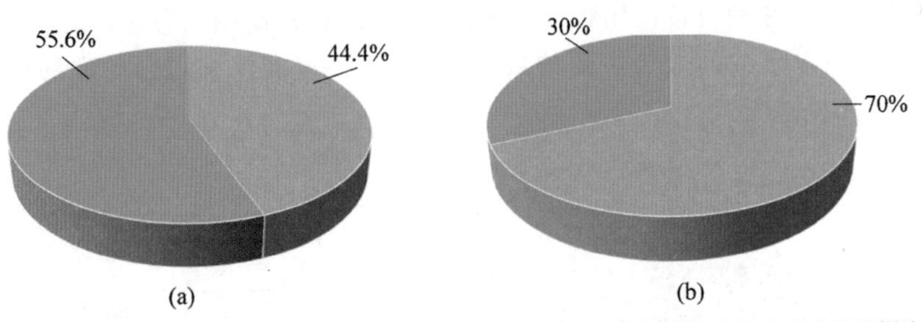

图1-6 正线(a)及站内(b)脱轨间接人员伤亡或经济损失发生概率分布

在站内脱轨中，引起人员伤亡的概率较高，几乎占到了70%。即使不同行驶速度下的列车脱轨事故发生概率相当，造成生命财产损失的概率却不同。站内脱轨之所以诱发较大的人员伤亡，是因为多数列车在停靠站台时发生碰撞翻车或追尾。

1.4.2 接触网(轨)事故案例与统计分析

1. 接触网(轨)事故典型案例

2012年11月19日19时19分，广州地铁8号线鹭江站往客村站区间隧道，一辆往万胜围方向的列车在行驶过程中因车顶受电弓(电压1500V)发生故障，其部件与车顶发生接触短路，产生响声和烟雾，同时电弧击穿列车顶部，烟雾从洞口(直径约4cm)进入车内。列车临时停在隧道距车站200m处。惊恐不已的乘客自行打开车门，上演隧道大逃亡。截至20时05分，隧道乘客全部被工作人员疏散，停在区间的列车启动。

2016年12月31日18时58分，西安地铁广泰门站台下行为区间端门对应墙面电缆有打火现象；19时15分，广泰门下行尾隔离开关打火，造成3A10-3A11接触网供电分区短时失电；19时35分，为确保乘客人身安全，安排桃花潭上行站台清客，之后空载试通过广泰门上行站台，空载安全通过。经过故障排查分析，初步判断是由于接触网隔离开关本体质量问题产生拉弧打火现象，发生弧光短路，形成对地短路，引起变电所设备跳闸和接触网短时失电故障。

2. 接触网(轨)事故案例统计分析

通过多渠道搜集了国内城市轨道交通2009—2020年的31起牵引供电系

统相关事故，数据来源主要为 2014—2020 年西安市轨道交通集团有限公司的地铁接触网(轨)事故报告、学位论文以及新闻报道等，详细内容见附录附表 1。

(1) 致因类型。据不完全统计，国内城轨交通牵引供电系统故障致灾的因素如图 1-7 所示，致灾因素可分为环境因素、人员因素和设备因素，其中设备因素导致的事故共 20 起，占比达 64%，根据故障源又可将其细分为设备本身质量、设备安装问题和设备使用状态。可以看出，由设备使用状态导致的事故共 9 起，为牵引供电事故的最为主要的致灾因素。其中，多因素耦合导致的运营事故仅统计其关键因素。

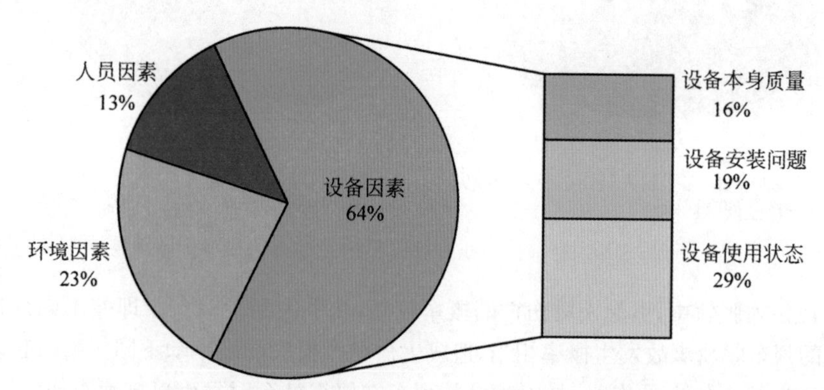

图 1-7　2009—2020 年国内城轨交通牵引供电系统故障致灾的因素

(2) 致灾后果。上述事故中，城市轨道交通牵引供电系统的事故类型包括设备损伤、运营中断、火灾和人员伤亡等几种，详细情况如图 1-8 所示。可以看

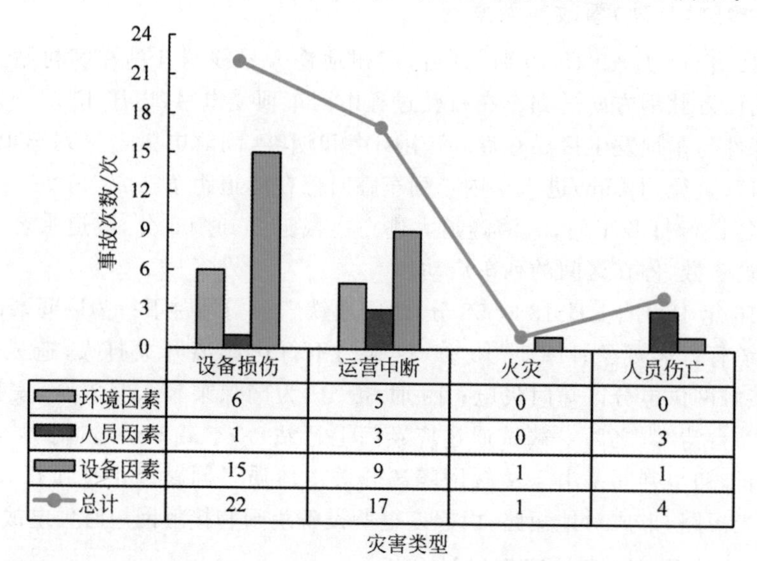

	设备损伤	运营中断	火灾	人员伤亡
环境因素	6	5	0	0
人员因素	1	3	0	3
设备因素	15	9	1	1
总计	22	17	1	4

图 1-8　牵引供电系统故障导致的运营事故

出，牵引供电系统故障导致的运营事故中，有22起存在设备损伤，17起存在运营中断，4起存在人员伤亡，1起存在火灾事故。而人员伤亡主要由乘客坠轨、自杀等行为引起的触电事故所致。

1.4.3 自动扶梯事故案例与统计分析

1. 自动扶梯事故典型案例

事故概况：2011年7月5日9时36分，某市地铁4号线动物园站A口上行自动扶梯发生设备故障，由于上行的设备突然间发生逆转，导致正在搭乘自动扶梯的乘客摔倒，如图1-9所示。

图1-9 动物园站自动扶梯事故图

（图片来源于中新网，www.chinanews.com.cn）

事故影响：事故造成1人死亡，多人受伤。

事故原因：事故扶梯从双主机到单主机的设计变更，未进行动荷载设计核算，构成设计缺陷。在扶梯运行过程中，驱动主机固定螺栓发生断裂，造成主机倾覆，驱动链条脱落，梯级失去上行动力逆向下滑，辅助制动器开关未正常启动。

事故启示：根据轨迹交叉理论，事故并非由单一原因引起。人的不安全行为、设备的不安全状态和相关单位管理问题等多个因素组合，造成了事故的发生。需针对可能引起事故的各种原因，制定降低风险的防范措施，有效预防和抑制事故发生。

2. 自动扶梯事故案例统计分析

根据相关文献，针对100起自动扶梯事故进行分析，事故形式包括机械夹人、碰撞、剪切、坠落、跌倒、逆转和其他。由表1-13可见，设备间隙产生的机械夹人，碰撞、剪切，坠落和跌倒这几类事故发生的次数最多，占事故总数的83%。

由表1-14和图1-10可以得出如下结论：①坠落事故和机械夹人事故造成的伤害程度最大。②逆转事故、机械夹人和跌倒事故受伤人数范围最广。

表 1-13　自动扶梯事故类型统计表

序号	事故类型	事故经过	次数
1	机械夹人	运动部件的间隙	47
2	碰撞、剪切	与建筑物交叉处，乘客易接触部件有锐边、棱角等	11
3	坠落	高空坠落、坠入设备内部	13
4	跌倒	非正常运行状态、非正常急停和意外摔倒	12
5	逆转	运动控制失效	9
6	其他	设备损坏、危险乘客行为等	8
合计			100

表 1-14　各类型事故造成伤害统计表

序号	事故类型	死亡人数	致残、重伤人数	轻伤人数	受伤人数合计	多人受伤次数	设备严重损坏次数
1	机械夹人	3	29	19	51	0	0
2	碰撞、剪切	1	2	8	11	0	0
3	坠落	7	2	2	11	0	0
4	跌倒	0	1	29	30	4	0
5	逆转	1	4	93	98	7	0
6	其他	1	0	44	45	4	4
合计		13	38	195	246	15	4

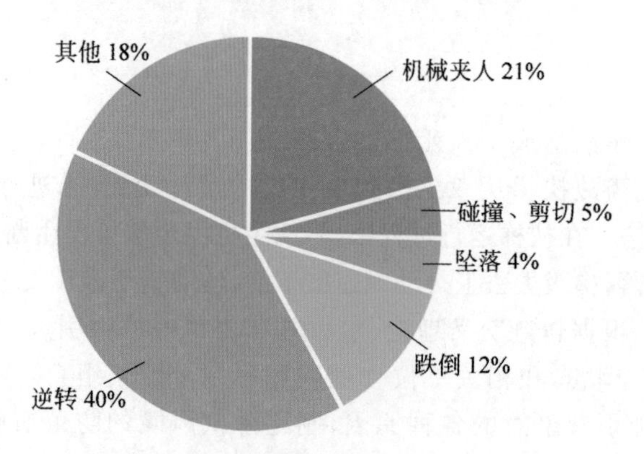

图 1-10　各类型事故造成伤害人数的比例

1.5　城市地下空间结构典型病害

为了缓解地面交通压力，解决城市发展的通病，各大城市开始加大对城市地下空间的开发与利用。地铁因其具有运量大、快速、准时、便捷、安全等优点，成为人们缓解地面交通压力，改善城市环境，促进经济社会可持续发展的一个很好的选择。但由于地质条件以及隧道在前期设计、施工和后期运营管理等诸多环节中存在各种不利因素的作用，地铁隧道尤其是盾构隧道常常会出现结构开裂、结构渗漏水和结构变形超标等病害，这些病害作为风险事件严重影响地铁的运营安全。

1.5.1 地下结构开裂典型案例

隧道情况：某城市地铁盾构法隧道，外径 6m，内径 5.4m，管片宽度 1.5m，衬砌环由 1 块封顶块、2 块邻接块、3 块标准块组成。衬砌环的纵缝和环缝均采用弯螺栓连接，其中每环纵缝共计 12 根 M24 螺栓，每个环缝采用 10 根 M24 螺栓。2015 年以来，该段隧道的管片大面积出现开裂、漏水、错台等问题。经三维激光扫描揭示，该区间接近 1/3 数量的隧道管片形状趋于横向椭圆，为局部受损严重地段。

病害情况：

(1) 病害情况 1：管片开裂。纵向裂缝出现在盾构管片环顶部，尤以顶部管片中部最为严重，裂缝充分开展，纵向平行呈数道贯通或非贯通裂纹，错缝布置下呈现出间隔分布现象。钢环与芳纶加固后基本与未加固时开裂发育一致，且钢环、芳纶布加固后裂缝观察不明。

(2) 病害情况 2：接缝开裂、破损。接缝开裂、破损一般出现在管片接缝边缘受力较复杂区域、螺栓孔区域以及螺栓孔约 45°角受剪区域。裂缝进一步发展，会出现掉块或崩块现象。

观察发现，隧道管片接头开裂、掉块大部分出现于管片环纵缝交界处，部分出现于管片环缝处，极少部分管片会出现纵缝中间崩块现象。纵缝螺栓孔掉块均有受压破坏迹象，封顶块处易出现掉块现象，如图 1-11 所示。

病害原因：

(1) 区间隧道大部分处于残积层内，残积层遇水容易崩解塌陷，容易造成沉降、收敛变形过大，从而导致管片边缘掉块及渗漏水。隧道中部有花岗岩凸起段，易引发不均匀沉降状况产生。

(2) 区间隧道建设期间，片区北侧存在高填方区域，形成挤淤区，淤泥区被推移，挤淤区在隧道区间形成并处于不断变化中。

(3) 区间隧道建设期间，高填方区域土体卸载，如果在一定范围内进行不同程度的地基处理，则会造成该区间隧道工程条件极其复杂，隧道管片受荷载作用复杂。

(4) 区间隧道运营期间，在隧道周边不断进行工程建设活动，如深基坑开挖、地下空间开发，对隧道产生不同程度的影响。

病害后果：本区间收敛变形值大于 70mm、椭圆率大于 2.5%且裂缝宽度大于 0.2mm 时，判断为病害严重环，需进行钢板加固，消耗大量运营成本。此

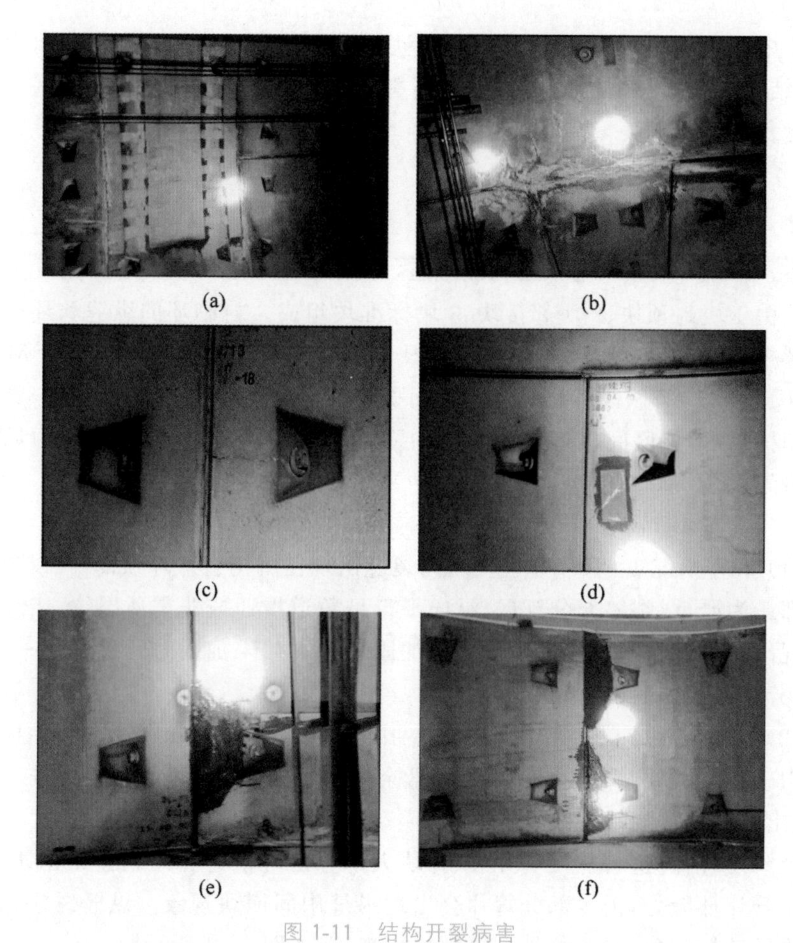

图 1-11　结构开裂病害

(a) 隧道顶部裂缝；(b) 封顶块管片环缝、纵缝交界处开裂；(c) 螺栓孔区域裂缝；(d) 管片环纵缝交界处开裂；(e) 环缝螺栓附近破损；(f) 纵缝螺栓附近破损

外，本区域尚有大量工程项目尚未开工，目前的地铁隧道病害情况为后续区域开发带来严峻挑战。

1.5.2　地下结构渗漏水典型案例

隧道情况：上海某地铁盾构隧道包括单圆通缝(91.0%)、单圆错缝(3.6%)以及双圆错缝(5.4%)。上海第四纪土层是在长江和潮流共同作用下形成，垂直向上砂土、粉土、粉质黏土以及黏土相间出现，可划分为 16 个工程地质层。根据上海地铁盾构隧道地质资料，隧道顶埋深均值约 13.4m，针对隧道下卧地层统计发现，约 20%盾构隧道管片下卧于淤泥质黏土中，下卧于黏土层的盾构隧道管片最多占比高达 50.5%。

病害情况：根据盾构隧道表观病害检查成果发现，表观病害总数为 8498

个，主要包括渗漏水(58.0%)、结构损伤(33.3%)以及结构形变(8.7%)。其中，渗漏水包括湿迹(30.8%)、渗水(60.2%)、滴漏(9.0%)以及漏泥沙(仅3个)，如图1-12所示。渗漏水部位缝渗漏(90.4%)和孔渗漏(9.6%)。缝渗漏包括纵缝(27.9%)、环缝(52.1%)以及交叉十字缝(10.4%)；孔渗漏包括螺栓孔(5.4%)和注浆孔(4.2%)，如图1-13所示。

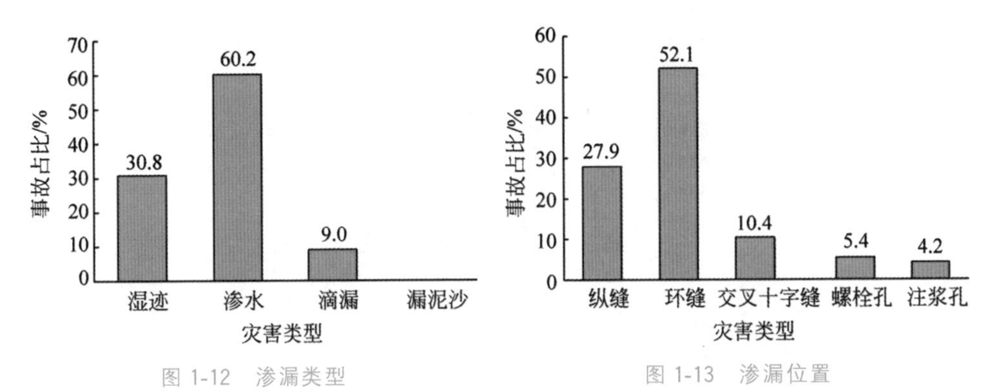

图1-12 渗漏类型　　图1-13 渗漏位置

病害原因：上海地铁盾构隧道易受包括邻近施工和隧道本体施工扰动以及运营期养护质量等内、外部因素影响，相应产生隧道变形或表观病害。

1.5.3 地下结构变形超标典型案例

隧道情况：南京地铁3号线、机场线隧道设计内径5.5m，外径6.2m，环宽1.2m，统计了2016年8—10月隧道全线逐环直径收敛测量数据。

病害情况：收敛变形过大。3号线盾构隧道收敛变形共统计51 205环，分布如下：[−7,0]cm：11.80%；(0,5]cm：87.17%；(5,6]cm：0.50%；(6,7]cm：0.25%；(7,8]cm：0.15%；(8,9]cm：0.05%；(9,13]cm：0.08%，如图1-14所示。3号线盾构隧道收敛变形最大值130.6mm，最小值−65.2mm。

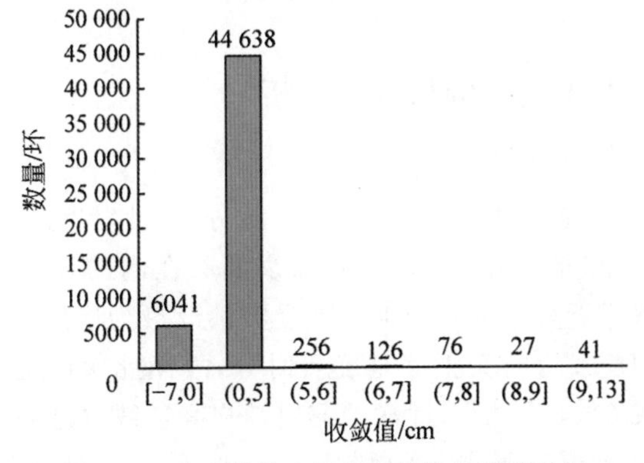

图1-14 南京地铁3号线隧道收敛值统计图

机场线盾构隧道收敛变形共统计23 556环，分布如下：[－4,0]cm：17.69%；(0,5]cm：80.80%；(5,6]cm：1.20%；(6,7]cm：0.25%；(7,8]cm：0.06%，如图1-15所示。机场线盾构隧道收敛变形最大值79.7mm，最小值－40.6mm。

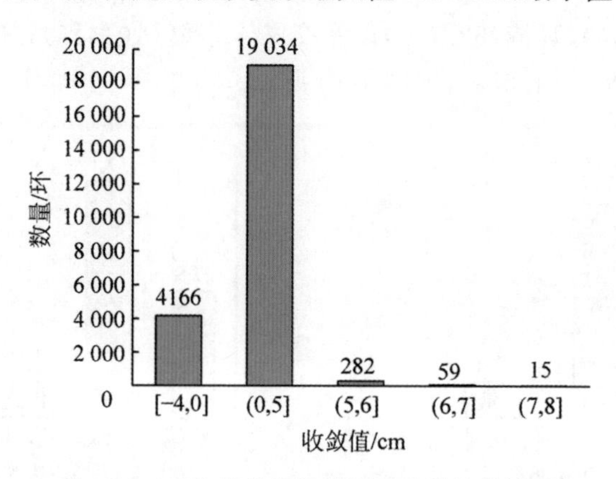

图1-15　南京地铁机场线隧道收敛值统计图

病害原因：

(1) 隧道所处地段为承载力较低的软土，易发生不均匀沉降；

(2) 收敛变形与隧道附加工程深基坑开挖有关，在多个区间得到证实。

病害后果：病害严重区段进行钢环加固。

1.6　城市地下空间其他安全风险

本节主要汇总城市地下空间可能遭受的地震、大范围停电、人群踩踏事故和以地铁为代表的外部施工入侵、移动物体进入、轨旁设备脱落和维修机具遗落等七种灾害的案例。这些灾害事故的共同特点是发生极具不确定性，难以根据已有的经验和相关的监测手段进行提前预测，只能通过事前预防等手段尽可能减小发生的概率(除地震外)及灾害造成的损失。

1.6.1　地震灾害典型案例与统计分析

1. 地震灾害典型案例

灾害概况：1995年1月17日凌晨5点46分52秒发生在日本兵库县的7.3级特大都市地震。包括兵库县、大阪府和京都府在内的日本京畿地区受灾严重，而这其中又以靠近震源中心的神户市受灾情况最为惨烈。阪神大地震震中附近人口密集，地震发生时又正好是凌晨时分，故而此次地震及其次生灾害破坏力极大，共造成6434人死亡，此次地震对神户高速线也造成了较大的破坏。

灾害影响：本次受灾最严重的则是大开站，受灾情况如图1-16和图1-17

图 1-16　大开站中柱受损而向中间陷落的地面

（图片来源于日本地铁网，www.JPMetro.com）

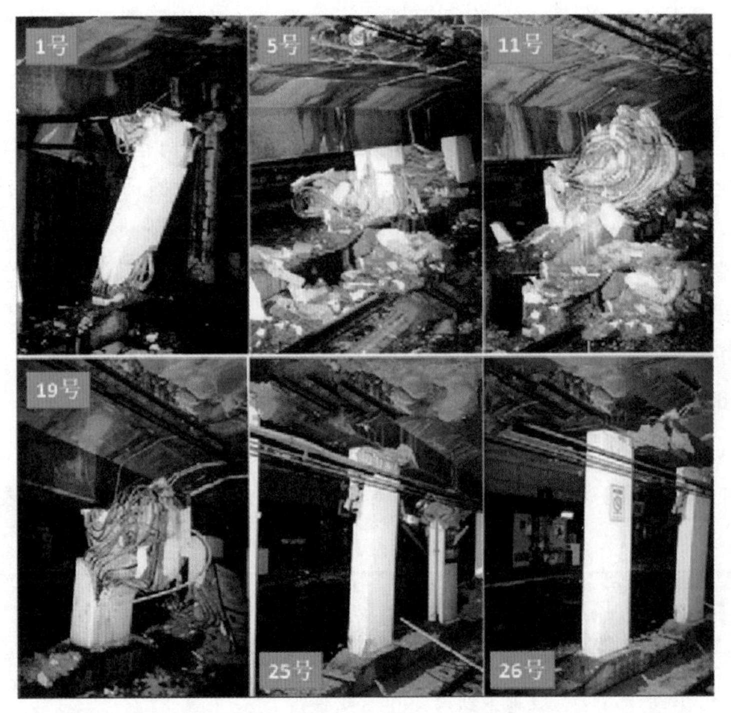

图 1-17　大开站受损严重的中柱

（图片来源于日本地铁网，www.JPMetro.com）

所示。1 月 17 日震后，经过近 7 个月的抢修后方于 8 月 13 日恢复了大开站的列车通行能力，列车在大开站甩站不载客运行，神户高速线宣告全线恢复运营。然后又经过了半年多的紧张施工，一直到了 1996 年 1 月 17 日，才正式恢复了大开站的正常载客服务。

现场处置：震后，神户高速线全线停运，经过线路排查与紧急抢修之后，分别于1995年2月1日、2月6日、6月1日、6月18日以及6月22日恢复了高速神户至元町区间、新开地至花隈区间、花隈至神户三宫区间、西代至高速长田区间以及新开地至凑川区间的运营。

灾害原因：一是该地震的性质所致。城市直下型地震能量积累慢、周期长，就现代的条件而言基本无法预测。其震动方式特殊，垂直、水平均有振幅，烈度强，对城市的破坏性极大，而且神户市与震中距离近。二是地理环境因素和基础设施较脆弱。城市大都建设在山坡、斜坡和人工填海造地上，经过强震，地基发生形变。城市抗震设防较差，使房屋（大都是20世纪80年代以前的建筑）、交通设施及生命线工程大量被毁坏，并引起火灾等次生灾害。三是震后救灾工作十分困难。震后，神户市通信不畅，道路阻塞以及人群惊恐，客观上给救灾工作带来了极大的困难，使救灾无法按预定设想组织展开。同时，也反映出日本政府对关西震灾准备不到位，估计不足，行动迟缓。在实际救援中，出现了救灾指挥体系不协调、救灾物资供应混乱和火灾无法及时扑救等情况。

灾害启示：当时的日本地震科学界普遍认为关西地区没有爆发特大破坏性地震的可能，故而长久以来该地区缺乏足够的防范与应对措施。又因为神户市有相当数量的隧道、桥梁以及城市高架道路在地震中受损严重，大大延缓了震后的搜救速度以及外界救援力量的进入。再加上震后瓦斯泄漏，引起成片成片的木造房屋起火。可说绝大部分死者是因为震后的次生灾害而丧命的。这次地震也敲响了日本防震科学的警钟，促进了日本对于建筑防震科学、交通防震科学的重视与研究投入。

2. 地震灾害案例统计分析

截至目前，搜集到与地下基础设施相关的代表性地震灾害共10例。根据灾害发生时间、发生地点、灾害场景、灾害等级、灾害情况及后果进行列表（表1-15）。

表1-15　地震灾害案例统计表

序号	灾害发生时间	灾害发生地点	灾害场景	灾害等级	受灾情况及后果
1	1906年	美国旧金山	地下结构	8.3级地震	大量地下线性结构的破坏现象，城市配水管网发生上千处破裂
2	1923年	日本关东	隧道	7.9级地震	超过100多座隧道发生严重破坏，不少地方拱部和边墙出现塌落，多处衬砌发生开裂甚至出现大变形和错动
3	1933年	美国长滩	地下管道	6.3级地震	7处地下管道发生破坏，并且引起了严重火灾
4	1964年	日本新潟	管廊	6.8级地震	地震引起的砂土液化使管廊整体上浮，砂土流入管廊内部

续表

序号	灾害发生时间	灾害发生地点	灾害场景	灾害等级	受灾情况及后果
5	1975 年	中国海城	地下输水管道	7.3 级地震	营口、盘锦等地区 400 处地下输水管道发生破坏
6	1976 年	中国唐山	地下输水系统，地下矿道等	7.8 级地震	地下线性结构工程出现大面积破坏，如城市输水系统等，很多地下矿道和地下室也发生严重破坏现象，甚至出现地下人防工程倒塌的现象
7	1985 年	墨西哥	地下管道，地铁	8.1 级地震	各种地下管道均有破坏，城市地铁地下结构也受到了不同程度的破坏
8	1989 年	美国旧金山	管廊	6.9 级地震	综合管廊因侧向土体变形过大出现结构破裂
9	1995 年	日本阪神地区	管廊、地下商场、地铁隧道和车站等	7.3 级地震	出现了大范围地铁车站和区间隧道破坏现象，特别是大开站和上泽站半数以上中柱发生弯曲破坏、剪切破坏和弯曲剪切联合破坏，中柱的破坏导致了车站结构顶板发生坍塌，造成地铁上方上覆土层大面积沉降，部分地段沉降深度达到 2.5～4.0m。仙台市地下给水隧道严重破坏，全市供水瘫痪
10	2004 年	日本新潟	隧道	6.8 级地震	大量隧道遭受了严重破坏

1.6.2 大范围停电典型案例与统计分析

1. 大范围停电典型案例

事故概况：2013 年 10 月 11 日 18 时 55 分，日本大阪市北区地铁御堂筋线西中岛南方站至中津站区间内发生停电事故。事故区间轨道上发现一来历不明的汽车轮胎，地铁线路旁国道发现一辆汽车左后轮脱落。御堂筋线是大阪地铁的交通动脉，乘客众多，轮胎掉落事件导致约 20 万人出行受到影响(图 1-18)。

事故影响：此次事故造成大阪地铁部分区间内列车停运，影响 20 万人的出行。

事故原因：事故的直接原因为地铁线路旁国道上的一辆汽车左后轮脱落造成轨道旁架设的电线受损，造成区间停电，列车停运。

图 1-18　大阪地铁停电事故现场及恢复运营后现场示意图
（图片来源于搜狐网，news. sohu. com）

事故启示：

（1）城市轨道交通供电十分重要，应预防停电事故的发生。从这起地铁大面积停电事故看，城市轨道交通安全运营不仅仅受到内部因素的影响，而且还可能受到多种外部因素的影响。突发停电事故不仅会中断列车运行，由于事发的突然性，列车可能停在隧道内，因空间有限和光线不足等因素，还可能造成乘客恐慌、拥挤甚至踩踏。因此，城市轨道交通运营单位应做好停电事故的预防工作，一旦发生停电事故，应立即启动应急预案。

（2）针对突发停电事故，要充分落实预防措施和应急处置工作。从这起大面积停电事故的应急处置来看，大阪市北区地铁应对此次突发事件的各项准备工作充分，指挥体系完善，反应迅速，措施得当，组织有力，最大限度地减少了事故影响。列车、车站和隧道内均设有能提供大约 1h 的应急照明设备和手提式辅助电筒，确保了应急条件下的电力供应。

2. 大范围停电案例统计分析

表 1-16 列出了地下基础设施相关且具有代表性的大停电事故共 9 例，并按照事故地点、事故概况、事故后果和事故原因等几方面进行统计分类。

表 1-16　停电案例统计表

序号	事故地点	事故概况	事故后果	事故原因
1	美国	2003 年 8 月 15 日，美国东北部和加拿大东部联合电网发生了一连串的相继断开事故，最终导致系统失稳，造成大规模停电事故	大停电造成美国东北部和加拿大东部机场瘫痪，公共交通瘫痪，航班延迟，上万人被困在地铁、电梯、火车和高速公路上，超过 5000 万人失去电力供应；大停电中共损失 6180kW 负荷，263 座电厂 531 台发电机停运（包括 10 座核电站 19 台核电机组），几十条高压输电线停运。整个经济损失在 250 亿～300 亿美元	1. 电网结构负荷过重； 2. 电线设备老旧； 3. 电网之间信息沟通不畅； 4. 安全控制系统不完善

续表

序号	事故地点	事故概况	事故后果	事故原因
2	英国	2003年8月28日，英国首都伦敦和英格兰东南部部分地区傍晚突然发生重大停电事故	大停电造成伦敦近2/3地铁运营中断，部分列车停运，许多地区路灯和交通信号灯熄灭，路面交通出现混乱，大约有25万人因突然停电被困在伦敦地铁中。在伦敦桥等中心商业区，商店和住宅也陷入黑暗之中	国家电网中一个27.5万V的供电系统出现事故，影响了伦敦地区的电力供应
3	俄罗斯	2005年5月24日，俄罗斯莫斯科一500kV变电站事故造成电网异常运行方式，25日早高峰负荷攀升和异常方式造成莫斯科电网多条线路重载跳闸，机组相继跳机，最终系统电压崩溃	造成321座变电站供电中断，损失负荷3539MW。俄罗斯莫斯科市及3个州25个市停电，影响人口150万～200万，经济损失15亿～20亿美元	1. 电网薄弱； 2. 电力系统安全稳定控制装置配置不完善； 3. 应急处理机制不健全； 4. 电网设备容量小，容易负荷过重； 5. 对电力系统安全关注不够
4	印度尼西亚	2005年8月18日，印度尼西亚爪哇岛和巴厘岛发生大面积停电事故	首都雅加达也在停电区域内，交通大拥堵，连接雅加达市区和郊区的电气火车由于停电而停在半路，数百名乘客被困在车中，雅加达国际机场也受到了停电影响，共有近1亿人的生活受到影响。此次停电也波及西爪哇、万丹、雅加达以及巴厘岛部分地区的电力供应	1. 发电厂负荷过重； 2. 外部因素，现有高压输电网多为裸露电缆组成，容易受到外来干扰
5	西欧多国	2006年11月5日，西欧多国发生严重的大面积停电事故	停电波及西欧多个国家，其中德国、法国、意大利三国受影响最大。大部分地区停电持续0.5h，部分地区达1.5h，系统损失负荷达14.500GW，约1000万人受到大停电的影响	电网过度负荷

续表

序号	事故地点	事故概况	事故后果	事故原因
6	巴西	2009年11月10日，巴西伊泰普水电站外送通道上3条同路径765kV线路因强降雨导致的绝缘能力降低相继跳闸，伊泰普水电站安控切机装置动作导致系统出现振荡，线路过载跳闸和高频切机、低频减载装置的交替无序动作，最终导致1min 20s后系统解列崩溃	损失负荷28830MW（占巴西全国40%），影响人数6000万（占巴西全国31%）	1. 电网结构不合理； 2. 安稳装置设置不合理
7	印度	印度当地时间2012年7月30日凌晨2时30分左右，印度北方邦境内阿格拉（Agra）附近的一座超高压变电所出现事故，导致部分输电线路和变电站过负荷，随后发生连锁反应，最终导致了整个北方电网崩溃	停电范围覆盖了印度1/3国土，3.7亿人口的电力供应中断，影响负荷3567万kW（全网负荷约2亿kW）。严重打乱了印度的交通网络，包括火车、地铁系统，主要城市的交通灯系统也停止运行，早上繁忙时间交通瘫痪，路面混乱不堪，造成地铁停运，大量乘客滞留。当地交通信号灯熄灭，引发早高峰时段严重交通堵塞	1. 输电线路跳闸后，联络线相继出现严重过流情况； 2. 该地区事故备用容量不足，且自动切负荷装置不足； 3. 调度没有紧急事故拉负荷的措施
8	乌克兰	2015年12月23日，乌克兰至少3个区域的电力系统遭到网络攻击造成大面积停电	电力中断3～6h，约140万人受到影响	1. 黑客攻击； 2. 乌克兰各电力公司间通过互联网连接，控制类与非控制类系统未进行物理隔离； 3. 网络安全监测不力； 4. 信息安全意识淡薄

续表

序号	事故地点	事故概况	事故后果	事故原因
9	美国	2017年4月21日，上午7时25分，纽约发生停电事故。上午9时15分，旧金山中北部地区发生停电事故	纽约停电事故造成一个地铁站停运，导致12条地铁线路延迟，早高峰期间成千上万的通勤者受到影响。旧金山中北部地区停电事故，造成约9万电力用户停电	1. 变电站的断路器发生严重事故，断路器周围绝缘介质起火； 2. 线路交织严重； 3. 设备老化严重； 4. 断路器起火

这些案例表明，地下空间环境相对封闭、狭窄，通向地面的出口又不多，加之客流量大，人员往往高度密集，一旦发生停电事故，轻则会导致地下商场的关闭、地下停车场车辆被困、地铁车站的电扶梯等设备停止运行，影响服务质量；重则会导致地铁列车迫停在区间，使地铁中断运营，造成人群滞留与恐慌，可能导致人员伤亡，造成经济损失，引发社会不良影响。

1.6.3 人群踩踏事故典型案例与统计分析

1. 人群踩踏事故典型案例

事故概况：2015年4月20日上午8时30分，某市地铁内一名女乘客在站台上晕倒，引起乘客恐慌情绪，部分乘客奔逃踩踏，引发现场混乱，12名乘客受伤被送往医院（图1-19）。

图1-19 地铁人群奔逃踩踏现场

（图片来源于新京报网，www.BJNEWS.com.cn）

事故影响：十几人受伤，无重伤。晕倒事件发生在等车区域，而非列车内，适逢另一线列车进站，避让人员和下车人流对冲，加剧混乱。

现场处置：事发后，车站立即启动应急预案疏导乘客，车站运营秩序已经恢复。事件导致有12名受伤乘客被送往医院。事件对部分乘客出行造成影响，地铁集团深表歉意。同时，地铁集团也提醒乘客在人多拥挤环境中发生突发情况时，保持冷静，切勿恐慌，听从车站工作人员引导，有序疏散。

事故原因：踩踏事件发生在换乘的地方，而且高峰期乘客较多，整个站台都站满了人。上班高峰期、人员密集、恐慌心理，这些要素叠加在一起，使得地铁成了踩踏事故的高发区。

事故启示：一方面，要加强高峰时段地铁站里的秩序维护，引导乘客有序出入，劝阻那些逆流而上者，避免客流间的正面冲撞，同时，发现突发意外情况时及时控制和有效处置；另一方面，地铁乘客提高自身对突发情况的合理反应，如果遇有突发情况时只顾叫喊、奔跑，反而让地铁交通中充斥着一些不安全的因素，进而引发局部混乱、踩踏。

2. 人群踩踏事故统计分析

表1-17列出了6例具有一定代表性的地下基础设施中人群踩踏事故。这些案例表明，由于地下空间的封闭性，一旦有突发事件发生，多数人在不了解情况时易产生恐慌心理而欲逃离，但人群密度较大时无法做出响应动作，于是出现运动紊乱，形成恶性循环，进而很容易发生拥挤踩踏事故。

表1-17 人群踩踏事故案例统计表

序号	事故地点	事故概况	事故后果	事故原因
1	中国北京	2008年3月4日上午8时30分左右，北京东单地铁站5号线换乘1号线通道内，水平电动扶梯发出异响，引起恐慌，逆行回跑，导致人群踩踏事故	共造成13人受伤，其中除两人受伤较重外，其余11人均为挫伤、擦伤等轻伤	1. 电梯控制系统事故，维保不到位； 2. 人群恐慌，逆行回跑
2	中国深圳	2010年12月14日上午9时左右，深圳地铁1号线国贸站一部站台通往站厅的上行扶梯突然逆行，电梯上的乘客没站稳，纷纷滚下电梯摔到地上，下面的人也被跟着压倒了	事故造成23人受伤，其中有1人膝盖髌骨韧带断裂，1人腰椎错位，1人脚部外伤，其他人员均是轻微伤	事故扶梯主机固定螺栓松脱，其中一个被切断，使主机支座移位，造成驱动链条脱离链轮，上行的扶梯在乘客重量的作用下下滑
3	中国北京	2011年7月5日早上9时，地铁4号线动物园站A口上行电扶梯发生设备事故，上行的电梯突然之间进行了倒转，很多人防不胜防，纷纷跌落，部分乘客出现摔倒情况	事故造成有1人死亡，2人重伤，26人轻伤	电梯的固定零件损坏，导致扶梯驱动主机发生位移，造成驱动链的断裂，致使扶梯出现逆向下行的现象

续表

序号	事故地点	事故概况	事故后果	事故原因
4	中国广州	2014 年 6 月 7 日 12 时 53 分，地铁从机场南站驶往体育西路站的列车行经梅花园站时，一名乘客突然晕倒，旁边不明情况者纷纷跑向车头躲避，引起多人摔倒及跌落随身物品	该事件造成 6 名乘客轻微擦伤	1. 车厢内有一名乘客突然晕倒； 2. 在列车跟车护卫员用对讲机通知列车司机时，旁边有不明情况的乘客喊“砍人”“有炸弹”，因而引起其他乘客恐慌，争相逃离
5	中国深圳	2015 年 4 月 20 日上午 8 时 30 分，深圳地铁 5 号线黄贝岭站一名女乘客在站台上晕倒，引起乘客恐慌情绪，部分乘客奔逃踩踏	事故造成 12 人受伤	1. 事发时，正是上班高峰期，站台内挤满了人； 2. 晕倒女子周围的乘客因了解情况，比较镇静，但因往后退、让出救援空间，而产生“波浪”效应，其他乘客也开始往后退，随后演变成有人开始跑甚至惊叫，引发了踩踏事件
6	美国纽约	2017 年 4 月 14 日下午，美国纽约宾夕法尼亚车站（Penn Station）发生骚乱，大批民众便陷入恐慌，纷纷丢下行李往出口逃，发生踩踏事故	共有 16 人在混乱中受伤	1. 由于电力问题，一辆地铁列车在隧道内停运； 2. 有约 1200 人被困在纽约车站和新泽西车站的隧道中近 3h，车站内有一男子情绪不稳； 3. 傍晚 6 时 30 分左右，警察用电击枪将该男子制服，结果电击枪的声响被误认为是枪声，民众误以为发生枪击便开始四散逃跑，行李物品散落一地

1.6.4 外部施工入侵典型案例与统计分析

1. 外部施工入侵典型案例

事故概况：2021 年 1 月 22 日 16 时，南宁市地铁 1 号线突发侵限事件，百花岭至埌东客运站下行区间隧道被钻穿，导致正在运营的列车行车中断（图 1-20）。接到相关部门的通知后，市交通执法支队立即赶赴现场进行调查，并待相关部门顺利完成乘客疏散及转运工作后，连夜对涉案企业进行了询问调查。

事故影响：事故并未造成人员伤亡，然而下穿钻头直接造成轨道交通隧道

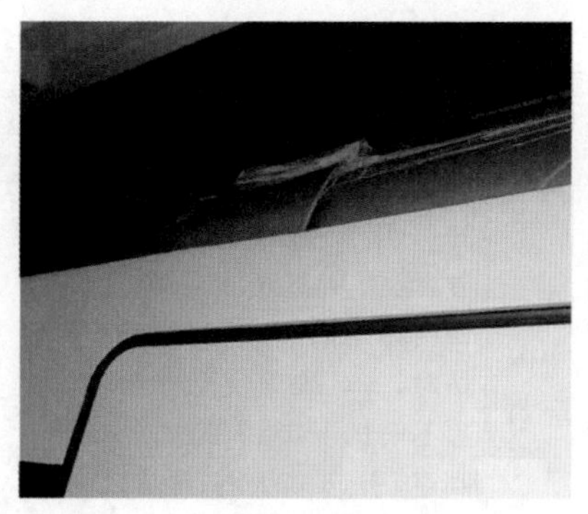

图 1-20　直径 9cm 的钻头侵入隧道 98cm

（图片来源于腾讯网，news.qq.com）

及列车受损，导致百花岭站至埌东客运站下行区间行车中断 1h 52min，严重阻碍了市民出行，并造成较大社会影响。

事故处置：2021 年 1 月 23 日，针对该损坏城市轨道交通设施的行为，市交通执法支队根据《南宁市城市轨道交通管理条例》第四十五条的规定，对涉案企业做出罚款 50 万元整的处罚决定。

事故原因：据调查了解，当日 15 时 42 分，广西中化明达勘察设计有限公司在南宁市凤岭片区完善工程 24 号路施工现场开展勘察施工时，直径为 9cm 的钻头击穿了百花岭至埌东客运站下行区间（火车东站往石埠方向）隧道，侵入隧道 98cm，与当时正在运营的列车发生擦碰。

事故启示：在城市轨道交通保护区内进行项目施工可能会影响城市轨道交通安全。因此，在城市轨道交通保护区内进行影响轨道交通安全的施工作业活动的，作业单位应当制定安全防护方案和监测方案；施工作业对城市轨道交通安全影响较大、城市轨道交通建设或者运营单位认为有必要的，作业单位应当委托有资质的机构进行安全评估；安全防护方案、监测方案和安全评估报告应当在开工前抄送城市轨道交通建设或者运营单位。相关作业需办理有关行政许可的，许可部门在许可前应当征求市交通运输行政主管部门的意见。

2. 外部施工入侵统计分析

邻近施工造成地铁隧道施工入侵工程事故的相关案例共 7 例，案例详情见表 1-18。根据案例概况发现造成施工入侵发生的原因多为外部单位违规施工，未全面了解当地的施工环境擅自动工所造成的。从表 1-18 中可以看出，造成该类事故的施工类型分为勘察钻探与桩基施工，其中钻探施工为主要原因。施工入侵后所造成的后果多数情况是由于隧道出现大规模涌水，而影响地铁的正常运行。近年来，地铁控制保护区内的违法钻探事件屡禁不止。据广州地铁统计 2019 年全年地铁公司及时发现并制止的违规作业达 528 次，其中在地铁隧道结构上方的违规钻探则有 24 次。

表 1-18　施工入侵地铁隧道典型案例

序号	时间	地　点	原因	后　果
1	2012 年 10 月 12 日	广州地铁 3 号线北延段嘉禾至龙归区间	勘察钻探	凿穿隧道管片结构，造成地铁列车受损和当日无法正常运营
2	2014 年 8 月 18 日	成都地铁 3 号线区间隧道	勘察钻探	打穿了在建隧道，造成盾构隧道顶部管片上有一个直径约 13cm 的孔洞，孔洞向外涌水涌沙
3	2016 年 10 月 28 日	深圳地铁 5 号线临海站至前海湾站区间	勘察钻探	打穿区间隧道
4	2017 年 10 月 28 日	深圳地铁 9 号线深湾片区某小区内	勘察钻探	打穿区间隧道导致涌泥，现场清理出黄土泥浆约 120 袋
5	2017 年 12 月 6 日	深圳地铁 11 号线红树湾南至后海下行隧道	桩基施工	导致接触网设备和列车严重受损，司机受伤。当天全线运行受阻，大量乘客滞留，数万名乘客出行受到影响
6	2020 年 3 月 19 日	某地铁隧道区间海域段右线第 727 环与 728 环管片接缝处，水深 4m，暂未运营	勘察钻探	将区间地铁隧道右线第 727 环与 728 环管片接缝处击破，钻孔直径为 110mm，击穿后钻头掉入隧道内，钻杆拔出后引起海水灌入区间隧道，形成直径约 110mm 水柱，涌水量超过 6000m^3，泥沙约 200m^3
7	2020 年 7 月 23 日	广州地铁 6 号线区庄至黄花岗区间	勘察钻探	钻探深度已达到 8m，被广州地铁保护办公室工作人员在巡查中发现并及时制止，未造成任何后果

1.6.5　移动物体进入典型案例与统计分析

1. 移动物体进入典型案例

事故概况：2019 年 9 月 26 日 14 时 07 分，保税区至新筑下行区间 K49＋00m 处接触网上悬挂异物（绿色防尘网 16.5m×5m）（图 1-21）。

图 1-21　现场图片及防尘网示意图

事故影响：事故造成列车晚点 4min 12s。

现场处置：14 时 20 分车站 2 名人员携带异物处置工器具进入下行线路处置，期间运行控制中心（operating control center，OCC）组织保税区站下行发出 21 次列车换端后反向运行至保税区站退出服务，14 时 32 分异物处置完毕并出清轨行区。

事件原因：经调查，防尘网于 14 时 07 分从新筑站上行出站 500m 东侧的施工场地飘出，后缠绕在对应高架区段下行线路接触网上方。

事件启示：经统计，地铁 3 号线自 2016 年 11 月 8 日开通以来，共发生了 4 起较大的接触网悬挂异物（防尘网）事件，其中 3 起影响行车、1 起未影响行车。此后工作中一是须严格监控高架段异物侵限事件，尤其是大风等恶劣天气，做到早发现、早处理；二是积极与集团公司法规部对接，加强高架区段周边施工单位管理，确保行车安全。

2. 移动物体进入案例统计分析

表 1-19 列出了 15 例地下基础设施内移动物体进入的代表性事件，本研究根据已调查到的事件按照发生的城市不同进行了分类，对事故概况和事故后果进行了较为详细的列举，从而可以分析出移动物体进入发生的原因和判断其所造成后果的严重程度。

表 1-19　移动物体进入案例统计表

序号	事故地点	事故概况	事故后果
1	北京	2014 年 2 月 14 日，地铁 1 号线国贸站下行（向西方向）一乘客跳下站台	现场采取接触轨停电措施处理，导致部分列车晚点，列车间隔加大。7 时 14 分，接触轨恢复送电，运营秩序逐步恢复。因线路停运，导致部分线路无法实现换乘，大量乘客滞留
2		2015 年 4 月 4 日，男子谭某从地铁 1 号线天安门东站站台跳下，并用铁链将自己与铁轨锁在一起	1 号线进站列车紧急停车，接触轨采取停电处理。由于当时正值下班晚高峰，致使多趟列车晚点。工作人员和民警赶到现场，劝解谭某返回站台未果。最后，民警使用压力钳将铁链剪开。谭某随即被带走
3		2017 年 2 月 25 日，地铁 2 号线朝阳门站内环（开往建国门方向）一名乘客进入运营轨道正线	列车紧急制动，车站工作人员采取接触轨停电措施进行处理。该乘客被抬上站台。20min 后，接触轨恢复送电，运营秩序逐步恢复

续表

序号	事故地点	事故概况	事故后果
4	上海	2012年3月19日,上海地铁3、4号线共线段镇坪路站有一名女子进入线路	镇坪路站往宝山路站方向列车限速运行,发车班次间隔延长,预计影响时间10min以上。3时51分,轨道交通3、4号线进入线路的人员已被撤离,镇坪路站往宝山路站方向运营逐步恢复
5	上海	2015年8月16日,4号线延安西站上行往上海火车站方向,一名男子突然从站台尾部位置跳入轨道,此时一列车正在进站	司机随即紧急刹停列车、站务员同时紧急拍停。然而男子最终当场死亡。受此影响,4号线虹桥路往中山公园方向列车一度限速运行,影响约10min
6	上海	2017年4月10日,一串气球进入共富新村站址保宝安公路站区间,缠绕在接触网上影响列车运行	上海地铁及时调整运营策略,并派出专业抢修人员进行清除,由于气球与接触网缠绕较紧密,清理难度较高。气球清理完毕后1号线恢复运营。
7	广州	2005年9月9日,地铁1号线由西朗开往广州东站方向的0918次列车,一男子在距离进站列车约10m的时候,突然从站台跳下轨道	列车司机当即按压紧急停车按钮,车站也在第一时间拨打120,但该男子已当场死亡。意外发生后,地铁长寿路站紧急停运,工作人员立刻将所有乘客清离出站台。事件导致长寿路站由西朗开往广州东站方向的上行列车停运27min,其间地铁没有停止售票,有大量乘客被迫滞留在各个站点。下午4时16分,西朗开往广州东站方向列车恢复正常运营
8	广州	2008年2月17日,地铁1号线一列从西朗开往广州东站方向的列车在进入烈士陵园站时,一名女乘客从站台突然越过黄色安全线并跳下轨道	司机发现后立即紧急停车,车站也立即按下紧急停车按钮,列车因惯性越过该乘客后停车。随后,车站工作人员立即报110及120,并配合干警封锁现场,进入轨道对跳轨乘客进行现场抢救和应急处理
9	深圳	2011年2月18日,地铁1号线往西朗方向的列车行至花地湾站附近时,一名30岁上下的男乘客突然翻过1m多高的屏蔽门,跳进轨行区捡拾物品	在车站执勤的站务人员发现有人翻越屏蔽门,眼看来不及制止乘客行为,马上跑去紧急按压上、下行列车的紧停按钮,随即双向列车紧急刹车

续表

序号	事故地点	事故概况	事故后果
10	深圳	2012年2月6日,地铁3号线往双龙方向,一名男子突然跳入地铁轨道,在丹竹头与六约站区间快速行走,并坐在疏散平台上	一辆列车上的司机发现后紧急刹车,协同地铁工作人员寻找、控制跳轨男子。3号线停运近0.5h,数百名乘客被困车厢内。傍晚6时15分,该男子被找到,并强行带出轨行区,在带出过程中该男子反抗强烈,将地铁工作人员咬伤。公司将该男子带回六约站,交给了地铁公安和地铁执法大队处理。傍晚6时16分,全线逐步恢复运营
11	深圳	2014年10月13日,地铁3号线由双龙往益田方向,在布吉地铁站一名乘客突然跳入轨道中	地铁站工作人员立即按下紧急停车按钮,防止后续列车进站,随后该乘客被工作人员救上来,移交警方调查
12	深圳	2017年12月23日,地铁11号线列车从机场行驶至碧海站时碾压到不明物体	接报后,警方立即赶赴现场处置。经核查,一人(具体身份待核)被碾压身亡
13	南京	2007年7月4日,地铁珠江路站,一男子突然跳轨自杀,当场死亡	地铁运营受影响0.5h,由于死者身上没有任何有效证件,所以还无法确认此人身份
14	南京	2011年2月17日,地铁1号线从南延线开往迈皋桥的1502次列车,在开行至新模范马路站时,司机发现站台突然有人跳轨	司机拍下紧停按钮,随后报地铁控制中心。跳轨事件发生后,导致列车最长延误约38min。事故发生后,南京地铁控制中心立即启动列车压人应急预案
15	成都	2018年2月10日,一绿网缠绕在地铁的接触网上	发现该异常情况后,各相关工作岗位立即联动起来,耗时约10min,将该异物紧急清除了下来。行车间隔稍微拉大了一些,因为在平峰时段,所以没有对市民出行造成太大影响

1.6.6 轨旁设备脱落典型案例

事故概况:2011年11月24日7时35分,某市北客站下行10203次(0202车底)发生门选开关脱落事故,无法动车,行调组织后续列车北客站站前折返、事故车下线退出服务。25日21时31分,龙首原下行10719次(0202车底)再次发生门选开关脱落事故。

事故影响:10203次(0202车底)列车事故造成北客站滞留乘客5min,在站停留 23min,退出服务；10204 次、10404 次到达会展中心晚点，分别晚点 6min 25s、6min 11s。10719 次(0202 车底)列车事故造成龙首原站滞留乘客 12min，清客，在站停留 16min，退出服务；后续北客站到达 10819 次晚点 29min、10919 次晚点 28min、11019 次晚点 28min。

现场处置：10203 次(0202 车底)列车事故后，行调通知司机清客并退出服务，组织后续列车北客站站前折返、事故车下线退出服务。10719 次(0202 车底)列车事故后，行调通知司机清客并退出服务。

事故原因：

(1) 事故的直接原因是列车制造厂商(长春轨道客车股份有限责任公司)在车辆组装过程中，严重简化作业程序，存在扳手式开关大量配件漏装，装配质量较差，造成门选开关扳手两次脱落。

(2) 事故的间接原因是车辆专业、客运专业、调度专业安全管理存在漏洞，运作协调不力、处置效率低，具体表现在：①司机反应不及时，停车 2min 后才向行调报告车门打不开，接车司机也未及时在尾端协助开门，而是等待行调的命令。②行调的行车组织指挥需进一步优化，三方通话在司机报事故后 17min 才启动，时机较晚，10203 次在站停留时间过长，未及时组织下线退出服务。③检调对司机的指导过于匆忙，未充分了解司机的具体状况，对事故现象和原因不清楚，造成对司机的指导无效。④车辆段热备车行动缓慢。热备车司机从通知到具备出库条件用时 12min，其中车辆段调度通知热备车司机用时 2min；监控司机 3min 后上车，操纵司机 7min 后才上车。⑤车辆专业对事故的分析原因查找处理不彻底，仅认为是门选开关手柄存在问题，只更换了门选旋钮，而未对开关内部进行彻底检查，要求生产厂家的整改时间过长，且未制定整改前的预防措施。

事故启示：

(1) 车辆专业：一是做好门选开关事故排查整改效果的跟踪检查工作。二是结合本次事故，补充完善车辆事故处理指南，并对司机进行培训指导；同时组织专项培训，提高维修人员、检修调度人员的事故处理指导能力。三是根据现场实际和易发事故对车辆检修规程进行优化。

(2) 调度专业：一是对 OCC 应急处置程序进行优化、完善，对于正线无法在短时间内恢复的事故车，必须尽快组织下线；二是做好对各部门应急处置时的指挥，发挥中枢作用。

(3) 客运专业：一是细化突发事件的处理流程，包括对乘客的解释、引导、清客等内容，加强司机、站务人员的应急培训，提高突发事件处置效率；二是加强对热备司机的管理，细化热备司机上岗流程，降低热备出库时间；三是加强接车后关键部位的检查，保证上线列车各部位运用正常。

1.6.7 维修机具遗落典型案例

事故概况：2019年7月14日10时35分，某地铁2号线12606次司机报安远门站上行进站300m处钢轨左侧有一工具箱，经调查确认为供电二分部接触网专业遗留液压钳盒，未影响行车。10时51分，行调组织13206次(0207车)、11306次(0229车)在龙首原至安远门上行区间采用列车自动防护驾驶(automatic train protection manual driving，ATPM)模式驾驶观察线路和异物情况，经司机确认安远门进站前300m处钢轨左侧有一个黑色箱子，现场如图1-22所示。11时25分，经工电一部接触网专业登乘确认，钢轨左侧有一工具箱，暂不影响行车，待运营结束后提报计划处理。7月15日凌晨，工电一部接触网专业将区间遗留液压钳盒取出。

图1-22 遗留在区间的液压钳盒及轨行区示意图

事故影响：本次液压钳工具盒遗留区间因发现及时而未对行车秩序造成影响。

事故原因：工电一部供电二分部接触网一班组作业完成后，作业负责人和材料员安全责任意识差，简化作业程序，未对工器具进行清点确认，导致工器具未出清遗留在作业现场。事件的间接原因是管理人员履职不到位，安全风险意识不强，管理人员夜班跟岗检查及设备质量监督现场检查均落实不力。

事故启示：疏散门、通道门、洞室门、轨旁设备等发生脱落、倾斜、开裂等情况，未经确认放行列车；施工维修作业完毕开通后，在线路上遗留机具、材料会存在严重安全隐患，危及列车安全。

此次事件暴露出现场作业卡控不到位，清点工作流于形式，应强化安全管理。此后工作中，一是要规范检修作业流程，重点对施工前安全教育、检修记录填写、检修规程执行、标准化作业流程等进行自查，发现问题留存记录并及时整改；二是依据各专业特点，作业前明确人员分工、职责，作业中落实检修关键点，做好监督检查，确认检修作业安全有序。

参考文献

[1] 刘新荣,刘丰铭,李鹏.山地城市地下空间排水与防洪功能的思考[J].地下空间与工程学报,2012,8(5):896-903.

[2] 宋波.点面结合、科学规划、适应现代城市灾害特点的防灾减灾新视点:联合国人居署第四届世界城市论坛主题讲演[J].土木工程报,2010,43(5):142-148.

[3] 龚珍.地铁隧道施工对邻近建筑物的风险评估与控制研究[D].西安:西安工业大学,2019.

[4] 翁杰.宁瑞建设公司工程项目风险评价与管理[D].兰州:兰州理工大学,2020.

[5] 蔡晶晶,张学华,陈宁威,等.地铁运营期防汛风险评估[J].地下空间与工程学报,2019,15(S1):470-478.

[6] 申若竹.地下空间洪水入侵的机理及防洪对策研究[D].天津:天津大学,2012.

[7] 汤书明,李娴.合肥5号线地铁车站洪涝设计水位研究[J].地下空间与工程学报,2018,14(S2):881-886,899.

[8] 蔡晶晶,张学华,陈宁威,等.地铁运营期防汛风险评估[J].地下空间与工程学报,2019,15(S1):470-478.

[9] 史悦.城市地下空间受涝风险评估模型的简化构建及新型防涝装置研究[D].西安:西安建筑科技大学,2019.

[10] 刘承垚.基于蚁群算法的地铁车站火灾应急疏散动态路径分析[D].大连:大连交通大学,2018.

[11] 于恒,汪益敏,仇培云.基于可拓理论的地铁车站多风险因素安全评价体系[J].交通工程,2019,19(2):72-78.

[12] 王欣.城市地下公共空间的治安防控研究[D].北京:中国人民公安大学,2018.

[13] 毕旭,王丽,张雅斌,等.陕西秦岭北麓致灾短时暴雨特征及预警技术[J].灾害学,2019,34(2):122-127.

[14] 王超.地铁运营保障项目的风险管理[D].北京:北京邮电大学,2019.

[15] 李颖.基于社会力模型的地铁车站乘客疏散模拟研究[D].北京:中国地质大学,2018.

[16] 费伟.基于有权网络模型的城市地铁网络脆弱性研究[D].武汉:武汉科技大学,2019.

[17] 刘华莉.基于情景构建理论的地铁车站内涝灾害应急管理研究[D].北京:首都经济贸易大学,2018.

[18] 王婷,胡琳,谌志刚.2020年“5·22”暴雨致广州地铁被淹的原因及解决对策[J].广东气象,2020,42(4):52-55.

[19] 陈峰,刘曙光,刘微微.城市地下空间地面洪水侵入成因和特征分析[J].长江科学院院报,2018,35(2):38-43.

[20] 曾钧柯,赵江涛.成都市暴雨内涝成因与防治对策分析[J].工程技术研究,2019,4(21):206-208.

[21] 邵华,王蓉.上海地铁盾构隧道病害影响因素及特征分析[J].现代隧道技术,2018,55(S2):922-929.
[22] 戴姝婷,沙萱.盾构隧道直径收敛的数据及原因分析[J].江苏建筑,2019(3):75-78.
[23] 刘亚江.北京地铁盾构隧道病害下结构安全及行车动力特性研究[D].北京:北京交通大学,2019.

第2章

城市地下空间灾（病）害作用机理

城市地下空间灾(病)害具有较强的突发性,由于地下空间位于地表以下,空间相对封闭、复杂,灾害的作用机理和发展过程与地面灾害有显著不同。本章主要介绍地下空间水灾、火灾、爆炸、关键设备系统故障和地下结构灾(病)害发展过程及事故树模型,基于理论、试验及数值仿真的灾害作用机理研究及实例分析等,从而为建立地下空间灾害跟踪识别指标与应急处置方法奠定理论基础。

2.1 城市地下空间水灾作用机理

2.1.1 地下空间水灾发展过程及事故树模型

水灾是城市地下空间最常见的灾害之一。基于致灾因子的不同,可将地下空间水灾划分为外部因素引发的水灾和内部因素引发的水灾。外部因素引发的水灾主要为地面洪水侵入型,指的是洪水通过地下空间出入口直接进入,其诱发因素包括地表管道破裂、暴雨地表积水、江河漫流等。内部因素引发的水灾包括地下水侵害型和内涝型。地下水侵害型指的是对地下结构破损造成的地下水渗漏;内涝型指的是地下空间内部设施发生故障造成的洪水灾害,如给排水管破裂、泵房故障等。据此,可绘制地下空间水灾事故树模型(图 2-1)。

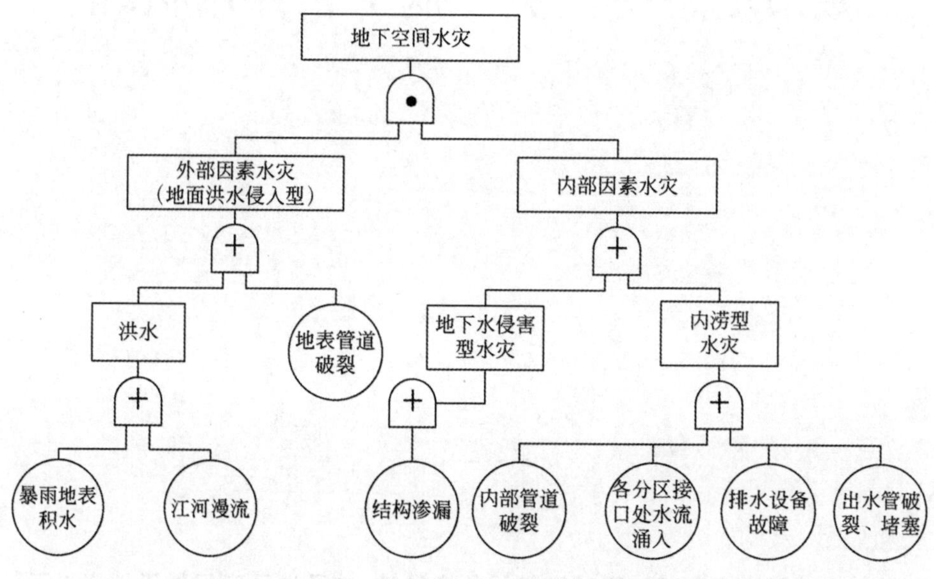

图 2-1 地下空间水灾事故树模型

以地下综合体为例,外部因素引发水灾和内部因素引发水灾的发展过程如图 2-2 所示,并简述如下。

(1) 外部因素引发水灾:由于暴雨、地表管道破裂、河流/海水水位上升导致地下综合体周围地表积水,随着时间的推移,积水逐渐上升,直至淹没地下综合体的出入口(包括风亭等不走人出入口),积水深度超过出入口高度后,水流侵入地下综合体。侵入的水流一部分经排水沟收集到集水坑中,并通过泵抽排至市政管网;另一部分直接通过通道进入地下综合体内部形成积水。当泵抽排能力小于进水流量时,集水坑积满水后水流将溢出进入综合体内部形成积水。

(2) 内部因素引发水灾:由于结构渗漏、管道破裂、排水设备故障、出水管

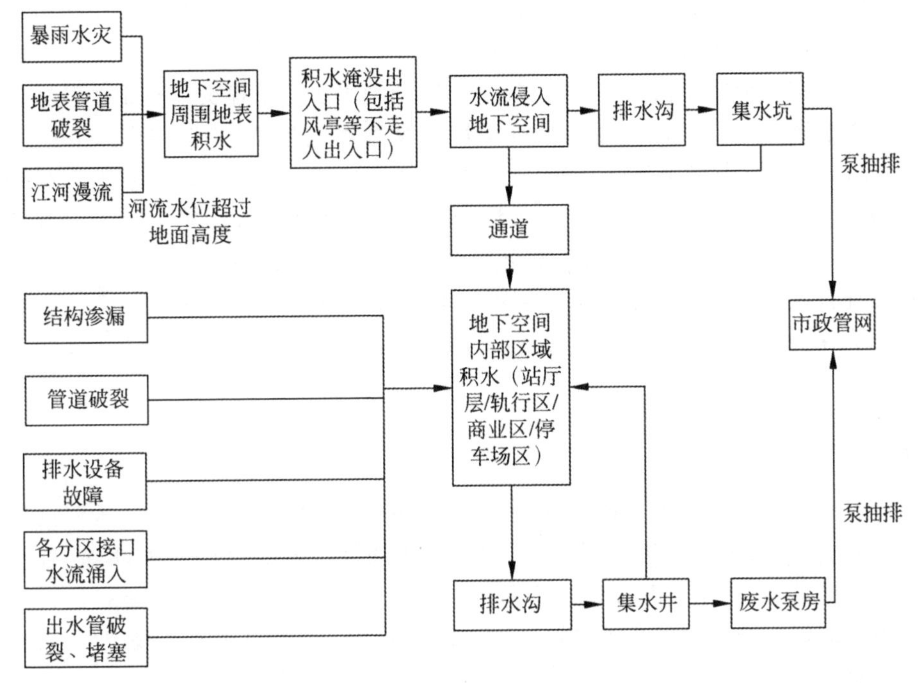

图 2-2　地下综合体水灾的发展过程

破裂或堵塞、各分区接口水流涌入引起地下综合体水灾,水流经过相互连通的排水沟被收集到集水井中,由于集水井的储存能力有限,积满后一部分水流溢出,另一部分水流通过废水泵房中潜水泵的抽排作用,最终被排至市政管网中。

2.1.2　地下空间水灾分析方法

地下空间水灾作用机理的分析方法主要包含水力推演分析和情景模拟分析两部分。水力推演分析是指利用水文学和水力学系列经验公式的推演,涵盖设计暴雨过程,地表综合积水深度、侵入总流量、内部水管破裂时积水上升速度等的计算。情景模拟分析是指采用分析软件模拟不同情景下的水灾演化过程。

1. 设计暴雨过程

设计暴雨过程首先要对雨量资料进行频率分析,得到一定历时的设计雨量,再确定设计雨型,得到设计暴雨过程,并由降雨径流模型转换成设计流量过程。根据《深圳市暴雨强度公式及查算图表》和《深圳市城市设计暴雨雨型分析研究》,可得到深圳市的暴雨强度公式;在进行暴雨预测时,还需确定雨峰类型、雨峰位置、雨量分布,进而选择相应的降雨量时程分布(即雨型)来模拟降雨。常用的雨型包括均匀雨型、芝加哥雨型(Keifer&Chu 雨型)、径流雨型(SCS 雨型)、胡夫(Huff)雨型、P&C(Pilgrim&Cordery)雨型、不对称三角形雨型(Yen

和 Chow 雨型)、同频率分析方法型("长包短")等。根据暴雨强度公式和雨型可以设计出不同重现期下的暴雨过程。

暴雨强度公式是反映降雨规律、指导城市排水防涝工程设计和相关设施建设的重要基础。深圳市气象局根据深圳国家基本气象站 1961—2014 年共 54 年的降水记录,先采用指数分布、耿贝尔分布和 P-Ⅲ分布进行曲线拟合,得到 i-t-P 三联表,再分别采用最小二乘法、高斯-牛顿法两种方法求解分公式和总公式各参数,在此基础上得到 6 套分公式和 6 个总公式,最后根据误差分析选择最优公式。深圳市气象局推荐使用 P-Ⅲ分布曲线+最小二乘法拟合这一组合作为深圳市暴雨强度的计算方法,采用该方法计算出的深圳市暴雨强度总公式为:

$$i=\frac{A_1(1+C\lg P)}{(t+b)^n} \quad 或 \quad q=\frac{167A_1(1+C\lg P)}{(t+b)^n} \tag{2-1}$$

式中,i 或 q 为暴雨强度,mm/min 或 L/(s·hm^2);P 为重现期,a;t 为降雨历时,min;A_1 为雨力参数,即假设重现期为 1a 时的 1min 设计降雨量,mm;C 为雨力变动参数(无量纲);b 为降雨历时修正参数,即对暴雨强度公式两边求对数后能使曲线化成直线所加的一个时间常数,min;n 为暴雨衰减指数,与重现期有关。

根据深圳市降水记录数据,对上述公式中的各类参数进行确定,最终确定的暴雨强度公式为:

$$i=\frac{8.701(1+0.594\lg P)}{(t+11.13)^n} \quad 或 \quad q=\frac{1450.239(1+0.594\lg P)}{(t+11.13)^n} \tag{2-2}$$

依据《城市暴雨强度公式编制和设计暴雨雨型确定技术导则》,本研究选用芝加哥雨型。芝加哥雨型为一定重现期下不同历时最大雨强复合而成,是根据城市暴雨强度公式确定雨量的变化过程,该方法推求简单,在工程中应用较为广泛。芝加哥雨型的确定基于特定重现期下的阵雨强度-延时-频率(IDF)关系曲线,包括综合雨峰位置系数的确定及芝加哥降雨过程线模型确定,具体流程如图 2-3 所示。

芝加哥雨型以统计的暴雨强度公式为基础设计典型降雨过程。通过引入雨峰位置系数 r 来描述暴雨峰值发生的时刻,将降雨历时时间序列分为峰前和峰后两个部分。令峰前的瞬时强度为 $i(t_b)$,相应的历时为 t_b;峰后的瞬时强度为 $i(t_a)$,相应的历时为 t_a。取一定重现期下暴雨强度公式,雨峰前后瞬时降雨强度可由式(2-3)和式(2-4)计算得出:

$$i(t_b)=\frac{A\left(\dfrac{(1-n)t_b}{r}+b\right)}{\left(\dfrac{t_b}{r}+b\right)^{n+1}} \tag{2-3}$$

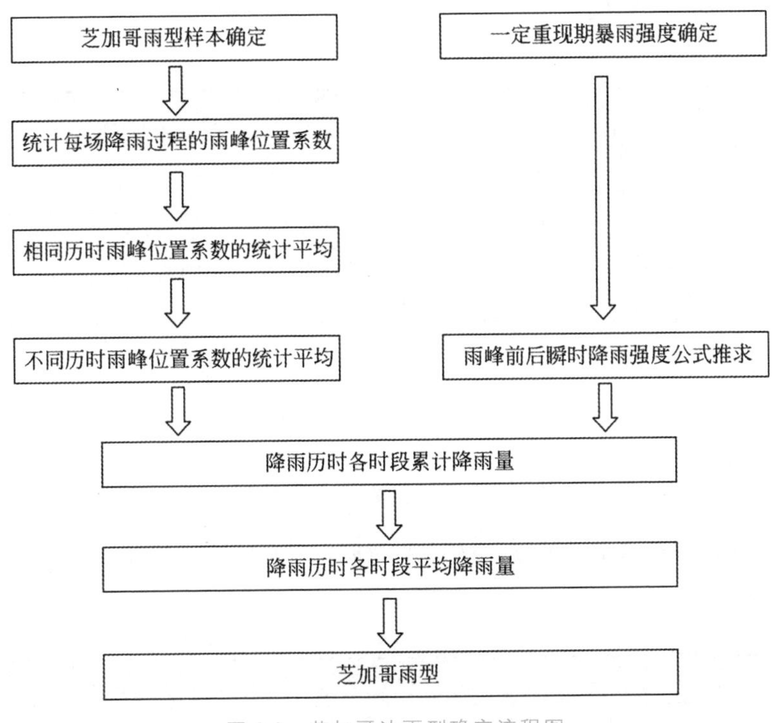

图 2-3　芝加哥法雨型确定流程图

$$i(t_a)=\frac{A\left(\frac{(1-n)t_a}{r}+b\right)}{\left(\frac{t_a}{r}+b\right)^{n+1}} \tag{2-4}$$

式(2-3)、式(2-4)中，A、b、n 为一定重现期下暴雨强度公式中的参数；r 为综合雨峰位置系数，可根据每场雨不同历时峰值时刻与整个历时的比值加权平均确定，深圳市的综合雨峰位置系数为 0.35，之后可利用式(2-3)、式(2-4)计算芝加哥合成暴雨过程线各时段的累计降雨量及各时段的平均降雨量，进而得到每个时段内的平均降雨强度，最终确定出对应一定重现期及降雨历时的芝加哥雨型。

2. 地表综合积水深度计算

基于暴雨数据，通过经验公式计算，可以提前预测大暴雨情况下地表综合积水深度(此积水深度为区域平均深度)和积水上升速度，并预判是否会发生水灾并确定水灾的灾害等级，从而在水灾发生前做好相应的预警准备工作。

根据《室外排水设计标准》(GB 50014—2021)，城市雨水设计流量可按式(2-5)计算：

$$Q_m=0.278\varphi qF \tag{2-5}$$

式中，Q_m 为洪峰流量，m^3/s；φ 为径流系数，取值依据见表 2-1 和表 2-2；q 为设计降雨强度，mm/h；F 为集雨面积，km^2。

表 2-1　径流系数表

序号	区　域	不透水覆盖面积	径流系数 φ
1	建筑非常稠密的中心区	不透水覆盖面积大于 90%	0.9～1.0
2	建筑稠密的中心区	不透水覆盖面积为 70%～90%	0.6～0.8
3	建筑较密的居住区	不透水覆盖面积为 50%～70%	0.5～0.7
4	建筑较稀的居住区	不透水覆盖面积为 30%～50%	0.4～0.6
5	建筑很稀的居住区	不透水覆盖面积小于 30%	0.3～0.5

由式(2-5)得城区地表积水上升速度为：

$$v_t = Q_m / A = 0.278\varphi qF / A \tag{2-6}$$

城区地表积水水深计算公式为：

$$h_{地} = \sum v_t t \tag{2-7}$$

式中，v_t 为地表积水上升速度，m/s；A 为地表积水区域面积，m^2；$h_{地}$ 为地表综合积水深度，m；t 为时间，s。

表 2-2　国内一些地区采用的综合径流系数

城市	综合径流系数	城市	综合径流系数
北京	0.5～0.7	扬州	0.5～0.8
上海	0.5～0.8	宜昌	0.65～0.8
天津	0.45～0.6	南宁	0.5～0.75
乌兰浩特	0.5	柳州	0.4～0.8
南京	0.5～0.7	深圳	旧城区：0.7～0.8 新城区：0.6～0.7
杭州	0.6～0.8		

3. 侵入总流量计算

基于地下空间各个出入口的实测地表积水深度，通过经验公式计算，可以得到侵入地下空间的总流量，作为外部因素水灾等级判断的依据。地下综合体的侵入总流量 Q 可以参考堰流公式或物理模型经验公式进行计算。

堰流是指在明渠中设置障壁（堰）后，缓流经障壁顶部溢流而过的水流现象。水流经地下空间出入口处台阶顶部溢流而过的过程可以近似视为堰流，堰流流量计算公式为：

$$Q = \varepsilon\sigma m B\sqrt{2g}\,H_0^{\frac{3}{2}} \tag{2-8}$$

式中，Q 为总流量，m^3/s；H_0 为堰上全水头，m；m 为堰流流量系数，与堰的进口尺寸和 δ/H（其中 δ 为堰顶厚度）有关；ε 为侧收缩系数，与引水渠及堰的尺寸有关，也由实验求得，当无侧收缩时，$\varepsilon=1$；σ 为淹没系数，一般分别按薄壁堰、实用断面堰和宽顶堰由实验求出，当为自由堰流时，$\sigma=1$；B 为堰顶过水净宽，m；g 为重力加速度，9.8m/s^2。

堰流流量系数一般分别按薄壁堰、实用断面堰和宽顶堰通过实验求得经验公式或数据。

根据日本学者石垣泰辅关于楼梯物理模型的试验成果，通过楼梯入侵地下空间的流量与其入口处积水水深的关系式为：

$$q=1.98h^{1.621} \tag{2-9}$$

式中，q 为楼梯口单位宽度洪水流量，m^3/(s·m)；h 为楼梯口地表积水深，m。

根据式(2-9)，可推演出侵入地下空间总流量的计算式为：

$$Q=\sum_{n=1}^{N}1.98b_n h_n^{1.621} \tag{2-10}$$

式中，Q 为侵入地下空间的总流量，m^3/s；n 为地下空间各出入口编号；N 为地下空间出入口总数；h_n 为地下空间各出入口积水深度与出入口台阶高度的差值，m[当 $h_{地}>h_s$(h_s 为出入口台阶高度)时，$h_n=h_{地}-h_s$，否则 $h_n=0$]；b_n 为地下空间各出入口对应的宽度，m。

4. 内部水管破裂时积水上升速度计算

根据《城镇供水管网漏损控制及评定标准》(CJJ 92—2016)，内部水管破裂时积水上升速度可通过式(2-11)和式(2-12)计算：

$$v_t=\frac{3600Q_L}{S} \tag{2-11}$$

$$Q_L=C_1C_2A\sqrt{2gH} \tag{2-12}$$

式中，v_t 为内部积水上升速度，m/h；Q_L 为漏点流量，m^3/s；C_1 为覆土对漏水出流影响，折算为修正系数(根据管径大小取值：$DN15\sim DN50$ 取 0.96，$DN75\sim DN300$ 取 0.95，$DN300$ 以上取 0.94，在实际工作过程中，一般取 $C_1=1$)；C_2 为流量系数，取 0.6；A 为漏水孔面积，m^2(一般采用模型计取漏水孔的周长，折算为孔口面积，在不具备条件时，可凭经验进行目测)；H 为孔口压力，mH_2O，一般应进行实测，不具备条件时，可取管网平均控制压力，$H=$10 倍供水压力(N/cm^2)。一般是保证城市的大部分地区有 0.3MPa(30mH_2O)左右的压力，因此 H 取 30mH_2O；g 为重力加速度，9.8m/s^2；S 为集水区域面积，m^2。

5. 水灾情景模拟

不少学者采用各类分析软件，建立模型对水灾进行情景模拟研究。使用的分析软件包括 HY-SWMM、HEC-RAS、MIKE、InfoWorksICM、SWMM、Aquaveo GMS Premium、Aquaveo SMS13 等，各类模拟软件的特点见表 2-3。

表 2-3 水灾模拟分析软件对比

软件名称	二维模块	特 点	数据接口
HY-SWMM	二维模型	能够模拟计算暴雨地表产汇流、管网汇流和水质变化，二次开发后更便捷	支持 GIS、CAD 数据
HEC-RAS	二维水动力学模型	能够进行非恒定流模拟，对水灾风险进行分析，提取淹没范围等指标，结果可视	HEC-GEORAS、GIS 数据
MIKE	二维地面洪水演算模型	模型及程序完整、模拟精度高、结果可视，通过相关系列软件能够实现耦合分析，数据处理耗时较少	支持 GIS、AUTOCAD、GoogleEarth
InfoWorksICM	二维地面洪水演算模型	功能强大、结果可视、适用性较好，能够实现不同模型的耦合，计算稳定性高，但操作复杂、成本高	支持 GIS、AUTOCAD、GoogleEarth
SWMM	二维模型	操作较简单、容易上手、开源，但模型计算引擎不完整、稳定性较差，数据处理耗时长	与图片进行对接
Aquaveo GMSP remium	二维有限元和有限差分	支持 2D、3D 网格模块，建模速度较快，模型数据可视化	支持 MODFLOW、Web、CAD
Aquaveo SMS13	二维有限元	具备一维和二维模型引擎	支持 erraServer、ArcGIS、CAD

本研究主要采用 HY-SWMM 和 HEC-RAS 进行实例建模分析。

1) HY-SWMM

HY-SWMM 是在 CAD 平台上开发出的基于 SWMM 内核的暴雨排水和低影响开发模拟系统。SWMM 是美国环保局为了设计和管理城市暴雨而研制的一种综合性的、可以完整模拟城市降雨径流过程和污染物输移过程的数学模型。HY-SWMM 能够模拟整个水文过程，包括降雨、蓄滞、入渗、地下水流动、地表漫流、低影响开发(low impact development，LID)设施滞留雨水以及雨水蒸发等。在进行暴雨地表水灾模拟时，HY-SWMM 模型可划分为地表产汇流计算和管网汇流计算两块内容。其中，地表产流基于相关下渗原理进行模拟计算，地表汇流基于连续方程和曼宁方程来进行二维模拟计算，管网汇流的计算原理为圣维南方程组，在模拟过程中，将管道内部的水流变化模型简化为一维模型。HY-SWMM 可以动态展示管渠水流变化，将计算结果直观展示，动态显示地面积水过程、淹没区域、淹没水深点等。

采用 HY-SWMM 进行暴雨地表水灾模拟的步骤为：①导入条件图，HY-

SWMM是基于CAD平台开发的,可以直接使用CAD图纸,避免二次处理。②创建地形。地形的创建可采用离散点法、等高线法或根据道路标高控制点创建地形。③建立管网。可导入管网Excel、Shp文件数据或者直接定义管道。④划分子汇水区域。这一过程主要是根据用地现状、地形、高程以及管网排布等资料,将研究区域划分为若干个子汇水区域。⑤定义降雨数据。可导入Excel文件、采用同倍比法或者通过暴雨公式进行相关计算。⑥设置对象属性、确定参数。参数类型包括确定性参数和经验性参数两类,具体参数详见表2-4。⑦模拟计算与结果。模拟时需选择合适的下渗模型。常用的下渗模型包括霍顿(Horton)模型、格林-安普特(Green-Ampt)模型以及径流曲线数法(soil conservation service,SCS)模型,其中,霍顿模型应用最为广泛,即假设雨水入渗呈指数型下降,在开始降雨时具有最大入渗速率,到后期土壤饱和后,维持最小渗透速率。最终,模型的模拟结果可通过曲线、图像、表格、动画等形式输出,包括区域流量、积水深度、淹没范围等。

表2-4 HY-SWMM模型参数表

对象	确定性参数	经验参数
子汇水区	面积、坡度、特征宽度、不透水面积比例、排放口	曼宁系数、洼蓄量、最大(小)入渗率、衰减系数
管段	起(终)点点号、管径、长度、形状	曼宁系数
节点	底标高、最大深度	—

2) HEC-RAS

HEC-RAS是由美国工程兵团水文工程中心编制的河道分析软件,是一个多任务多用户网络环境交互式使用的完整软件系统。该系统由图形用户界面(graphical user interface,GUI)、独立的水力分析模块、数据存储和管理、图形和报告工具组成。

在HEC-RAS水力分析模块中,包括恒定流水面线计算、非恒定流模拟计算、泥沙输送计算等。恒定流水面线计算可以完整地进行河网计算、树状系统计算以及单河道的水力计算;非恒定流模拟计算可以模拟通过明渠河网的一维非恒定流。通过HEC-RAS,用户可以进行一维(1D)及二维(2D)非恒定流模拟,具体功能包括:①可以实现1D、2D以及1D和2D的组合模拟;②二维的圣维南方程或扩散波方程的使用可供用户灵活使用;③采用隐式有限体积算法求解二维非恒定流方程,可以处理亚临界、超临界和混合流的流动变化规律;④一维和二维耦合求解算法;⑤使用非结构化计算网格,也可处理结构化网格;⑥拥有二维流域预处理器,可以根据建模过程中使用的底层地形,将单元和单元面处理成详细的水力属性表,允许建模者使用更大的计算单元且不会丢失控制移动的底层地形的太多细节;⑦可以使用RASMapper功能来展示详细的洪水动画。

2.1.3 地下空间水灾分析实例

本节以深圳市车公庙地下综合体为例，介绍内外部因素诱发地下空间水灾的分析过程。

1. 深圳市车公庙地下综合体介绍

深圳市车公庙地下综合体位于深南大道与香蜜湖立交桥交叉口处，以轨道交通为主，总建筑面积 70 204m^2(图 2-4)。车公庙地下综合体涵盖 1 号线、7 号线、9 号线、11 号线 4 条地铁线路以及南端的物业空间。11 号线沿深南大道平行 1 号线敷设，设置于 1 号线车站南侧，丰盛町地下商业街北侧，采用地下 2 层 13.5m 岛式站台车站，与 1 号线车站通过站厅换乘。7 号线、9 号线车站设置在深南大道南侧的香蜜湖路立交西侧，为地下三层双岛四线换乘车站。1 号线、11 号线车站与 7 号线、9 号线车站之间通过地下 1 层换乘大厅将两个区域站厅连接，实现换乘。

(a)

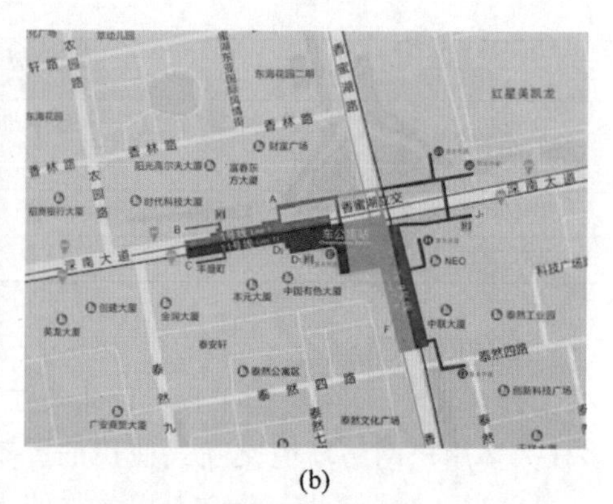

(b)

图 2-4 车公庙地下综合体位置图

(a) 俯视图；(b) 周边道路及建筑

车公庙地下综合体按深圳市 100 年一遇洪水频率标准设防，通过 10 个出入口与地面相联系，分别为 A、B、C、D1、D2、F、G、H、J1(I1)、J2(I2)，宽度分别为 4.2m、4m、4m、4.5m、3.7m、6m、6.5m、6.5m、6.5m、6.5m，目前已开通 A、B、C、D1、D2、F、J1 这 7 个出入口(图 2-5)，内部 3 个连接口(图 2-6)通向丰盛町地下商业街，地面出入口平台、风亭风口下檐以及能进入地下工程内的其他开口的设计标高均高出室外地面 450mm 以上。

2017 年 6 月 12 日晚 11 时许，台风"苗柏"在大鹏半岛沿海地区登陆。根据深圳市三防办统计数据显示，12 日 7 时至 13 日 11 时，深圳全市平均降雨 120mm，最大降雨 280mm(大鹏站)。13 日上午 7 时 50 分，车公庙地下综合体进水。通过调查，车公庙地下综合体进水的主要原因是受到暴雨的影响，使得

图 2-5　车公庙各个出入口

(a) A 口；(b) B 口；(c) C 口；(d) D1 口；(e) D2 口；(f) F 口；(g) J1 口

图 2-6　内部联通商业接口

(a) 接口 1；(b) 接口 2；(c) 接口 3

地铁车公庙在建 2 号通道工程施工场地已封堵的废弃污水管因水压过大，冲开封堵口没过车站挡水板后涌入车站，具体位置如图 2-7 所示，造成车公庙综合体部分区域积水，局部积水达 5cm，但车公庙站各出入口均正常无雨水倒灌情况，水灾入侵时间大概为 100min。

2. 车公庙外部洪水入侵分析与预测

在车公庙的防洪(防淹)设计中，洪水频率按深圳市 100 年一遇洪水频率标准设防要求执行；根据《深圳城市轨道交通 11 号线防洪影响评价》(2012 年 6 月)资料，车公庙 100 年一遇的设计水位是 5.84m。地面出入口平台、风亭风口下檐以及能进入地下工程内的其他开口的标高均高出室外地面 450mm，并同时满足防洪标高要求。经过现场考察，本工程室外地面标高最低点 5.4m，各出入口、风亭等与室外联通的接口的实际距地高度均高于 450mm。若按照

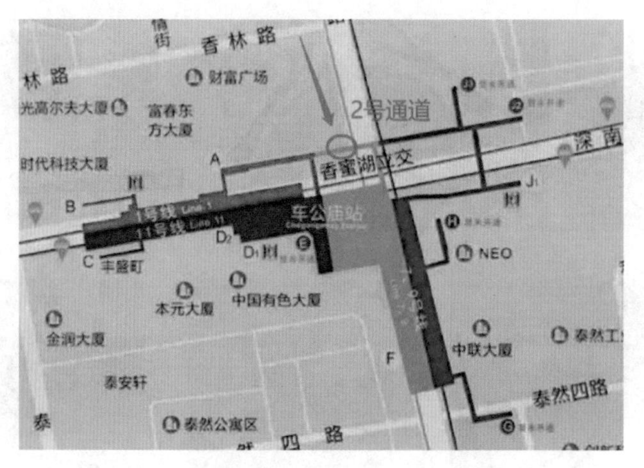

图 2-7　洪水入侵位置

450mm 的台阶高度为基准，由室外模拟结果可知，在 100、150、200 年一遇的洪水淹没分析中，地块南部因为地势较低，发生内涝风险较大。

研究采用 HY-SWMM 软件进行地表暴雨水灾模拟。模拟范围只考虑对降雨、排水等影响较大的建筑物、排水管道以及绿地等，同时在模拟中考虑了地面坡度、地形地势、雨水管网收集方向等，并根据研究对象，将地铁出入口单独划分为汇水区。根据提供的车公庙周边地形和管道图进行建模，将区域划分为 158 个汇水区，汇水区域总面积 48.621 hm^2，992 个节点，1031 个管段，具体如图 2-8 所示。

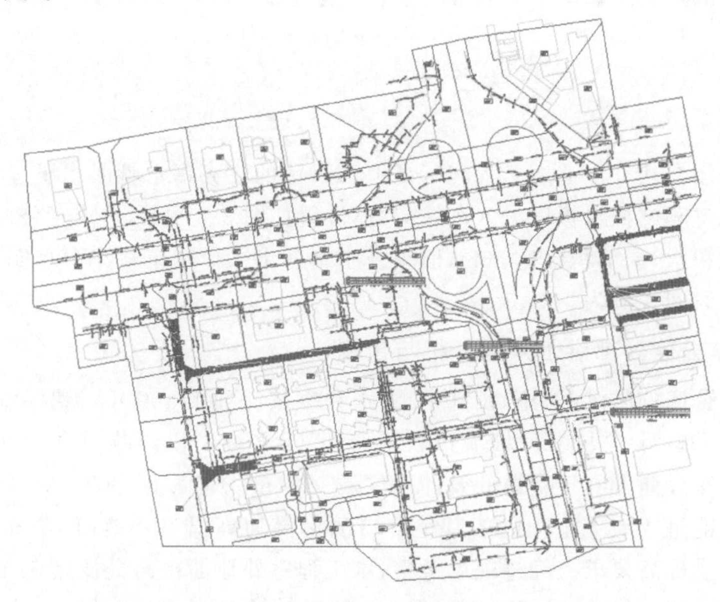

图 2-8　车公庙模型图

考虑到地铁设计为100年一遇，只模拟了100年一遇以上的情况，因此选取100、150、200年一遇的情况进行模拟。这三种情况下的淹没深度如图2-9～图2-11所示，从中可以看出，地块南部因为地势较低已发生内涝，但对车公庙综

图2-9　降雨下淹没深度(100年一遇)

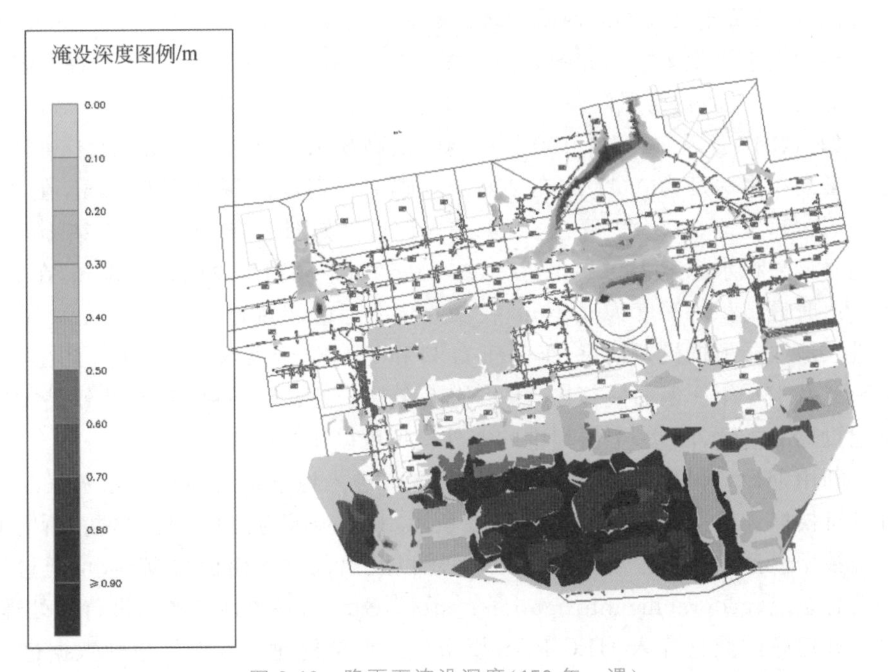

图2-10　降雨下淹没深度(150年一遇)

图 2-11 降雨下淹没深度(200 年一遇)

合体影响不大。淹没深度越深的地块,淹没风险越高,根据模拟得到三种情况淹没深度,按每淹没 0.1m,便采用较深颜色进行绘制的原则,绘制 100、150、200 年一遇的洪水淹没风险图如图 2-12～图 2-14 所示。通过分析可知,地块南部因为地势较低,发生内涝风险较大,而车公庙综合体 G 口和 F 口位于该区域内。

如图 2-15 所示,G 口在 100 年一遇时最高积水深度为 0.23m,在 150 年一遇时最高积水深度为 0.41m,在 200 年一遇时最高积水深度为 0.55m,在 200 年一遇时超过地铁口台阶高度,雨水进入地铁。如图 2-16 所示,F 口在 100 年一遇时最高积水深度为 0.19m,在 150 年一遇时最高积水深度为 0.31m,在 200 年一遇时最高积水深度为 0.46m,在 200 年一遇时超过地铁口台阶 0.01m,雨水进入地铁。根据模拟结果,车公庙 G 口和 F 口位于洪水风险区内,且在 100 年一遇及 150 年一遇的模拟中,积水均不会高于地铁台阶高度,与地铁站的防洪建设标准一致,因此,本研究中的室外模拟可以作为参考。

利用 HEC-RAS2D 软件对洪水从出入口进入地下综合体后的水灾发展过程进行模拟分析。模拟流程如图 2-17 所示,具体步骤为:①数据整理。所需的基础数据包括地形高程数据、各层平面图以及出入口的断面数据等,可通过地理信息系统(geographic information system,GIS)对各类地形数据进行预处理,再将处理好的数据导入 HEC-RAS 模型。②模型构建。首先将地形数据进行

图 2-12　降雨下洪水风险图(100 年一遇)

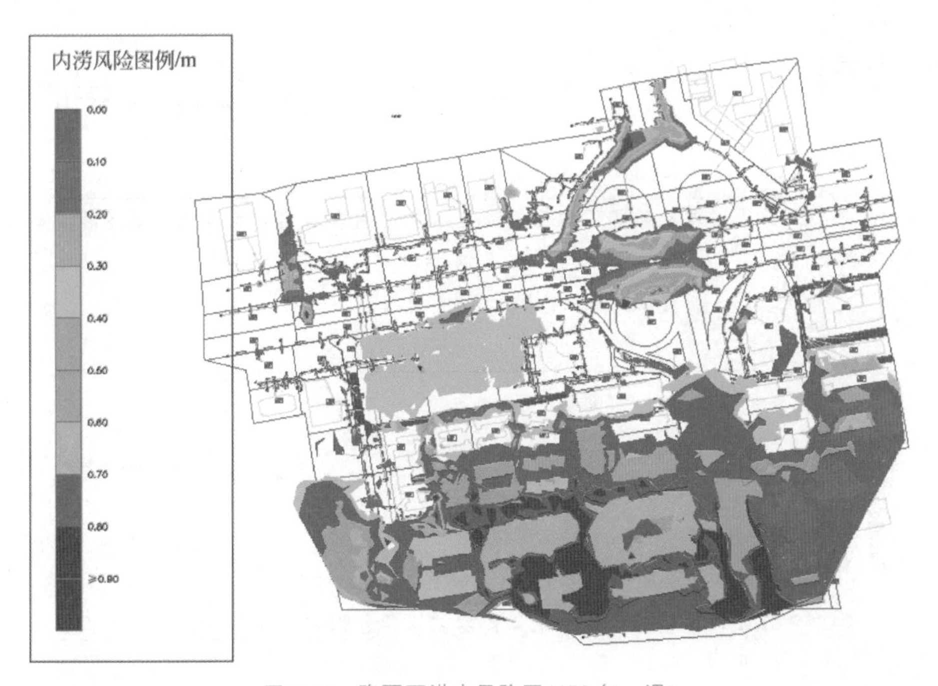

图 2-13　降雨下洪水风险图(150 年一遇)

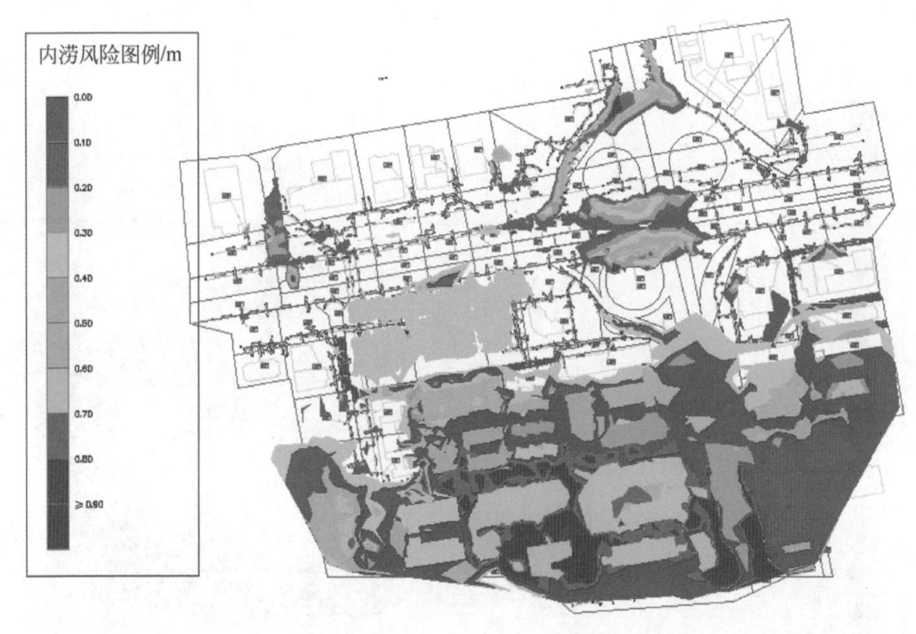

图 2-14　降雨下洪水风险图(200 年一遇)

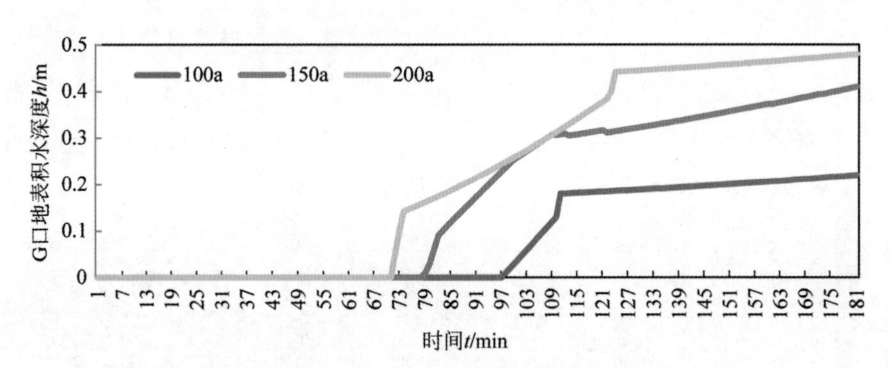

图 2-15　G 口积水深度变化

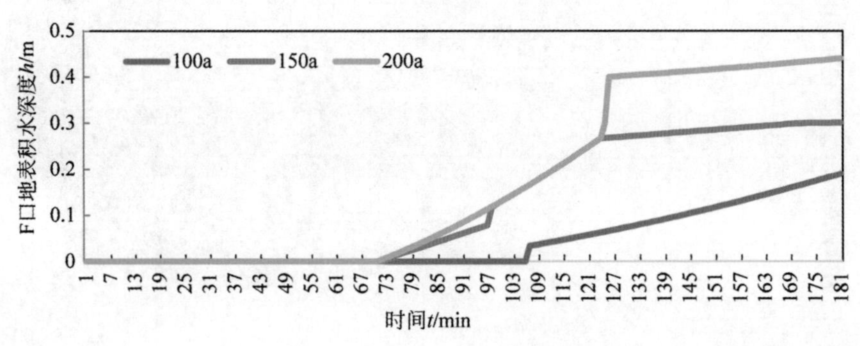

图 2-16　F 口积水深度变化

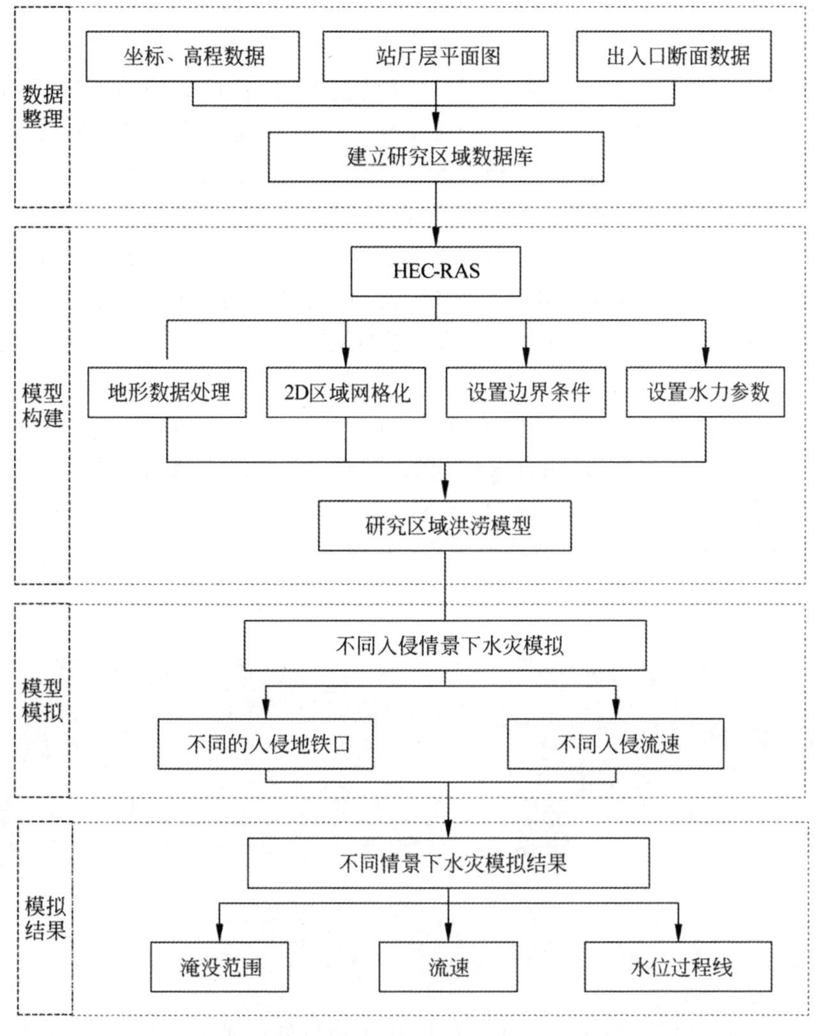

图 2-17　HEC-RAS 模拟流程

再处理，并确定 2D 模拟区域，该范围需将洪水可能淹没的整个区域包括在内。然后对 2D 模拟区域进行网格划分，HEC-RAS 二维模拟采用有限体积法求解，这种算法支持规则网格或不规则网格求解，网格可以是 3～8 边，通常情况下选择标准网格，在 2D 区域内部墙体位置等处可增绘隔断线，用于处理地形起伏变化明显的线状区域。其次，设置相关参数和边界条件，可参考 HEC-RAS 手册中的相关水文水力参数并根据实际情况确定。针对多层式的地下综合体，可将上层内部楼梯口处记录的流量信息作为上游边界条件，即将上层内部楼梯处的出流数据设置为下层中对应楼梯处的入流数据，从而实现地下综合体水灾的分层模拟。③模型模拟。选择不同入侵出入口、不同入侵流速等情况进行水灾全过程的非恒定流模拟，在进行出入口水侵代表性情况选择时，应充分考虑地表暴雨水灾模拟中对于各出入口的风险分析以增加模拟情景的合理性。在模拟时间窗口中，可设置计算间隔、水文过程线输出间隔、详细输出间隔、输出的DSS文件名和路径以及是否在混合流量模式下运行程序等。④模拟结果。模拟结束后，可在RASMapper中查看模拟结果，可提取的结果数据包括水位过程线、流速、淹没范围等，并能够以可视化的形式展示洪水入侵全过程。

针对车公庙地下综合体，在地形数据处理时通过GIS提取坐标、地形数据、横断面信息等，出入口通道和内部通道的阶梯均简化为斜面，并输入相应的断面信息。模拟同时考虑了站台层及站厅层两层，如图2-18和图2-19所示，模拟站厅层(地下1层)时记录下流量信息，并设置为站台层(地下2层)在同一楼梯处的流入流量；在确定2D模拟区域时，将站厅层、站台层及10个地铁站出入通道作为2D模拟区域，采用有限体积法，并将2D模拟区域划分为123 612个网格。通过GIS地形处理，构建车公庙内部阻水构筑物，并在2D区域内部添绘制隔断线，保证隔断线处网格紧密分布；在设置边界条件时，将10个出入口作为站厅层上游边界条件，并将地势低洼的边界作为下游边界条件。

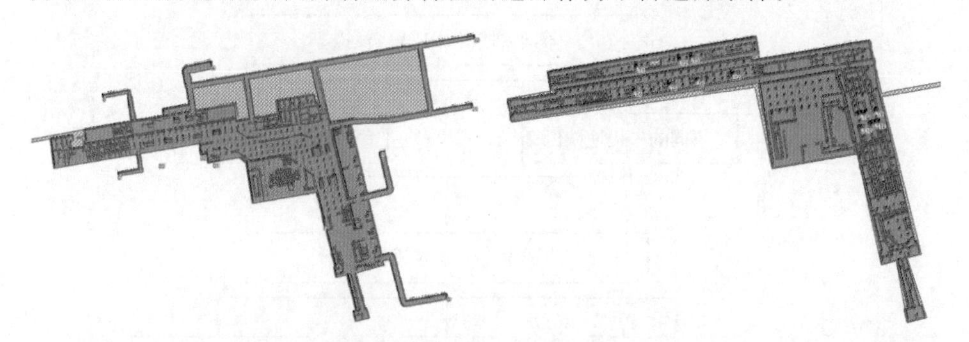

图2-18　车公庙地铁站站厅层模型图　　　　图2-19　车公庙地铁站站台层模型图

站台层的上游边界条件采用站厅层在楼梯口处记录的流量信息，下游边界条件为站台层地势低洼处；根据研究区域情况，曼宁系数取0.06。入侵单宽流量q由出入口处的积水深度h计算得到，分析中取值0.05m^3/(s·m)。进行非恒定流模拟，模拟时长为4h。计算时间间隔的确定应充分考虑时间间隔对模型的影响，且取值应足够小，一般应小于或等于模拟时长的1/24，为提升精度，此处计算时间间隔设置为10s，每10s进行一次计算。模拟输出的时间间隔设定为5min，将计算得出的水文信息每5min进行一次输出。

水流从全部出入口侵入地铁内部的情况最危险，受灾范围最大，受灾程度最严重。在车公庙地铁10个出入口处均设置0.05m^3/(s·m)的单宽入侵流量进行模拟时，站厅层的淹没范围如图2-20和图2-21所示，分别为站厅层30min后的淹没范围图和站厅层最终淹没范围图。

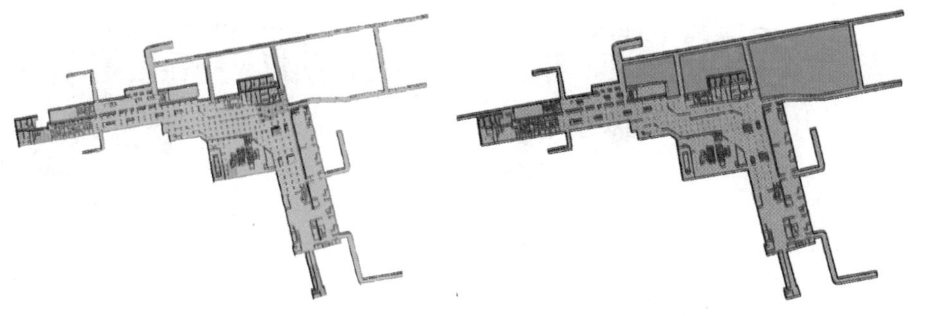

图 2-20　车公庙站厅层 30min 淹没范围图　　　　图 2-21　站厅层最终淹没范围图

根据试验数据和观测结果可知，水流首先流经与出入口相连通的通道，并在通道处迅速形成积水，继而流向内部检票区等位置，在 10min 后水流开始通过距离 D2 出口最近的楼梯口向站台层（地下二层）演进，1h 后水流覆盖站厅层。

为便于后续水灾分析，研究针对车公庙地铁站内部楼梯进行标号，如图 2-22 所示。根据模拟结果，各楼梯口开始进水的时间存在差异性。在 10min 后，6 号、7 号、10 号、11 号楼梯口最先开始进水，15min 后，4 号楼梯口开始进水，20min 后，1 号、2 号、3 号、5 号楼梯口开始进水，25min 后，剩余的 8 号、9 号楼梯口也开始进水，至此，全部楼梯口都已出现进水情况。

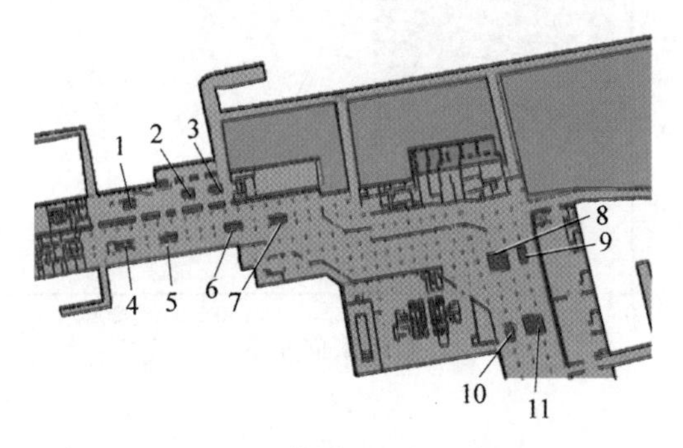

图 2-22　楼梯口标号示意图

站台层的淹没范围如图 2-23 和图 2-24 所示，分别为站台层 30min 后的淹没范围图和站台层最终淹没范围图。

站台层位于地下二层，根据站厅层模拟结果，10min 后水流开始由楼梯口流入站台层；根据站台层模拟结果，30min 后，站台层的淹没范围仅集中于内部 11 个楼梯周围，而最终的淹没范围集中于站台层北部和东部区域。

由于轨行区的地势相对最低，与同层中其他区域相比，存在较大的地势落差，水流将逐渐流向轨行区内部，并快速聚集，所以轨行区的水灾风险较大。轨

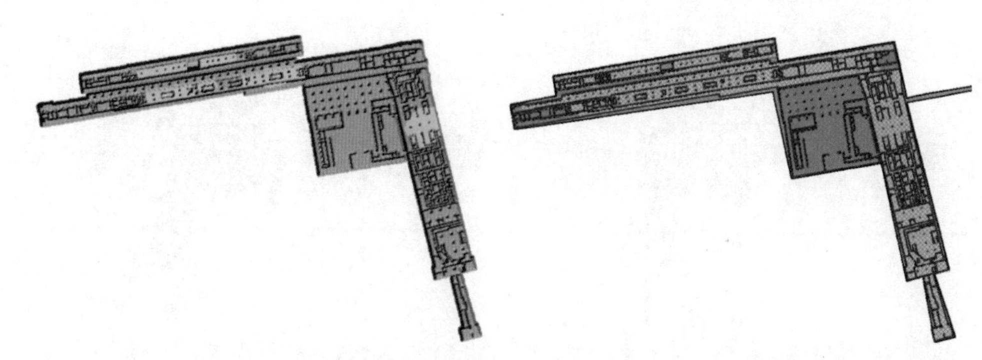

图 2-23　车公庙站台层 30min 淹没范围图　　　图 2-24　车公庙站台层最终淹没范围图

行区内的积水将直接影响地铁的正常运行，根据成都地铁公司《轨行区水淹应急预案》，当积水面距轨面高度 5cm≤h≤18cm 时，轨行区积水将导致信号障碍，列车限速 25km/h 通过积水区段；当积水面距轨面高度 h≤5cm 时，列车将停运。综上所述，轨行区水灾风险较大，水灾后果严重。由于模拟范围限制，本案例仅考虑站台层区域范围内的轨行区，未考虑地铁线路的区间隧道，因此，相较于实际情况，轨行区的模拟积水深度相对偏大，积水上升速度偏快。本例提取了深圳地铁 1 号线和 11 号线的轨行区积水深度变化图(图 2-25、图 2-26)。

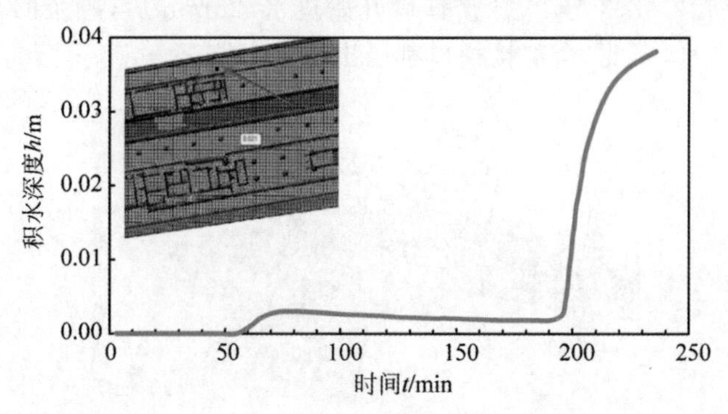

图 2-25　轨道内积水深度变化(1 号线)

根据模拟结果，40min 后，水流开始侵入 1 号线轨行区，逐步将整个轨行区淹没，水位以较快的速度上升，最大水位深度达到 4cm，11 号线轨行区的最大水位深度为 2cm。对比 1 号线轨行区和 11 号线轨行区，1 号线的水位上升速度更快，最大积水深度也更高，这主要是由于 1 号线轨行区的模拟面积相对较小造成的，水位上升速度与积水面积成反比，积水面积越小，水位上升速度越快。

研究共模拟了水流从 G、F 两个出入口侵入地铁内部，水流从 G、F、H、B、D1、D2 这 6 个出入口入侵，水流从 G、F、H、B、D1、D2、C 这 7 个出入口入侵以及水流从全部出入口侵入地铁内部的 4 种代表性情况。基于这 4 种不同情景的模拟结果，本节提取了相关重点指标进行对比评估，包括 30min 站厅层、站台

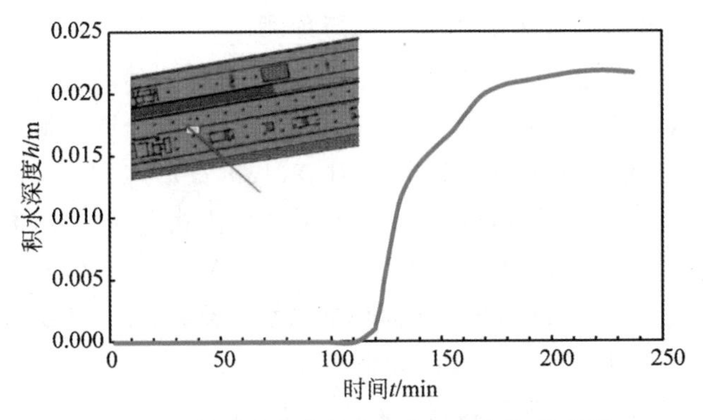

图 2-26 轨道内积水深度变化(11 号线)轨行区

层淹没范围,站厅层全部淹没时间,各楼梯口的水流侵入时间点和位置以及站厅层最大积水深度等,具体结果见表 2-5。

表 2-5 重点指标对比分析表

重点指标	全部出入口入侵	G、F 口入侵	G、F、H、B、D1、D2 口入侵	G、F、H、B、D1、D2、C 口入侵
30min 一层淹没范围				
30min 二层淹没范围				
一层全部淹没时间(t)	50min	3h 10min	1h 10min	50min
楼梯口侵入时间点及位置(楼梯标号见图 2-22)	5min：6 10min：6、7、11 15min：2～7、10、11 20min：1～7、10、11 25min：全部	10min：11 15min：10、11 25min：8～11 1h 30min：7～11 1h 40min：6～11 1h 50min：3、6～11 1h 55min：2、3、5～11 2h 05min：全部	5min：6 10min：6、7 15min：2、3、5～7、10、11 20min：1～7、10、11 25min：全部	5min：6 10min：6、7 15min：2～7、10、11 20min：1～7、10、11 25min：全部
一层积水最大深度/cm	100	26	52	60

3. 车公庙内部水管破裂水灾分析与预测

本例假定11号线左线隧道处水管破裂，对水管破裂导致的水灾进行分析和预测。在计算过程中，采用式(2-11)和式(2-12)进行计算。集水区域面积为深圳市地铁11号线单个隧道底面积，经计算(长×宽)为2328.76m^2；覆土对漏水出流影响折算为修正系数，取值1；流量系数取值0.6；孔口压力采用管网平均控制压力，此处采用保证城市大部分地区有0.3MPa(30mH_2O)左右的压力，取值30mH_2O。其余参数如漏水孔面积根据水管破裂状态，按水管横截面面积的整体或一半进行假定。共分析了如下4种工况：

工况一：假设11号线左线隧道处水管$DN80$半破裂状态，此时漏水孔面积A为0.0025m^2，通过式(2-11)计算得，水位上升速度为$v_t=0.0565$m/h，3h最大积水深度h_{max}为0.1695m。

工况二：假设11号线左线隧道处水管$DN80$完全破裂，此时漏水孔面积A为0.005 024m^2，通过计算得，水位上升速度为$v_t=0.1130$m/h，3h最大积水深度h_{max}为0.3390m。

工况三：假设11号线左线隧道处水管$DE110$半破裂状态，此时漏水孔面积A为0.007 85m^2，通过计算得，水位上升速度为$v_t=0.1766$m/h，3h最大积水深度h_{max}为0.5298m。

工况四：假设11号线左线隧道处水管$DE110$完全破裂，此时漏水孔面积A为0.0157m^2，通过计算得，水位上升速度为$v_t=0.3531$m/h，3h最大积水深度h_{max}为1.0593m。

对比上述4种情况，积水上升速度与漏水孔面积成正比，漏水孔面积越大，积水上升速度越快。工况二、三、四的3h最大积水深度均超过了车公庙11号线轨行区内的钢轨上表面，致使列车停运，工况一的3h最大积水深度将导致信号障碍，列车运行速度受限。

为对公式计算结果进行校对，对上述工况中的工况四进行模拟。选取11号线左线A轴与22轴相交处附近的水管$DE110$(FL64)进行完全破裂情况模拟，根据上述计算式(2-12)可得$Q_L=0.228m^3/s$。通过输入计算得到的漏点流量，在HEC-RAS模型中进行水位分析，共计模拟3h，得到漏点附近水位上升趋势线如图2-27所示。

根据模拟结果，轨行区内部各区域的水位深度差异很小，积水深度以$v_t=$0.3531m/h的速度逐步上升。在水灾开始1h后，轨行区内的最大积水深度h达到0.365m，超过轨行区内部钢轨上表面，列车将停运。2h后，轨行区内最大积水深度$h=0.715$m，3h后，轨行区内最大积水深度$h=1.070$m，水流尚未漫上站台。该情景下，水灾对轨行区造成较大影响，水灾发生短时间内，列车将无法运行，但水流始终未漫上站台，不会危及站内人员的生命安全。

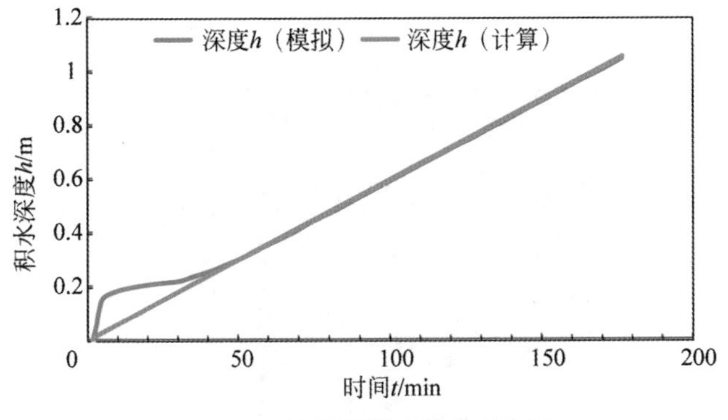

图 2-27　轨行区积水深度对比图

将公式计算的 11 号左线轨行区积水深度与软件模拟的结果进行对比，两者吻合程度较高。另外，需要指出的是，公式计算与模拟中均未考虑排水的情况，因此此处模拟结果暂不能对公式进行修正。

2.2　城市地下空间火灾作用机理

随着城市地下空间开发利用加快，规模逐渐扩大，用途越来越广泛，使得地下空间增加了一些灾害的隐患。比如，在地下空间中易燃物、火灾荷载的数量加大，地铁、地下商业街等空间在灾害情况下，安全疏散会更加困难。因此，在大力开发地下空间的新时期，进行相应的火灾研究，对于提高地下空间的消防设计标准，消除火灾隐患，具有重要的意义。

2.2.1　地下空间火灾发展过程及事故树模型

当可燃物、助燃物和起火源这燃烧三要素同时满足时，便会产生起火现象，发生火灾。本节统计数百起国内外地下空间火灾案例，从起火原因、起火部位和影响等方面对火灾事故进行分析总结。

(1) 地铁火灾事故成因。地铁火灾事故的事故原因主要有车辆自身的电气线路、设备故障；纵火、爆炸等人为破坏；区间隧道内机电设备老化及故障；操作失误或机械故障和其他原因。另外，由于统计资料的不完整，有些火灾事故具体原因尚不清楚，如图 2-28 所示。地铁与外部联系通道少，一旦发生火灾，燃烧产生的热量难以散发，会导致温度上升很快，容易较快地发生轰燃。测试表明，一般“轰燃”的时间为起火后 5～7min，会导致火势迅速扩大，隧道内的温度一般在 2～10min 内达到最高。

(2) 地下综合体火灾事故成因。综合原因主要有以下四个方面：人为纵火、设备故障、爆炸事故、明火使用不当。同时，也是从不同使用功能对地下综

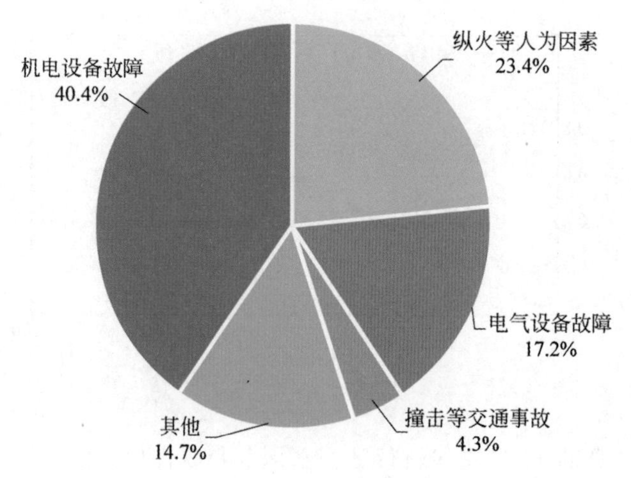

图 2-28　地铁火灾事故成因分析

合体的火灾危险源进行了划分。地下综合体的预警消防系统同地上类似，但地下综合体火灾升温快，易产生"轰燃"。高温烟气很难排出，散热缓慢，内部空间温度上升快。若温度上升到 400℃以上，会在瞬时由局部燃烧变为全面燃烧，室内温度从 400℃猛升到 800～900℃。

(3) 地下综合管廊火灾事故成因。因火场温度极高，管廊内收容的各类高压电力缆线在火场中受到外热作用，其外部保护层会在短时间内出现热解(脆化、碳化)现象，甚至被点燃，丧失绝缘保护作用，随后引发短路、断路，造成次生缆线燃烧爆炸事故。天然气生产环节中的管线，在运输时易因窜气、超压、腐蚀、选材不适和制作瑕疵等造成破损和泄漏，一旦遇火源即可引发火灾爆炸。表 2-6 列出了地下综合管廊火灾事故的成因。

表 2-6　地下综合管廊事故成因分析

致灾因子	致 灾 原 因
管线自身故障	电力电缆存在短路、接触不良、过载等状况
管路自身泄漏	天然气及污水管线泄漏产生易燃气体
周边环境影响	暴雨造成舱室电缆遭浸泡，周边地表火灾波及管廊埋设地土层产生 H_2S、CH_4 等气体
人为因素	人为入侵携带火源，施工和维保人员在工作中产生的明火或其他热源管理不善等

根据致灾的各种因素间的因果及逻辑关系图，建立火灾事故树(图 2-29)；根据火灾的不同阶段及其扑救处置措施建立火灾事件树(图 2-30)；梳理火灾发展各阶段关键风险要素建立火灾指标系统图(图 2-31)。

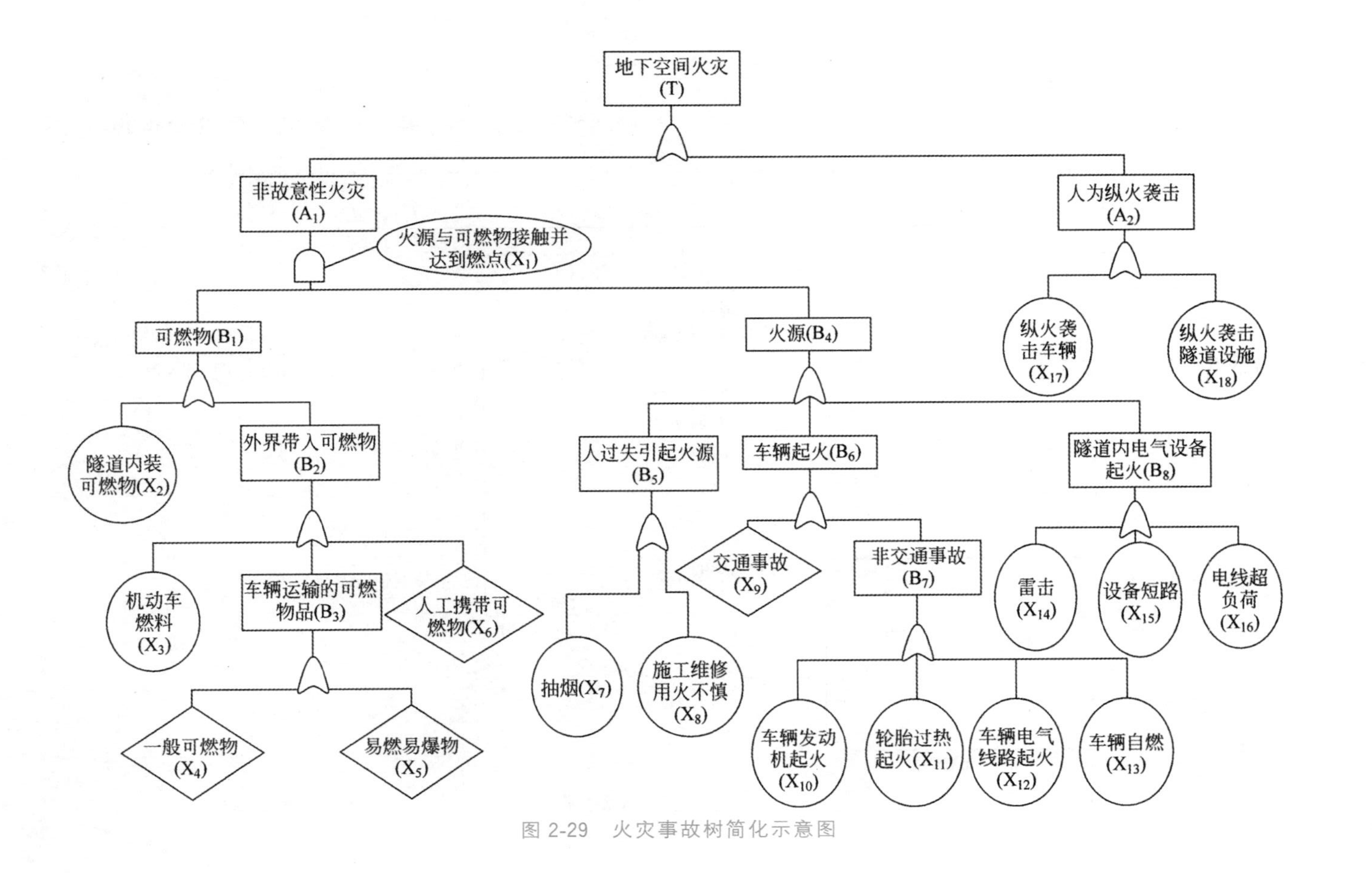

图 2-29　火灾事故树简化示意图

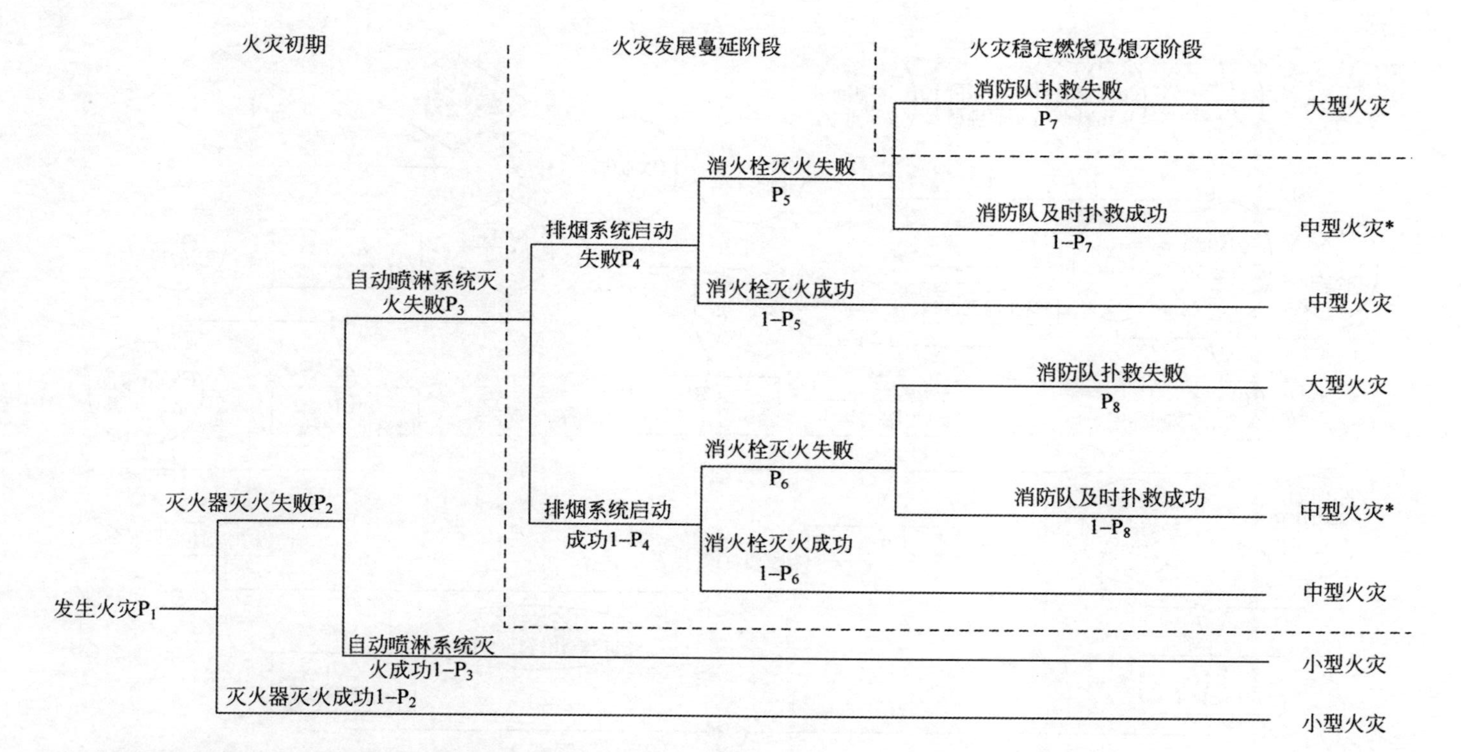

*注：如消防队扑救成功，但火灾持续时间超过1h，将其划分为大型火灾

图 2-30 火灾事件树

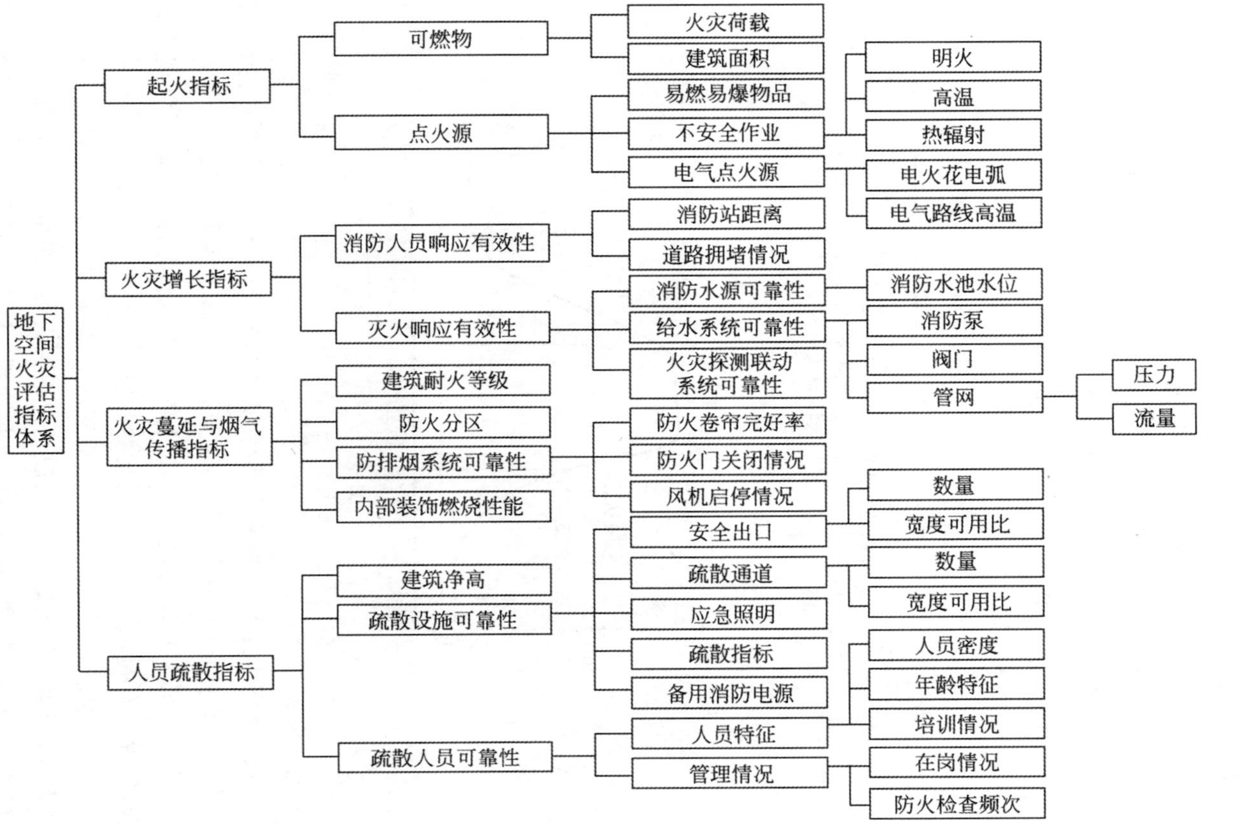

图 2-31 火灾指标系统图

2.2.2 地下空间火灾分析方法

1. 火灾情况预测

根据火灾的发生发展过程，一般可以划分为如下 4 个阶段：阴燃（可见烟）、发展阶段、高热量释放旺盛阶段及随着燃料物质的耗尽而逐渐熄灭衰退阶段（图 2-32），其对应的温度变化趋势如图 2-33 所示。

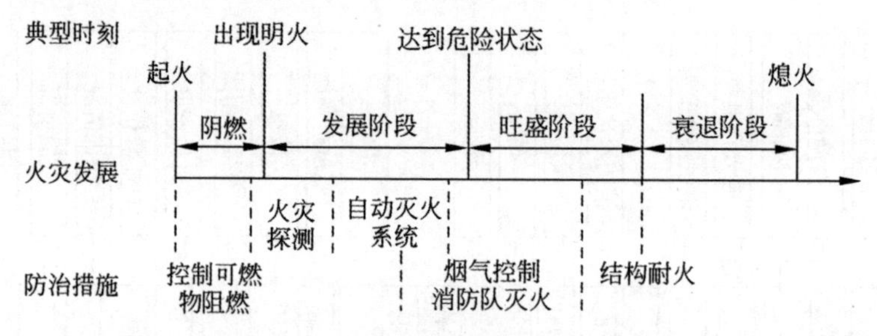

图 2-32　火灾发展过程简化示意图

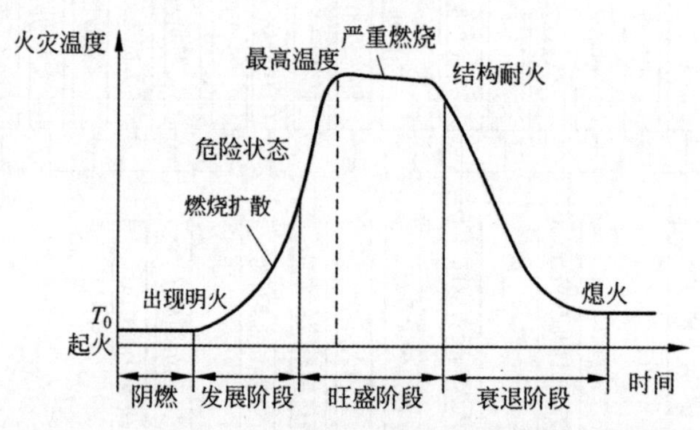

图 2-33　火灾发展过程温升示意图

1）地铁火灾

（1）极早期阶段：可燃物温度升高，火源挥发出烟雾固体小颗粒，因其分散在空气中是极其微量的，故而环境温度升高不明显，热量释放缓慢。

（2）阴燃阶段：物质温度进一步升高，产生气体增多，人眼可以观察到烟雾，此时还观察不到火焰，是火灾的初始阶段。

（3）剧烈燃烧阶段：物质阴燃的面积增大，释放的热量越来越高，物质温度会不断上升，产生大量可燃气体，人眼可以看到火源附近的燃烧火焰。

（4）高热阶段：物质剧烈燃烧，火星四射，火源不断转移，温度骤升，烟雾缭绕。

研究表明，地铁隧道在发生轰燃后，由于烟囱效应，高温烟气会迅速向上、下游蔓延。炽热的空气流经途中可把它的热量传递到任何易燃或可分解的材料上，形成火从一个着火点“跳跃”一个长度而引燃下一个燃料火源的现象。隧道空气压力的变化可导致通风气流流动速度的变化，比如加减速或者完全逆向流动。国内已有学者分析地铁火灾系统的耗散结构特性，揭示各影响因素变化所引起的系统熵值变化。建立地铁火灾系统熵流模型，进行熵流计算。并且提出预防火灾的措施，增加负熵，克服正熵，控制火灾演变方向，使其向着减少火灾发生以及降低损失的方向有序发展。

2）地下综合体火灾

（1）起火阶段：一般指轰燃（火灾由开始燃烧转变为全面燃烧的瞬间）现象出现之前的这段时间，着火区平均温度还未达到最大值，燃烧对整个建筑结构以及内部建筑构件等造成的破坏较低。该过程是灭火、人员疏散和救援的最佳时期。

（2）旺盛阶段：发生轰然现象，整个火灾进入全面燃烧阶段，因燃烧产生大量的烟气，同时温度骤然上升，一般情况下高达1000℃左右。随着时间的推移，火灾对建筑的主体结构产生不同程度的破坏作用，此时已错过灭火、救援的最佳时期。

（3）衰退阶段：经过旺盛期之后，建筑内部的可燃物大部分被燃烧殆尽，温度开始有所下降，火灾转入衰退阶段，直至最后熄灭。该阶段虽有燃烧停止，但是因为燃烧产生的大量热量仍然会持续一段时间，救援后续工作应防止复燃现象发生。

火灾会产生大量有毒烟气。在地下商场中，存在大量由棉、毛、麻、化学纤维、橡胶、塑料、木材、油漆等为原料制成的商品，由于不完全燃烧，会产生大量的有毒（剧毒）气体，造成人员伤亡。据统计，火灾死亡人数中约80%是吸入有毒、有害的烟气而窒息身亡的。此外，地下综合体由于其封闭性，着火时内部含氧量会急剧下降，当含氧量降至10%～14%时，人就会因缺氧失去对方向的判断能力，当含氧量降至6%～10%时人会晕倒，含氧量只有5%时仅需几分钟人就会死亡。另外，火灾烟气具有减光性和刺激性。当烟气弥漫时，可见光因受到烟粒子的遮蔽而大大减弱，能见度大大降低。烟气中有些气体对人的眼睛有强烈的刺激作用，如 HCl、NH_3、SO_2、Cl_2 等，使人睁不开眼睛，且火灾烟气随人员逃生方向一致向上扩散，从而使人们在疏散过程中的行进速度大大降低，安全疏散受到影响。

3）地下综合管廊火灾

（1）前期阴燃阶段：电缆处于阴燃阶段，可嗅到焦煳味，有少量冒烟现象。

（2）早期局部小火燃烧阶段：电缆局部燃烧，开始大量冒烟。

（3）中期明火阶段：电缆成束出现明火，并伴随大量糊烟，综合管廊内温度急剧上升，能见度明显下降，火灾沿电缆方向快速蔓延，火焰温度高达1000℃左右，各电缆处于轰燃阶段。

(4) 晚期火灾逐渐衰减阶段：电缆材料等可燃物基本燃烧殆尽，火灾逐渐衰减熄灭。

2015年6月1日起实施的《城市综合管廊工程技术规范》(GB 50838—2015)中明确提出天然气管道舱室可纳入综合管廊。天然气管道的火灾危险性随之也进入了管廊整体的火灾危险性中。天然气生产环节中的管线，在运输时易因窜气、超压、腐蚀、选材不适和制作瑕疵等造成破损和泄漏，一旦遇火源即可引发火灾爆炸。火源来源有静电火花、电气装置及其开关电火花、动火作业、金属体与金属体之间碰撞和摩擦等。

2. 火灾分析方法

1) 理论分析模型

(1) 基本控制方程。通常研究中对纳维-斯托克斯方程的处理忽略了声波的脉动，采用滤波处理，仅考虑温度、密度和压力的变化，其基本方程如下：

质量守恒方程：

$$\frac{\partial \rho}{\partial t}+\nabla \rho \bar{\boldsymbol{\mu}}=0 \tag{2-13}$$

能量守恒方程：

$$\frac{\partial}{\partial t}(\rho h)+\nabla(\rho h \bar{\boldsymbol{\mu}})=\frac{\partial p}{\partial t}+\bar{\boldsymbol{\mu}} \cdot \nabla p-\nabla \overline{q_{\mathrm{r}}}+\nabla(k \nabla T)+\sum_i \nabla(h_i \rho D_i \nabla Y_i) \tag{2-14}$$

动量守恒方程：

$$\rho\left(\frac{\partial \bar{\boldsymbol{\mu}}}{\partial t}+\frac{1}{2} \nabla|\bar{\boldsymbol{\mu}}|^2-\bar{\boldsymbol{\mu}} \omega\right)+\nabla p-\rho g=\bar{f}+\nabla \boldsymbol{\sigma} \tag{2-15}$$

气体状态方程：

$$p_0=\rho T R \sum_i(Y_i / M_i) \tag{2-16}$$

式中，ρ为密度，$\mathrm{kg/m^3}$；g为重力加速度，$\mathrm{m/s^2}$；t为时间，s；p为压力，Pa；$\bar{\boldsymbol{\mu}}$为速度矢量，m/s；$\boldsymbol{\sigma}$为应力张量，N；h为显焓，J/kg；p_0为环境压力，Pa；$\overline{q_{\mathrm{r}}}$为辐射热通量，$\mathrm{W/m^3}$；$T$为热力学温度，K；$k$为导热系数，W/(m·K)；$M$为混合气体分子质量；$R$为摩尔气体常数，J/(mol·K)。

(2) 湍流模拟。大涡数值模拟(large eddy simulation，LES)是介于直接数值模拟和雷诺平均模拟之间的一种模拟方法，比直接数值模拟节约时间，且能保证结果的准确性。它的主要思想是利用滤波函数对控制方程滤波，将大尺度涡和小尺度涡进行分离，对于大尺度的湍流运动采用直接模拟的方法，由于小尺度涡呈现出各向同性的特点，因此对于小尺度的湍流运动采用次网格尺度模型模拟。利用大涡数值模拟的结果反映的是流场的瞬时状态，有助于我们深入了解湍流运动的本质。大涡模拟已引起人们的广泛关注，成为工程领域研究复杂湍流问题的方法之一。

(3) 燃烧模型。对于直接数值模拟和大涡数值模拟，FDS 软件开发人员根据两种模拟方法所需的网格尺寸分别建立了有限反应率燃烧模型和混合分数燃烧模型。混合分数燃烧模型中的混合分数是表示气体浓度的一种方法，它假设可燃气体和氧气的燃烧是一个混合的过程，利用守恒函数可以进行气体组分的求解。混合组分燃烧模型的反应公式为：

$$\nu_{\mathrm{F}}\mathrm{Fuel} + \nu_{\mathrm{O_2}}\mathrm{O_2} \rightarrow \nu_{\mathrm{P}}\mathrm{Product} \tag{2-17}$$

在模拟中，需要利用有限化学反应模型计算火场中产生的二氧化碳，氧气等气体的浓度时，通常利用碳氢化合物的燃烧反应公式：

$$\nu_{\mathrm{C}_x\mathrm{H}_y}\mathrm{C}_x\mathrm{H}_y + \nu_{\mathrm{O_2}}\mathrm{O_2} \rightarrow \nu_{\mathrm{CO_2}}\mathrm{CO_2} + \nu_{\mathrm{H_2O}}\mathrm{H_2O} \tag{2-18}$$

在大涡数值模拟中，通常对划分的网格作简化处理，不够精细，不能直接求得可燃气体与氧气结合发生化学反应的扩散过程，因此采用混合分数燃烧模型；而在直接数值模拟中，计算机能够直接计算燃料和氧气的混合扩散过程，故搭配有限反应率燃烧模型进行模拟计算。

(4) 热辐射模型。火场当中热量的传递不依靠物体接触传热，主要是通过辐射换热进行，地下空间往往属于受限狭长空间结构，在发生火灾燃烧时，烟气羽流的辐射热受到各类因素的影响，因此它的热辐射求解更为困难。在 FDS 的热辐射计算中，采用有限容积法进行计算。完整的热辐射过程包括吸收和发散几个分步，该过程涉及的辐射传输方程为：

$$\begin{aligned} \boldsymbol{s} \cdot I_{\lambda}(\chi,\lambda) = & -[k(\chi,\lambda)+\sigma_{\mathrm{s}}(\chi,\lambda)]\,I_{\lambda}(\chi,\lambda) + \\ & B(\chi,\lambda) + \frac{\sigma_{\mathrm{s}}(\chi,\lambda)}{4\pi}\int_{4\pi}\phi(s,s')I_{\lambda}(\chi,s')\mathrm{d}s' \end{aligned} \tag{2-19}$$

式中，$I_{\lambda}(\chi,\lambda)$为单色辐射强度；$k(\chi,\lambda)$与$\sigma_{\mathrm{s}}(\chi,\lambda)$分别为吸收系数和散射系数；$B(\chi,\lambda)$为发射源项；$\phi(s,s')$为耗散系数；$\boldsymbol{s}$ 为热射线强度方向矢量。

如果空间中有非散射能力的气体，则辐射传输方程为：

$$\boldsymbol{s} \cdot \nabla I_{\lambda}(\chi,s) = k(\chi,\lambda)\,[I_{\mathrm{b}}(\chi) - I(\chi,s)] \tag{2-20}$$

式中，$I_{\mathrm{b}}(\chi)$为利用普朗克函数定义的单色辐射力。

2) 数值模拟方法

在火灾模拟研究领域，常用的模拟软件有 Phoenics、FDS、Fluent、CFX 等。其中 FDS 是由美国国家标准与技术研究院(National Institute of Standards and Technology，NIST)研发的一款功能强大的火灾动态模拟软件，它以流体动力学理论为基础，可以模拟建筑火灾、隧道火灾、地铁车站火灾、油池火灾等多种火灾场景。FDS 有着用户界面友好、模拟过程可视效果好、模拟结果准确等优点，但是所有命令都需要通过编程来实现，使用起来较为繁琐。本节采用的 Pyrosim 软件是从 FDS 基础上发展而来的，它保留了 FDS 的理论核心，而省去了编程的繁琐命令，提高了模拟效率。

Pyrosim 是一款火灾动态模拟软件，它为用户提供了图形动态可视界面。它能够用来创建各类火灾场景，包括模拟建筑火灾、隧道火灾、电气引发的火灾、地铁车站火灾、飞机舱火灾等，并能够准确模拟火灾发展趋势，火灾烟气蔓延情况。它同样是以流体力学为理论基础，可以监测火场温度，氧气浓度，因可燃物燃烧产生的一氧化碳、二氧化碳、硫化氢等有毒气体浓度分布的相关数据。利用 Pyrosim 得到的数值模拟结果，可用于建筑火灾安全性评估，改善建筑结构消防设计，也可用于火灾事故后的分析调查。它具有以下优点：

(1) 提供三维模式图形处理功能，建模同时能够通过漫游功能随时观察模型。

(2) 与其他工程软件实现了互联。由于 Pyrosim 是通过输入坐标参数来建模，当需要建立复杂的模型时，往往比较麻烦。此时可通过 CAD 或者 BIM 建模再导入 Pyrosim，从而节约时间。

(3) 建模过程中，可通过 Devices 功能设置热电偶、气体浓度、温度、可视度等测点，观察不同时刻不同位置火灾温度和烟气相关参数；2D Slices 功能可以设置温度和烟气切片，观察温度和烟气变化云图。

(4) 模拟结束后，可通过 Smokeview 功能模块，直观清晰地观察模拟火灾发展过程。

2.2.3 地下空间火灾实例分析

1. 地铁火灾数值模拟

该项目以车公庙地下交通枢纽为研究背景展开，车公庙位于深圳深南大道与香蜜湖立交交叉口西侧，属于全市最大的交通枢纽之一，是福田中心区和后海总部基地之间的次一级办公、商贸中心，也是福田中心与东、西部地区交通联系的重要换乘节点。以具有代表性的工况为例，描述一组建模分析过程如下。

1) 建立火灾实体模型

地下火灾模拟是个复杂的综合性工程，考虑到工程量的问题，只能选取部分有代表性区域进行模拟研究。使用火灾动态模拟软件 Pyrosim 依据某地铁站图纸按照 1∶1 简化建模，设置为三层岛式模型，整体布置为：模型尺寸为 140m×40m×12m，站台层高度为 4m，火源附近横向 20m 内的网格进行加密处理，每个单元为 0.2m×0.2m×0.2m，远处为 0.4m×0.4m×0.4m。设置三组工况，每组模拟设置时间为 270s，边界出口处始终设置为开放状态。具体模型布置如图 2-34 所示。

参考相关文献(周汝，2006)中地铁火灾模拟参数并依据车站实际施工图纸，对以下三种工况进行模拟分析，分别对应的热释放速率见图 2-35。工况一：980kW/m^2 的燃烧器在地铁车站内燃烧，火源位于车站地下负三层区域中心；

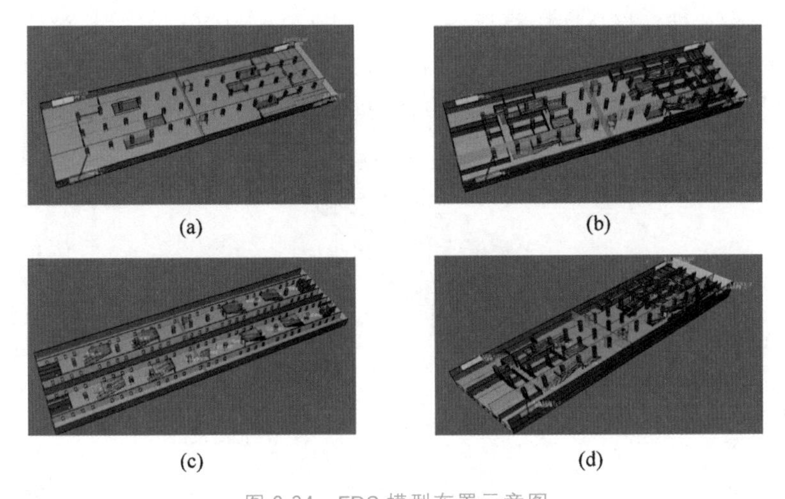

图 2-34　FDS 模型布置示意图
(a) 地下负一层模型图；(b) 地下负二层模型图；(c) 地下负三层模型图；
(d) 地铁车站三维模型图

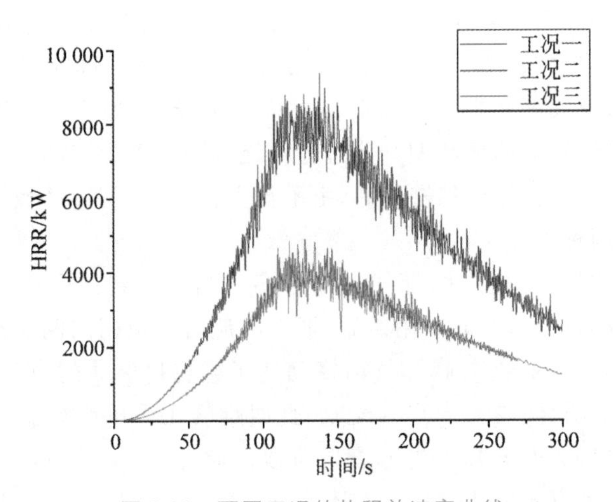

图 2-35　不同工况的热释放速率曲线

工况二：1960kW/m^2 的燃烧器在地铁车站内燃烧，火源位于车站地下负三层区域中心；工况三：980kW/m^2 的燃烧器在地铁车站内燃烧，火源位于车站地下负三层区域左侧设备间位置。

以工况一的站台区间为例对实验设备进行介绍，站台层各个楼梯口的中心设置烟气层高度探测设备(layer zoning device(用 LAYER 表示)LAYER)，站厅层出口位置两端墙壁分别设置有相应的 open 界面，以模拟通风和排烟。在站台层的正中心设置了 2m×2m 的燃烧器；从左到右有 8 组热电偶串(thermoconple，用 THCP 表示)用来测量烟气温度及有毒有害气体；4 个楼梯口的中心设置烟气层高度探测设备；在 $Y=12.0\text{m}$ 和 $X=65.0\text{m}$ 设置了温度切片；$Y=12.0\text{m}$ 方向设置了能见度切片，其具体的设施布置如图 2-36 所示，不同工况测点位置依据燃烧器调整有少许变动。

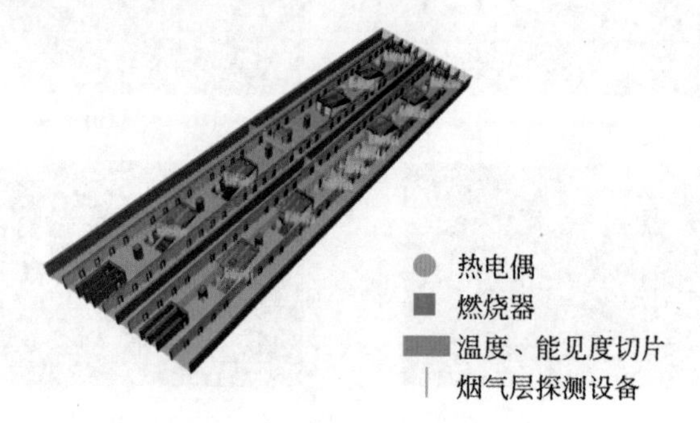

图 2-36　地铁模型部分设置布置图

2）模拟过程分析

观察整个模拟过程中火灾的发展和烟气的大致蔓延规律，看出工况一、工况二烟气从中心向两端蔓延沿中心对称的两端发展情况几乎是相似的，主要从最近的两个楼梯口（2、3 楼梯口）传送到站台站厅层，但由于火源功率大小的不同，工况二的火灾发展和烟气传播明显要快于工况一，如烟气前锋到达边界垂壁的时间、烟气下沉的速率和烟气分布等都能体现。工况三的明显不同在于火灾从设备间开始发展，整体从左而右，由下至上传播，但右边区域所受到的影响要远远小于前两种工况。

随着火灾的发展，生成的烟气越来越多。烟气受到浮力作用上升到达顶棚，并吸卷下方的空气，形成顶棚射流，烟气羽流沿着顶棚向两边逐渐扩散。工况一、二中，在 $t=50\text{s}$ 左右时，烟气前锋到达了楼梯口 2、3 的位置，且早期两者的传播速率差距明显。在 $t=150\text{s}$ 之后，此时烟气几乎开始覆盖了整个站台层，氧气含量越来越低，火灾开始进入衰退阶段。此外，工况三中由于墙体的阻碍作用，导致火灾单方向传播时烟气沿楼梯组蔓延至站厅层的速度更快。

3）数据处理分析

对比分析同等火源热释放速率下不同火源位置的工况一、三中能见度切片得到的数据进行处理（图 2-37），在火灾发生的 50s 后，产生的烟气集中在顶棚中心区域，并到达了 2、3 楼梯口的位置。随着火灾规模的扩大，烟气量增多，烟气快速向两侧及周边蔓延，火源左右两侧能见度为 30m 的区域逐渐减小。$t=140\text{s}$ 左右时，烟气到达两侧边界位置，并向人眼高度处以下区域蔓延，此时人眼高度处以下的能见度逐渐降低至 9m 以下。工况一中在 150s 以后，烟气占据整个站台层，站台层大部分区域内的能见度下降为 0，而工况三中由于烟气的单向传播，右边受到的影响始终较小，甚至接近模拟结束时刻，能见度还能维持在

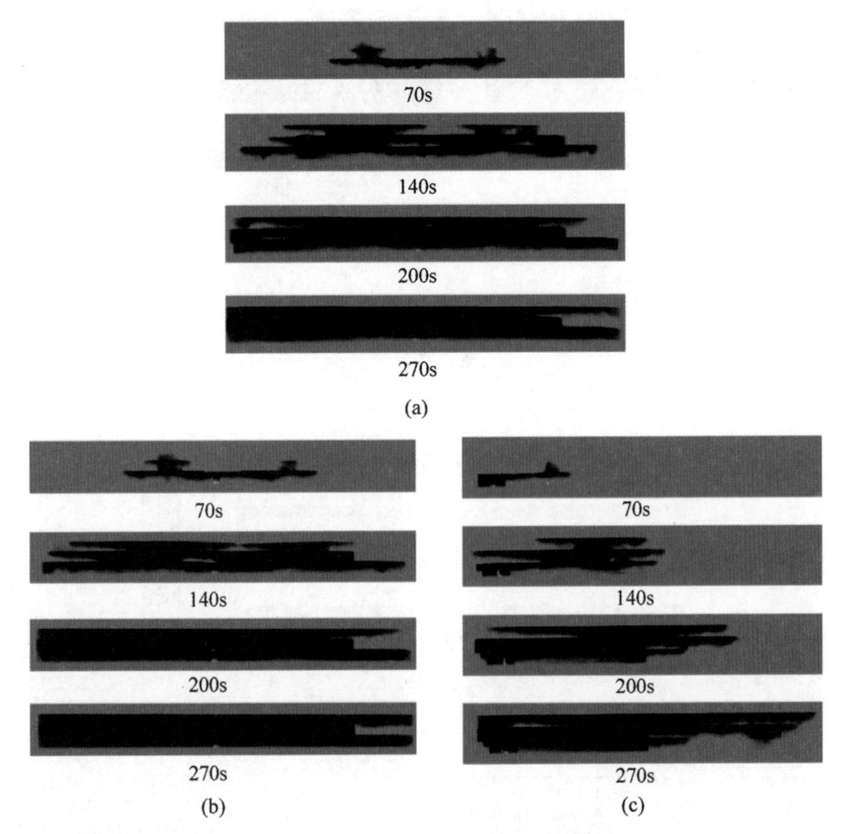

图 2-37 火灾烟气传播典型时刻示意图

(a) 工况一不同时刻下烟气传播示意图；(b) 工况二不同时刻下烟气传播示意图；(c) 工况三不同时刻下烟气传播示意图

30m 左右(图 2-38)。由于实体模型边界中有未开放区域，包括封闭的商业房间等，能见度始终在 30m 而并不是不受烟气影响。

由温度分布云图(图 2-39)可以看出，在 $t=150\mathrm{s}$ 之前，处于火灾的初期和发展阶段，火源中心区域的温度最高达到 270℃。之后是火灾的衰退阶段，在火源熄灭后，测点中心温度快速下降，火源上游和下游最高温度从 120℃恢复至常温。由于发生火灾后，氧气的消耗以及通风口始终开启，火势逐渐变小，温度开始降低，最终站台层内温度降低至 23℃左右趋于稳定。

对得到的不同楼梯口烟气层高度、不同测点的温度数据进行处理后的曲线如图 2-40 和图 2-41 所示，它们都在一定程度上反映了火灾的发展趋势和烟气的传播过程，以及相应的烟气的重要物理参数在空间上的分布随时间的变化等趋势。

从烟气层高度曲线可知，工况一、二中烟气最早到达 2、3 楼梯口；从不同测

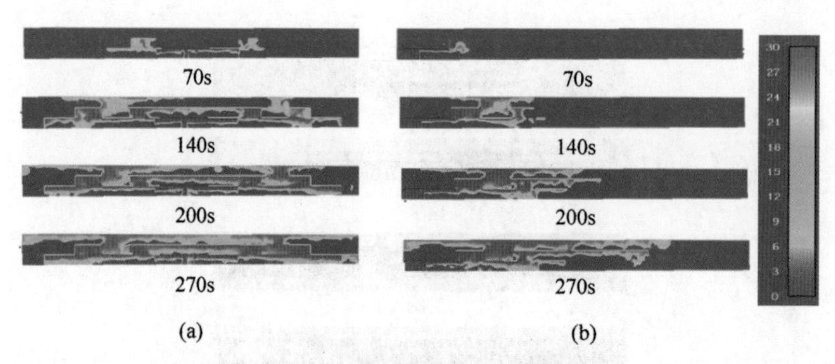

图 2-38　能见度分布示意图

(a) 工况一不同时刻下能见度分布示意图；(b) 工况三不同时刻下能见度分布示意图

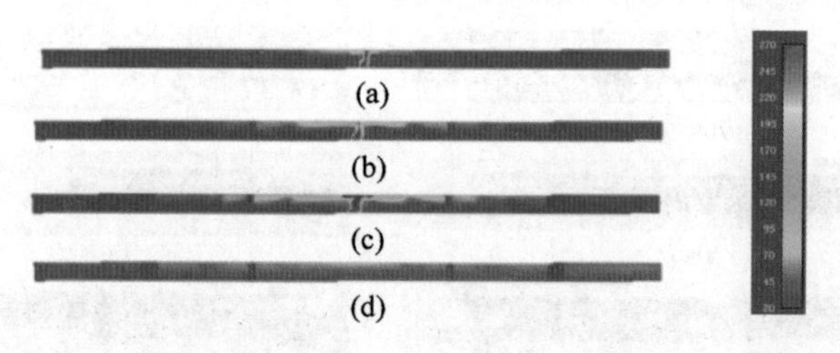

图 2-39　温度分布示意图

(a) 70s；(b) 140s；(c) 200s；(d) 270s

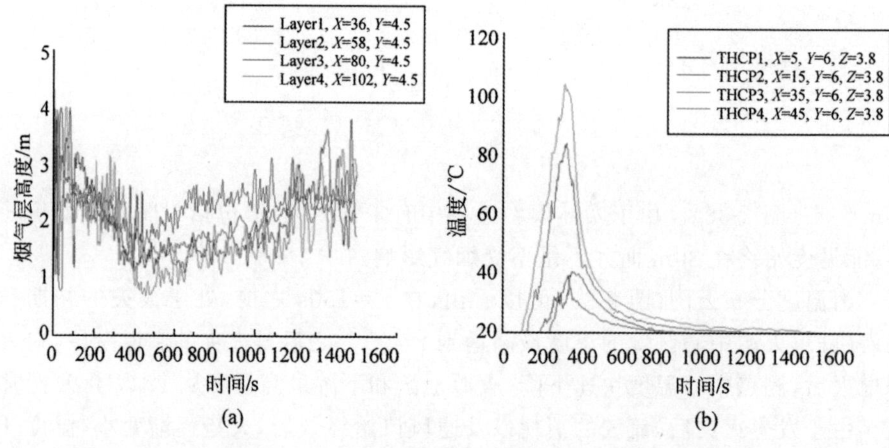

图 2-40　不同测点的烟气层高度(LAYER1～4)及温度曲线(THCP1～4)

(a) 不同楼梯口烟气层高度曲线；(b) 不同测点的温度曲线

点的温度曲线可知，各测点基本都在 300s 左右达到峰值，火源近点的温度要远高于远点，最高可达 660℃，而工况二中的温度及最高温度要远远高于其他两者。烟气的温度随其扩散传播下降的趋势较为明显，且站厅层的排烟效果在后半段有明显体现。

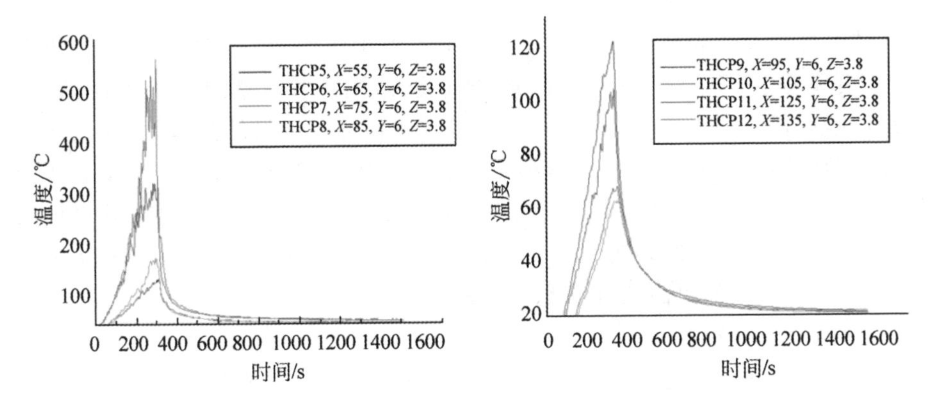

图 2-41 不同测点温度曲线(THCP5～12)

2. 管廊火灾数值模拟

地下综合管廊属于狭长受限空间结构,其中富集各种可燃性材料,其火灾燃烧和传播规律不同于一般建筑。为了进一步优化廊体结构、管线、监测和灭火系统的设计,需要研究火源的燃烧特性、烟气的逸散规律、火灾的致灾机制。主要包括:可燃气体在管舱中的泄漏和扩散规律,火源的发展规律,廊内气体的燃烧规律,廊内温度和烟气的变化规律等。

从燃烧的机理角度分析,综合管廊的火灾数值模拟主要包括以下几个角度:在根据原有资料基础之上建立实体模型后,火源来自于燃烧物、电缆材料的热解、燃气管线的泄漏。这里给出一组电缆材料(以 PVC 为主)热解的火灾模拟概况。

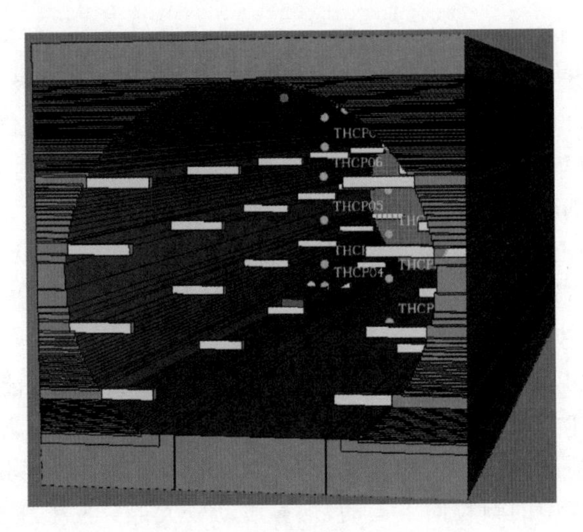

图 2-42 综合管廊模型剖面示意图

1）建立初步模拟模型

选取部分有代表性区域进行模拟研究。以地下综合管廊某断面建立模型基础，模型尺寸为15m×4m×4m，部分试验、探测设备示意图如图2-42所示，该组试验设置时间为150s，火灾发生发展方式为电缆材料的热解，采用聚氯乙烯(PVC)电缆，材料密度为1380kg/m^3，比热容为1.289kJ/(kg·K)，电导率为0.192W/(m·K)。热解材料中心位置为($x=7.5$，$y=3$，$z=1$)，两串热电偶的水平间距为1m，竖向间距为0.4～0.6m不等，并设置喷淋系统探讨对火灾的抑制作用，两端断面的界面始终设置为开放。

2）模拟过程分析

对后处理的结果进行了适当调整，以便更清晰地观察整个模拟过程中火灾的发展和烟气的大致蔓延规律。从图2-43中可以看出，烟气从中心向两端蔓延沿中心对称的两端发展情况是相似的，在100s之后由于喷淋消防系统的启动，火灾受到了明显的抑制效果。具体对应的典型时刻如图2-43所示。

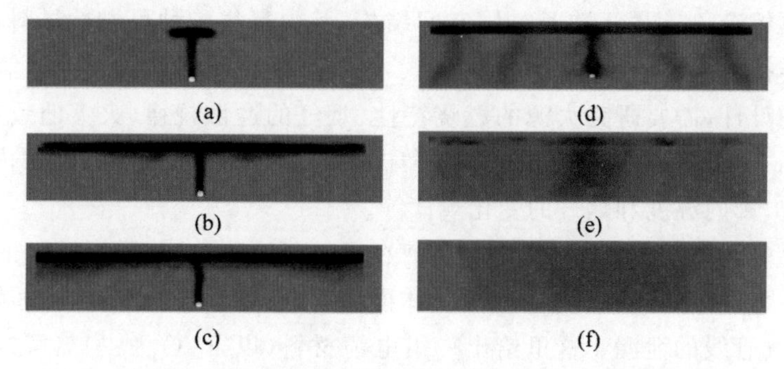

图2-43　管廊火灾烟气传播典型时刻示意图

(a) 7s；(b) 17s；(c) 30s；(d) 100s；(e) 110s；(f) 150s

从火源点开始热解，烟气受到浮力作用上升到达顶棚，并吸卷下方的空气，在7s左右到达顶棚并开始向两边扩散；大概17s左右，烟气前锋首次到达管廊边界，向下部聚集，如图2-43(c)所示，随着火灾的发展，生成的烟气越来越多，但由于两边排烟作用，烟气的传播还是得到了较好的控制。在100s时，喷淋系统启动，明显看出烟雾受水喷淋系统的影响较大，且在110s时，火源熄灭，此时除了火源处其他部分的烟气已经得到了基本控制；直至模拟结束，烟气得到了控制。

3）数据处理分析

对能见度切片得到的数据进行处理，结果如图2-44所示，能见度的分布同烟雾的发展规律类似。能见度低于危险临界值处多集中在火源中心的区域及烟气中前期传播过程中的顶棚位置。在100s时由于水喷淋系统的启动，水雾夹杂着部分烟雾中的颗粒向下运动，烟雾波动较大部分发生在110s时的中部位置，这是由于消防系统的抑制作用。

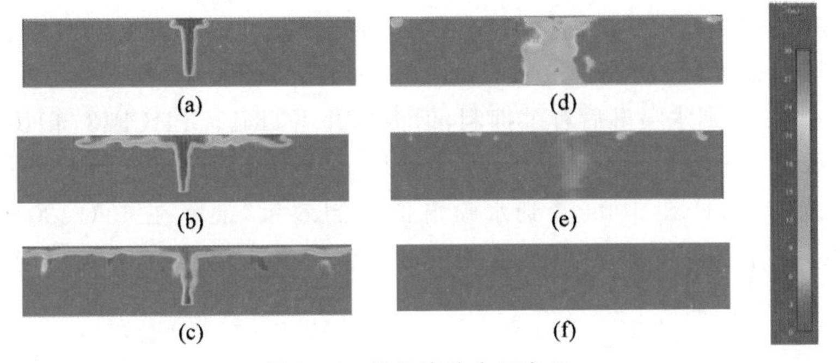

图 2-44 能见度分布示意图

(a) 6s; (b) 12s; (c) 100s; (d) 110s; (e) 125s; (f) 150s

温度分布云图趋势同能见度相似,变化区别不大,给出 4 个具有代表性的温度测点,其具体变化曲线如图 2-45 所示。

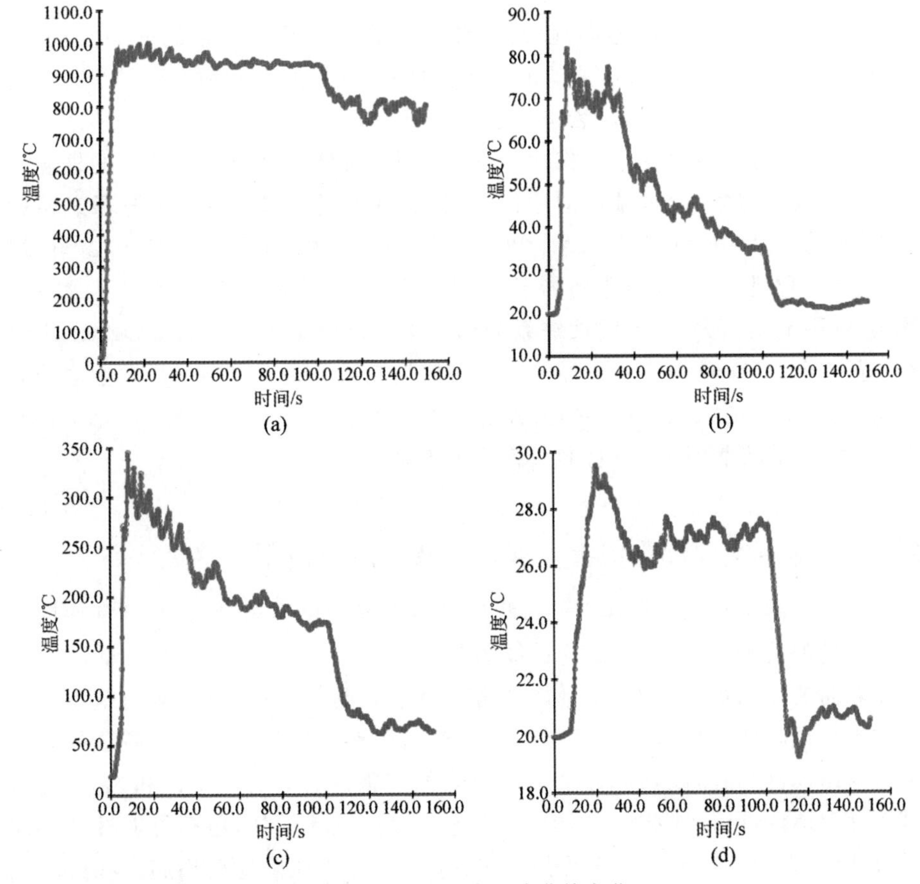

图 2-45 代表测点温度曲线变化

(a) THCP04($X=7.5, Y=3, Z=1$); (b) THCP06($X=7.5, Y=3, Z=2.5$); (c) THCP13($X=7.5, Y=3, Z=1.3$); (d) THCP23($X=7.6, Y=2, Z=3.5$)

THCP04是燃烧物内部的温度测点，在10s时，燃烧物内部发生剧烈热解，火源中心区域的温度最高达到1100℃，10～100s之间燃烧物内部的温度稳定在1050℃左右，受到水喷淋后有了抑制，但内部并不明显。THCP13、THCP06是位于火源垂直上方的测点，在10s左右温度上升到最大值后开始下降，并伴随着一定波动，同样在100s受到水喷淋的抑制效果，最终在60℃、20℃波动。THCP23位于管廊中部顶端位置，烟气的温度所受波动最小，受喷淋时的温度变化趋势也最明显。

2.3 城市地下空间爆炸灾害作用机理

当地铁给人们的出行带来极大便捷的同时，它也成为大城市中陌生人聚集最多的场所，由于客流量巨大，司乘人员几乎无法对每一个进入地铁的人进行检查，恐怖分子可以比较容易地混入，使地铁成为爆炸恐怖事故的频发场所。在当今恐怖主义尚未有效肃清的形势下，地铁内密集的人群和四周封闭的空间客观上为恐怖分子实施爆炸袭击创造了条件，一旦爆炸发生，其破坏和杀伤力极大，不仅会带来巨大的人员伤亡和财产损失，而且还会造成全社会的极度恐慌。国外反恐专家指出，城市的地铁、机场和隧道是最易遭受恐怖分子袭击的三大"软肋"，其中地铁又是最软之处。国际恐怖势力就是盯住了这个"最软"之处，出于各种目的，频频制造恐怖事件，先后发生了日本毒气案、西班牙地铁爆炸案、韩国地铁纵火案、英国地铁系列爆炸案等恐怖案件。据国际反恐组织调查，近15年来，全球地铁恐怖事件呈几何倍数递增。地下空间一旦发生爆炸并导致火灾，造成的人员伤亡和损失程度会十分严重，其主要原因是：①烟害特别严重；②人员疏散困难；③扑救工作十分困难。

2.3.1 地下空间爆炸灾害发展过程及事故树模型

地下空间工程在设计建造的过程中都会考虑安全因素，使其在日常使用中具有一定的抗破坏能力，但是这种能力是有限的，因为增加地下空间的防护能力无疑需要增加很多成本，而爆炸冲击又有很大的偶然性，所以对建筑物进行爆炸事故风险评估是非常有必要的。现对爆炸事故风险评估给予简要的分析流程介绍，具体如图2-46所示。首先将爆炸灾害区分为有意事件和无意事件，其次针对事件进行风险因素分析，再次进行爆炸风险评估，包括可能性评估和后果评估，在此基础上进行爆炸风险分级，最后分析风险应对措施。在此基础上，通过对爆炸事故案例调研结果进行分析，构建具体的地下空间爆炸灾害事故树，如图2-47所示。

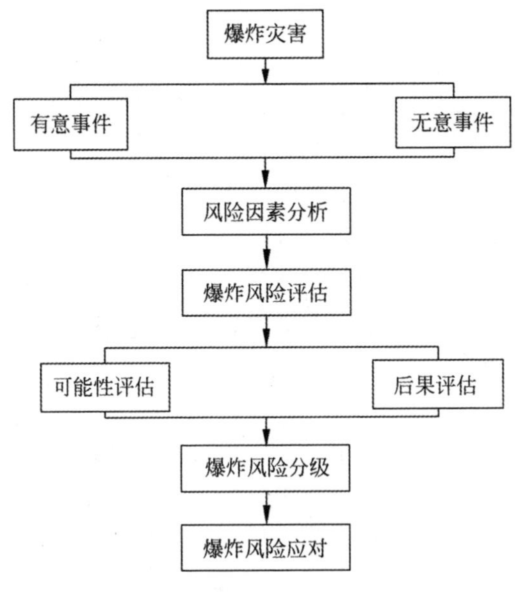

图 2-46 风险分析流程

2.3.2 地下空间爆炸灾害分析方法

1. 爆炸研究方法

现阶段针对地下空间爆炸响应的研究分析主要可分为爆炸波传播规律、整体结构和关键构件的动力响应以及爆炸损伤评估三大方面。

1）爆炸波传播规律

隧道内发生爆炸时，由于衬砌结构的约束，爆炸产生的高温、高压气体无法及时扩散，冲击波与衬砌发生往复的、复杂的相互作用，其本质也属于封闭空间内爆炸冲击波传播规律的研究。国内外学者对爆炸波在密闭空间内的传播规律进行了大量的研究，并取得了丰硕的成果。杨科之等研究了坑道内部爆炸时冲击波沿坑道的传播规律。孔德森等研究了地铁隧道内冲击波的传播规律，主要研究作用于隧道衬砌的冲击波荷载分布规律，并给出了估算衬砌上反射超压峰值公式。庞磊等将空旷隧道内爆炸与隧道车体内爆炸两种情况相比较，发现车体的存在使灾害演变更加复杂，且爆炸波衰减速度减慢。曲树盛等研究了地铁车站内爆炸，分析了结构高度、出口距爆源距离对冲击波衰减规律的影响，同时简单得到避免人员受伤和死亡的安全距离。Smith 等分别应用模型试验和数值模拟方法研究了地下密闭结构内爆炸波的传播规律和超压荷载。Chan 等则采用三维欧拉(Euler)模拟技术，对一正平行六面体密闭掩体内形心处装药后爆炸瞬态流场进行了数值计算。Benselama 等借助数值模拟研究了巷道内不

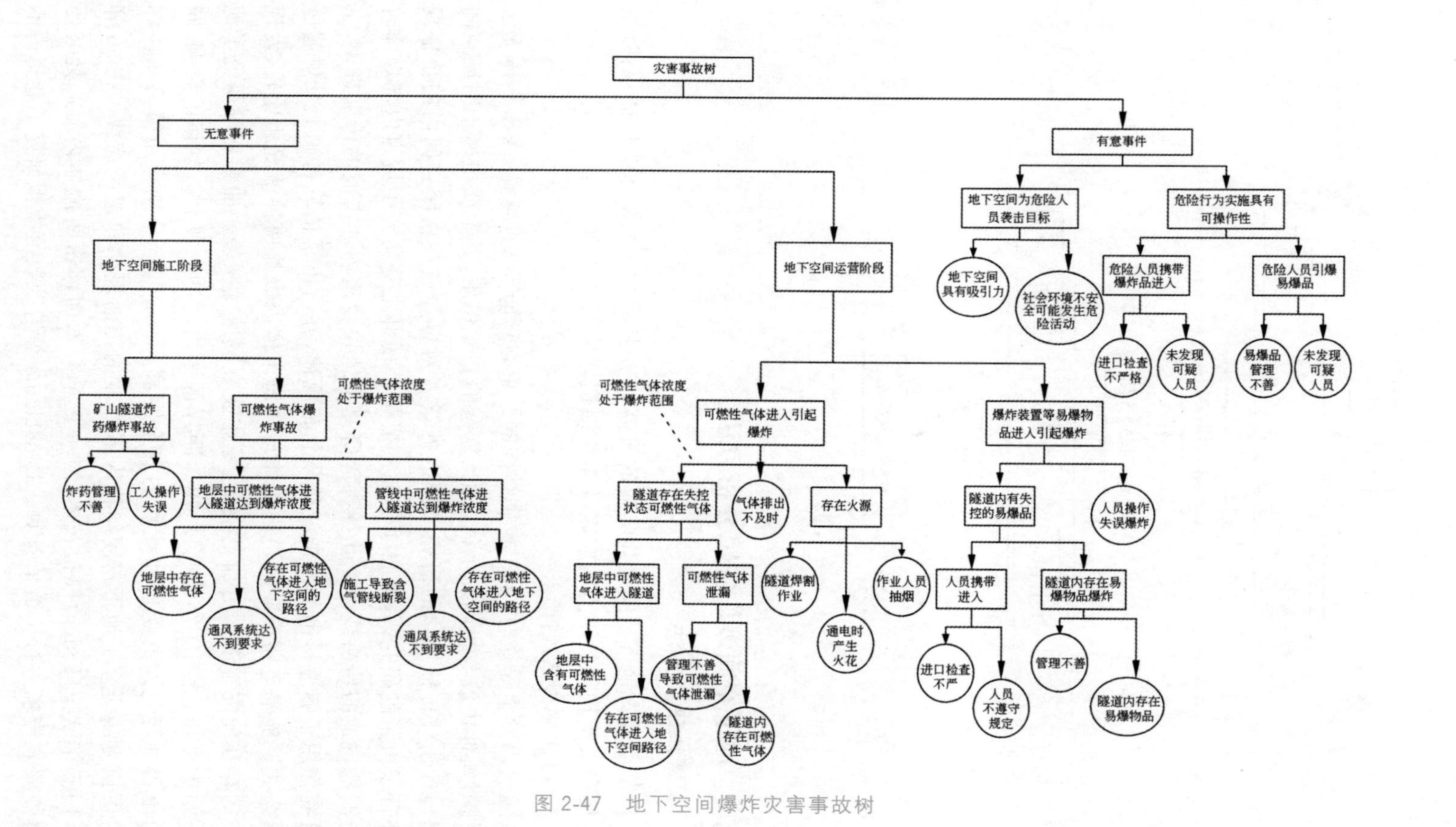

图 2-47　地下空间爆炸灾害事故树

同质量的凝聚相炸药爆炸冲击波衰减规律，给出了准一维冲击波远场范围与装药量的定量关系。Bretislav 等对通风情况下巷道内的约束爆炸进行了试验研究和数值模拟。

2）整体结构和关键构件的动力响应

爆炸荷载作用下结构动力响应的研究主要通过理论分析、实验研究和数值模拟三种方法进行。理论分析求解规模小、计算精度高，但需要建立在简化的冲击荷载、材料线性本构关系、几何小变形等假定条件下，而实际情况与假定条件并不完全相符，因此，很难得到工程上可以直接应用的理论解。

目前主要的理论方法有单自由度分析法（single degree of freedom，SDOF）、多自由度法（multi degree of freedom，MDOF）和分层法等，等效单自由度体系法可以使复杂的动力响应计算变得相对简单。有些学者基于铁木辛柯（Timoshenko）梁理论，采用分层梁有限元法和有限差分法分析了钢筋混凝土梁与钢筋混凝土组合梁的动力响应和弯曲、弯剪及剪切破坏的问题；还有学者基于欧拉梁理论，提出一种考虑了钢筋混凝土（reinforced concrete，RC）柱弯曲失效、剪切失效和弯剪联合失效三种失效方式的弹塑性方法，用于评价爆炸荷载作用后 RC 柱的动力响应。试验方法是研究结构对爆炸荷载响应的好方法，试验研究可以得到第一手资料，是理论分析和数值模拟的基石，试验数据比较接近于真实情况。但是试验研究往往不容易进行，这不仅是因为它往往由于安全和环境的考虑而受到限制，而且它还需要昂贵和高度专业化的设备和仪器技能来捕获和记录非常快速的爆炸荷载和结构反应，并且爆炸试验在极短的时间内完成，构件破坏的详细过程和机理性问题不一定能掌握。数值模拟方法可以考虑钢筋混凝土结构受到的不同情况下的爆轰冲击作用、建立高应变率下材料的非线性本构关系、分析构件的几何非线性等问题，可以较准确模拟爆炸荷载作用下构件动力响应的全过程，以此探索构件的破坏过程和机理，这可以在一定程度上减少一些昂贵的试验费用或探索一些试验难以获得的结果。

3）爆炸损伤评估

损伤评估方面的研究较少且尚不成熟，金晓宇等利用 LS-DYNA 动力有限元软件按实际比例建立了典型地铁车站爆炸模型，分析爆源位于车站区域中心及区域边缘时不同的爆炸波传播规律，并根据冲击波人员伤亡准则对车站内人员伤亡区域进行了等级划分。Zhang 等比较了不同当量爆炸作用下地铁车站人员伤亡云图，以及相同 TNT 当量爆炸作用下炸药放置不同位置时的伤亡云图。Yan 提出了以 RC 柱剩余轴向承载力为基础的损伤指数（D），依据损伤指数将爆炸荷载作用的 RC 柱的损伤等级分为轻微损伤（$0<D<0.2$）、中度损伤（$0.2<D<0.5$）、严重损伤（$0.5<D<0.8$）和坍塌（$0.8<D<1$）四大类。师燕超等提出了一种基于实测频率的 RC 柱爆炸损伤快速评估方法，通过数值模态试验提取爆炸前后钢筋混凝土柱的一阶频率，建立钢筋混凝土柱的一阶频率变

化与基于竖向剩余承载力的损伤指标的关系，并运用最小二乘曲线拟合方法，得到柱损伤程度与频率变化之间的关系公式，并将其用于爆炸后 RC 柱的损伤评估。

综合考虑试验研究、理论推导和数值模拟三种研究方法的利弊之后，本研究以数值模拟为主，数值模拟是地下空间结构爆炸最常用的一种研究方法，其主要优点表现在成本低、高效易操作，可获得直观且详尽的数据，但存在模拟精确度不够、模拟可靠性不稳定等问题。选取合理的材料模型，标定合适的材料参数，经过验证之后的数值模型可以较为真实地获得地下空间在爆炸荷载作用下的响应以及损伤评估结果。数值模拟的计算软件主要有 ABAQUS、LS-DYNA、AUTODYN 等，其中主流采用的是 LS-DYNA，结合调研结果拟定了具体研究方法，研究路线图如图 2-48 所示。

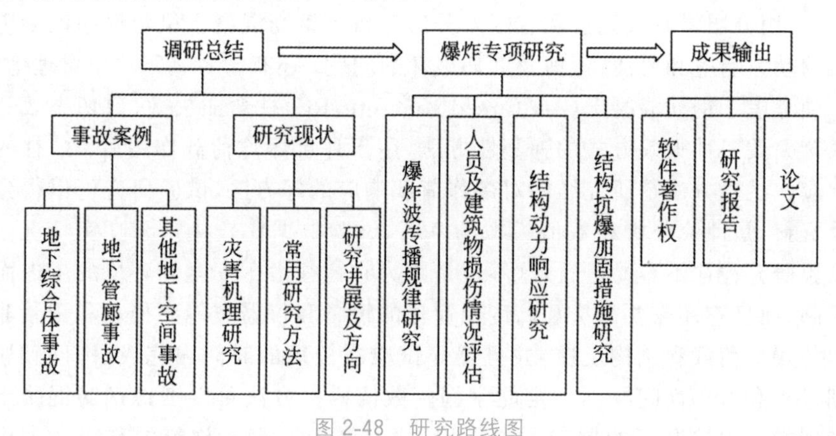

图 2-48 研究路线图

2. 地下空间爆炸研究技术路线

利用有限元软件 LS-DYNA 建立地铁车站、地下综合管廊的有限元模型，研究爆炸波在地铁内的传播规律。首先通过划分网格将结构离散化，建立炸药-空气-结构计算模型，设置边界条件，选用合适的算法，计算高能爆炸情况下冲击波的传播规律，得到不同当量炸药爆炸情况下空气区域的压力时程曲线，以及距离爆炸中心不同位置处的超压峰值衰减曲线；其次进一步利用冲击波超压准则以及超压-冲量准则(P-I 准则)对特定爆炸工况下人员伤亡区域进行等级划分；最后在此基础上给出适用的应急救援措施及结构抗爆加固措施建议。具体技术路线如图 2-49 所示。

3. 地下空间结构构件研究技术路线

对于结构构件方面的研究，具体方法为：①利用 LS-DYNA 动力有限元软件建立炸药-空气-RC 柱的流固耦合模型，选用合理的边界条件并确定爆源参数和各材料模型参数，研究爆炸荷载作用下 RC 柱的动力响应，得到 RC 柱的塑性

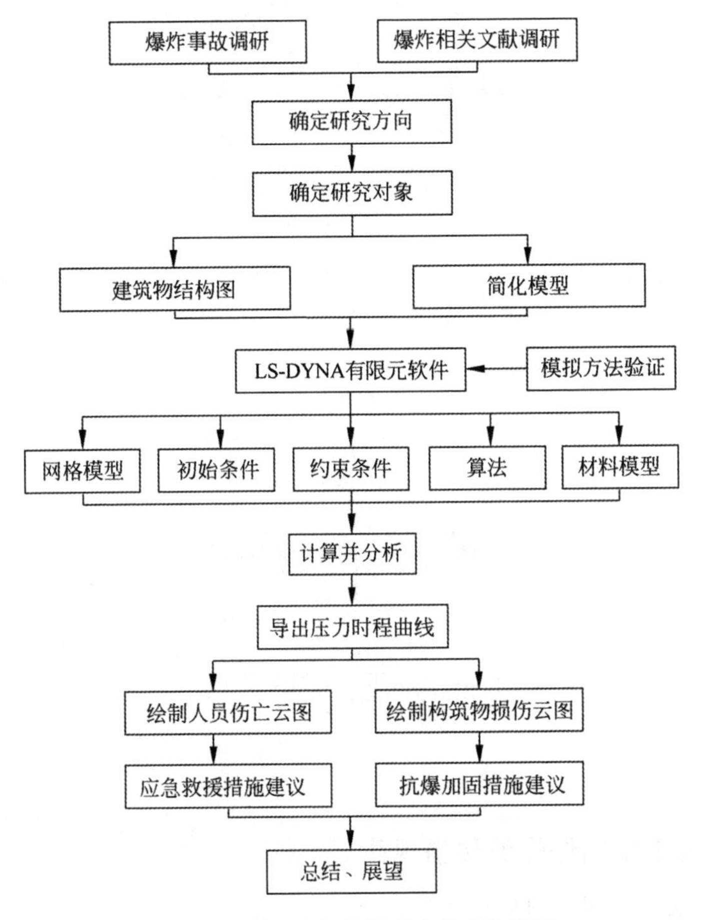

图 2-49 地下空间抗爆研究技术路线图

损伤图、关键位置的位移时程曲线、压力时程曲线以及 P-I 曲线并进行分析；②研究炸药的不同位置、炸药量等参数对 RC 柱失效模式的影响，并探究 RC 柱破坏机理；③对 RC 柱进行参数化分析，研究截面形状、截面尺寸、纵筋配筋率、箍筋间距、混凝土的强度等级等在爆炸荷载作用下对 RC 柱动力响应的影响；④将玻璃纤维增强塑料(fiberglass reinforced plastic，FRP)、聚脲等可增强抗爆性能的材料加入到 RC 柱中，探讨 RC 加固柱在爆炸荷载作用下的动力响应，将 RC 加固柱与未加固柱进行对比，研究其抗爆性能，并对 RC 加固柱进行参数化分析；⑤对爆炸后的 RC 柱进行损伤评估，判断 RC 柱的损伤程度和损伤等级，为后续救援工作提供指导；⑥针对地铁车站，提出一些抗爆加固的措施。具体的技术路线如图 2-50 所示。

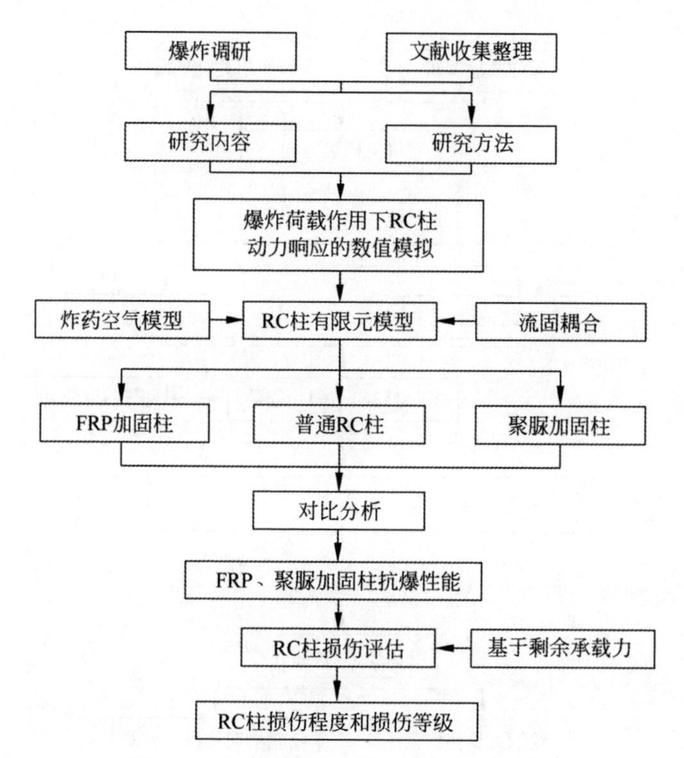

图 2-50　结构构件抗爆研究技术路线图

2.3.3　地下空间爆炸波传播规律

1. 地铁车站爆炸研究

利用 LS-DYNA 动力有限元软件建立地铁车站模型,研究爆炸波在典型地铁车站内的传播规律。有限元模型几何尺寸:依据深圳市车公庙地铁站图纸按照 1∶1 简化建模,车站长×宽×高=108m×41m×20.5m,结构三排柱,长度方向柱距 9m 共 12 跨,车站站台为岛式,轨道和平台宽度分别为 6m 和 4.8m;地下1、地下 2、地下 3 层净高分别为 5m、8m、6.5m;典型柱截面尺寸为 1.2m×1.0m。

爆炸源参数:恐怖分子袭击的主要方式是自杀式炸弹或行李炸弹。美国联邦应急管理局发布的数据用于评估各种恐怖袭击中的爆炸当量,根据记录,腰带型和背心型自杀炸弹的最大剂量分别约为 5kg 和 10kg,普通袋式炸弹的平均剂量和最大剂量分别约为 20kg 和 40kg。基于大模型大当量小模型小当量的原则,本节决定在车站整体模型中进行 40kg 大当量爆炸数值试验,在单层模型中进行 5kg、10kg 小当量爆炸数值试验。

参考各文献爆源参数并查阅车站图纸后决定模拟以下几种工况的爆炸事故。

工况一:40kg TNT 当量炸药在车公庙 9 号线地铁车站内爆炸,爆源位于车站地下 2 层(站厅)区域中心，距离楼层地面 1.5m 高度处；

工况二：5kg TNT 当量炸药在车公庙 11 号线地铁车站内爆炸，爆源位于车站地下 1 层(站厅)距离地面 1.5m 高处的中心位置；

工况三：10kg TNT 当量炸药在车公庙 11 号线地铁车站内爆炸，爆源位于车站地下 1 层(站厅)距离地面 1.5m 高处的中心位置；

工况四：5kg TNT 当量炸药在车公庙 11 号线地铁车站内爆炸，爆源位于车站地下 2 层(站台)距离地面 1.5m 高处的中心位置；

工况五：10kg TNT 当量炸药在车公庙 11 号线地铁车站内爆炸，爆源位于车站地下 2 层(站台)距离地面 1.5m 高处的中心位置。

其中，工况一炸药量较大，影响范围较广，特定义为大当量爆炸事故，另外 4 个工况定义为小当量爆炸事故，依次开展数值实验，分析爆炸波传播规律及人员损伤范围。

1) 大当量爆炸事故

由于炸药量较大，需考虑爆炸对相邻两层区域内的影响情况。参考车公庙地铁 9 号线施工图纸中轴号 13～25 间区域，利用 LS-PREPOST 软件建立地铁车站整体三层的三维有限元模型，网格尺寸为 500mm。其中，炸药和空气采用欧拉单元，结构采用拉格朗日单元。为了在节省计算时间的同时提高计算精度，本模型采用 remap 的计算方法，先建立二维轴对称空气爆炸计算模型，网格尺寸为 10mm，采用 * Volume-Fraction-Geometry 关键字设置球形炸药引爆条件，计算终止时间为 0.45ms，二维模型计算完成后再将结果映射到三维网格模型中继续计算。

炸药采用 JWL 模型来描述压力与体积的变化，JWL 状态方程如式(2-21)所示。

$$P = A\left(1-\frac{\omega}{R_1 V}\right)e^{-R_1 V} + B\left(1-\frac{\omega}{R_2 V}\right)e^{-R_2 V} + \frac{\omega E}{V} \tag{2-21}$$

式中，P 为爆轰压力；E 为单位体积的爆轰产物分子所具有的初始内能；V 为爆轰产物体积相对于初始体积的比值；A、B、R_1、R_2、ω 分别代表材料参数值。炸药材料模型用密度 ρ、爆速 D 以及爆轰波阵面压力 P_{CJ} 来描述，模型具体参数值见表 2-7。

表 2-7　炸药模型参数

材料参数	A/Pa	B/Pa	R_1	R_2	ω
值	3.71×10^{11}	3.23×10^{9}	4.15	0.95	0.30
材料参数	ρ/(kg·m^{-3})	D/(m·s^{-1})	P_{CJ}/Pa	E_0/Pa	V_0
值	1630	6930	1.8×10^{10}	7.00×10^{9}	1.00

空气采用 NULL 材料模型，状态方程采用线性多项式来描述，具体表达式为：

$$P = C_0 + C_1\mu + C_2\mu^2 + C_3\mu^3 + (C_4 + C_5\mu + C_6\mu^2)E \qquad (2\text{-}22)$$

式中，$C_0 - C_6$ 为空气状态方程的分项系数；E 为单位体积空气分子所具有的初始内能；参数 $\mu = \rho/\rho_0 - 1$，ρ 为计算工况下的大气密度，ρ_0 为标准情况下的大气密度。

本节计算时使用的具体参数数值见表 2-8。

表 2-8　空气模型参数

参数	$\rho/(\mathrm{kg\cdot m^{-3}})$	C_0/Pa	C_1	C_2	C_3	C_4	C_5	E/Pa	V_0
值	1.29	-1.00×10^5	0	0	0	0.40	0.40	2.50×10^5	1.00

结构墙板柱均采用刚体模型，具体参数见表 2-9。

表 2-9　刚体模型参数

参数	$\rho/(\mathrm{kg\cdot m^{-3}})$	E/Pa	泊松比(PR)/Pa
值	7380	2.07×10^{30}	0.30

车站两端设为无反射边界，计算过程中不考虑结构变形即冲击波能量被反射面的吸收效应。地下 1 层与其他建筑空间相连的部分设置为无反射边界，空气可以自由流动，而钢筋混凝土墙体部分则设为反射边界。有限元模型如图 2-51 所示，爆源设于车站地下 2 层区域中心部位，如图 2-51(b)所示。

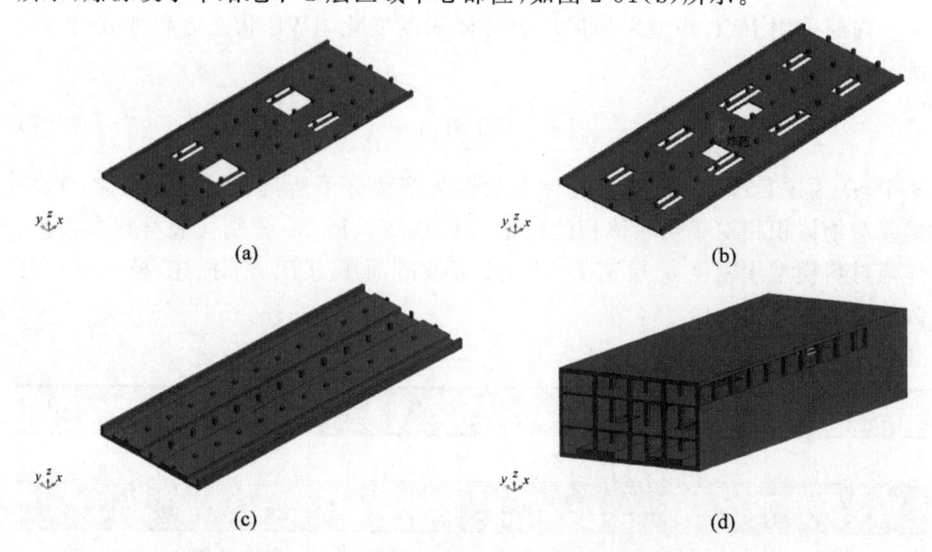

图 2-51　地铁 9 号线车站有限元模型图

(a) 地下 1 层模型图；(b) 地下 2 层模型图；(c) 地下 3 层模型图；(d) 地铁车站三维模型图

利用 LS-DYNA 动力有限元计算软件对不同工况的爆炸模型进行计算分析,针对工况一,得到爆炸波传播规律图,具体如图 2-52 所示。

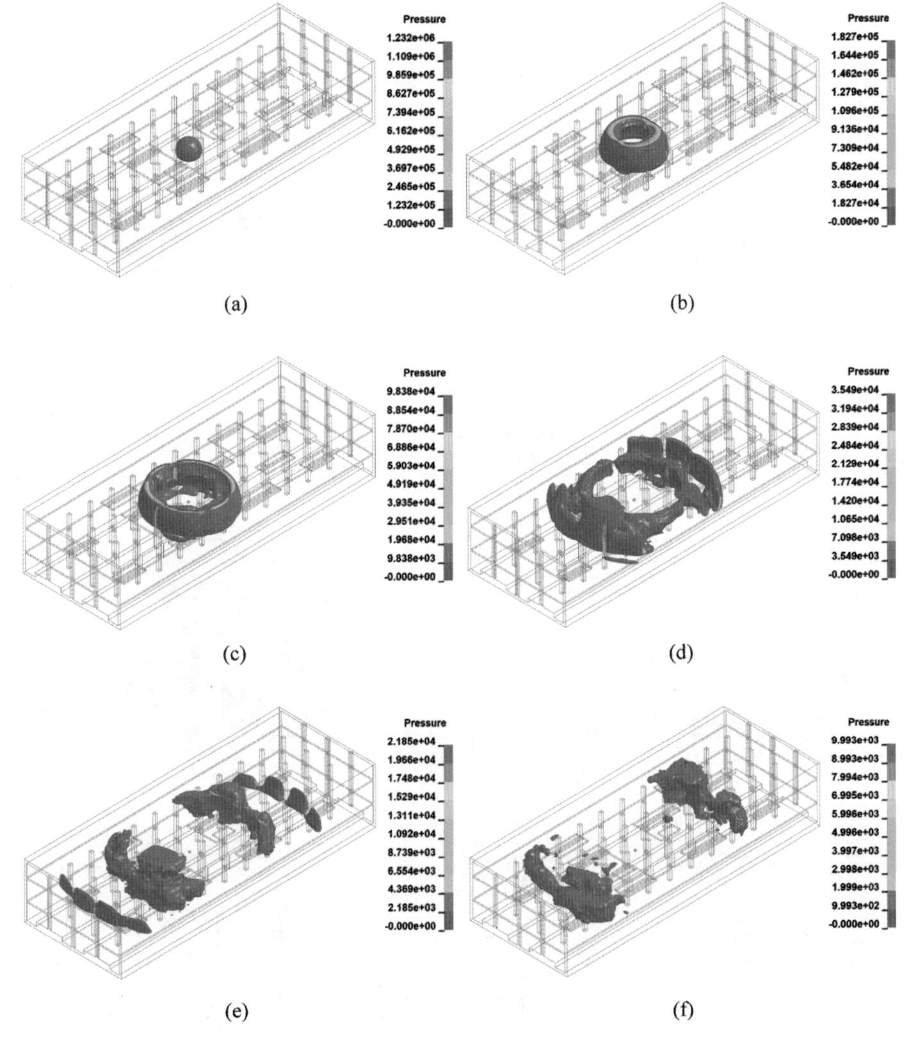

图 2-52 爆炸波传播规律图(工况一)

(a) t=2.1ms; (b) t=12.3ms; (c) t=23.4ms; (d) t=54.7ms;
(e) t=105.2ms; (f) t=199.5ms

由图 2-52 可见,不同于自由空气中的爆炸,爆炸波在车站墙体和结构柱间反射,冲击波久久不能消散;炸药位于车站地下 2 层区域中心,冲击波通过电梯口传到车站地下 1 层和地下 3 层,因此上下相邻两层处于电梯口处的人员受伤风险更大。

利用 LS-Prepost 软件将模型进行后处理,得到距离车站地下 2 层地面以上

1.5m处水平面的峰值超压、冲量以及各点坐标值，据此绘制车站各层峰值超压及冲量分布图(图2-53)。

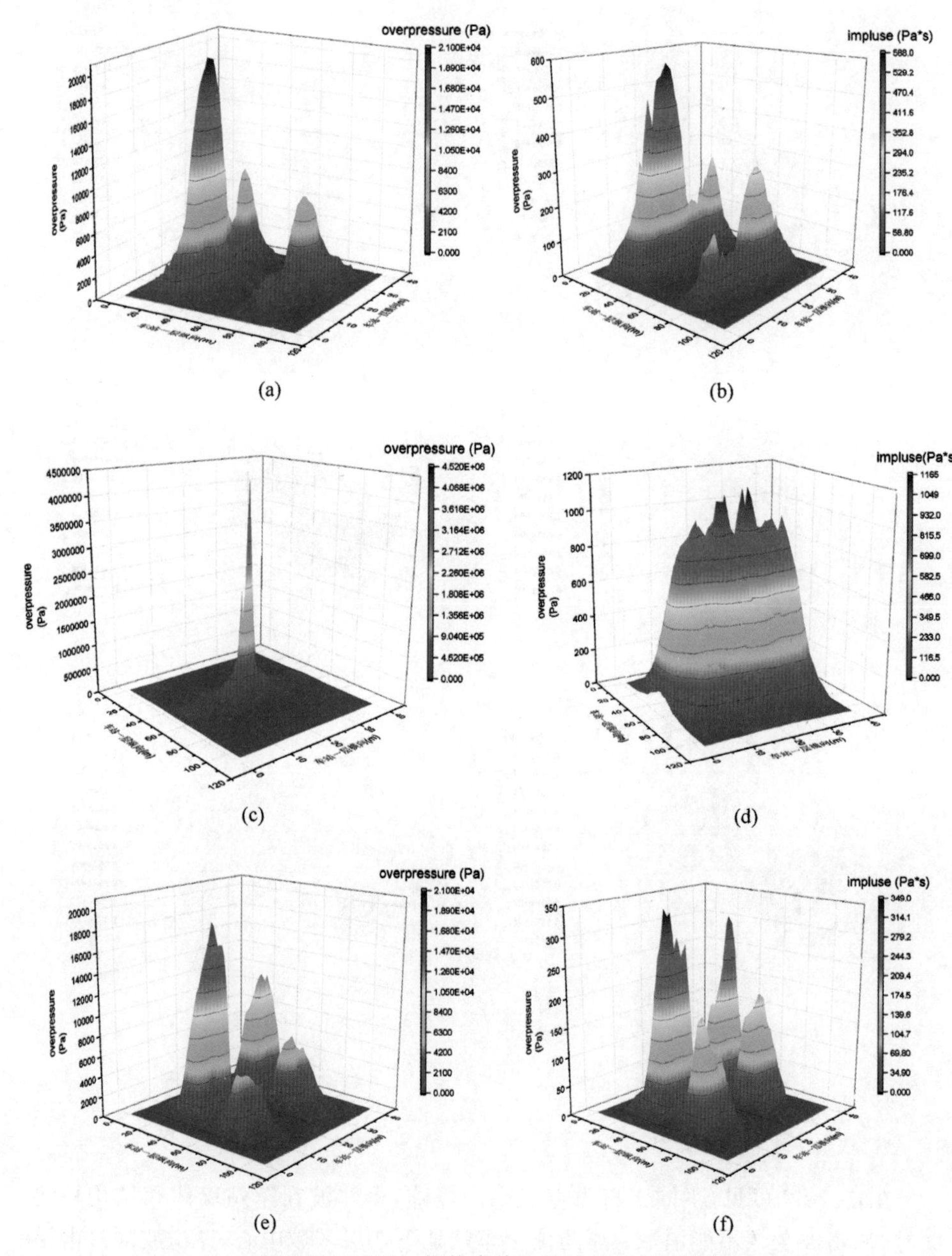

图2-53　工况一爆炸事故下超压、冲量分布图

(a) 地下1层-40kg-峰值超压；(b) 地下1层-40kg-正相冲量；(c) 地下2层-40kg-峰值超压；(d) 地下2层-40kg-正相冲量；(e) 地下3层-40kg-峰值超压；(f) 地下3层-40kg-正相冲量

由图 2-53 可知，超压值在爆源附近最大，随着距离的增大迅速衰减；地铁车站地下 1、2、3 层的最大超压分别为：0.021MPa、4.37MPa、0.142MPa；最大冲量分别为：558Pa · s、1165 Pa · s、349 Pa · s；由最大超压值可知地下 3 层的人员会相对比较安全，受到的影响较小，爆源所在地下 2 层受到的影响最大，地下 1 层次之。另外从图 2-53 中可以明显看到，非爆源所在的两个楼层超压及冲量最大值都集中在楼梯等洞口附近，这是因为爆炸波会沿着洞口上下传递，而其他部位由于板的阻挡，则压力较小。由此可以推测地下 1、地下 3 层人员在洞口附近的受伤概率也更大。

2）小当量爆炸事故

由于小当量的爆炸影响范围较小，考虑计算效率的问题，参考车公庙 11 号线施工图纸中轴号 14～22 间范围，将地铁车站地下 1 层（站厅层）、地下 2 层（站台层）分开建模，网格尺寸为 200mm，其他材料模型参数与车站 9 号线爆炸模型一致；具体模型见图 2-54。

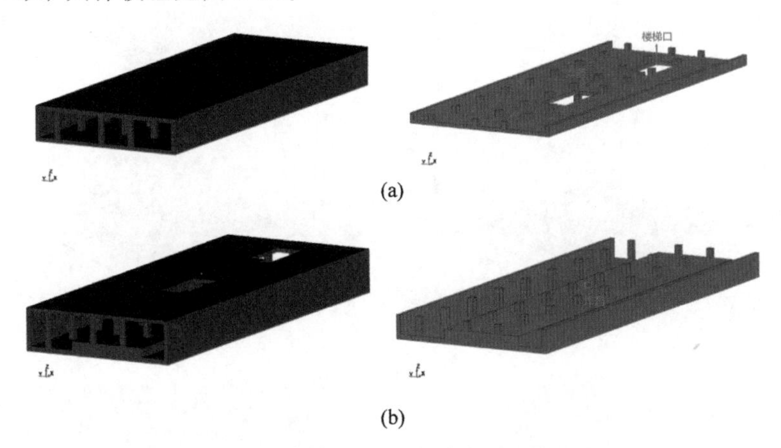

图 2-54　地铁 11 号线车站有限元模型图

(a) 地下 1 层模型图；(b) 地下 2 层模型图

利用 LS-DYNA 有限元软件进行计算分析，将计算结果进行后处理，得到距离地铁车站楼层地面以上 1.5m 水平面内的峰值超压及正相冲量分布图，如图 2-55～图 2-58 所示。从图中可以看到，在单层爆炸模型中，炸药量为 10kg 时，楼层内的最大峰值超压及最大冲量值比炸药量为 5kg 时的结果要大。炸药位置距其中一楼梯口较近，其近洞口处的超压值衰减较附近其他位置也更快，其他规律与工况一类似。

2. 地下管廊燃气爆炸研究

由燃气爆炸事故案例调查可知，地下管廊爆炸事件中最常见的原因是人员操作不当导致管道破裂而引起爆炸，现据此模拟燃气泄漏引起地下管廊爆炸事件。研究表明，当常见的可燃气体在空气中浓度达到 9.5%时爆炸最严重，为研

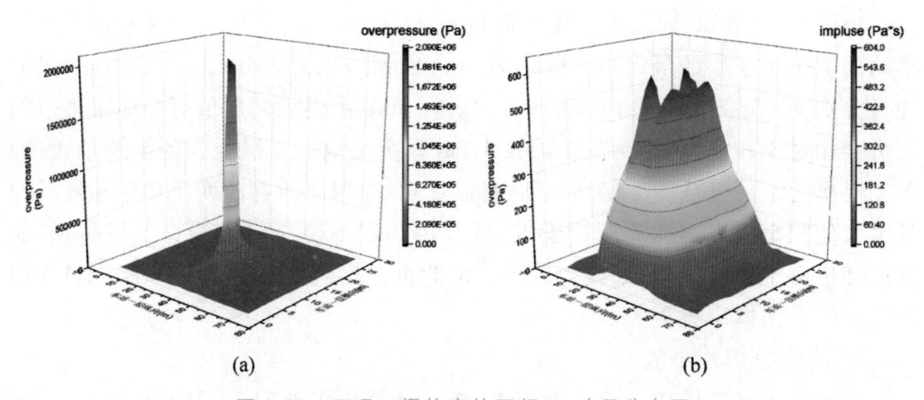

图 2-55　工况二爆炸事故下超压、冲量分布图

(a) 地下 1 层-5kg-峰值超压；(b) 地下 1 层-5kg-正相冲量

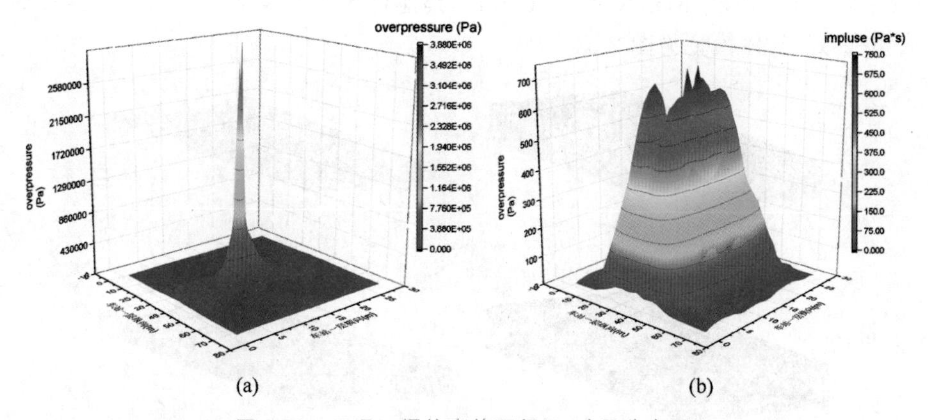

图 2-56　工况三爆炸事故下超压、冲量分布图

(a) 地下 1 层-10kg-峰值超压；(b) 地下 1 层-10kg-正相冲量

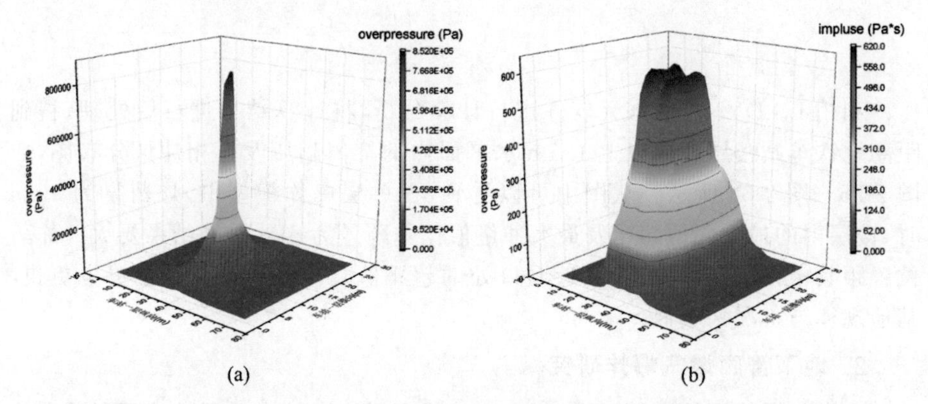

图 2-57　工况四爆炸事故下超压、冲量分布图

(a) 地下 2 层-5kg-峰值超压；(b) 地下 2 层-5kg-正相冲量

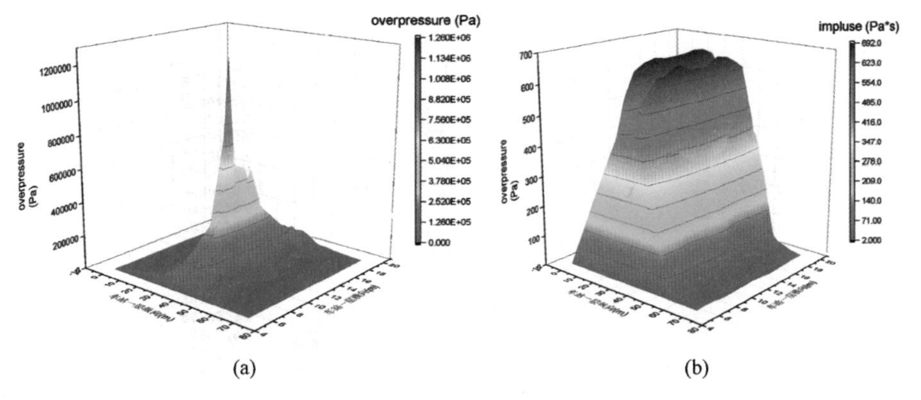

图 2-58　工况五爆炸事故下超压、冲量分布图

(a) 地下 2 层-10kg-峰值超压；(b) 地下 2 层-10kg-正相冲量

究最不利情况，建模时将甲烷-空气混合气体参数设为相对应的数据。假设燃气泄漏至混合气体为 1.6m×2.8m×2m 的立方体时发生爆炸，现将管廊模型按某综合管廊施工图纸，选取其中一段，1∶1 建立有限元模型，其横截面尺寸见图 2-59(a)，纵向长 32m；管廊混凝土衬砌采用 HJC 材料模型，与空气、炸药间进行流固耦合计算，建模过程加入侵蚀算法，由最大主应变控制；周围土体厚 1m，土体四周设无反射边界，土体及混凝土衬砌的网格尺寸均为 50mm，混合气体及空气网格尺寸为 100mm，现依据对称性建立 1/2 模型，具体见图 2-59(b)。

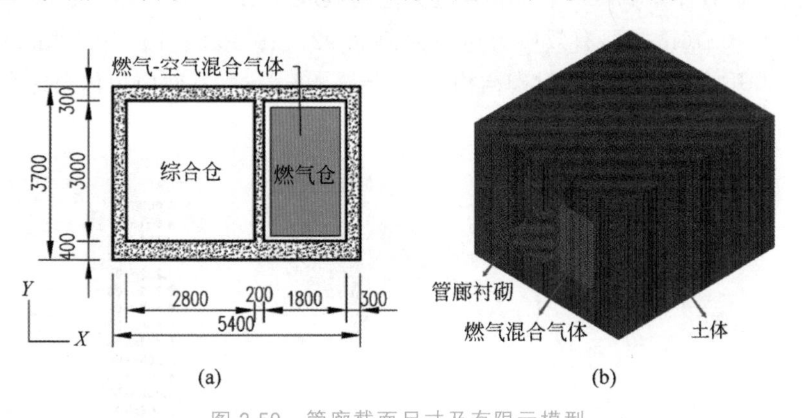

图 2-59　管廊截面尺寸及有限元模型

(a) 综合管廊横截面尺寸图(单位：mm)；(b) 管廊燃气爆炸有限元模型图

利用 LS-DYNA 计算后得到爆炸冲击波在管廊内的传播情况，如图 2-60 所示。

与球形或方形的 TNT 炸药爆炸不同，燃气爆炸会在一瞬间将压力传给与混合气体接触的结构或构件上，由于管廊燃气仓与综合仓是隔开的，空气冲击波受到燃气仓壁面的阻挡，在结构损坏前于燃气仓内传播，并同时发生冲击波

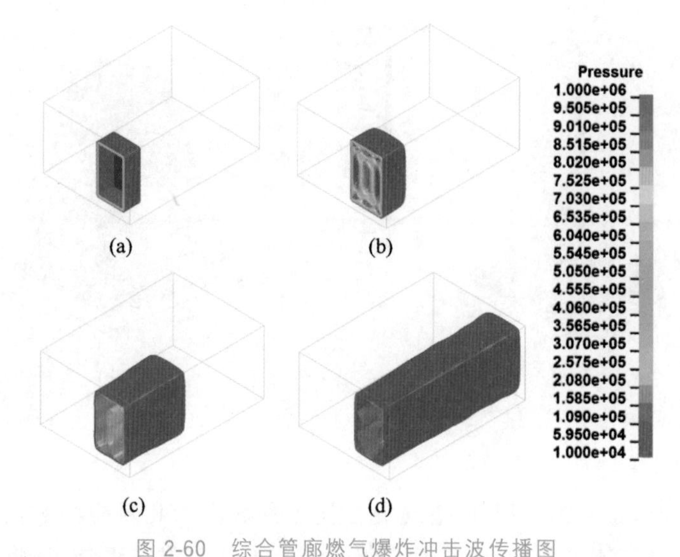

图 2-60　综合管廊燃气爆炸冲击波传播图

(a) $t=0$ms；(b) $t=0.76$ms；(c) $t=4$ms；(d) $t=11.4$ms

的反射、叠加现象。$t=0$ 时，燃气混合气体被引爆，$t=0.76$ms 时爆炸反应最充分，此时的最大应力集中在管廊衬砌的边角处，最大超压值为 1.18×10^{8}Pa，随后冲击波超压沿管廊纵向方向迅速衰减，在 $t=11.4$ms 时到达燃气仓边界处。

为表达方便，图 2-61 中将有效应力范围截取为 $1.0\times10^{4}\sim9.0\times10^{6}$Pa，而实际当 $t=0.46$ms 时，有效应力达最大值 3.92×10^{7}Pa。当 $t=0.16$ms 时，冲击波压力开始作用于管廊衬砌结构；当 $t=6.40$ms 时，有效应力传至综合仓的

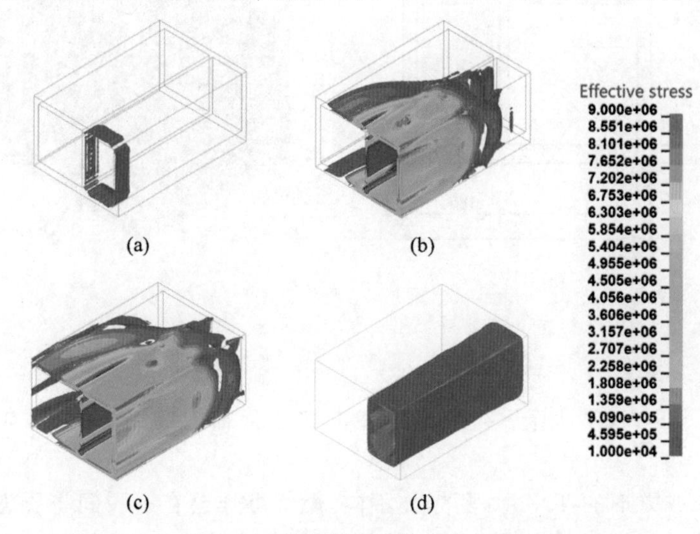

图 2-61　管廊衬砌有效应力分布图

(a) $t=0.16$ms；(b) $t=4.36$ms；(c) $t=6.40$ms；(d) $t=11.40$ms

左侧墙壁，由于管廊衬砌四周有土，压力形成环箍效应，结构受力最大处仍位于中间隔板及各墙角处，其中，隔板跨中及两端角处受力最为明显，因此在对综合管廊进行抗爆加固设计时应对此类部位进行重点加固保护。总体来说，当管道泄漏后的燃气-空气混合气体达 1.6m×2.8m×2m 并发生爆炸时，主要受影响区域集中在燃气仓内部，隔板受影响最大，但由于引起爆炸的混合气体体积较小，从计算结果也可看出，管廊结构并未产生较大裂缝和位移，由此推断此类型案例爆炸不会对隔壁综合仓造成太大的影响。

2.3.4 爆炸作用下地下结构构件动力响应

近年来，我国加工厂越来越多，化工产品泄漏爆炸、粉尘爆炸和燃油泄漏爆炸、家用燃气泄漏爆炸等意外爆炸时有发生；另外，近年来世界恐怖袭击事件频发，地铁等地下结构因其特殊性备受恐怖分子的“青睐”。钢筋混凝土柱作为结构的主要承重和传力构件，其抗爆性能好坏直接关系到结构的抗爆乃至抗连续性倒塌性能的优劣。因此，研究爆炸荷载作用下钢筋混凝土柱的动力响应具有较大的现实意义。国内外学者对爆炸荷载作用下混凝土柱的损伤破坏做了大量实验，理论和数值模拟的研究，并取得了诸多成果。

地下结构发生内爆炸时，爆炸波会在结构内部发生反射，在柱周围发生绕射，增强爆炸波高压峰值和持续时间，同时在柱附近产生绕流现象，造成柱附近爆炸波流场分布较为复杂。当炸药距离地下柱比较近时，柱表面的爆炸荷载不是均匀分布的，柱在冲击波直接作用下首先发生局部破坏，表面混凝土会被压碎形成爆坑，钢筋被冲断，其次应力波开始在构件内部传播，造成构件整体位移，可能发生剪切破坏、弯曲破坏或者弯剪破坏；冲击波在柱的背爆面会发射产生拉伸波，也可能造成混凝土柱背爆面的层裂和塌落现象，产生的混凝土碎块以一定的速度飞出，可能会造成人员受伤和交通工具的损害。

采用有限元软件 LS-DYNA 对爆炸荷载作用下钢筋混凝土柱(RC 柱)的动力响应进行数值模拟，选取了车公庙地铁车站一典型钢筋混凝土柱(中柱)进行计算，RC 柱的截面和配筋如图 2-62 所示。基于非线性有限元软件 LS-DYNA，建立典型地铁车站 RC 柱的三维实体钢筋混凝土柱有限元模型，按照 RC 柱的实际配筋进行数值建模，RC 柱的几何尺寸：柱宽 1000mm，柱深 800mm，柱高 4800mm，保护层厚度 40mm，网格尺寸为 40mm。炸药的质量分别为 5kg、10kg 和 40kg，与 RC 柱的距离为 0.8m，炸药与地面的距离为 1m。

混凝土采用 MAT_072R3_CONCRETE_DAMAGE_REL3，它是从局部损伤 K&C 模型发展起来的，该模型包含初始屈服面、极限屈服面和残余强度面，用这 3 个剪切破坏面来描述混凝土材料的动态行为，该材料模型仅以无侧限抗压强度为输入参数，其他材料参数会自动生成，同时该模型还考虑了损伤和应

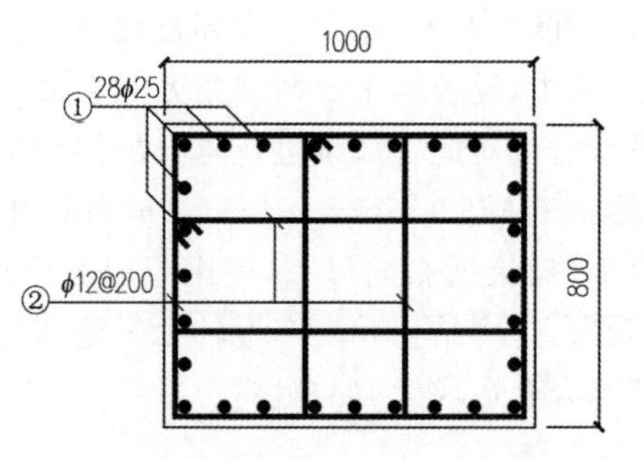

图 2-62　地铁车站典型 RC 柱配筋(单位：mm)

变速率效应。混凝土材料参数如表 2-10 所示。

表 2-10　混凝土材料参数

密度/(kg・m^{-3})	无侧限抗压强度/MPa	泊松比	拉伸强度/MPa
2400	40	0.2	6.0

钢筋采用 MAT_003_PLASTIC_KINEMATIC，即双线性弹塑性模型，近似模拟钢筋的弹塑性阶段，把弹性阶段和塑性阶段分别简化为一条斜直线，该模型包括等向强化、随动强化及两者的结合。该模型还考虑了材料的应变率效应

$$\sigma_y=\left[1+\left(\frac{\varepsilon}{C}\right)^{\frac{1}{p}}\right](\sigma_0+\beta E_p\varepsilon_p^{\mathrm{eff}}) \tag{2-23}$$

式中，σ_0 为初始应力，$\varepsilon_p^{\mathrm{eff}}$ 为有效塑性应变，β 为硬化参数($0\leqslant\beta\leqslant1$)，$E_p$ 为塑性硬化模量 $E_p=\frac{E_{\tan}E}{E_{\tan}-E}$，$E$ 为材料弹性模量，$E_{\tan}$ 为材料的切线模量。

钢筋的材料参数如表 2-11 所示。

表 2-11　钢筋的材料参数

密度/(kg・m^{-3})	杨氏模量/GPa	泊松比	屈服强度/MPa	切线模量/GPa	失效应变	C	p
7830	207	0.3	470	2.1	0.2	40	5

利用 JWL 状态方程模拟了炸药爆炸过程中化学能释放的压力，描述爆炸过程中压力和内能及其相对体积的关系：

$$P=A_1\left(1-\frac{\omega}{R_1V}\right)\mathrm{e}^{-R_1/\eta}+B_1\left(1-\frac{\omega}{R_2V}\right)\mathrm{e}^{-R_2/\eta}+\frac{\omega E_0}{V} \tag{2-24}$$

式中，A_1、B_1 为线性爆炸系数；R_1、R_2、ω 为非线性爆炸参数；E_0 为每个质量单位的特定内能；$\eta=\frac{\rho}{\rho_0}$，ρ_0 为材料的初始密度。

炸药材料参数如表 2-12 所示。

表 2-12　炸药材料参数

A_1/GPa	B_1/GPa	ω	R_1	R_2	ρ_0/(kg·m^{-3})	E_0/(J·kg^{-1})
371	3.23	0.3	4.15	0.9	1585	7.0×10^5
密度/(kg·m^{-3})		炮轰速度/(m·s^{-1})			Chapman-Jouget 压力/GPa	
1400		6340			14.4	

空气采用程序中的材料模型 LINEAR_POLYNOMIAL(MAT_009)，在数值模拟中通常将空气假定为理想气体，状态方程采用线性多项式来描述：

$$P=C_0+C_1\mu+C_2\mu^2+C_3\mu^3+(C_4+C_5\mu+C_6\mu^2)E_0 \tag{2-25}$$

式中，E_0 为初始能量密度；$\mu=\dfrac{\rho}{\rho_0}-1$ 和 C_i 为常数。空气材料参数如表 2-13 所示。

表 2-13　空气材料参数

C_0、C_1、C_2、C_3、C_6	C_4、C_5	ρ_0/(kg·m^{-3})	E_0/(J·kg^{-1})
0	0.4	1290	2.068×10^8

钢筋和混凝土之间采用共节点的方式进行连接，柱头和柱脚采用刚体，并固定住水平方向的位移和转角，底部添加约束，固定柱脚的竖直位移，在数值模拟中，首先对目标柱施加轴向应力，待达到静力平衡后，再将流固耦合产生的爆炸荷载施加到 RC 柱上，研究爆炸荷载作用下 RC 柱的动力响应。在建模的过程中加入侵蚀算法，采用主应变控制(主应变为 0.12 和−0.12)，有效地避免了网格畸变。典型地铁车站钢筋混凝土柱的有限元模型如图 2-63 所示。

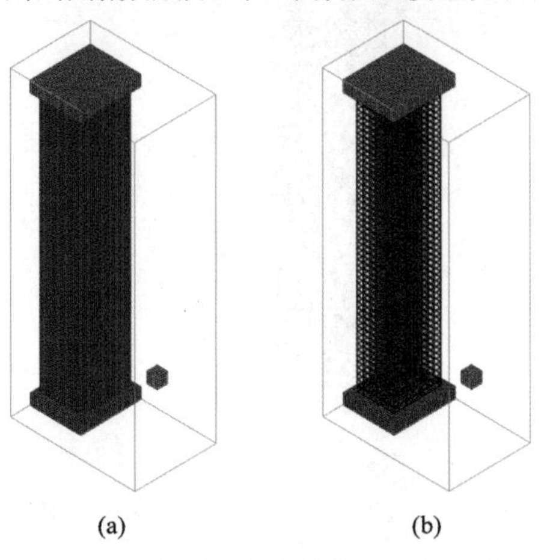

图 2-63　钢筋混凝土柱的有限元模型

(a) 有限元模型；(b) 配筋图

5kg、10kg 以及 40kg 炸药荷载作用下 RC 柱损伤过程分别如图 2-64～图 2-66 所示。在爆炸冲击荷载(尤其是近距离爆炸荷载)作用时,正对爆心的钢筋混凝土柱表层混凝土首先开始失效,保护层混凝土脱落,前排钢筋开始显现出来,随着爆炸冲击波的继续传播,RC 柱的损伤逐渐从正对爆心的表层混凝土扩展到整个柱面,迎爆面混凝土持续失效,RC 柱背爆面由于受到拉应力作用,混凝土进入塑性,开始脱落,呈现出不同程度的损伤。

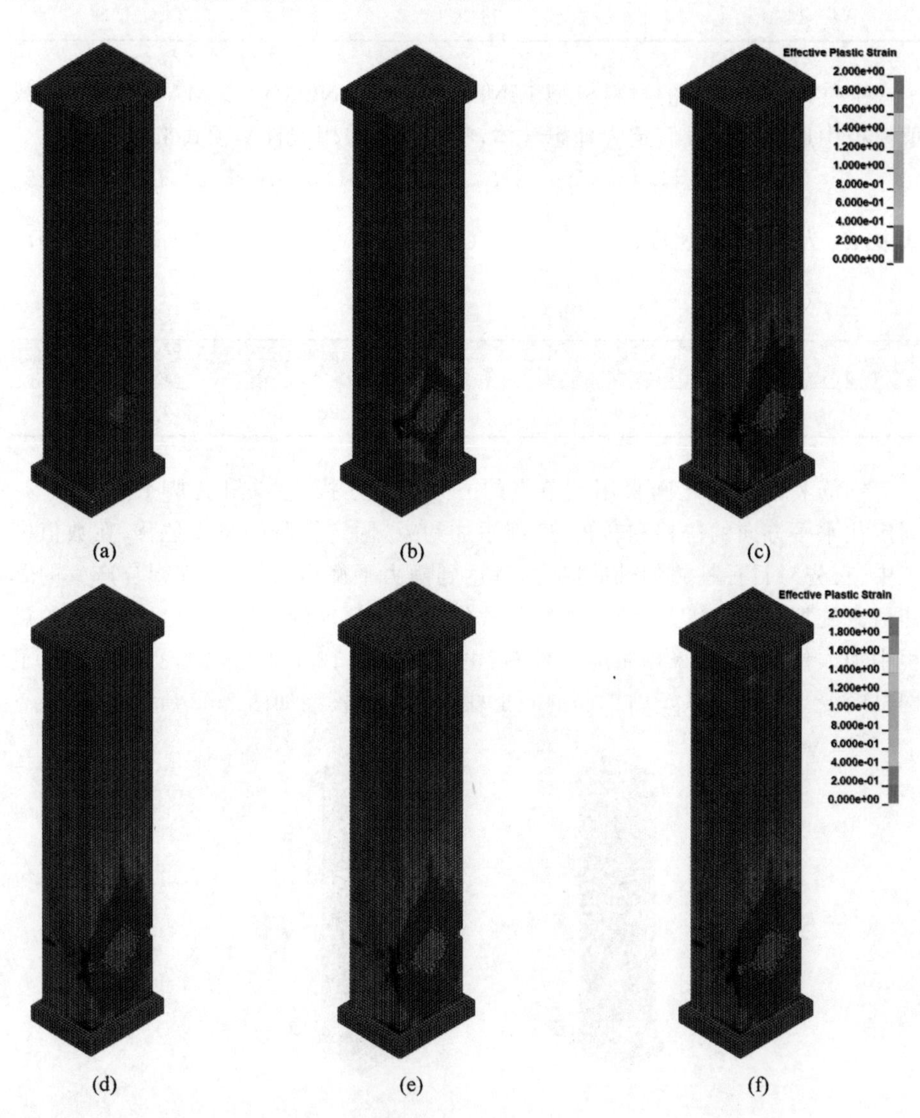

图 2-64　5kg 炸药荷载作用下 RC 柱损伤

(a) 0.35ms; (b) 0.5ms; (c) 1ms; (d) 2ms; (e) 5ms; (f)10ms

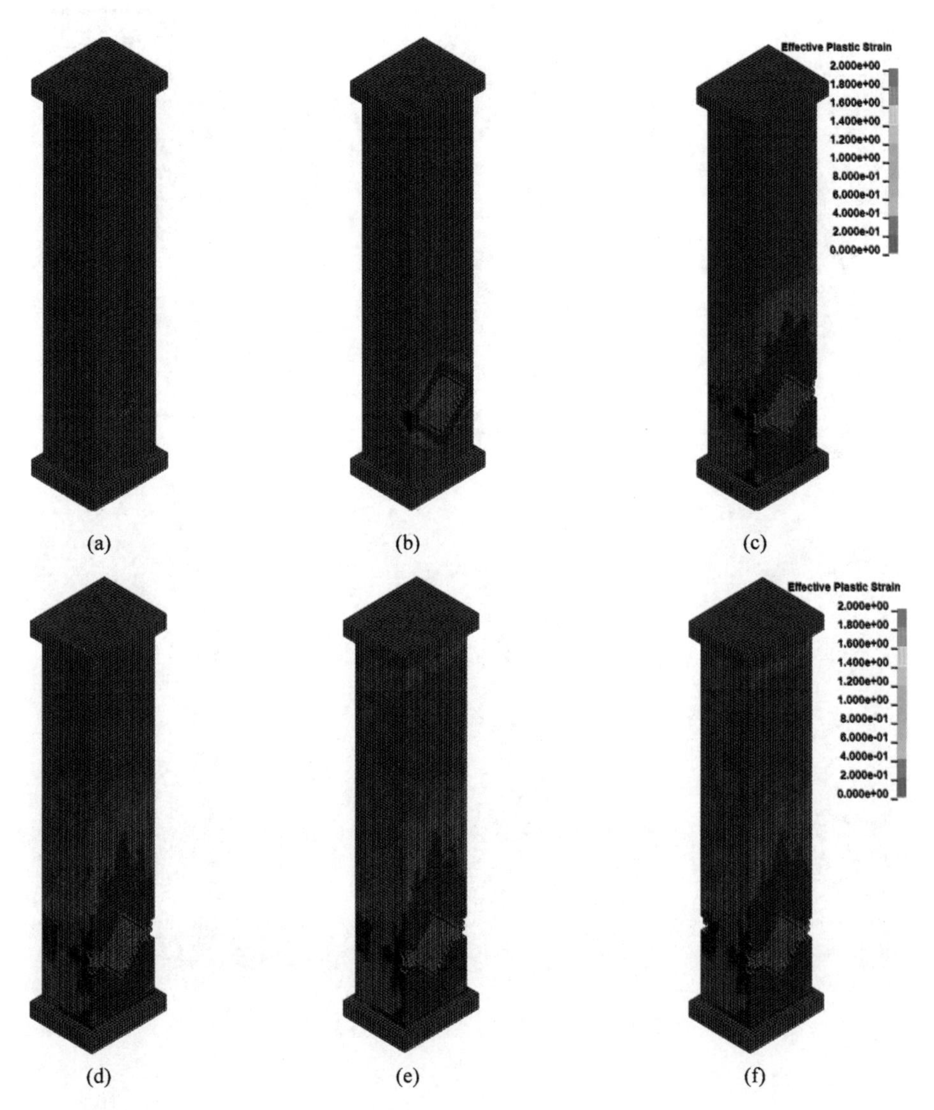

图 2-65 10kg 炸药荷载作用下 RC 柱损伤

(a) 0.35ms; (b) 0.5ms; (c) 1ms; (d) 2ms; (e) 5ms; (f) 10ms

由图 2-64～图 2-66 可以看出，对于小当量的炸药来说，RC 柱迎爆面和背爆面只是发生轻微的损伤，并没有影响到 RC 柱的实际承载能力，随着炸药量的增加，RC 柱迎爆面表层混凝土脱落越来越严重，背爆面同时发生大规模的损伤，RC 柱实际承载能力大幅度下降。尽管如此，40kg 炸药荷载作用下该柱整体变形不大，仍然具有一定的承载能力。

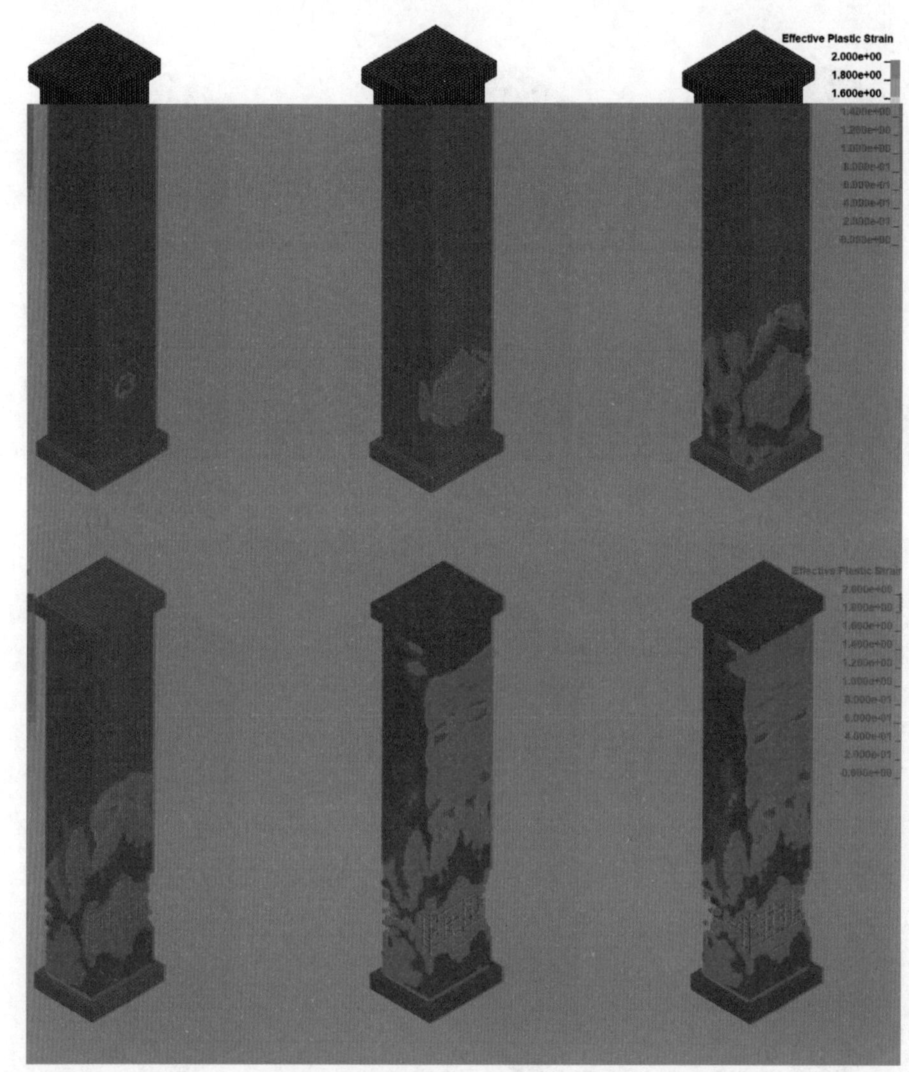

图 2-66　40kg 炸药荷载作用下 RC 柱损伤

(a) 0.35ms；(b) 0.5ms；(c) 1ms；(d) 2ms；(e) 5ms；(f) 10ms

2.4　城市地下空间关键设备系统故障致灾机理

2.4.1　轨道系统故障致灾机理

1. 轨道系统故障树分析

本研究针对致灾因子进行理论分析，采用故障树分析法。该方法是一种由“结果”导出“原因”的定向逻辑推理法，常用于分析评估大型复杂系统的可靠性、安全性。它以最不期望出现的系统故障事件为分析目标，按照演绎分析的原则自上而下推导可能导致故障发生的风险事件，直至无法再深究。根据风险事件间的逻辑关系建立故障树，计算系统发生故障的概率，分析引发故障的所有风险路径及关键风险要素，可为安全防范控制措施的制定和安全管理工作提供一定依据，进而增强系统可靠性及安全性。具体分析步骤和各级致灾因子如图 2-67～图 2-72 所示。

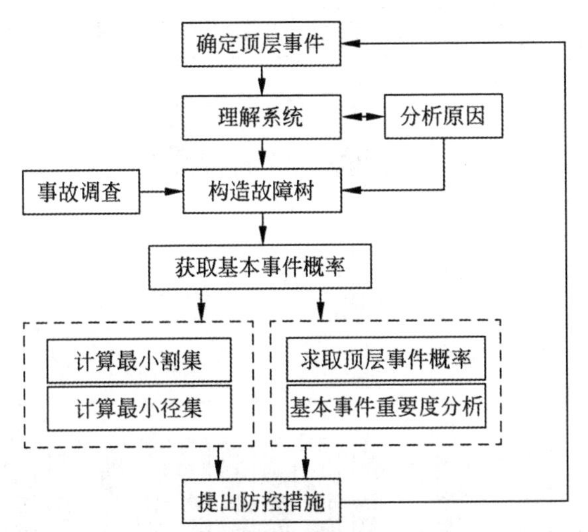

图 2-67　故障树分析法基本逻辑

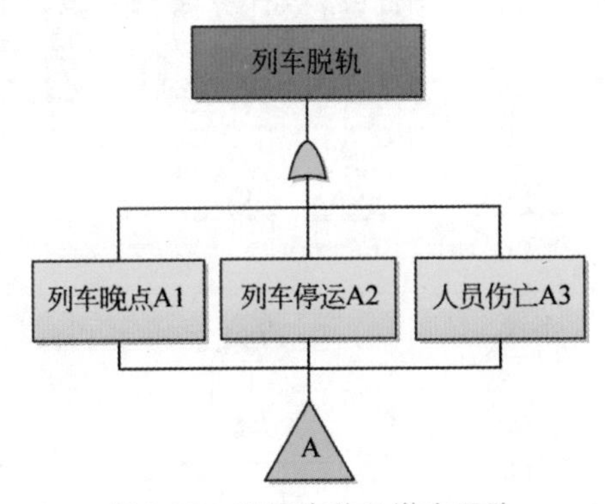

图 2-68　顶层事件及潜在风险

2. 车辆安全行驶评判分析方法

目前，脱轨的评判方式分为直接方式和间接方式。直接方式是依据获取的轮轨接触点的具体位置是否位于安全界限内来评判；间接方式则是借助轮轨间的受力情况获取间接评价脱轨指标。

国内外现行的评判脱轨主要采用间接方式，即获取脱轨系数和轮重减载率。但是，从事故调查分析中，不难发现脱轨事故发生地点的车辆和轨道状态均符合现行的安全标准，出现严重的理论偏差。同时，在一些脱轨模拟试验当中，即

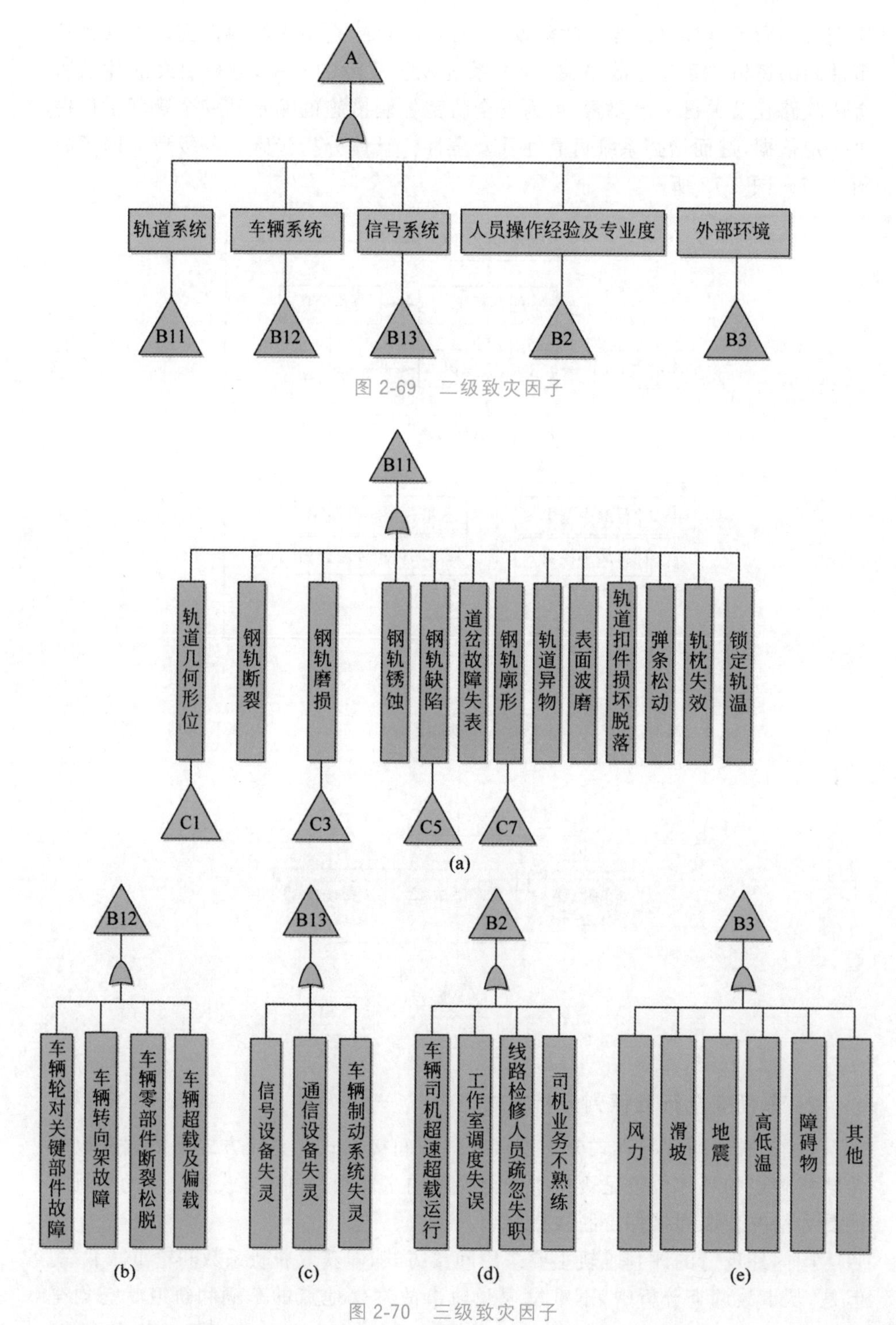

图 2-69　二级致灾因子

图 2-70　三级致灾因子

(a) 轨道系统；(b) 车辆系统；(c) 信号系统；(d) 人员操作；(e) 外部环境

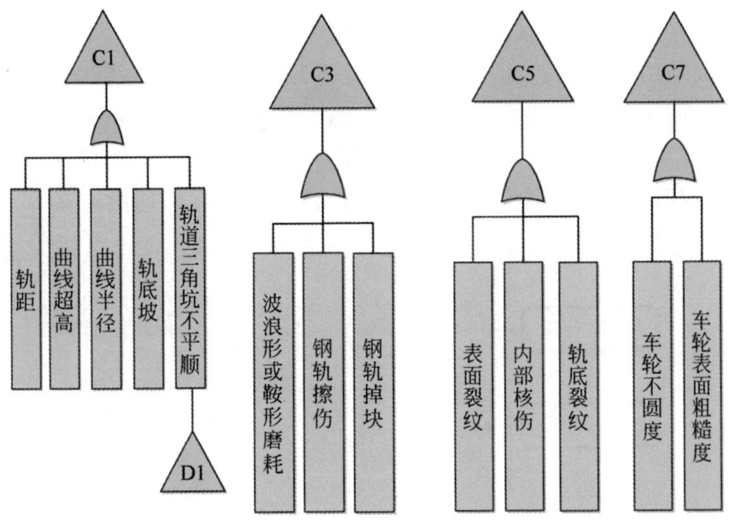

图 2-71 四级致灾因子

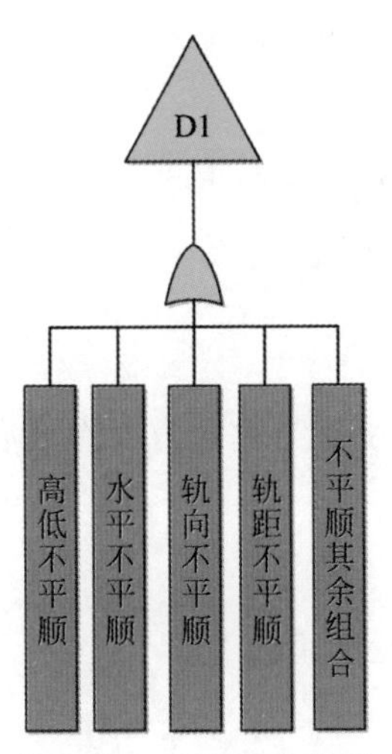

图 2-72 五级致灾因子

使车辆超过现有安全标准,也未发生脱轨现象。这说明,现有脱轨系数或轮重减载率等判据具有局限性,并不能确保安全,必须综合考虑车辆-轨道动力相互作用,寻求更加完备且合适的量化指标。以最常见的脱轨系数(爬轨情况下脱轨侧的轮最小横向力和垂向力比值)判定方式来说,其数学模型过于简单,并且从静力平衡出发,仅取决于最大轮缘接触角和轮轨摩擦系数。因而,一旦车型或轮型不同,脱轨系数临界值就会变化,不适合城市轨道交通列车车型复杂需求,标准无法真正统一。另外,脱轨发生在列车运行的动态过程中,涉及轮轨滚动接触力学和轮轨动力学,脱轨系数的计算临界值往往过于保守,依据不充分。当轮重减载率大于脱轨系数时,列车更容易发生脱轨,但是轨道不平顺会使车轮悬浮状态存在,即轮重减载率超限但无脱轨的情况发生。

本节拟采用上述三者,即脱轨系数、轮重减载率及倾覆系数安全指标,并以实际城市轨道交通的线路及车辆为出发点,分别计算已知的致灾因子对安全指标的影响(图 2-73)。以广州某地铁线路及车辆为例,分析了车辆通过一个半径300m 的曲线时的脱轨安全性指标。确定上述 3 个指标的理论定义:

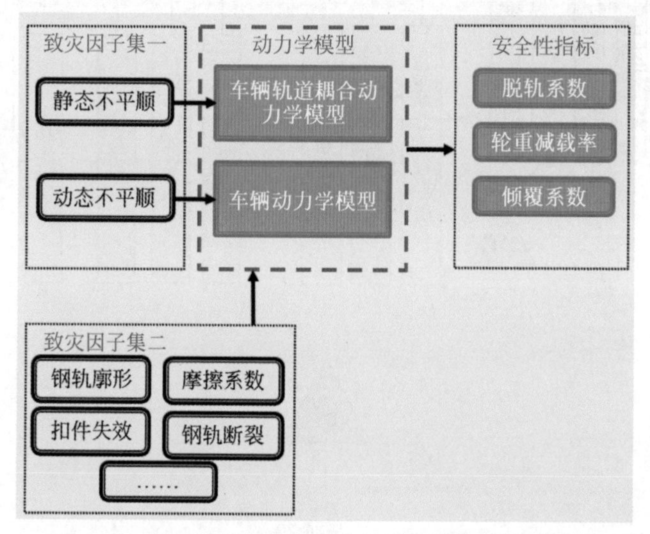

图 2-73　致灾因子与行车安全性指标之间的映射关系

(1) 脱轨系数按照横向力 Q 与垂向力 P 的比值计算:$\frac{Q}{P}$。

(2) 轮重减载率定义为:$\frac{\Delta P}{\bar{P}}$,其中 $\bar{P}=\frac{1}{2}(P_1+P_2)$,$\Delta P=\frac{1}{2}(P_2-P_1)$,$P_1$、$P_2$ 分别为同轴上左、右轮的垂向力。

(3) 倾覆系数 D 为:$D=\dfrac{\sum_{i=1}^{4}P_2^i-\sum_{i=1}^{4}P_1^i}{\sum_{i=1}^{4}P_2^i+\sum_{i=1}^{4}P_1^i}$。

目前,根据《机车车辆动力学性能评定及试验鉴定规范》(GB/T 5599—2019)规定,脱轨系数评定限值如表 2-14 所示。

表 2-14　脱轨系数评定限定值

行车类型	脱轨系数	
	曲线半径250m≤R≤400m	曲线半径 R>400m(其他线路)
客车、动车组	≤1.0	≤0.8
机车	≤0.9	≤0.8
货车	≤1.2	≤1.0

同样，根据我国《机车车辆动力学性能评定及试验鉴定规范》规定，不同速度下的轮重减载率限值为：当试验速度 $v\leqslant 160$km/h 时，$\Delta P/P\leqslant 0.65$；当试验速度 $v>160$km/h 时，$\Delta P/P\leqslant 0.8$。

此外，关于列车倾覆系数的定义主要依据《机车车辆动力学性能评定及试验鉴定规范》，其中 $D<0.8$。

3. 轨道几何参数致灾动态阈值计算

1）研究模型及工况设计

通过文献调研选择采用西南交通大学翟婉明教授的相关研究成果作为分析依据，即车辆-轨道耦合动力学模型，如图 2-74 所示。旨在前期通过已知地铁线路及车辆数据、已知理论模型等完成相关致灾因子的计算，从而根据输出结果来验证机理分析的正确性。

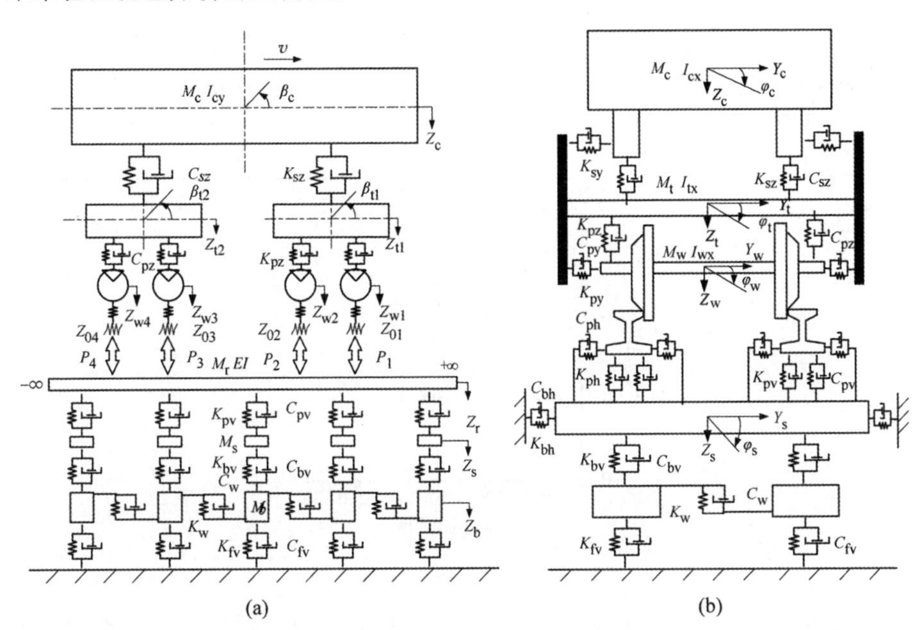

图 2-74　车辆轨道耦合动力学模型

(a) 侧视图；(b) 正视图

M_c、M_t、M_w 分别是车体、构架和轮对质量(kg)；I_{tx}、I_{ty}、I_{tz} 分别是构架侧滚、点头和摇头运动惯量(kg·m^2)；I_{cx}、I_{cy}、I_{cz} 分别是车体侧滚、点头和摇头运动惯量(kg·m^2)；M_r 是单位长度钢轨的质量(kg/m)；EI 是钢轨抗弯刚度(N·m^2)；M_s、M_b 分别是轨枕和道床块质量(kg)；K_{sx}、K_{sy}、K_{sz} 分别是转向架一侧二系悬挂纵向、横向和垂向刚度(N/m)；C_{sx}、C_{sy}、C_{sz} 分别是转向架一侧二系悬挂纵向、横向和垂向阻尼(N·s/m)；K_{px}、K_{py}、K_{pz} 分别是每轴箱一系悬挂纵向、横向和垂向刚度(N/m)；C_{px}、C_{py}、C_{pz} 分别是每轴箱一系悬挂纵向、横向和垂向阻尼(N·s/m)；K_{pv}、K_{ph} 分别是轨下胶垫和扣件提供的垂向、横向刚度(N/m)；C_{pv}、C_{ph} 分别是轨下胶垫和扣件提供的垂向、横向阻尼(N·s/m)；K_{bv}、K_{bh}、K_{bw} 分别是道床垂向、横向和剪切刚度(N/m)；C_{bv}、C_{bh}、C_{bw} 分别是道床垂向、横向和剪切阻尼(N·s/m)；K_{fv} 是路基垂向刚度(N/m)；C_{fv} 是路基垂向刚度(N/m)；X、Y、Z 分别代表纵向、横向和垂向位移变量(m)

模型计算时的仿真模型参数如表2-15所示，线路工况设计细节及一些必要轨道系统设计参数为：

(1) 固定参数：假设右曲线，半径300m，直、缓和圆曲线段长度设置如图2-75所示，轨枕间距0.568m；每个模拟工况中，车辆由初始位置(0)运行终点(320m)处，运行总长度320m；模型中，考虑钢轨的186阶模态(覆盖频率范围0～3132.4Hz)，选取的钢轨梁计算长度是52.824m。

表2-15　车辆及轨道理论仿真模型参数

参　　数	数　　值
车体质量/t	42.8
列车构架质量/t	1.1
轮对质量/t	1.0
轴重/t	13.0
钢轨每延米质量/(kg·m^{-1})	60.6
钢轨密度/(kg·m^{-3})	7860.0
钢轨、轮对弹性模量/GPa	205.9
钢轨、轮对泊松比	0.3

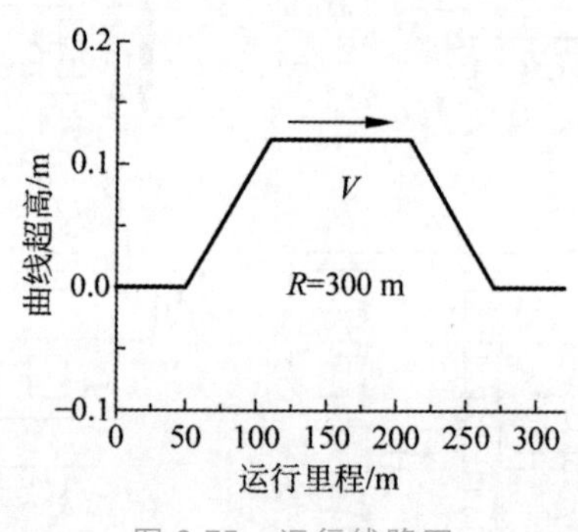

图2-75　运行线路图

(2) 基准工况：模型中施加美国五级谱(横向、垂向分别如图2-76和图2-77所示)、速度60km/h、超高120mm、轨底坡1/40和无失效扣件。

(3) 变化参数及动态取值范围：轨道谱参照美国五级谱线，缩放比例按照0.5～3，速度为40～130km/h，轨道超高控制在70～160mm，轨底坡1/90～1/14，扣件失效(失效数目在1～13个连续失效)。

2) 时域结果及特征幅值确定

下述分析过程中的三类安全性指标均参照《机车车辆动力学性能评定及试验鉴定规范》，具体分别取为：脱轨系数1.0、轮重减载率0.65和倾覆系数0.8。

模拟中得到的脱轨系数、轮重减载率和倾覆系数原始结果，均为时间或位置的函数。为方便下面分析，取它们的最大值作为特征值，具体提取方法在下

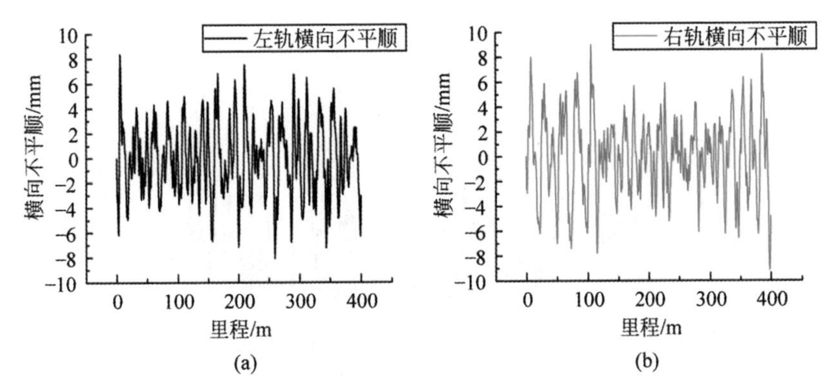

图 2-76 轨道横向不平顺
(a) 左轨;(b) 右轨

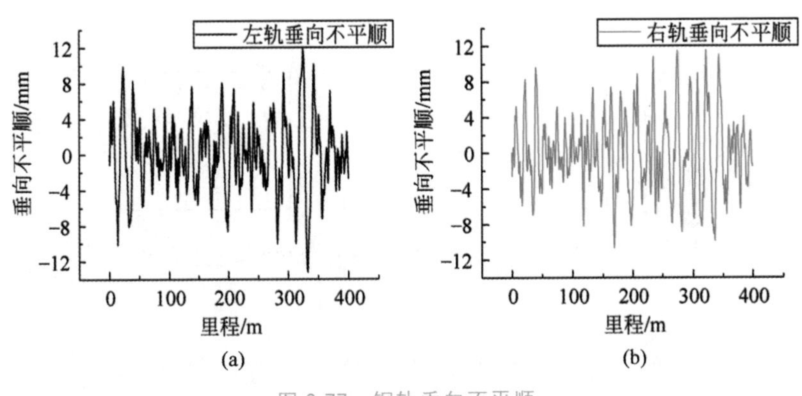

图 2-77 钢轨垂向不平顺
(a) 左轨;(b) 右轨

面给出(以基准工况为例)。

图 2-78 展示了车辆一轴左轮的脱轨系数随运行距离变化情况,对于脱轨系数,在直-缓-圆-缓-直线每个路段取其最大值(图中圆圈)为各段的特征幅值,一辆车 8 个轮子在各段的特征幅值如图 2-79 所示。最后,取 8 个轮子在某路段中特征幅值的最大值作为该车在该路段中的特征值,用于后续分析。

同理,图 2-80 展示了车辆一轴轮对的轮重减载率随运行距离的变化情况。同样,取直-缓-圆-缓-直线各段的最大值(图中圆圈)为各自的特征幅值,一辆车 4 个轮对的特征幅值如图 2-81 所示。这里,也取 4 个轮对中最大的特征幅值作为该车的特征值。

图 2-82 展示了倾覆系数随运行距离变化情况。该系数是针对整车的定义,故只有一个结果,其特征值确定方法与上相同。下面将从轨道不平顺、列车速度、曲线超高、轨底坡及轨道扣件失效五个方面分别讨论其特征变化带来的上述三项车辆运行安全指标的变化规律。

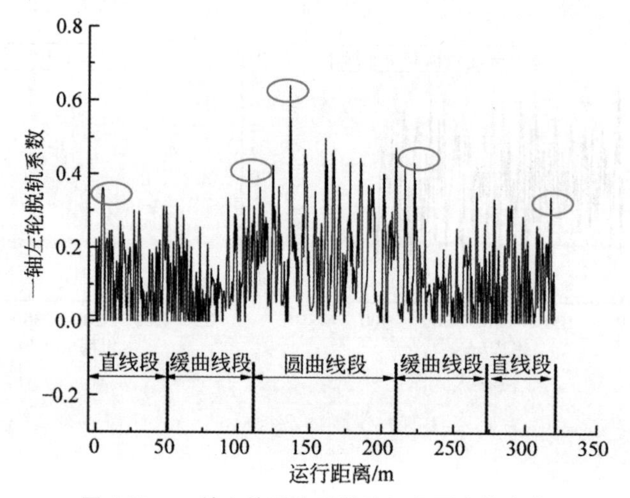

图 2-78　一轴左轮脱轨系数随运行距离的变化

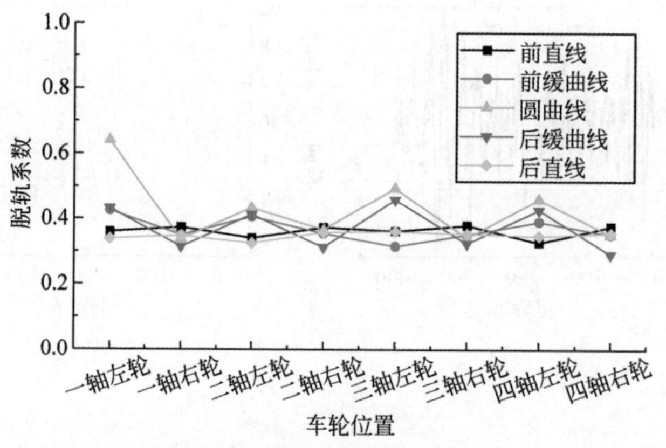

图 2-79　不同轮位的脱轨系数特征幅值

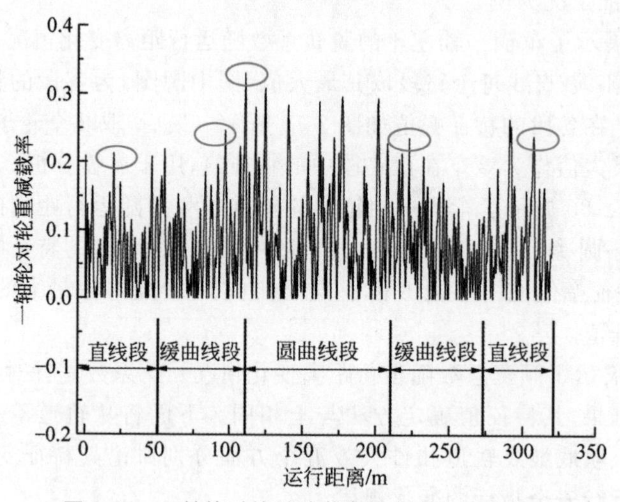

图 2-80　一轴轮对轮重减载率随运行距离的变化

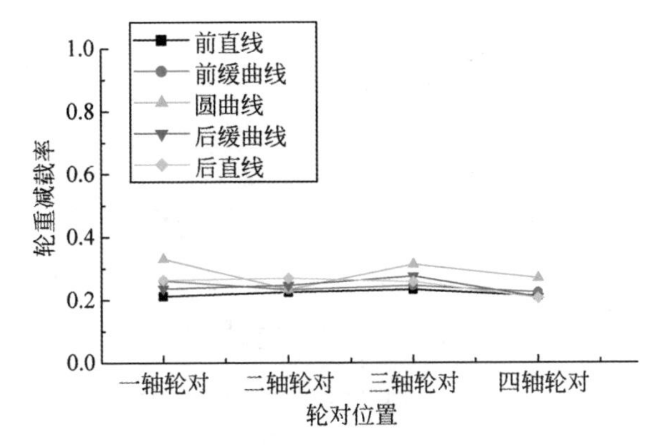

图 2-81　不同轮对的轮重减载率特征幅值

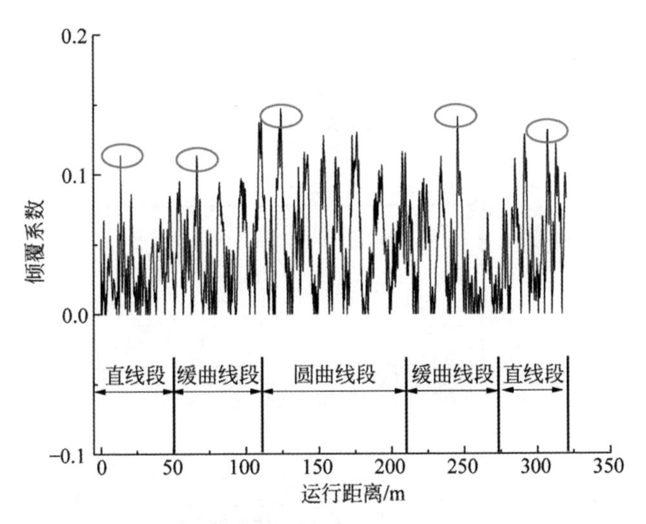

图 2-82　整车倾覆系数随运行距离的变化

3）轨道不平顺

为研究横向不平顺影响，需要控制垂向不平顺不变，改变横向不平顺。通过五级横向不平顺乘以 0.5～3 的缩放系数来实现，得到的结果如图 2-83～图 2-85 所示。

从图 2-83 中可以看出：横向不平顺越大，脱轨系数越高；脱轨系数随横向不平顺的变化率逐渐增加；当 2.2 倍五级谱横向不平顺存在时，脱轨系数达到了安全限值 1.0；大部分情况下，圆曲线段的脱轨系数最大。

从图 2-84 中可以看出：当 2.5 倍五级谱横向不平顺存在时，轮重减载率达到了安全限值 0.65；横向不平顺越大，轮重减载率越高，且轮重减载率随横向不平顺的变化率也逐渐增加，直至趋近于 1.0；圆曲线段的轮重减载率最大。

从图 2-85 中可以看出：倾覆系数随着横向不平顺的增加而缓慢增加。倾

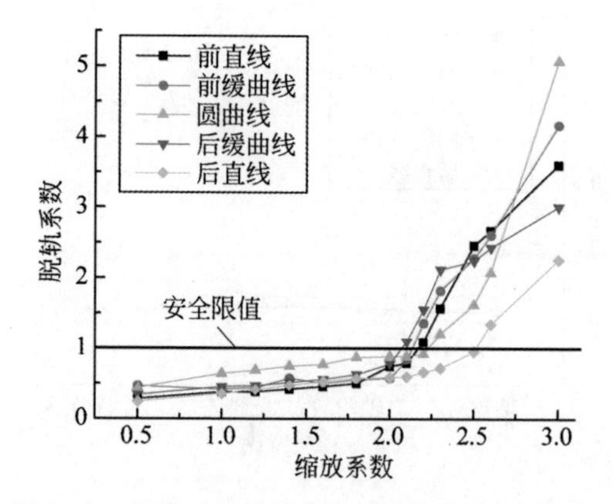

图 2-83　脱轨系数随横向不平顺缩放系数的变化

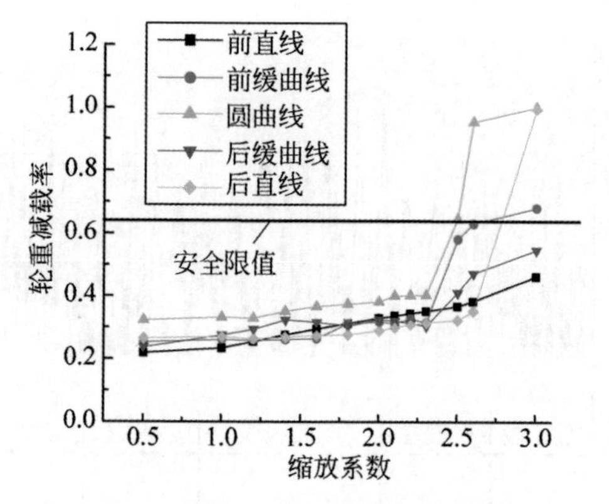

图 2-84　轮重减载率随横向不平顺缩放系数的变化

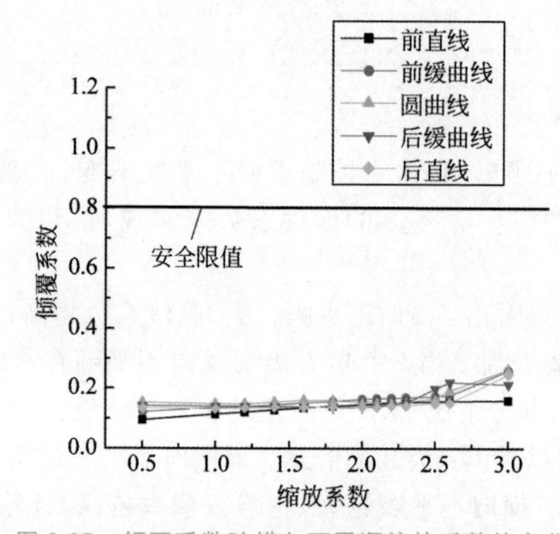

图 2-85　倾覆系数随横向不平顺缩放系数的变化

覆系数始终小于其安全限值。

为研究垂向不平顺影响，需要控制横向不平顺不变，改变垂向不平顺。具体通过五级垂向不平顺乘以 0.5～3 的缩放系数来实现，得到的结果如图 2-86～图 2-88 所示。

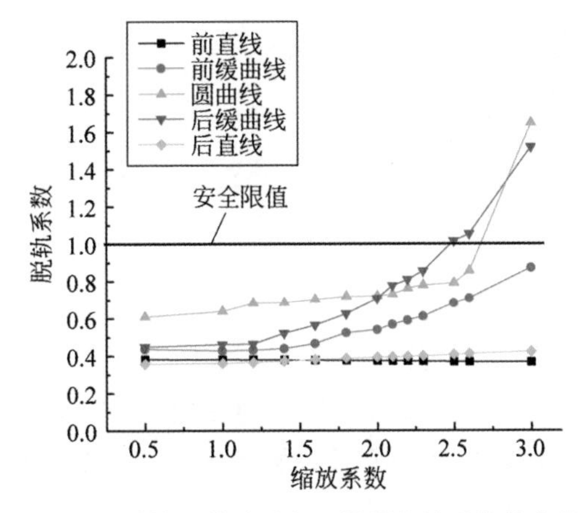

图 2-86　脱轨系数随垂向不平顺缩放系数的变化

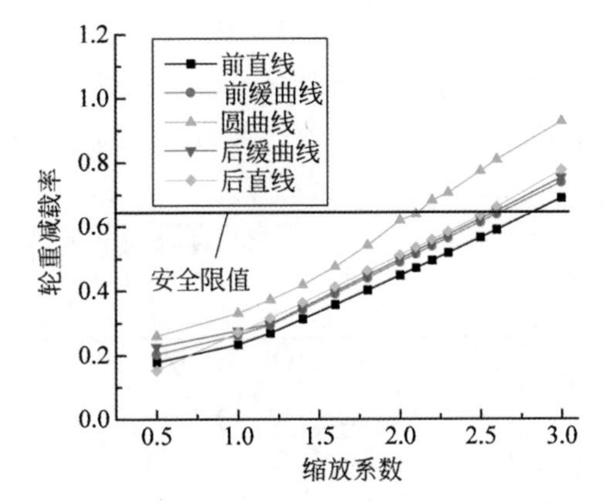

图 2-87　轮重减载率随垂向不平顺幅值缩放系数的变化

从图 2-86 中可以看出：在缓曲线和圆曲线上，垂向不平顺越大，脱轨系数越高；当 2.4 倍五级谱垂向不平顺存在时，脱轨系数达到了安全限值 1.0；大多数情况下，依然是圆曲线段的脱轨系数最大。

从图 2-87 中可以看出：垂向不平顺越大，轮重减载率越高；当 2.1 倍五级谱垂向不平顺存在时，轮重减载率达到了安全限值 0.6；大多数情况下，依然是圆曲线段最大。

从图 2-88 中可以看出：垂向不平顺越大，倾覆系数越高，其影响大于横向不平顺；倾覆系数始终小于其安全限值。

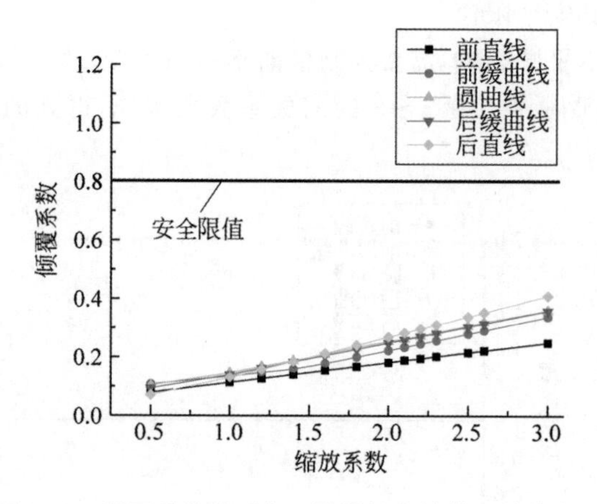

图 2-88 倾覆系数随垂向不平顺幅值缩放系数的变化

由上面的分析可知，随着轨道不平顺的增加，脱轨系数和轮重减载率可能超标，尤其是在圆曲线段，然而倾覆系数始终小于其安全限制。所以，接下来的分析主要是围绕圆曲线段线路展开。

4）列车速度

由于物体运动的动能与速度的平方成正比，高速运行的列车一旦发生脱轨事故，将产生巨大的冲击和摩擦，由此引发的后果不堪设想。以基准工况为参照，速度在 40～130km/h 内进行变化，所得到的结果如图 2-89 所示。

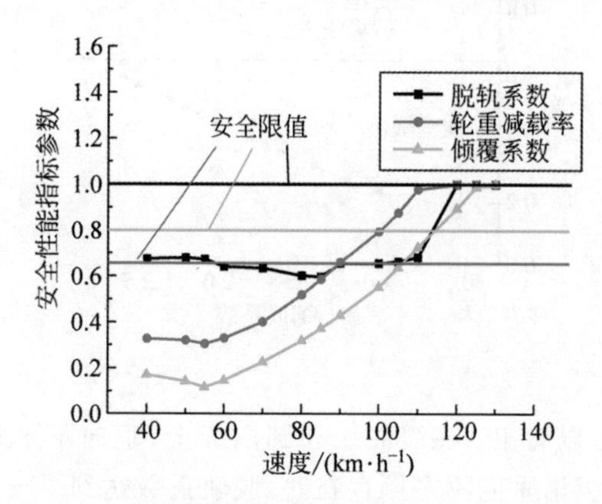

图 2-89 圆曲线段安全性能指标随车速变化情况

可以看出：当列车运行速度在 80km/h 以内(城市轨道)时，轮重减载率、倾覆系数及脱轨系数均位于安全界限以下；当列车运行速度大于 90km/h 时，轮重减载率大于安全性能指标 0.65，最终趋近于 1.0；当列车运行速度大于 110km/h 时，倾覆系数大于安全性能指标 0.8，也最终趋近于 1.0；当列车运行速度大于 120km/h 时，脱轨系数趋近于安全性能指标 1.0。

5）曲线超高

以基准工况为参照，曲线超高在 70～160mm 内变化，结果如图 2-90 所示。可以看出：脱轨系数随着曲线超高的增加而增加，但其增长缓慢，且始终小于安全限值；轮重减载率和倾覆系数随着超高的增加缓慢地减小，且始终小于安全限值。

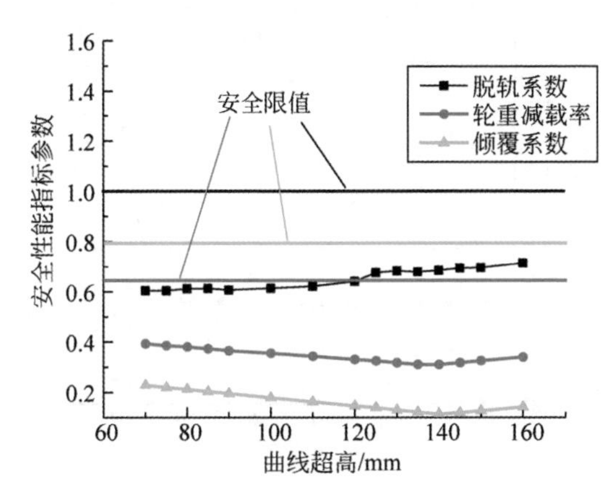

图 2-90　圆曲线段安全性能指标参数随曲线超高变化

6）轨底坡

以基准工况为参照，轨底坡在 1/90～1/14 内变化，结果如图 2-91 所示，其中实心框表示车辆未脱轨；空心框表示车辆已脱轨，数值取脱轨前的最大值。可以看出：轨底坡范围在 1/90～1/22 时，所对应的三个安全性能指标参数均小于安全限值；轨底坡在 1/18 时，脱轨系数达到了安全限值 1.0；轨底坡在 1/14 时，车辆发生了脱轨。

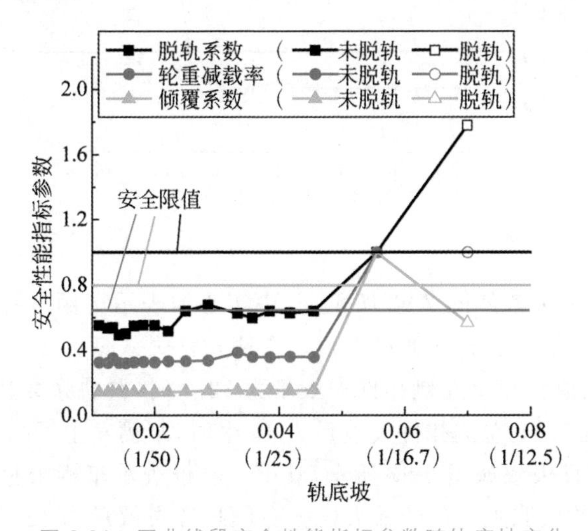

图 2-91　圆曲线段安全性能指标参数随轨底坡变化

7）轨道扣件失效

以基准工况为参照，分析了扣件失效对脱轨指标参数的影响，具体为圆曲线处高轨(左)侧扣件失效、低轨(右)侧扣件失效和两侧扣件失效，考虑了 1～13 个连续失效情况。其结果如图 2-92～图 2-94 所示。

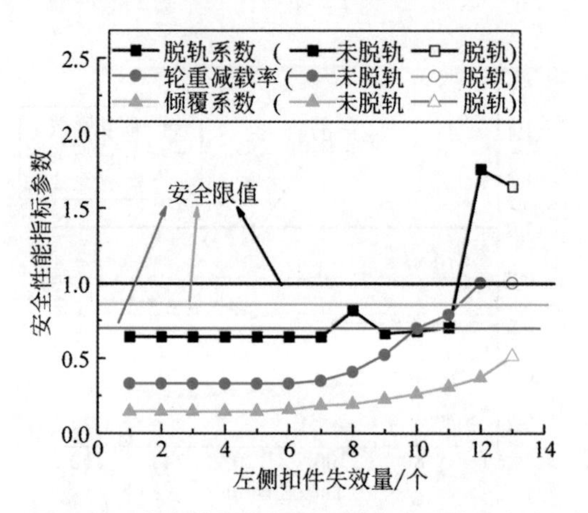

图 2-92　安全性能指标随左侧扣件失效量变化

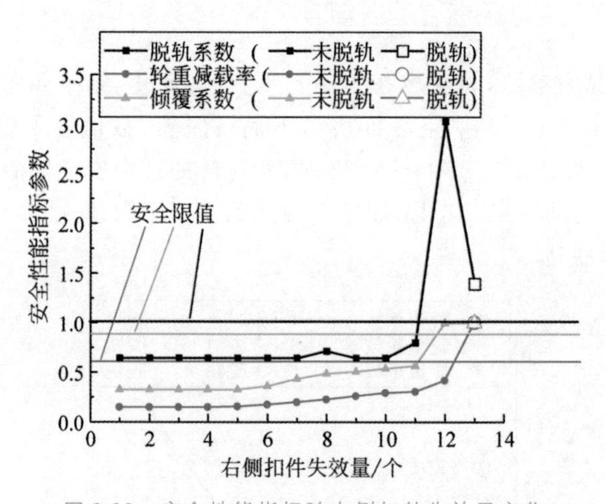

图 2-93　安全性能指标随右侧扣件失效量变化

(1) 左侧扣件失效如图 2-92 所示，其中实心框表示车辆未脱轨；空心框表示车辆已脱轨，数值取脱轨前的最大值。左侧扣件失效量为 10 个时，轮重减载率达到了安全限值 0.65；左侧扣件失效量为 12 个时，脱轨系数达到了 1.75，超过了其安全限值 1.0；左侧扣件失效量为 13 个时，车辆发生了脱轨。

(2) 右侧扣件失效如图 2-93 所示，其中实心框表示车辆未脱轨；空心框表示车辆已脱轨，数值取脱轨前的最大值。右侧扣件失效量为 12 个时，脱轨系数和倾覆系数分别达到了其对应的安全限值 1.0、0.8；右侧扣件失效量为 10 个

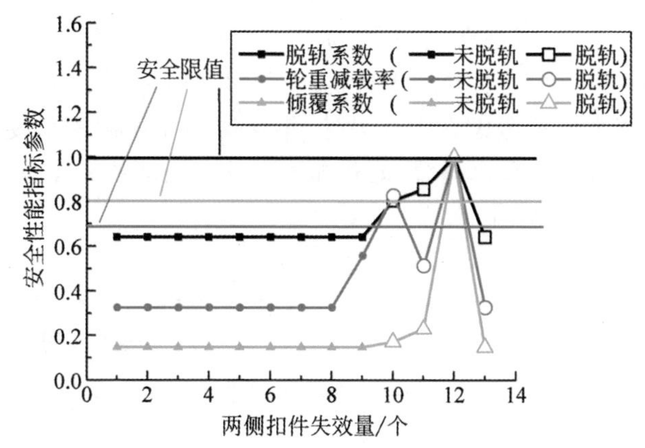

图 2-94 圆曲线段安全性能指标参数随两侧扣件失效量变化

时，轮重减载率达到了安全限值 0.65；钢轨右侧扣件失效量为 13 个时，车辆发生了脱轨。

(3) 两侧扣件失效如图 2-94 所示，其中实心框表示车辆未脱轨；空心框表示车辆已脱轨，数值取脱轨前的最大值。钢轨两侧扣件失效量为 1～9 个时，安全性能指标参数都趋近于一个恒定值，且都在安全限值之内；在两侧扣件失效量为 10～13 个时，车辆发生了脱轨。

综上所述，在轨道几何参数的致灾因子中，通过轮轨耦合动力学能够确定包括轨道几何形位 C1 中的曲线超高 D2、不平顺 D5、轨底坡 D4、扣件丢失 C10 等因子的动态监测阈值，判定依据是列车安全行驶的三种评价指标。分析归纳如下几点结论：

(1) 不平顺幅值、速度、轨底坡以及扣件失效对脱轨安全性能指标皆有显著影响，超高的影响不大。

(2) 不平顺幅值、速度、轨底坡以及扣件失效与脱轨安全性能指标正相关。

(3) 脱轨系数、轮重减载率和倾覆系数限值对应的美国五级谱缩放比例、速度、超高、轨底坡和扣件失效量等参数的临界值如表 2-16 所示。

表 2-16 脱轨安全限值对应的临界值

致灾因子	脱轨系数	轮重减载率	倾覆系数
横向不平顺幅值缩放系数	2.2	2.5	—
垂向不平顺幅值缩放系数	2.4	2.1	—
速度/(km·h^{-1})	120	90	110
超高/mm	计算结果：超高在 70～160mm 均无影响		
轨底坡	1/18	1/18	1/18
左侧扣件失效量/个	12	10	—
右侧扣件失效量/个	12	10	12
两侧扣件失效量/个	9	9	9

上述仿真模型,可考虑曲线超高、曲线半径、轨底坡等轨道参数及扣件、轨枕、转向架等部件失效,通过轨道谱将轨道三角坑、轨距不平顺、水平不平顺、轨向不平顺等轨道不平顺考虑在内。另外,钢轨磨损及所致廓形变化、车轮粗糙度或不圆度、钢轨波磨、车辆超载/偏载等轨道及车辆部件故障也是动态监测的重要指标具体如表 2-17 所示。

表 2-17 脱轨安全限值影响参数定性研究

激励参数	脱轨系数	轮重减载率	倾覆系数
曲线半径、缓和曲线长度及欠超高	随着参数值增大而下降,车辆曲线通过安全性上升		
钢轨波磨	与波磨幅值成正比、与波磨长度成反比		
车轮多边形	高阶多边形影响较大,且与阶次成正比		
车辆一系纵向刚度	横向平稳性指标增加,脱轨风险变大	无明显影响	无明显影响
车辆一系横向刚度	影响较小		
车辆偏载-纵向	成正比	影响较小	
车辆偏载-横向	影响较小	成正比	影响较小

上述模型计算定量及定性化动态监测阈值研究说明,轨道几何参数及钢轨表面状态、车辆运行状态等是保障列车安全行驶的重要组成部分,同时,从轨道系统灾害事故出发,梳理并计算影响灾害发生的各类致灾因子的权重,能够有效为灾害抑制方法提供方向及依据。

2.4.2 接触网(轨)事故致灾机理

1. 接触网(轨)事故致因分析

致灾因子,即由自然异动(暴雨、雷电、台风、地震等)、人为异动(操作管理失误、人为破坏等)、技术异动(机械故障、技术失误等)、政治经济异动(能源危机、金融危机等)等产生的各种异动因子。当致灾因子达到或处于致灾条件,则会造成致灾后果。以下根据轨迹交叉理论从设备危险因素、环境危险因素、人员危险因素三个方面,对上述事故进行统计、归纳和分析。

1) 设备危险因素

设备危险因素可以进一步细化为设备本身质量缺陷、设备使用状态和施工/安装缺陷。其中,“(x)”:致因不明的事故;“[x]”:多因素耦合的事故;“•”:人员伤亡;“•”:火灾;“•”:运营中断;“•”:设备损伤。

(1) 设备本身质量缺陷。由案例统计可以得到,设备本身质量缺陷导致的运营事故共 5 起,分析致灾因子、条件及后果如表 2-18 所示。可以看出,集电靴-接触轨质量缺陷、绝缘子质量缺陷、分段绝缘器长导滑板质量缺陷、隔离开关质量缺陷等是主要的事故致因，如图 2-95 所示。

表 2-18　牵引供电系统故障中的设备本身质量因素

致灾因子	致灾条件	致灾后果	事件序号
集电靴-接触轨质量缺陷	绝缘条件不足	•	(1,6,7)
绝缘子质量缺陷	绝缘子破损、潮湿环境	• •	2,[4],[9]
分段绝缘器长导滑板质量缺陷	滑道断裂	•	18
隔离开关质量缺陷	拉弧打火、对地短路	• •	20

绝缘子破损一方面由于绝缘子质量不过关，另一方面由于粉尘、水垢、流水成线等产生过电流瞬时击穿；如图 2-95(a)所示，分段绝缘器长导滑板有细微裂纹，本体存在质量缺陷，造成分段绝缘器长滑道断裂故障；如图 2-95(b)所示，接触网隔离开关本体质量问题产生拉弧打火现象，发生弧光短路，形成对地短路，引起变电所设备跳闸和接触网短时失电故障。

此外，由于接触轨事故类型单一、发生年代较早，缺乏足够的事故报告分

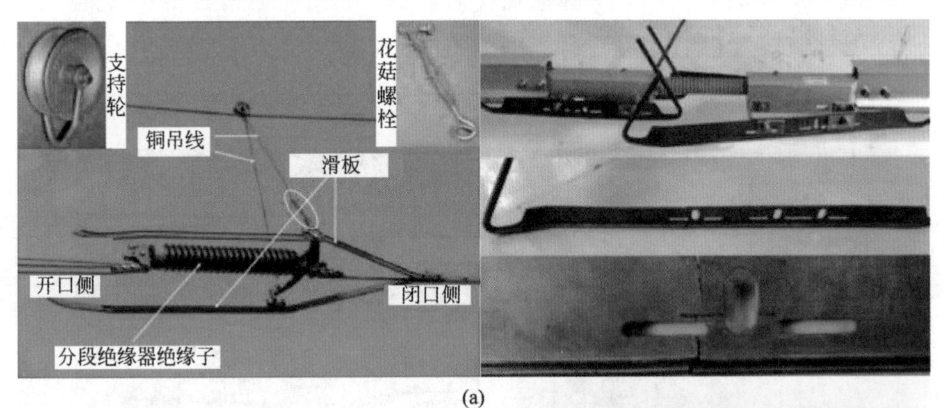

(a)

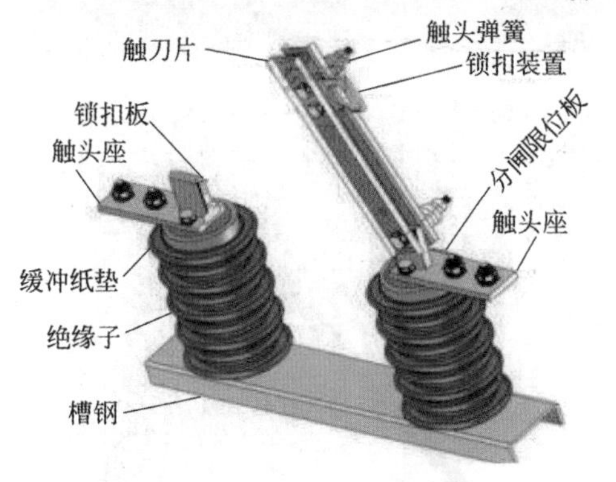

(b)

图 2-95　设备安装示意图与本身质量缺陷

(a)分段绝缘器安装示意图与长导滑板断裂图；(b) 隔离开关安装示意图与烧损图

析，根据文献调研推断接触轨跳闸事故的可能致因有：① 集电靴-接触轨质量问题或安装缺陷，使其与接触轨端部之间的绝缘距离较短或绝缘措施不全面，产生拉弧、电火花，导致烧伤；②接触轨道岔失电；③雷击导致接触轨跳闸；④异物侵限或附属设施侵限，导致接触轨短路跳闸。

(2) 设备使用状态。由统计的案例可以得到，设备使用状态导致的运营事故共 9 起，分析致灾因子、条件及后果如表 2-19。可以看出，设备使用状态故障主要包括弓网受流不稳与磨耗、绝缘子脏污、补偿绳疲劳、接地状态故障、接触轨跳闸等，如图 2-96 所示。

表 2-19　牵引供电系统故障中的设备使用状态因素

致灾因子	致灾条件	致灾后果	事件序号
接触轨道岔失电	接触轨跳闸	•	(1,6,7)
接地状态故障	架空地线故障	•	11
弓网受流不稳、磨耗	分段绝缘器拉弧	•	25
弓网受流不稳、磨耗	接触网拉弧、打火	•	26
绝缘子脏污	绝缘子击穿、拉弧	•	[5,22,30]
承力索下锚补偿绳疲劳	补偿绳断线	•	31

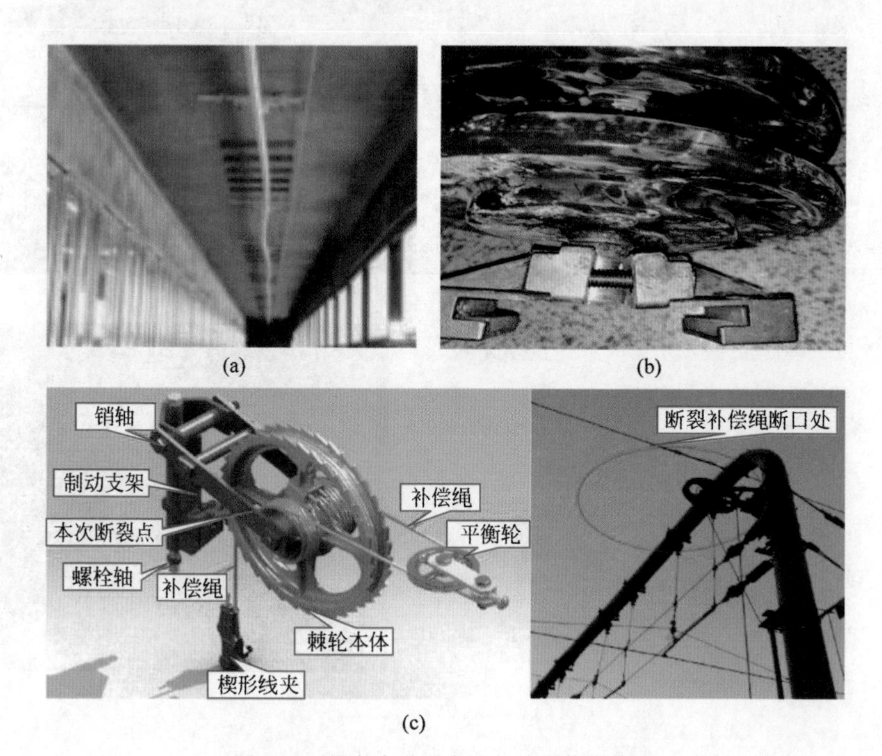

图 2-96　设备安装示意图与使用状态故障

(a) 接触网拉弧；(b) 绝缘子脏污；(c) 棘轮补偿装置安装示意图及补偿绳断裂位置

其中，分段绝缘器拉弧的原因分析为：由于分段绝缘器为整体安装，弹性较小，电客车通过时，受电弓从柔性接触网过渡至分段绝缘器导流滑道，电客车车体晃动、导线坡度变化、电客车取留变化等造成受电弓与接触线(导流滑道)接触或受流状态不稳定从而造成拉弧现象。如图 2-96(a)所示，接触网拉弧打火的原因分析为：弓网动态关系及相互之间的磨耗等不定因素导致该处接触线线面轻微偏磨，造成受电弓瞬间离线，出现轻微拉弧打火现象。如图 2-96(b)所示，绝缘子击穿拉弧的原因分析为：绝缘子表面沉积污秽物后，当表面受潮，污层湿润后变为导电层，在电压作用下，表面产生泄漏电流，形成高场强而引起干带上空气击穿和泄漏电流的脉冲，形成放电再转成电弧，其燃烧和持续发展将导致绝缘子两极间的闪络。如图 2-96(c)所示，补偿绳断线的原因分析为：补偿绳建成投入使用 10 年且 24 小时不间断受力，随着气温变化补偿绳在棘轮小轮处反复折弯受力，造成补偿绳金属疲劳，逐渐出现断丝断股的情况。

(3) 施工/安装缺陷。由案例统计可以得到，设备本身质量缺陷导致的运营事故共 6 起，分析致灾因子、条件及后果如表 2-20 所示。可以看出，受电弓安装缺陷、螺栓安装缺陷、汇流排中间接头安装缺陷和施工缺陷等是主要致因。如图 2-97(a)所示，受电弓安装质量差导致松脱，打断承力索，使分段绝缘器断裂，造成区段接触网断电；受电弓安装缺陷导致其部件与车顶发生接触短路，产生响声和烟雾，同时电弧击穿列车顶部。如图 2-97(b)所示，由于未将短滑道消弧棒固定螺栓安装、调整至中心位置，而对轴式固定螺栓紧固过程中忽视两边用力均衡问题，致使一侧消弧棒固定螺帽外露螺栓长度较少，在受电弓摩擦力、接触网振动运行的工况下，短滑道消弧棒的调节垫片松脱，使得短滑道消弧棒垂直轨面方向向下移动，导致消弧棒与车体之间空气间隙不足(小于 100mm)，造成短滑道消弧棒对车顶瞬间拉弧、放电，烧伤车顶。如图 2-97(c)所示，螺栓在拧紧过程中所能达到的预紧力直接决定了两个连接零件之间的夹紧力，预紧力不足导致连接螺栓出现松动并最终造成吊弦线夹的松动。如图 2-97(d)所示，施工中汇流排接头安装工艺及方法存在问题，导致部分区段接触网汇流排中间

表 2-20　牵引供电系统故障中的施工/安装缺陷因素

致灾因子	致灾条件	致灾后果	事件序号
集电靴-接触轨安装缺陷	绝缘距离较短	•	(1,6,7)
受电弓安装缺陷	打断承力索，绝缘器断裂	• •	12
受电弓安装缺陷	与车顶短路、电弧击穿	• • • •	14
消弧棒固定螺栓安装缺陷	消弧棒松脱，对车顶放电	•	16
吊弦线夹螺栓安装缺陷	吊弦线夹螺栓松动	•	24
汇流排接头安装缺陷	中间接头、跨中接触线异常磨耗	•	23,27
施工缺陷	结构渗水	•	[30]

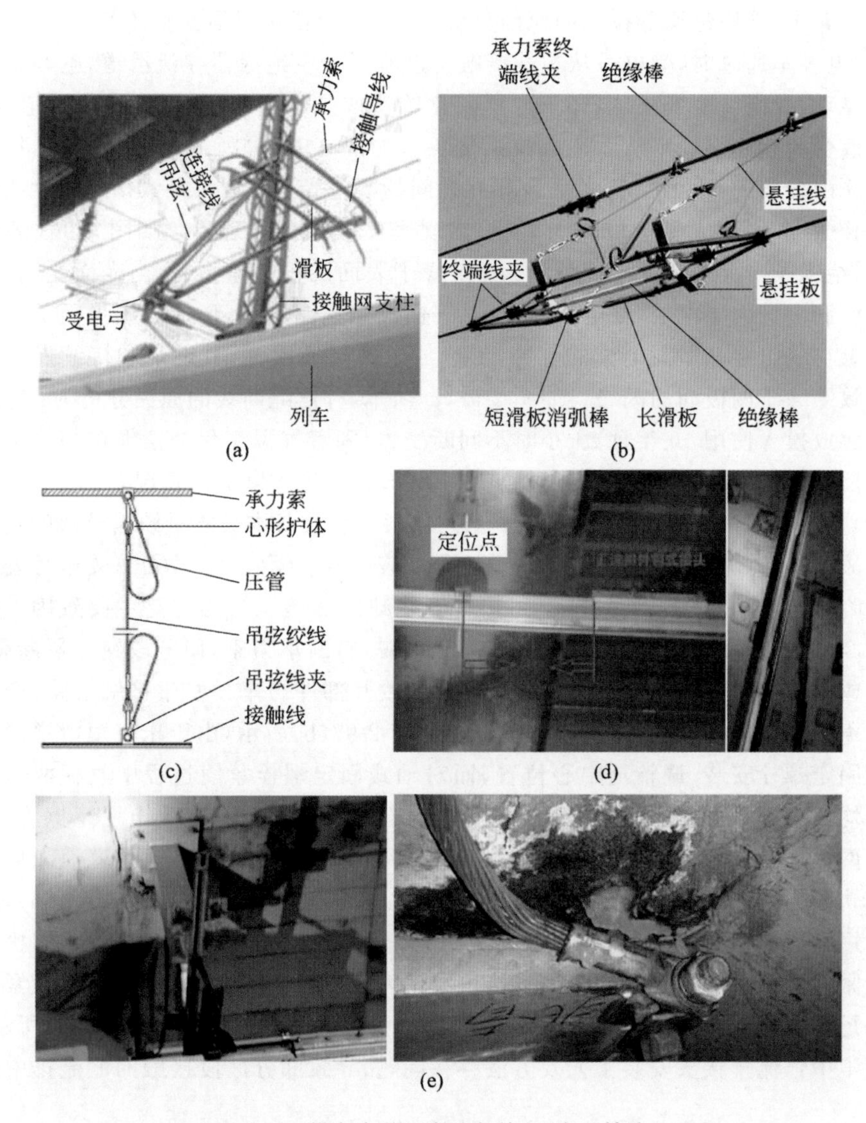

图 2-97 设备安装示意图与施工/安装缺陷

(a) 受电弓安装示意图；(b) 菱形分段绝缘器消弧棒安装示意图；(c) 吊弦安装示意图；(d) 汇流排接头安装示意图与局部异常磨耗图；(e) 施工缺陷导致结构渗水与环境潮湿细节

接头、跨中接触线磨耗严重，这种现象直接影响受电弓使用寿命，若该处同时存在硬点，极易发生“打碰弓”现象，引起弓网事故。如图 2-97(e)所示，由于施工缺陷导致结构渗漏水，地下重水夹杂大量的杂质，当 Ca^{+}、Mg^{+} 等达到一定浓度后产生结晶，绝缘子表面积污，而绝缘子表面污层受潮后局部放电使表面形成干层然后形成电弧，导致沿面闪络。

2）环境危险因素及人员危险因素

环境危险因素导致的运营事故共 11 起，其中 5 起为环境-设备耦合因素导致的；人员因素导致的运营事故共 4 起，其中 3 起为乘客坠轨事故，1 起为巡检疏漏事故。分析环境耦合危险因素及人员危险因素导致事故的致灾因子、条件及后果如表 2-21 所示。可以看出，环境危险因素主要包括异物侵限、潮湿环境、积水等，而人员危险因素主要包括乘客坠轨与管理疏漏。

表 2-21　牵引供电系统失效的环境因素和人员因素

致灾因子	致灾条件	致灾后果	事件序号
雷击	接触轨跳闸	•	(1,6,7)
异物侵限	异物搭接	•	(1,6,7),8
异物侵限	异物搭接，大风天气	• •	13,21
潮湿	绝缘子破损、脏污	• •	[4,5,9]
潮湿	腐蚀	• •	15
潮湿	绝缘子脏污，涂层脱落，渗水	•	[22],28,[30]
积水	感应板受流故障	• •	10
乘客坠轨	自杀，意外	• •	3,17,19
管理疏漏	开关合闸不到位	•	29

从前述事件案例来看，因接触网(轨)设备故障，造成重大人身伤害、财产损失及恶劣社会影响的主要事故为设备损坏、运营中断、火灾和人员伤亡，确定为故障树的顶层事件。结合致因分析得到上述事故的故障树模型，如图 2-98～图 2-100 所示。

2. 接触网(轨)风险分析方法

1）基于故障树的贝叶斯网络分析法

贝叶斯方法是以概率论基本知识作为理论基础的，专门用来处理不确定性较强的问题的方法。贝叶斯网络简单来说由两部分组成：第一部分即网络的图形结构；第二部分便是网络中的参数。一般的贝叶斯网络从直观上表现为一个复杂的包含有节点和弧的网图，其中，每个节点表示一个变量，节点的状态对应着风险因素发生概率的度量，各变量之间的弧代表了变量之间存在的关系。贝叶斯网络的参数主要是指贝叶斯网络的条件概率表集合。每个节点都有一个条件概率表(conditional probability table，CPT)，用来表示该节点和其父节点的相关关系，通常表现为一个条件概率，表示相邻节点之间的依赖关系。

贝叶斯网络可以表示为 $N=\{(V,X),P\}$，其中 V 表示网络节点，X 表示有向无环图的边，P 表示节点的概率分布。对于离散节点变量 $V=\{E_1,E_2,\cdots,E_n\}$ 表示网络中的变量节点集合，P 实际上代表的是节点间的可能性约束关系。每个节点都会附带一个包含有父节点条件概率的条件概率表。

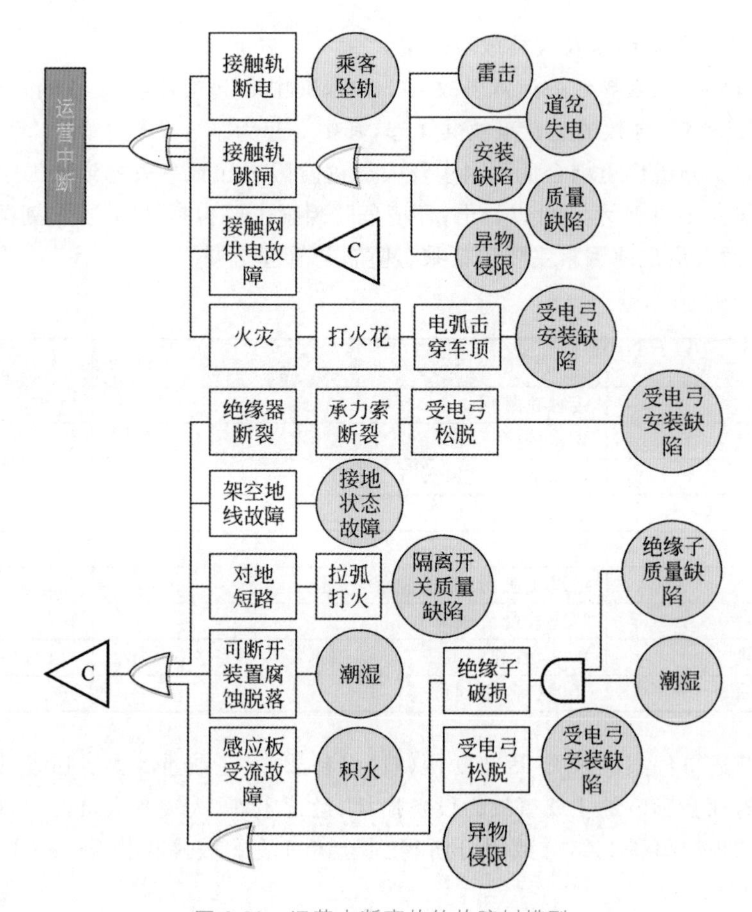

图 2-98　运营中断事故的故障树模型

贝叶斯网络的内在规则是在特定的网络结构下，通过先验概率和后验概率的计算，来学习参数优化参数。

假设 V 节点满足相互条件独立，则此条件下的联合概率分布为：

$$P(Y=y_i,X=x_i)=P(X=x_i)P(Y=y_i \mid X=x_i) \tag{2-26}$$

根据条件独立的前提，可得边缘概率为：

$$P(Y)=\sum_i P(X=x_i)P(Y=y_i \mid X=x_i) \tag{2-27}$$

由此可以给出贝叶斯公式：

$$P(X=x_i \mid Y=y_i)=\frac{P(X=x_i)P(Y=y_i \mid X=x_i)}{P(Y=y_i)} \tag{2-28}$$

其意义在于，能在出现一个新的补充事件的概率 $P(B|A_i)$ 条件下，新修正原有事件 A_i 概率的估计，即计算出后验概率分布 $P(A_i|B)$。相比于故障树分析(fault tree analysis，FTA)法，批量归一化(batch normalization，BN)法在以下几个方面有更大的优势：①计算便捷，FTA 利用最小割(路)集以及各种不交

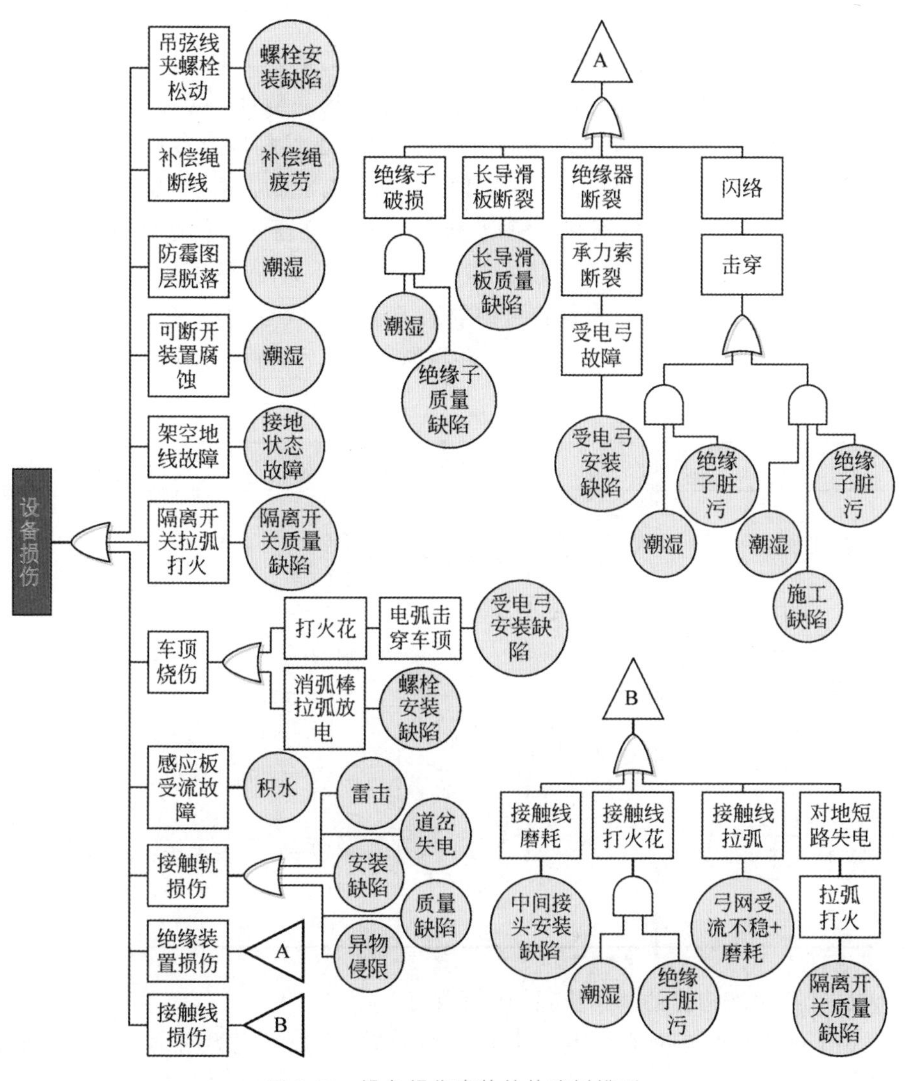

图 2-99　设备损伤事故的故障树模型

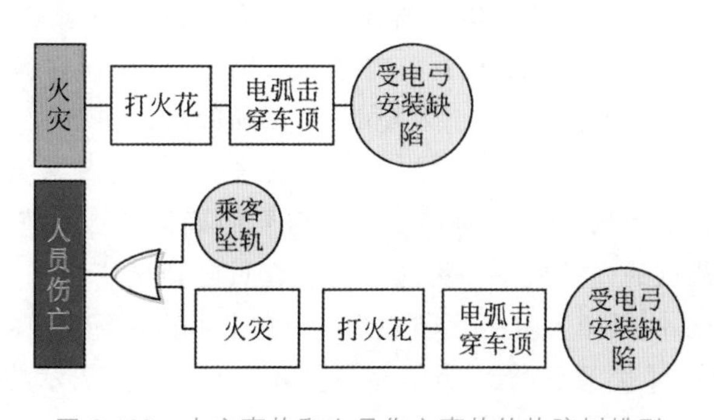

图 2-100　火灾事故和人员伤亡事故的故障树模型

化方法或容斥定理进行计算，而 BN 采用联合概率分布确定节点故障概率；②表达能力强，FTA 利用逻辑门来表达事件之间的确定关系，而复杂系统中的不确定关系则需要 BN 利用概率来表达，因此更具一般性；③灵活度高，FTA 建立之后不便修改，而 BN 可以随时通过学习来改变结构以及参数。

同时，二者在推理机制和状态描述方面又具有相似之处，因此可以通过故障树转化的方法构建贝叶斯网络模型，进而展开可靠性分析。这种方法在降低了 BN 建模难度的同时，充分利用了 BN 的优势弥补 FTA 的不足。

FTA 和 BN 均可通过变量符号的取值描述事件状态(表 2-22)，二者在拓扑结构上存在对应关系，前者分层递进，寻找原因；而后者逐层递推，寻找结果。

表 2-22　故障树的贝叶斯网络表达

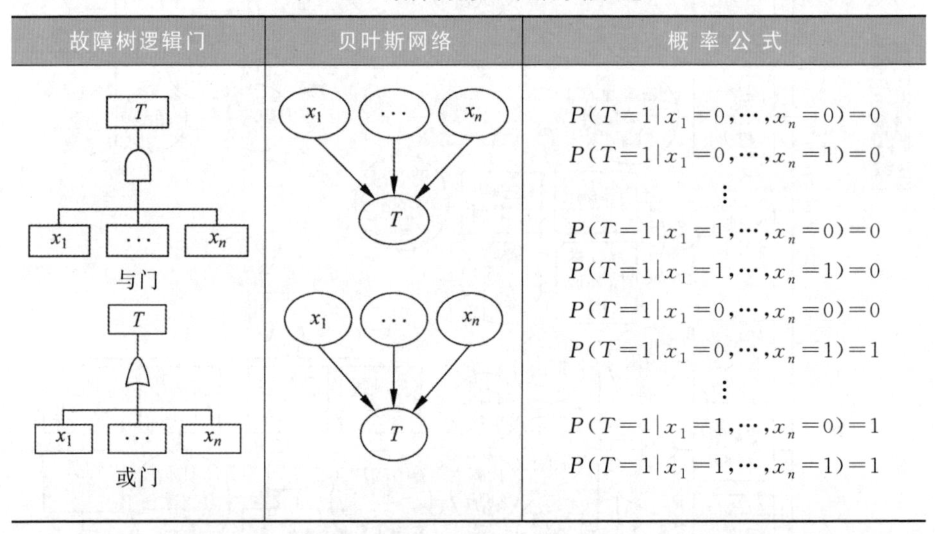

故障树逻辑门	贝叶斯网络	概率公式
T; x_1, …, x_n; 与门	x_1, …, x_n → T	$P(T=1\mid x_1=0,\cdots,x_n=0)=0$ $P(T=1\mid x_1=0,\cdots,x_n=1)=0$ ⋮ $P(T=1\mid x_1=1,\cdots,x_n=0)=0$ $P(T=1\mid x_1=1,\cdots,x_n=1)=0$
T; x_1, …, x_n; 或门	x_1, …, x_n → T	$P(T=1\mid x_1=0,\cdots,x_n=0)=0$ $P(T=1\mid x_1=0,\cdots,x_n=1)=1$ ⋮ $P(T=1\mid x_1=1,\cdots,x_n=0)=1$ $P(T=1\mid x_1=1,\cdots,x_n=1)=1$

贝叶斯网络构建的基本步骤和流程如下：

(1) 确定贝叶斯网络结构。贝叶斯网络结构直观表现为网络的图形结构，变现为网络节点间的约束状态。依据节点间的因果关系，将各节点联系起来，形成具有可传递关系的网状结构。结合现有的有关研究和领域专家的知识，可以建立起贝叶斯网络的基本结构；在实际的应用中，可能存在需要对初步的网络结构进行修正的情况，如需要引入新的变量，随即需添加新的节点等。

(2) 定义网络节点变量的基本信息。网络结构和节点参数共同决定了一个贝叶斯网络的基本信息和运算内容。这里需要明确的节点信息主要包括节点类型以及网络节点的先验概率和可能取值。在贝叶斯网络结构中，主要的节点类型有自然节点、决策节点和效用节点等；此外，对于主要使用的自然节点，也可以继续细分为 M 类节点和 N 类节点。贝叶斯网络节点表示的是施工阶段的风险事件或者风险因素，这些节点一般都被定义为 N 类节点，该类节点可通过用发生与不发生的概率直接描述，每个节点的状态变量有两个即 Y 和 N，分别表示该节点所描述风险因素是否发生。M 类节点的分析可以通过 0～1 分析得出；为了使风险因素的设定更加符合实际情况，可以对此类节点设定一个小概率 θ 的发生概率。

(3) 确定条件概率表参数。网络中需要确定的参数主要是指节点的概率分布，即节点的边缘概率以及各节点的条件概率表(CPT)。在特定的网络结构下，依据变量之间的因果关系以及独立依赖关系，可以按照各节点条件概率表给定的数据进行相关的概率演算，最终求出各节点的边缘概率。例如，如图 2-101 所示的贝叶斯网络包含 M、N、X、Y 四个节点，每个节点有 T，F 两种状态，其中 X 为根节点，其先验概率为 $P(X)$，叶节点 Y 和中间节点 M，N 的条件概率表如表 2-23～表 2-25 所示。

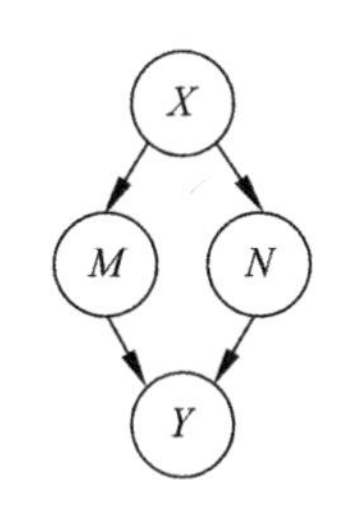

图 2-101　BN 模型示例

表 2-23　示例模型条件概率表(一)

X	P(M=T)	P(M=F)
T	$P(M \mid X)$	$P(\overline{M} \mid X)$
F	$P(M \mid \overline{X})$	$P(\overline{M} \mid \overline{X})$

表 2-24　示例模型条件概率表(二)

X	P(N=T)	P(N=F)
T	$P(N \mid X)$	$P(\overline{N} \mid X)$
F	$P(N \mid \overline{X})$	$P(\overline{N} \mid \overline{X})$

表 2-25　示例模型条件概率表(三)

M	N	P(Y=T)	P(Y=F)
T	T	$P(Y\|M,N)$	$P(\overline{Y}\|M,N)$
F	T	$P(Y\|\overline{M},N)$	$P(\overline{Y}\|\overline{M},N)$
T	F	$P(Y\|M,\overline{N})$	$P(\overline{Y}\|M,\overline{N})$
F	F	$P(Y\|\overline{M},\overline{N})$	$P(\overline{Y}\|\overline{M},\overline{N})$

2) 风险量化评估方法

(1) 层次分析法。风险的基本含义是损失的不确定性，可定义为对不期望发生的后果的概率和严重度的度量。层次分析法是一种解决多目标的复杂问题的定性与定量相结合的决策分析方法。该方法将定量分析与定性分析结合起来，用决策者的经验判断各衡量目标之间能否实现的标准之间的相对重要程度,并合理地给出每个决策方案的每个标准的权数。由目标层与准则层构成的控制层为两层结构,因此仅需计算各准则层元素对于总目标的权重系数。构建准则层比较矩阵如下:

$$\boldsymbol{U}=\begin{bmatrix} u_{11} & u_{12} & \cdots & u_{1k} \\ u_{21} & u_{22} & \cdots & u_{2k} \\ \vdots & \vdots & & \vdots \\ u_{k1} & u_{k2} & \cdots & u_{kk} \end{bmatrix} \tag{2-29}$$

式中,k 为准则层的元素个数;u_{ij} 为矩阵中元素 i 对元素 j 的相对重要程度,并且 $u_{ij} \cdot u_{ji}=1$。$\mathrm{Max}\{u_{ij}, u_{ji}\}$的值一般取 1~9 间的整数值。若 $u_{ij}=1$,元素 i 和元素 j 的重要性相同;若 $u_{ij}=9$,元素 i 对元素 j 极端重要。

计算准则层比较矩阵行积:

$$M_i=\prod_{j=1}^{k} u_{ij} \tag{2-30}$$

并计算每行开 k 次方($k=3$)的值:

$$\hat{q}_i=\sqrt[k]{M_i} \tag{2-31}$$

最后经过归一化处理得到准则层元素 i 的权重:

$$q_i=\frac{\hat{q}_i}{\sum_{i=1}^{k} \hat{q}_i} \tag{2-32}$$

为了保证比较矩阵的可靠性,即矩阵偏移值需要在一定范围内,对矩阵进行一致性检验。首先,计算矩阵最大特征根 $\lambda_{\max}$,得:

$$\lambda_{\max}=\sum_{i=1}^{k} \frac{(\mathrm{DW})_i}{k q_i} \frac{1}{k} \sum_{j=1}^{k} \frac{(\mathrm{DW})_i}{q_i} \tag{2-33}$$

据此,可以得到一致性指标 CI:

$$\mathrm{CI}=\frac{\lambda_{\max}-k}{k-1} \tag{2-34}$$

最后,根据比较矩阵 $\boldsymbol{U}$ 的阶数,取得相应的平均随机一致性指标 RI,并计算得到一致性比率 CR:

$$\mathrm{CR}=\frac{\mathrm{CI}}{\mathrm{RI}} \tag{2-35}$$

若 $\mathrm{CR}<0.1$,则风险权重符合一致性要求;若 $\mathrm{CR} \geqslant 0.1$,则判定不符合要求,需要重新选取元素相对重要性 u_{ij} 的值。

对于确定项事故,各风险因素的权重值 w_p 为:

$$w_p=\frac{\sum\left(\frac{n}{k}\right)_m}{N} \tag{2-36}$$

式中，n 为风险因素 p 导致的运营事故次数；k 为每起事故的耦合致因数；N 为运营事故总数。

对于不确定项事故，各风险因素的权重值 w_q 为：

$$w_q = \frac{\sum n_q}{Nl} \tag{2-37}$$

式中，l 为事故的不确定项致因数。

(2) 风险矩阵法。用于风险评估的方法主要有预先危险性分析法、故障类型影响分析法、作业条件危险性分析法和风险矩阵法。其中，预先危险性分析法主要考虑危险有害因素导致后果的严重性，对导致后果的可能性重视不足；故障类型影响分析法只能对系统元件进行分级；作业条件危险性分析法在进行危险有害因素分级时，只考虑了人员伤亡的可能性和后果严重度；风险矩阵法依据事故发生的可能性和后果的严重度对危险有害因素分级，可以同时考虑人员伤亡和设备损坏等方面的危险后果。

3）风险演变模型

风险，是在孕险环境下，致险因子作用在承险体上而形成的。这三大因素一起构成一个风险系统。理论上来讲，一个风险系统可以用一系列状态方程进行表征，其广义函数形式可表达为：

$$R(\omega_1, \omega_1, K, \omega_n) = f(W_1(\omega_1), W_2(\omega_2), KW_n(\omega_n)) \tag{2-38}$$

式中，R 为风险的最终评价指标，$\omega_1, \omega_2, \cdots, \omega_n$ 为孕险环境中的基本事件，为随机变量；$W_1, W_2, \cdots, W_n$ 为各致险因子的某种功效函数，抽象函数 $f(W_1(\omega_1), W_2(\omega_2), KW_n(\omega_n))$ 是风险产生机理的某种数学描述，体现着孕险环境的特点。

对风险系统在时间尺度上做进一步推广，则可将风险表示为：

$$R(t) = f(W_1(\omega_1), W_2(\omega_2), KW_n(\omega_n)), \quad t \in T \tag{2-39}$$

此即风险的随机过程定义。式(2-39)表明，当存在 $R_n \to R$ 的单值映射 f 时，风险可由一个随机过程描述。风险的分布由各致险因子功效函数的分布决定。

马尔可夫链模型是一个随机变量序列，它与某个系统的状态相对应，而此系统在某个时刻的状态只依赖于它在前一时刻的状态。也就是说，马尔可夫链是满足下面两个假设的一种随机过程：

$$P\{X^{(t+1)} = x \mid X^{(0)}, X^{(1)}, \cdots, X^{(t)}\} = P\{X^{(t+1)} = x \mid X^{(t)}\} \tag{2-40}$$

系统从时刻 t 到时刻 $t+1$ 状态的转移概率，与 t 的值无关。利用马尔可夫链理论，可对风险的动态演变趋势进行预测，对其灾变可能性进行判断，并可结合马尔可夫决策过程制定最优风险管控方案。基于马尔可夫链的接触网(轨)风险演变模型，以网络层某一指标 X_i 为例，其风险隶属度初始向量 $\boldsymbol{x}_i^{(0)}$ 为

$$\boldsymbol{x}_i^{(0)} = (\boldsymbol{r}_{i1}^{(0)}, \boldsymbol{r}_{i2}^{(0)}, \boldsymbol{r}_{i3}^{(0)}, \boldsymbol{r}_{i4}^{(0)}) \tag{2-41}$$

其经历一个时间单位后，风险隶属度演化为 $\boldsymbol{x}_i^{(1)}$：

$$\boldsymbol{x}_i^{(1)}=(\boldsymbol{r}_{i1}^{(1)},\boldsymbol{r}_{i2}^{(1)},\boldsymbol{r}_{i3}^{(1)},\boldsymbol{r}_{i4}^{(1)}) \tag{2-42}$$

定义这个时间单位的过渡矩阵 $\boldsymbol{P}_i$ 为指标 X_i 的马尔可夫转移矩阵：

$$\boldsymbol{x}_i^{(0)}\cdot\boldsymbol{P}_i=\boldsymbol{x}_i^{(1)} \tag{2-43}$$

此后，每历经一个时间单位，指标 X_i 的风险隶属度演变为：

$$\begin{aligned}&\boldsymbol{x}_i^{(2)}=\boldsymbol{x}_i^{(1)}\cdot\boldsymbol{P}_i=\boldsymbol{x}_i^{(0)}\cdot\boldsymbol{P}_i^2\\&\boldsymbol{x}_i^{(3)}=\boldsymbol{x}_i^{(2)}\cdot\boldsymbol{P}_i=x_i^{(0)}\cdot\boldsymbol{P}_i^3\\&\cdots\\&\boldsymbol{x}_i^{(\infty)}=\boldsymbol{x}_i^{(1)}\cdot\boldsymbol{P}_i=\boldsymbol{x}_i^{(0)}\cdot\boldsymbol{P}_i^{\infty}\end{aligned} \tag{2-44}$$

由此，根据风险隶属度演变数组$[x_i^{(0)},x_i^{(1)},x_i^{(2)},\cdots,x_i^{(\infty)}]$，可以得到相应的风险值演变数组$[e_i^{(0)},e_i^{(1)},e_i^{(2)},\cdots,e_i^{(\infty)}]$，由此可以绘出风险演变曲线。

3. 接触网(轨)实例分析

1）贝叶斯网络模型及条件概率表

根据接触网(轨)故障树得到重要零部件的贝叶斯模型如图 2-102～图 2-106 所示。

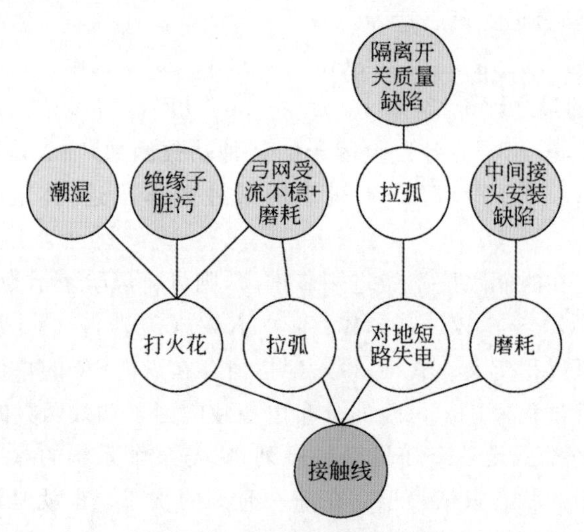

图 2-102　接触线贝叶斯模型

本节以绝缘装置贝叶斯网络模型中“受电弓安装缺陷→受电弓故障→承力索断裂→绝缘器断裂→绝缘装置”一条为例分析零件的概率。假设用 t,f 来代表“受电弓安装缺陷”发生与不发生的概率，同时用 t_1,f_1 来表示“受电弓安装缺陷”发生的情况下“受电弓故障”发生与不发生的概率，同理 t_2,f_2 表示“受电弓故障”情况下“承力索断裂”发生与不发生的概率，t_3,f_3 表示“承力索断裂”情况下“绝缘器断裂”发生与不发生的概率。以此类推，可知所有的零件发生概率

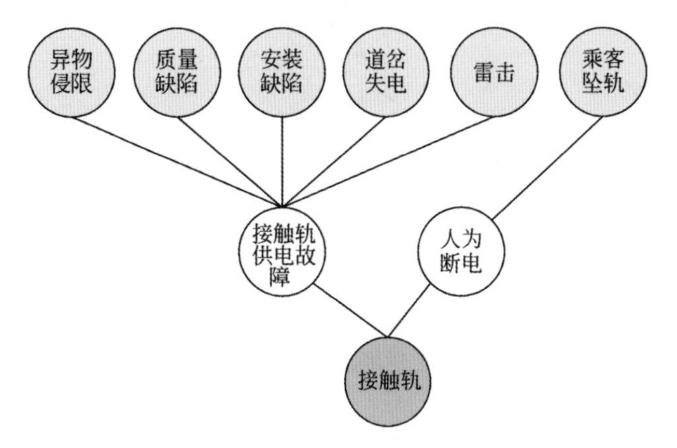

图 2-103 接触轨贝叶斯模型

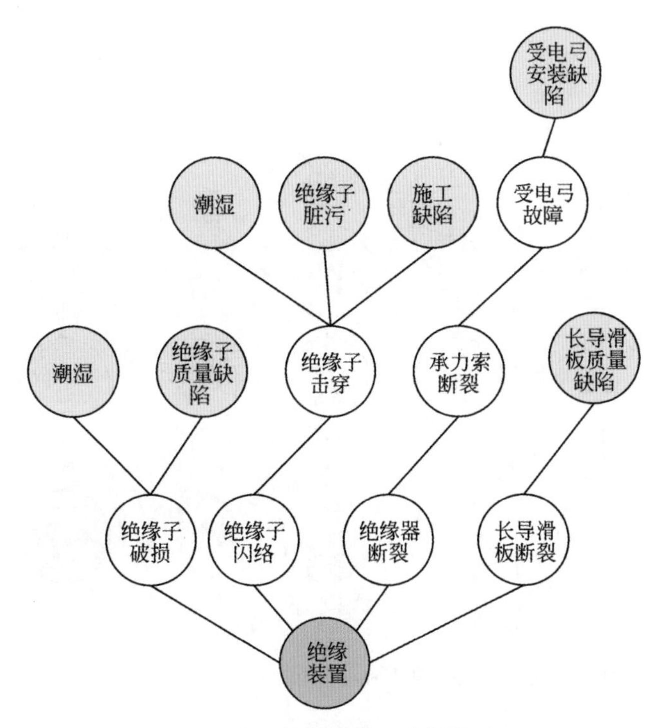

图 2-104 绝缘装置贝叶斯模型

以及该零件对与其他零件的影响概率。将所有数据导入贝叶斯分析软件即可根据不同的情况得到相关零件的故障概率。

由于缺少天气状况、各零件之间关联性参数、安装缺陷以及零件质量缺陷等相关资料,因此本节仅根据现有的事故案例统计得到绝缘装置中绝缘子破损、绝缘子闪络、绝缘器断裂以及绝缘器长导滑板断裂 4 个中间事件的条件概

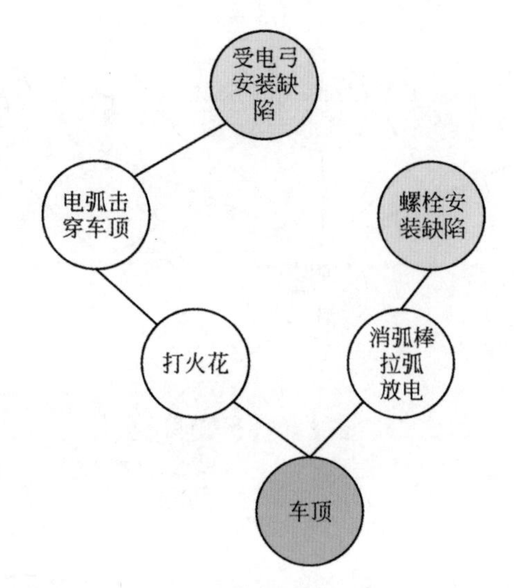

图 2-105　车顶贝叶斯模型

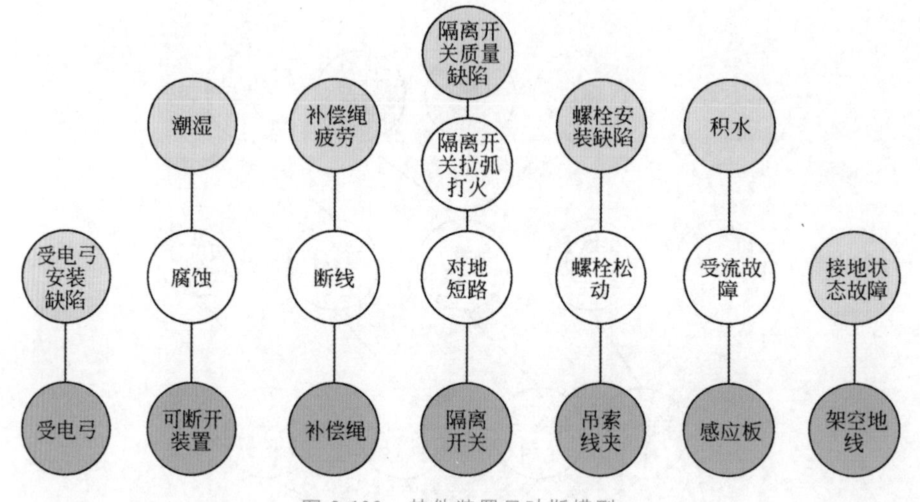

图 2-106　其他装置贝叶斯模型

率，表 2-26 是绝缘装置各个部件的条件故障概率。

表 2-26　绝缘装置各个部件的条件故障概率

事　件	绝缘子破损	绝缘子闪络	绝缘器断裂	绝缘器长导滑板断裂
条件概率/%	20.6	19.4	6.5	3.2

2）层次分析模型(analytic hierarchy process，AHP)

通过事故致因分析进行风险因素识别，得到地铁接触网系统风险源，建立地铁接触网(轨)运营事故风险的 AHP 模型，如图 2-107 所示。

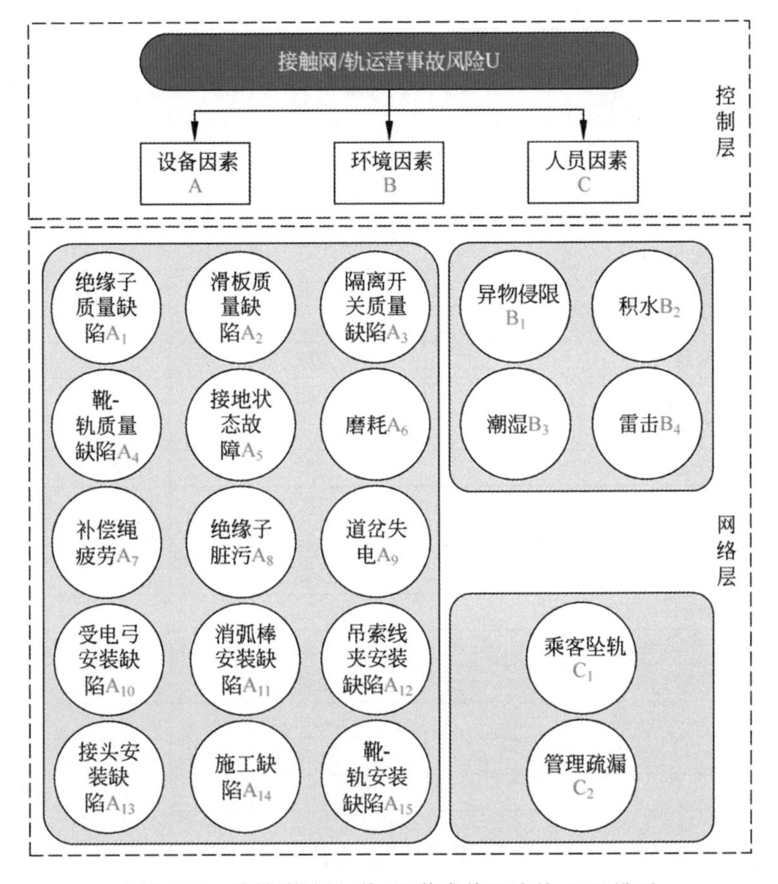

图 2-107 地铁接触网(轨)运营事故风险的 AHP 模型

各风险因素的风险隶属度的计算方式与其权重计算方式相似,故各风险因素的权重矩阵 $\boldsymbol{Q}^{21\times1}$ 与其风险隶属度组成的模糊综合评价矩阵 $\boldsymbol{R}^{21\times4}$(图 2-108)。并且采用分段赋值法,根据风险定性评价的 4 个等级,定义风险评价权重 $\boldsymbol{E}^{4\times1}$,则可以得到各风险因素的评价值 $b_i(i=1,2,\cdots,21)$:$b_i=Q_i\cdot\boldsymbol{R}(i,:)\cdot\boldsymbol{E}$

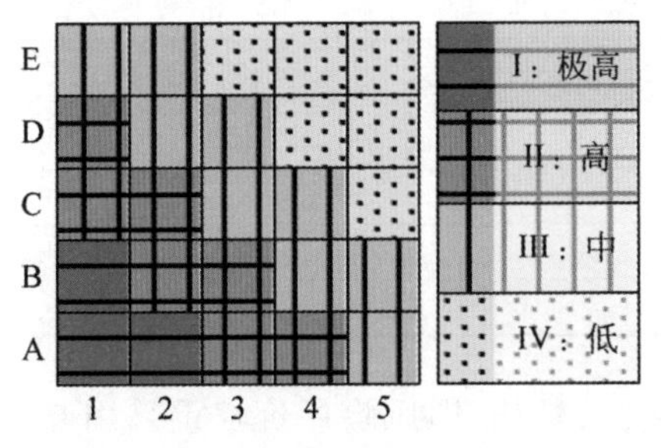

图 2-108 事故危险程度分级矩阵

表 2-27　风险因素的权重和风险隶属度

代号	风险因素	权重 $Q^{21\times1}$	隶属度(模糊评价矩阵 $R^{21\times4}$)			
			Ⅰ	Ⅱ	Ⅲ	Ⅳ
A_1	绝缘子质量缺陷	0.065	0	0.250	0.500	0.250
A_2	分段绝缘器长导滑板质量缺陷	0.032	0	0	0	1
A_3	接触网隔离开关质量缺陷	0.032	0	0	1	0
A_4	靴-轨质量缺陷	0.024	0	0	0.666	0.334
A_5	接地状态故障	0.032	0	0	1	0
A_6	弓网受流不稳+磨耗	0.065	0	0	0	1
A_7	补偿绳疲劳	0.032	0	0	0	1
A_8	绝缘子脏污	0.043	0	0	0	1
A_9	道岔失电	0.024	0	0	0.666	0.334
A_{10}	受电弓安装缺陷	0.065	0	1	0	0
A_{11}	短滑道消弧棒固定螺栓安装缺陷	0.032	0	0	0	1
A_{12}	吊弦线夹螺栓安装缺陷	0.032	0	0	0	1
A_{13}	汇流排中间接头安装缺陷	0.065	0	0	0	1
A_{14}	施工缺陷	0.011	0	0	0	1
A_{15}	靴-轨安装缺陷	0.024	0	0	0.666	0.334
B_1	异物侵限	0.097	0	0.334	0.333	0.333
B_2	积水	0.032	0	0	1	0
B_3	潮湿	0.140	0	0.115	0.231	0.654
B_4	雷击	0.024	0	0	0.666	0.334
C_1	乘客坠轨	0.097	0	1	0	0
C_2	管理疏漏	0.032	0	0	0	1

为了得到可靠度最高的风险量化评价，本节设置了 $\boldsymbol{E}_1$、$\boldsymbol{E}_2$、$\boldsymbol{E}_3$、$\boldsymbol{E}_4$ 四组风险评价权重，如表 2-28 所示。采用反向传播(back propagation，BP)神经网络，并以单数年的风险值为训练目标，双数年的风险值为输入值，得到四组风险评价权重下输入值和训练值的误差，如图 2-109 所示。

表 2-28　四组风险评价权重

组号	Ⅰ	Ⅱ	Ⅲ	Ⅳ
$\boldsymbol{E}_1$	0.35	0.32	0.18	0.15
$\boldsymbol{E}_2$	0.40	0.30	0.20	0.10
$\boldsymbol{E}_3$	0.60	0.25	0.10	0.05
$\boldsymbol{E}_4$	0.70	0.20	0.09	0.01

显然，$\boldsymbol{E}_2$ 的训练效果最佳，即风险评价权重采用 0.1、0.2、0.3、0.4 时，训练值与评价值重合度最高。因此，本文采用 $\boldsymbol{E}_2$ 组评价权重，得到各指标风险评价值初值，如表 2-29 所示。

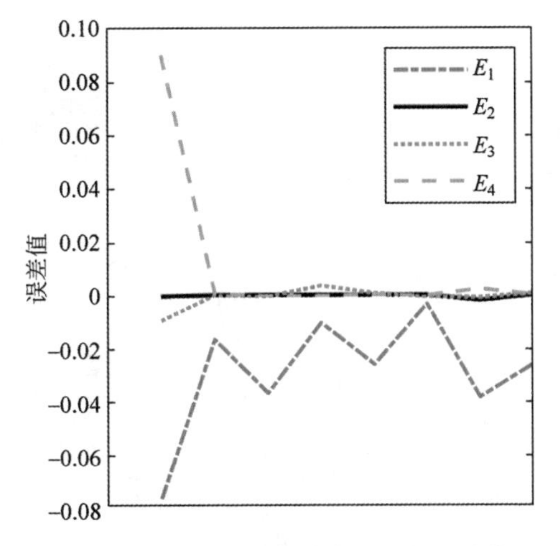

图 2-109　四组风险评价权重下的误差值

表 2-29　各指标风险评价值初值

A_1	A_2	A_3	A_4	A_5	A_6	A_7
0.0130	0.0032	0.0064	0.003998	0.0064	0.0065	0.0032
A_8	A_9	A_{10}	A_{11}	A_{12}	A_{13}	A_{14}
0.0043	0.003998	0.0195	0.0032	0.0032	0.0065	0.0011
A_{15}	B_1	B_2	B_3	B_4	C_1	C_2
0.003998	0.01941	0.0064	0.020454	0.003998	0.0291	0.0032

3）预测结果

由于国内地铁运营时间较短，且早期事故数据存在缺少记录、描述模糊、原因不明等问题，因此本节采用 BP 神经网络训练获得 $\boldsymbol{x}_i^{(1)}$。由于各元素在Ⅰ级风险的隶属度均为 0($r_{i1}^{(0)}=0, i=1,2,\cdots,21$)，故以当前风险隶属度向量($r_{i1}^{(0)}$, $r_{i2}^{(0)}, r_{i3}^{(0)}, r_{i4}^{(0)}$)为输入值，以向量($r_{i2}^{(0)}, r_{i3}^{(0)}, r_{i4}^{(0)}, r_{i1}^{(0)}$)为目标值，训练结果如图 2-110 所示。

采用第 19 步的训练结果为一个时间单位后的模糊评价矩阵 $\boldsymbol{R}^{(1)}$，以 A_1 为例，其马尔可夫转移矩阵为：

$$\boldsymbol{P}_1=\begin{bmatrix}1 & 0 & 0 & 0\\ 0.18 & 0.82 & 0 & 0\\ 0 & 0.19 & 0.78 & 0.03\\ 0 & 0 & 0.12 & 0.88\end{bmatrix}$$

综上所述，绘制各风险因素的风险演变图，如图 2-111 所示。

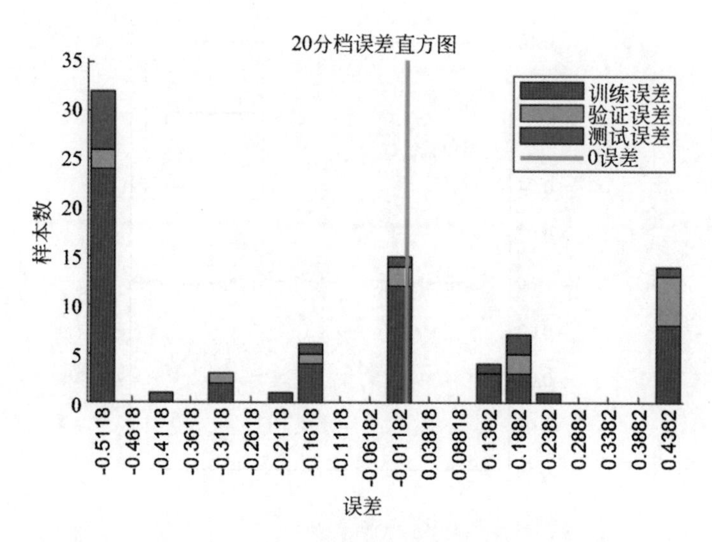

图 2-110　神经网络 20 步训练误差分布图

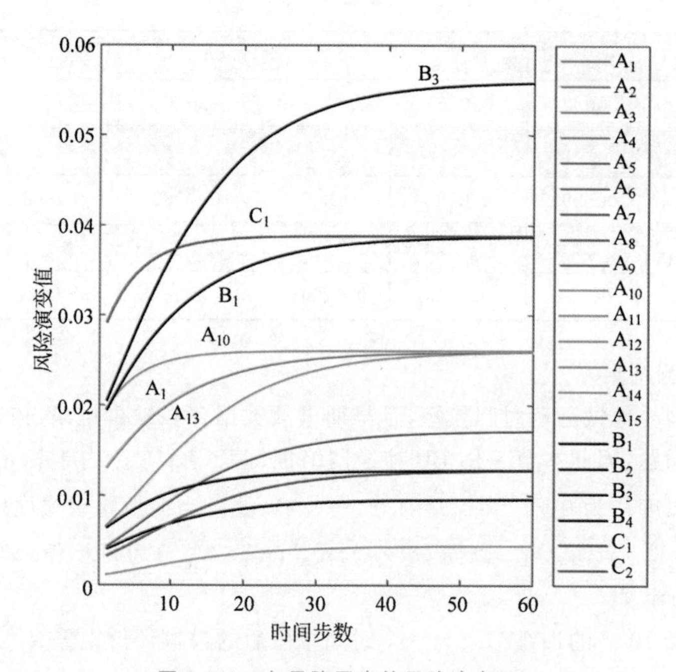

图 2-111　各风险因素的风险演变图

结果表明：风险值最终稳定值达到 0.02 以上的因素有 6 种，其中初始风险值最高的是 C_1 乘客坠轨，其后依次是 B_3 潮湿、B_1 异物侵限、A_{10} 受电弓安装缺陷、A_1 绝缘子质量缺陷和 A_{13} 汇流排中间接头安装缺陷。表 2-30 中给出上述几种风险因素的风险演变信息。

表 2-30 风险值稳定值达到 0.02 以上的风险因素

代号	风险因素	初始评价值	稳定评价值	快速增长时间步
C_1	乘客坠轨	0.0291	0.0558	5
B_3	潮湿	0.0204	0.0388	19
B_1	异物侵限	0.0194	0.0387	12
A_{10}	受电弓安装缺陷	0.0195	0.0260	5
A_1	绝缘子质量缺陷	0.0130	0.0259	10
A_{13}	汇流排中间接头安装缺陷	0.0065	0.0259	19

2.4.3 自动扶梯故障致灾机理

1. 自动扶梯故障树分析

自动扶梯是带有循环运动梯路向上或向下倾斜输送乘客的固定电力驱动设备,用于建筑物的不同高度间运载人员上下的一种连续循环输送的机械设备。如图 2-112 所示,自动扶梯主要由支撑结构、驱动系统、运载系统、扶手系统、其他装置和安全装置组成。其中,支撑结构是自动扶梯的基础,用于支承全部部件和乘客的重量,主要包括扶梯的桁架和桁架上的各类附件。驱动系统主要包括电动机、减速器、制动器、传动链条、传动链轮、梯级链张紧装置等,其作用是将动力传递给梯路系统及扶手系统,主要功能是驱动梯级和扶手带的运动。运载系统主要包括梯级、驱动链条、梯路及导轨系统、梳齿板、地板等,其功能是运送乘客。扶手系统包括供乘客扶手的部件,主要由扶手带、扶手带驱动装置、扶手支架及导轨、护壁板、涨紧装置、围裙板、盖板等组成。其他装置包括保障自动扶梯安全运行的各类装置、保障扶梯运动部件平稳动作的润滑系统等。

1) 自动扶梯故障部件

为获得造成扶梯故障的关键部件,我们对多个城市自动扶梯故障记录台账进行了统计分析。相关故障台账包含了扶梯所发生的故障原因、类型、处理措施、停机时长等信息。通过对这些故障记录的文本进行预处理、关键词提取以及词频和相关性分析,得到了自动扶梯故障部件的频次统计及耦合性结果。具体技术路线如图 2-113 所示。

根据部件故障记录的条数与频率,得到关键词的词频饼图(图 2-114)。

对设备停机的平均时间进行统计,如图 2-115 所示,得到会影响自动扶梯服务能力的故障零部件。结合故障率统计结果,计算得到造成扶梯停机的总时间,并进行排序,得到柱状图(图 2-116)。

造成扶梯停机时间较长的故障主要分布在梯级、梳齿板、扶手带、轴承、制动器、主机和驱动链等部件故障中。经综合比较自动扶梯零部件故障的频率、故障后平均处理时间,选择梯级、梳齿板、扶手带、轴承、制动器、主机和驱动链

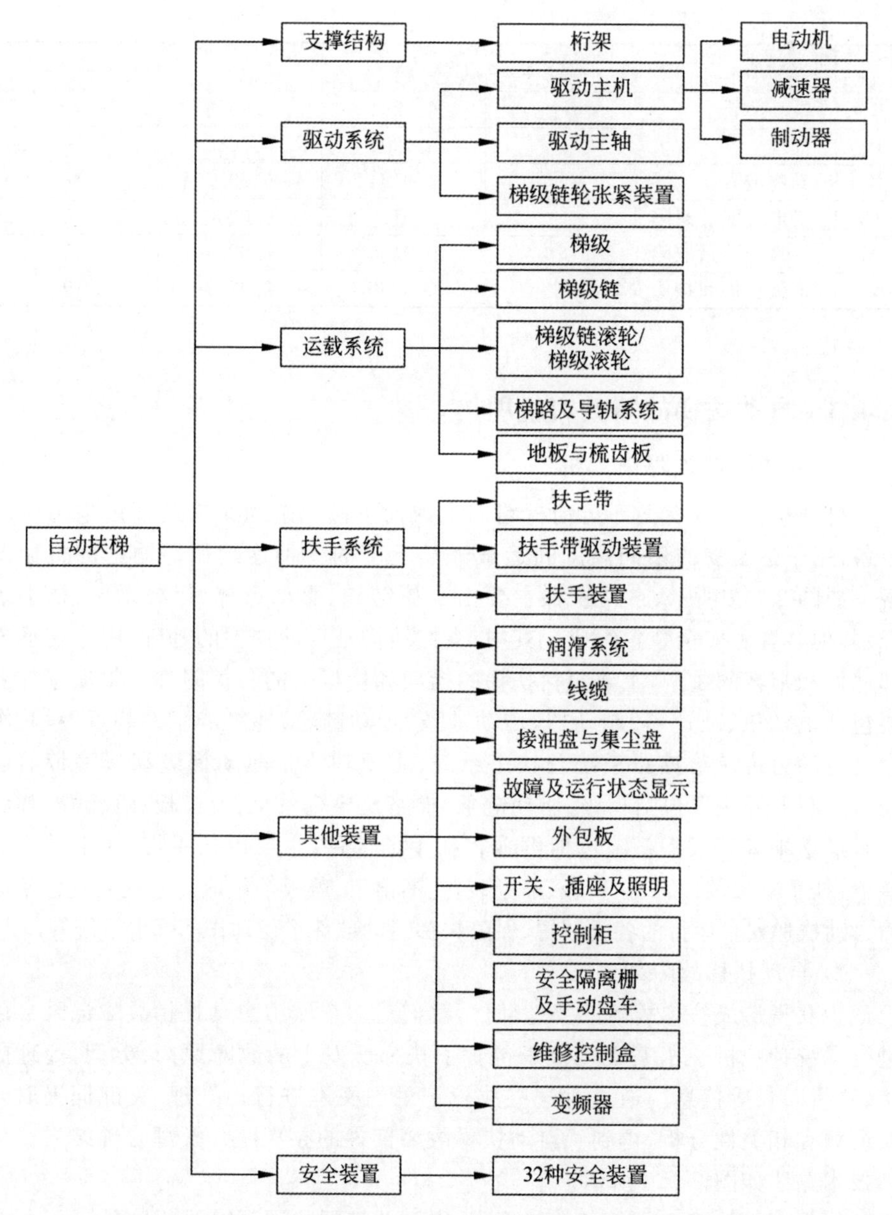

图 2-112　自动扶梯系统结构图

作为自动扶梯本体故障的关键部件。

由于自动扶梯故障关键部件之间并非独立的，部件之间存在耦合性关系。各部件之间的相关性分析采用关联规则（Apriori）算法进行关联规则的数据挖掘。该算法通过指定一个支持度和置信度作为阈值，并将多个关键词的组合称为项集。通过反复迭代，获得所有满足支持度的最大项集，称为频繁项集。对

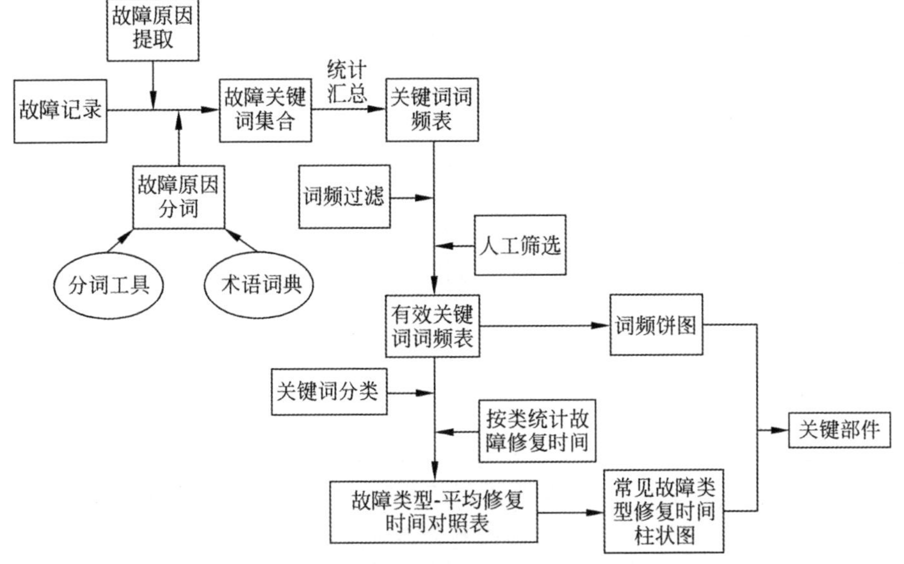

图 2-113 故障台账信息提取技术路线图

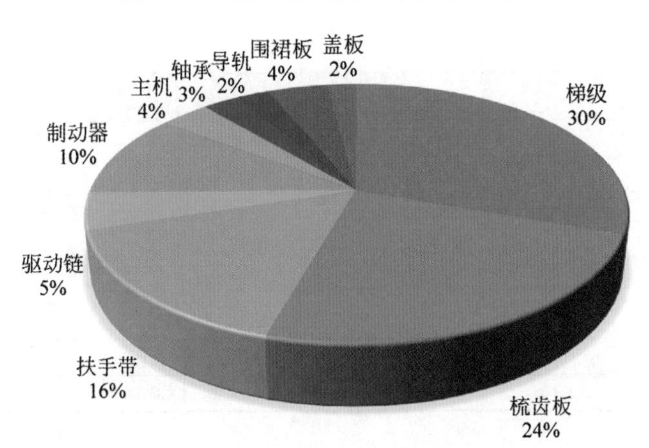

图 2-114 自动扶梯故障部件占比

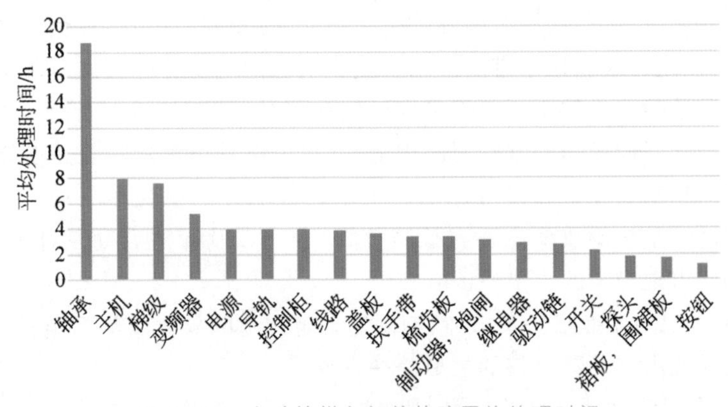

图 2-115 自动扶梯各部件故障平均处理时间

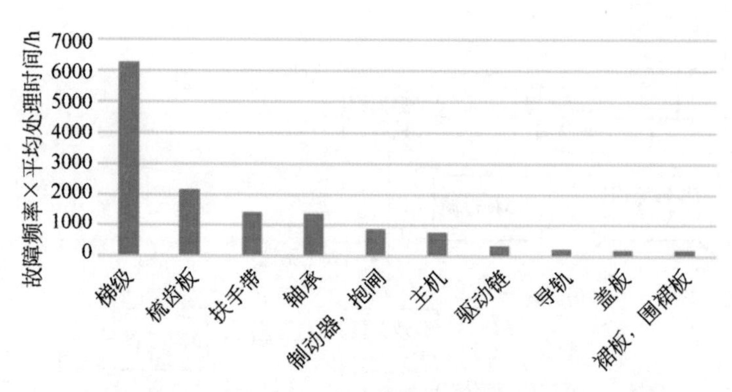

图 2-116　自动扶梯故障损耗

每个频繁项集，获取其所有的子集，计算置信度函数，并与指定的置信度相比较，如果大于指定的置信度，就将该子集与其对应的差集组合，作为一个关联规则。利用 Apriori 算法，对所有关键词集合提取关联规则，将支持度阈值设置为 0.002，置信度设置为 0.0001。最终得到所有的关联规则如表 2-31 所示。

表 2-31　自动扶梯故障部件关联表

序号	故障部件	关联部件
1	扶手带	驱动链、轴承
2	梳齿板	梯级
3	梯级	围裙板、梳齿板、导轨、梯级链、滚轮
4	驱动链	主机、扶手带
5	轴承	扶手带
6	导轨	梯级、扶手带
7	围裙板	梯级
8	主机	驱动链、抱闸(制动器)

(1) 驱动系统故障耦合分析。自动扶梯驱动系统包括电动机、减速器、驱动主轴、驱动链、驱动链轮、梯级链等(图 2-117)，作用是将动力传递给梯路系统及扶手系统，驱动梯级和扶手带的运动。主驱动链的主要故障形式有故障停梯和异响。导致故障停梯的主要原因是辅助制动器被触发，包括由断链探头间隙过小和电磁干扰引起的辅助制动器的误触发，以及驱动链长度过长或驱动链断裂导致的辅助制动器正常触发等原因。主驱动链的异响主要由驱动链安装过紧引起。制动器系统的故障主要有故障停梯、异响以及无法启动三种表现形式。造成制动器出现异常的主要原因有：

① 工作制动器抱闸探头损坏、抱闸制动电源盒的故障以及工作制动器自身的老化会导致由制动器引起的故障停梯现象。

② 来源于辅助制动器挡油罩的摩擦、制动臂干涉以及抱闸的干涉会导致制

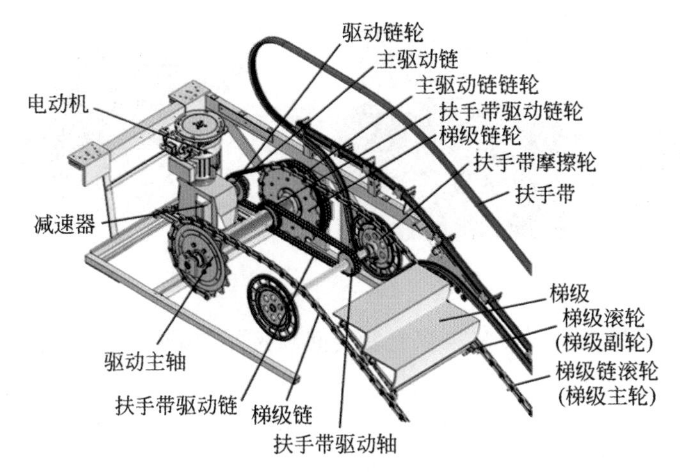

图 2-117　自动扶梯驱动系统示意图

动器产生异响。

③ 制动器的倒闸或急停未复位，辅助制动器抱闸卡死，辅助制动器线圈损坏，由安装不当、模块未完全脱离、异物等导致的辅助制动器与模块间隙偏小会导致制动器无法启动的故障。

(2) 扶手带系统。驱动系统若发生故障，往往会导致驱动系统和运载系统不能正常工作。扶手带的传动方式为驱动主机通过驱动链带动转向链轮驱动主轴，主轴上设置扶手带驱动链轮，通过扶手带驱动链同步驱动扶手带驱动轴，扶手带驱动轴两侧设置有扶手带驱动摩擦轮，通过摩擦力带动两侧扶手带与梯级同步运行。扶手带系统故障情况除受主驱动系统影响动力输入以外，扶手带系统的故障一般发生在扶手带及其传动链内部。除了包括扶手带自身的故障外，还包括驱动扶手带运动的扶手带链系统以及扶手带轮的故障、扶手带轴承故障、扶手带检测系统故障以及其他扶手带故障等。各个子系统发生故障的主要原因有：

① 扶手带自身的故障主要由卡异物或扶手带自身的老化磨损导致。

② 扶手带检测装置会因卡异物或开关自身的损坏导致故障。

③ 扶手带驱动链会由异物侵入、驱动链张紧度不足、驱动链自身的伸长以及其他人为因素导致故障，而扶手带回转链则是由链条卡阻、卡异物或者链节损坏导致故障。

④ 扶手带的驱动轮、导向轮、压带轮、张紧轮以及弓形轮会由轮子的老化磨损、卡异物、扶手带张紧过度、安装过紧或者螺丝座滑牙等导致故障。

⑤ 扶手带驱动轮、摩擦轮以及转盘上的轴承的主要损坏原因为老化磨损以及缺润滑。安装间隙过小或者有油污也会导致轴承损坏。

(3) 梯路运载系统。自动扶梯的梯级系统故障主要来源于梯级导轨、梯级链、梯级轴、检测开关等(图 2-118 和图 2-119)。其主要故障原因如下：

图 2-118　梯级与围裙板关系示意图

图 2-119　梯级系统示意图

① 梯级导轨的主要故障来源为安装间隙过小、梯级与导轨间产生摩擦、导轨内有垃圾。

② 引起梯级链故障的主要原因有梯级链轮减震胶垫的磨损、梯级链轮的损坏、梯级链之间与梯级链条的撞击、梯级链条轴缺润滑以及与检测开关的安装间隙过小、梯级链张紧装置的损坏等。

③ 梯级轮的故障主要由梯级轮的磨损、卡阻、脱轮以及梯级轮表面沾有垃圾导致。

④ 梯级轴的故障由卡异物、轴位置偏移以及梯级轴滚轮的磨损导致。

⑤ 梯级面的故障主要由外力(重物等)导致的梯级踏面变形以及由卡异物或磨损导致的梯级齿的损坏引起。

⑥ 梯级检测开关会由卡异物、人为因素以及检测开关自身的损坏而导致异常。

⑦ 其他部件故障，例如梯级边条的老化或卡异物、梯级张紧架的卡异物，也是造成梯级系统故障的原因之一。

梯路运载系统故障还与梳齿板、围裙板存在故障耦合关系。《自动扶梯和自动人行道的制造与安装安全规范》(GB 16899—2011)规定：梳齿板的梳齿与梯级齿槽的啮合深度不应小于 4mm；梯级齿面与梳齿板根部间隙不应大于 4mm。最常见的故障为梳齿板与梯级之间卡异物产生异响、梳齿板位置或梳齿形状变化导致摩擦、梯级跑偏等情况。

梯级、踏板的工作区段偏离其导向系统的侧向位移，在任何一侧不应大于 4mm，在两侧测得的总和不应大于 7mm。梯级摩擦围裙板主要由以下几个方面引起：

① 梯级变形，梯级运行过程中与围裙板产生干涉。

② 某区段围裙板安装不良或变形。

③ 导轨变形或梯级滚轮损坏。

④ 左右梯级链张紧不一，梯级跑偏。

⑤ 梯级轴向间隙过大，梯级偏载导致梯级移位。

2) 自动扶梯事故分析

根据相关文献资料，自动扶梯相关的客伤事故，造成重大人身伤害、财产损失及恶劣社会影响的主要事故为坠人事故、逆转事故、跌倒事故、挤压夹人事故等，如表 2-32 所示。其中坠人事故和挤压夹人事故造成的伤害程度最大。逆转事故、挤压夹人事故和跌倒事故受伤人数多。

表 2-32 自动扶梯事故

事故类型	事故描述	主要原因
坠人事故	在乘客乘梯过程中，从高空坠落或坠入设备内部而造成的伤害事故	1. 扶梯入口处未按要求设置防攀爬装置、阻挡装置或防滑行装置。 2. 防护栏杆与扶手装置之间间隙超标。 3. 未成年乘客在出入口处攀爬扶手带、顺扶梯外侧攀爬。 4. 盖板松脱、盖板翻转、梯级缺失且保护装置失效
逆转事故	乘客在乘梯上行的过程中由系统失效或严重超载等造成扶梯突然改变运行方向下行从而造成的伤害事故	1. 机械装置失效，包括驱动主机减速器失效(齿轮、联轴器、轴承等)、驱动链条失效、工作制动器失效、主机连接螺栓失效、梯级链条失效、附加制动器失效等。 2. 电气控制装置失效，包括主机动力电路断错相保护失效、主接触器失效等。 3. 安全保护装置失效，包括止逆装置失效、断链保护装置失效等。 4. 乘客流量巨大导致制动荷载不足
跌倒事故	乘客在乘梯过程中由设备、环境等因素摔倒而造成的伤害事故	1. 扶手带与梯级运动不同步造成乘客摔倒。 2. 自动扶梯周围的照明不足。 3. 意外触发急停装置、安全保护装置导致自动扶梯运行过程中突然急停。 4. 乘客的自身原因，如体弱、行动不便、眩晕症、醉酒等。 5. 乘客乘梯过程中在扶梯上逆行。 6. 乘客携带重物或大件行李、婴儿车导致重心不稳意外摔倒等
挤压夹人事故	人体的肢体从设备运动部件和静止部件之间间隙卷入而造成的机械伤害事故	1. 自动扶梯中运动部件和静止部件之间的间隙超标且未按要求设置防夹装置，包括梯级之间、梯级与围裙板之间、梯级与梳齿板之间、扶手带与扶手装置之间、扶手带与地板之间、扶手带入口处等间隙。 2. 乘客乘梯过程中的危险行为，如儿童在扶梯上嬉耍。 3. 乘客穿戴易于卷入间隙的衣着，包括穿着"洞洞鞋"、凉鞋、高跟鞋、长裙、围巾等。 4. 梳齿断裂、梯级踏面槽破损后未及时更换
碰撞、剪切和划伤事故	在乘梯过程中乘客的肢体与设备或其他物品发生危险的触碰而造成的事故	1. 与建筑物或相邻自动扶梯之间的交叉处没有按要求设置安全防护挡板。 2. 乘客在乘梯过程中将肢体伸出扶手装置之外的区域。 3. 靠近乘客一侧的扶手装置存在棱角、尖锐的突出物，包括扶手装置上的压条或镶边、护壁板之间空隙、围裙板接缝等未按要求设置。 4. 乘客携带的物品失控与其他乘客发生碰撞

3）自动扶梯故障树建立

针对自动扶梯逆转事故、挤压夹人事故、坠人事故、跌倒事故分别建立故障树如图 2-120～图 2-123 所示。

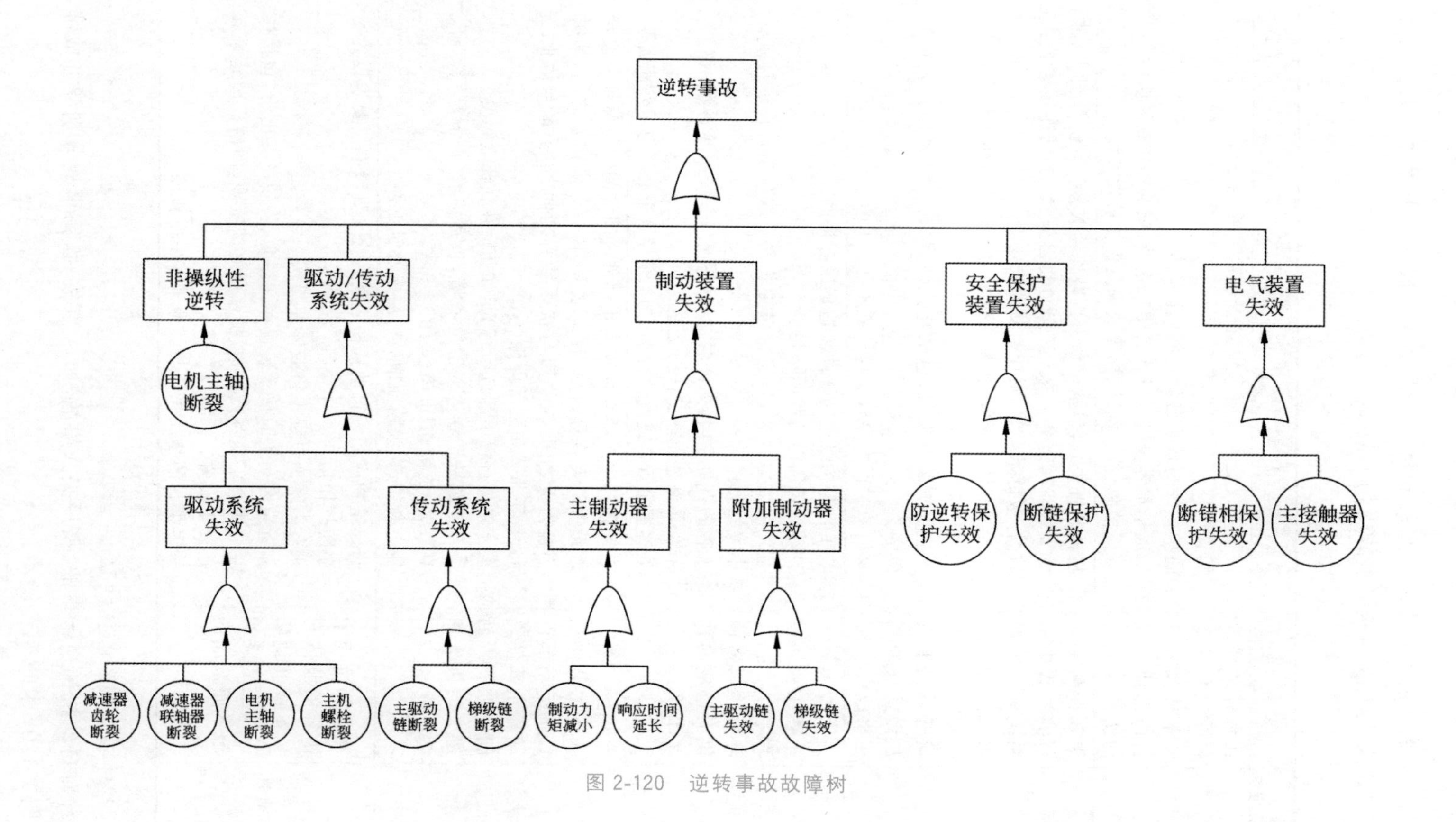

图 2-120　逆转事故故障树

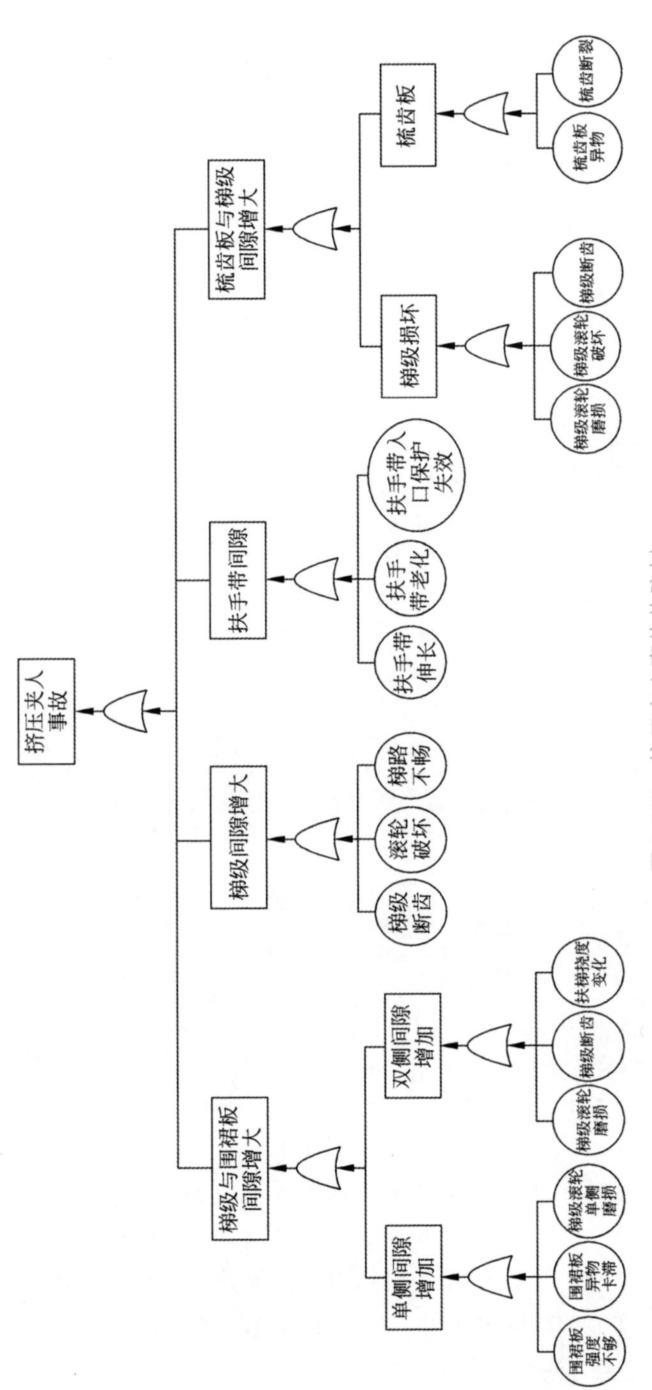

图 2-121　挤压夹人事故故障树

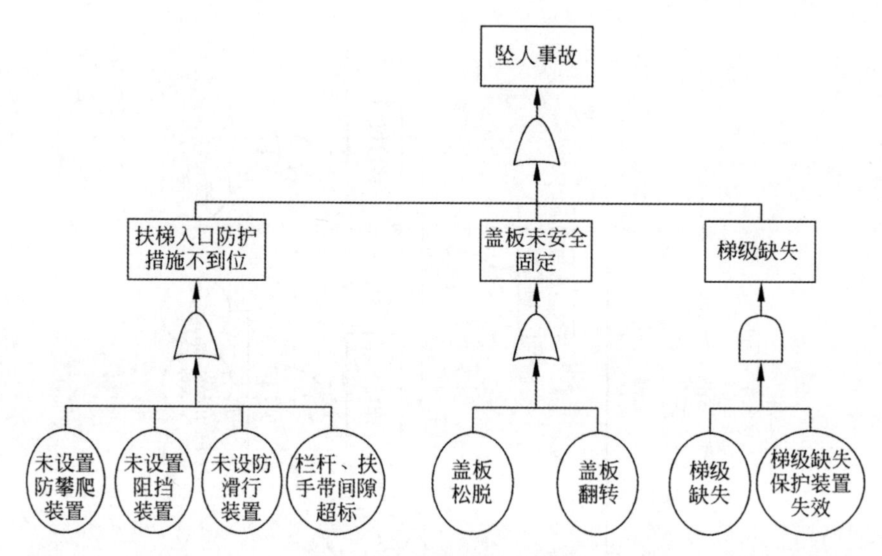

图 2-122　坠人事故故障树

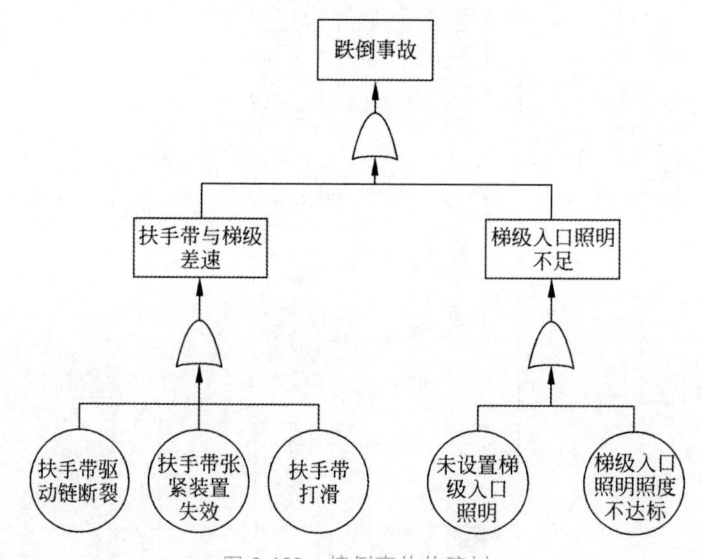

图 2-123　摔倒事故故障树

通过对自动扶梯故障台账及故障耦合性的分析，自动扶梯设备故障频次高、维修时间长的故障主要有主机驱动链故障、扶手带系统故障、梯级系统故障以及制动器故障等。针对主机驱动链、自动扶梯扶手带系统、梯级系统、制动器等部件的故障建立的故障树如图 2-124～图 2-127 所示。

2. 风险分析方法

近年来，大量学者利用事故致因理论，从大量典型事故的本质原因上阐明

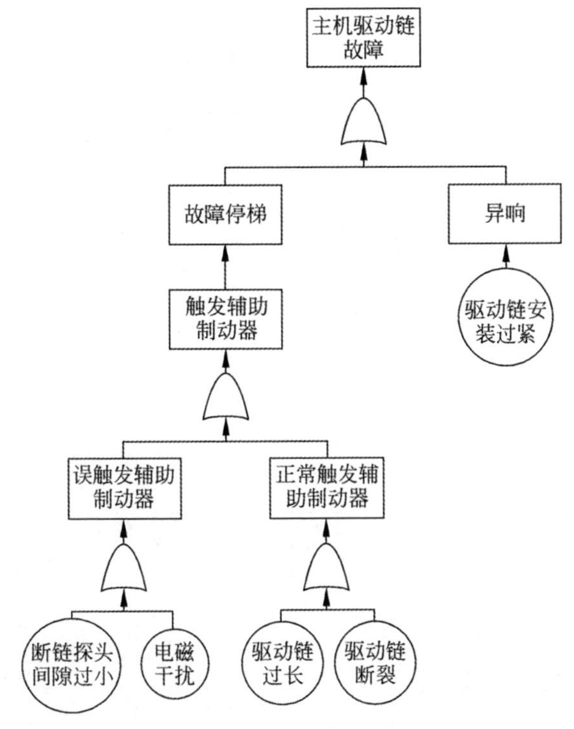

图 2-124　主机驱动链故障树

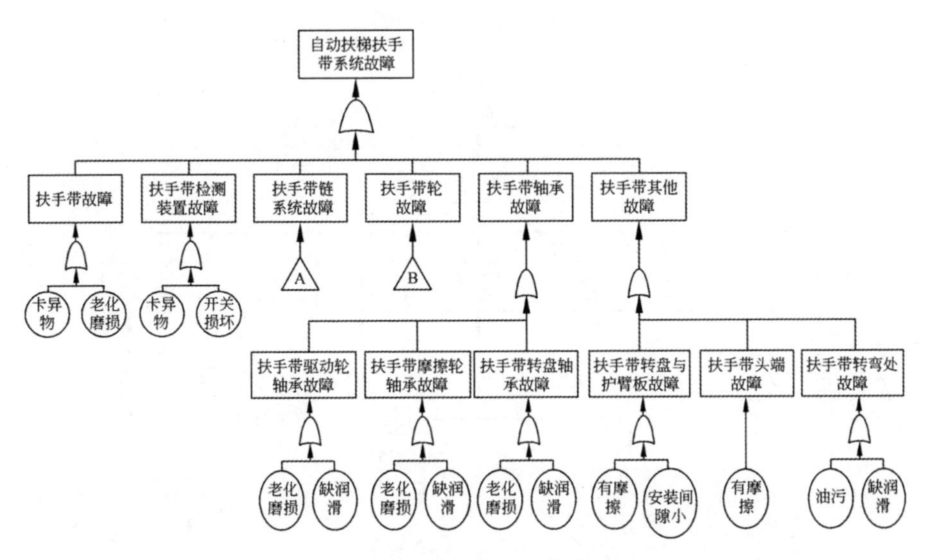

图 2-125　扶手带系统故障树

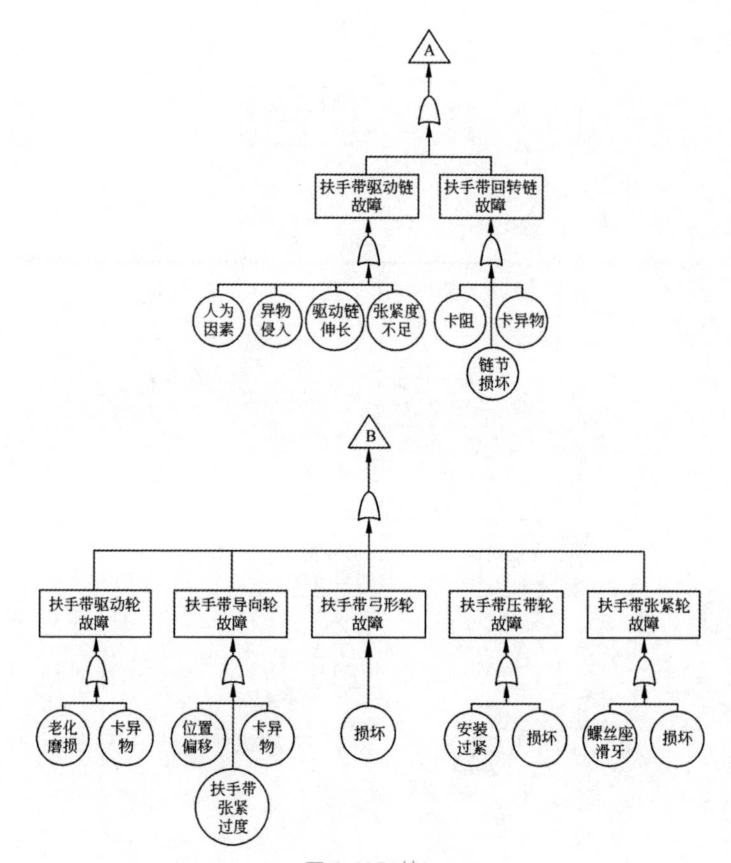

图 2-125（续）

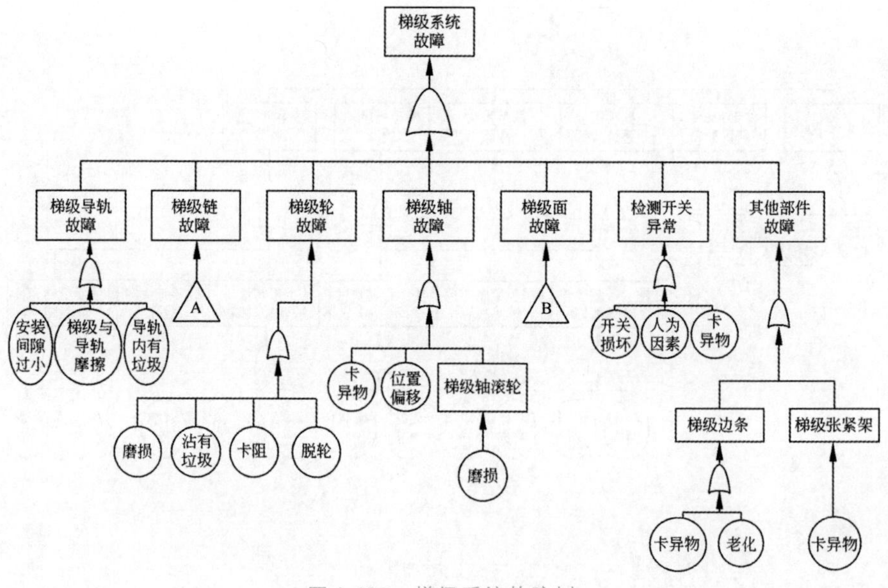

图 2-126　梯级系统故障树

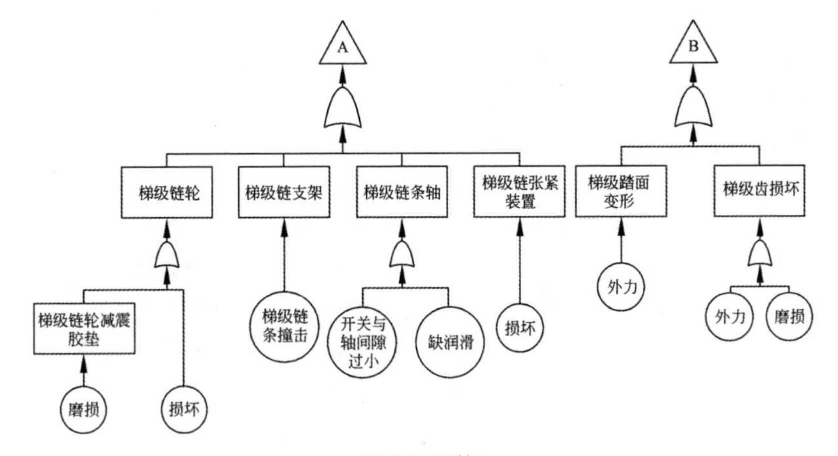

图 2-126(续)

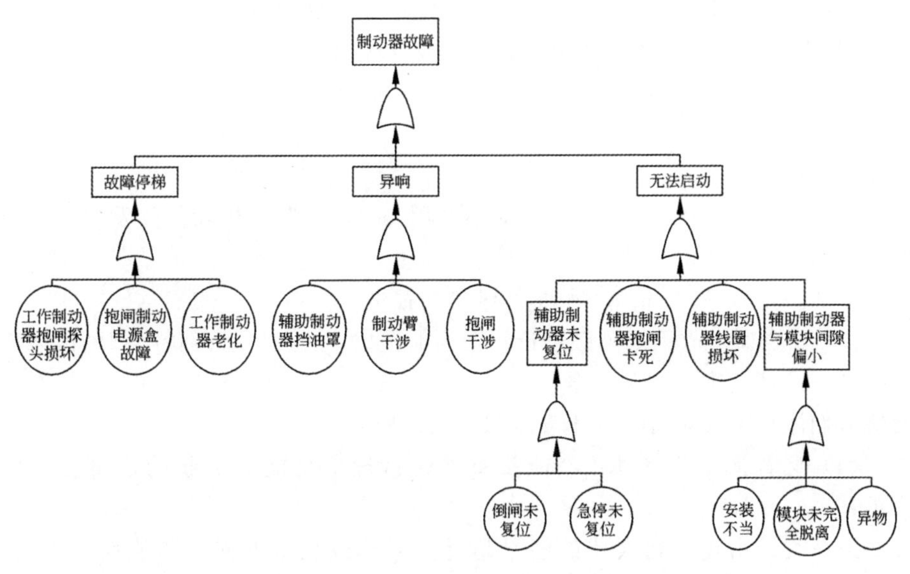

图 2-127　制动器故障树

事故的因果关系，来说明事故的发生、发展过程，对事故原因进行定量、定性分析，为事故的预防从理论上提供科学的、完整的依据。目前出现的比较具有代表性的事故致因理论有：海因里希事故因果连锁理论、博德事故因果连锁理论、亚当斯事故因果连锁理论、能量意外转移理论、轨迹交叉理论等。以下对不同事故致因理论进行相应描述：

(1) 海因里希事故因果连锁理论。海因里希在《工业事故预防》一书中最先提出了事故因果连锁论，阐明了导致伤亡事故的各种因素之间以及这些因素与事故、伤害之间的关系。该理论的核心思想是：伤亡事故的发生不是一个孤立的事件，而是一系列原因事件相继发生的结果，即伤害与各原因相互之间具有连锁关系。海因里希把工业事故的发生、发展过程描述为具有如下因果关系的事件的连锁：

① 人员伤亡的发生是事故的结果；

② 事故的发生是由人的不安全行为和(或)物的不安全状态所导致的；

③ 人的不安全行为、物的不安全状态是由人的缺点造成的；

④ 人的缺点是由不良环境诱发的，或者是由先天遗传因素造成的。

(2) 博德事故因果连锁理论。博德的事故因果连锁过程有5个因素：

① 管理系统。对于大多数企业来说，完全依靠工程技术措施预防事故既不经济也不现实，只能通过完善安全管理工作，才能防止事故的发生。

② 个人及工作条件的原因。这方面的原因是由管理缺陷造成的。个人原因包括缺乏安全知识或技能，行为动机不正确，生理或心理有问题等；工作条件原因包括安全操作规程不健全，设备、材料不合适，以及存在温度、湿度、粉尘、气体、噪声、照明、工作场地状况等有害作业环境因素。

③ 直接原因。人的不安全行为或物的不安全状态是事故的直接原因，是安全管理中必须重点加以追究的。但是，直接原因只是一种表面现象，是深层次原因的表征。

④ 事故。博德使用“incident”而不使用“accident”，不排除偶然发生的事故或者人为过错造成的事故。

⑤ 损失。人员伤害和财物损坏统称为损失。

(3) 亚当斯事故因果连锁理论。亚当斯提出一种与博德理论类似的因果连锁模型。该理论把人的不安全行为和物的不安全状态称为现场失误，目的在于提醒人们注意不安全行为和不安全状态的性质。

(4) 能量意外转移理论。能量意外转移理论将能量引起的伤害分为两大类：

第一类是由转移到人体的能量超过了局部或全身性损伤阈值而产生的。当人体某部位与某种能量接触时，能否受到伤害及伤害的严重程度，主要取决于作用于人体的能量大小。作用于人体的能量超过伤害阈值越多，造成伤害的可能性越大。

第二类伤害则是由影响局部或全身性能量交换引起的。

(5) 轨迹交叉理论。轨迹交叉理论指出，事故是由人的不安全行为、物的不安全状态在时空的交叉造成的，因此预防事故的发生就是从时空上避免人、物运动轨迹的交叉，避免人的不安全行为和物的不安全状态同时、同地出现。人的不安全行为基于生理、心理、环境、行为等几个方面而产生，如管理制度不健全、违规操作、疲劳作业、操作失误等；物的生产、使用过程各阶段都有可能产生不安全状态，比如设计缺陷、制造缺陷、维修保养上的缺陷、使用上的缺陷及作业场所环境的缺陷等。当人的不安全行为和物不安全状态在时空上发生轨迹交叉时，必然会发生安全事故。

轨迹交叉理论认为，任何事故都是人的不安全行为和物的不安全状态在同一时间和空间相互交叉所导致的，如图 2-128 所示。

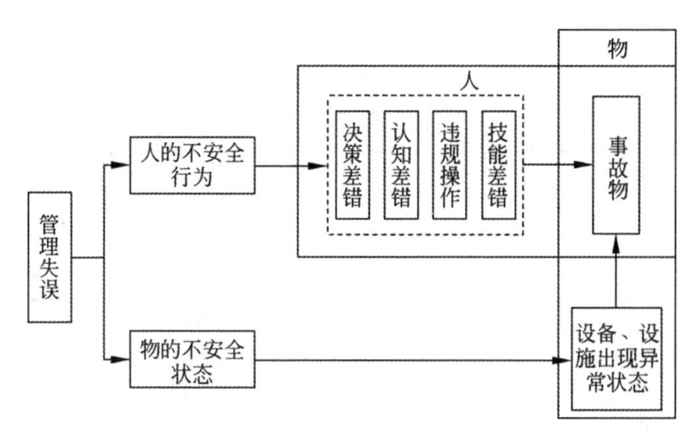

图 2-128 轨迹交叉理论系统框图

自动扶梯作为特种设备，从搜集的事故调查结果来看，大多数的事故都是由人的不安全行为、物的不安全状态两大因素作用的结果。因此，本次研究采用轨迹交叉事故理论对自动扶梯历史故障、事故数据进行分析。

3. 自动扶梯故障风险分析

1）整机健康状态评估模型生成

利用传感器或者其他监测方法，可以实现对于自动扶梯某些部件的健康状态的监测或剩余寿命的预测。由于自动扶梯是由多个部件所构成的庞大而复杂的装备，难以从整个扶梯设备的层面对扶梯的运行状况进行评估。因此，需要建立一个对于整机健康状况的评价方法，利用已经获悉的部件的健康状况，实现对整机健康状况的描述和评估。

选用贝叶斯网络作为整机健康状况评估的模型，以部件可靠度作为输入，利用部件之间发生故障的因果关系，构建整机健康状况的整体结构，最终输出用于描述整机健康状况的整机可靠度。贝叶斯网络模型的建立包括三个步骤：构建拓扑结构、定义网络节点变量的基本信息和确定贝叶斯网络参数。构建拓扑结构需要采用故障树转化法，将故障树网络转化成贝叶斯网络。定义网络节点变量的基本信息主要是确定节点的类型和网络节点先验概率及可能取值。确定贝叶斯网络参数主要是确定各节点的条件概率表和节点的边缘概率。将部件健康评估模型中得到的部件可靠性作为其对应节点边缘概率的输入，即可得到上层以及顶层部件的故障概率，用来评价扶梯系统并作为对扶梯部件及整体健康状况的预警。

2）健康模型应用

根据上述整机故障与各部件故障逻辑关系，构建整机健康状态评估模型，以各部件的可靠度作为模型输入参数，计算出整机的可靠度，为自动扶梯维修策略的制定提供参考。根据自动扶梯故障台账及历史统计数据，我们得到了各子部件的可靠度如表 2-33 所示。

表 2-33　输入健康评估模型的数据

序号	部件名称	可用性	序号	部件名称	可用性
1	梯级导轨	99.41 585	19	辅助制动器电磁铁	99.99 385
2	梯级链轮	99.53 585	20	主机驱动链检测装置	99.92 010
3	梯级链支架	99.98 584	21	主机驱动链	99.66 007
4	梯级链条轴	99.98 580	22	扶手带驱动链	99.91 916
5	梯级链张紧装置	99.99 583	23	扶手带回转链	99.99 559
6	梯级轮	99.93 579	24	扶手带	99.99 981
7	梯级轴	99.97 582	25	扶手带检测装置	99.99 027
8	梯级踏面	99.98 580	26	扶手带驱动轮	99.99 934
9	梯级齿	99.98 579	27	扶手带导向轮	99.99 928
10	梯级检测开关	99.95 585	28	扶手带弓形轮	99.99 895
11	梯级边条	99.98 582	29	扶手带压带轮	99.99 004
12	梯级张紧架	99.72 586	30	扶手带张紧轮	99.98 964
13	工作制动器抱闸	99.98 285	31	扶手带转盘与护臂板	99.99 882
14	工作制动器抱闸探头	99.99 288	32	扶手带头端	99.99 995
15	工作制动器电源盒	99.99 384	33	扶手带转弯处	99.99 019
16	工作制动器制动臂	99.99 788	34	扶手带驱动轮轴承	99.99 986
17	工作制动器电磁铁	99.99 887	35	扶手带摩擦轮轴承	99.99 925
18	辅助制动器抱闸	99.99 688	36	扶手带转盘轴承	99.99 956

将各个子部件的可靠度数据输入贝叶斯网络，可以得到各个大型部件的可靠度分别为梯级系统 98.498%、制动器 99.957%、主机驱动链 99.958%、扶手带系统 99.951%。在不考虑人为因素、意外卡物以及电气部件失效的情况下，整机的可靠度为 97.994%。

在建立自动扶梯整机贝叶斯网络模型后，自动扶梯在线监测过程中各部件故障率的动态变化可反映为自动扶梯的整体健康指标，对于识别自动扶梯的健康状态具有参考意义。

2.5　城市地下空间结构典型病害作用机理

本节主要介绍地下空间中最易受损的地铁盾构隧道结构的四种典型病害，即结构开裂、结构渗漏水、结构变形超标和管片接缝张开等的发展过程及事故树模型，以及研究这四种病害作用机理的常用方法，并介绍对不同病害之间相互关系的研究。

2.5.1 地下结构病害发展过程及事故树模型

隧道作为地铁运营系统中的核心和骨架，保证其结构功能的安全才有可能实现城市地铁的安全运营。但是由于有水文地质条件、地形条件、气候条件不佳，自然灾害以及隧道在前期设计、施工和后期运营管理中存在缺陷等多种不利因素的共同作用，所以随着地铁运营时间的越来越长，例如结构渗漏水、管片破裂、结构变形以及管片错台等病害的情况也暴露得越来越严重。地铁结构的安全性、稳定性和耐久性会受到这些病害的影响，从而严重地影响隧道的安全运营。因此，全面系统地对隧道病害现状及致灾因子进行深入的研究，合理展开对影响地铁隧道土建结构病害成因的研究是十分必要的。

1. 结构开裂

在隧道的病害中衬砌开裂是一种较为常见的病害，它能体现出隧道在运营期间的安全情况。一方面，隧道衬砌开裂会为地下水的渗透提供通道，进一步引发结构渗漏水病害及与水密切相关的基床病害和钢筋锈蚀及混凝土腐蚀等；另一方面，隧道衬砌发生开裂后，会导致结构的美观受到影响，而且会对隧道结构的安全造成严重的影响，影响隧道结构的安全性、耐久性和稳定性，进而减少隧道的使用年限，严重的衬砌开裂还会影响到行车安全。随着地铁建造的规模变大和使用时间的增加，运营期隧道衬砌结构的病害逐渐表露出来，这些病害严重地影响到运营安全。为了预防和防治衬砌结构开裂，国家不断投入大量的人力、物力、财力来保证地铁运营安全。因此，开展对衬砌结构开裂机理和原因的研究至关重要。本节根据现有的文献总结了有关地铁隧道开裂的原因，并将其总结分类，如表 2-34 所示。

表 2-34 结构开裂调研总结

作　　者	研究内容和结论
宋瑞刚等	隧道衬砌裂缝的扩展过程划分为了 6 个过程，并详细地划分衬砌结构的类型以及出现的位置，进一步对每个阶段衬砌裂损的状态和特征进行了分析研究，完善了基于隧道衬砌检测结果的隧道衬砌存在裂缝时的评估体系
郑阳焱	对实际中隧道的裂损情况调查研究，分析结构开裂产生的原因，然后得到衬砌裂缝的分布规律、类型及典型诱因。基于混凝土的断裂力学和扩展有限元理论，研究了隧道衬砌在各种因素下裂缝的产生和发展的过程，提出了衬砌结构在存在裂缝时的评价方法

续表

作　　者	研究内容和结论
王亚琼等	通过对大量隧道工程中的裂缝现状的调研，并从裂缝类型、位置、长度和宽度等因素总结了衬砌开裂的规律，并基于断裂力学理论将衬砌裂缝分成了两类，根据两种裂缝的判断标准提出了衬砌裂缝稳定性系数，以该系数作为判断衬砌裂缝稳定性的依据
孙洋	通过理论分析和现场调查研究，对隧道的开裂机理、裂缝的分布特征等问题进行了系统的研究，基于岩石工程特征、地下水影响、地应力影响以及设计和施工等因素系统地研究了隧道衬砌产生裂缝的过程，同时提出了隧道衬砌存在裂缝时的安全评价指标
刘璇	认为纵向裂缝是由荷载造成，使结构的安全性明显降低，研究对象确立为暗挖法隧道衬砌结构，通过数值模拟和模型试验相结合的手段，分别对没有裂缝的衬砌结构以及带裂缝衬砌结构的开裂发展过程进行了分析，最终得到裂缝与结构承载力变化的影响关系

对上述研究进行总结和分类，主要从裂缝的类型角度去研究结构开裂的致灾原因。裂缝的类型可以分为角边裂缝、纵向裂缝、环向裂缝和斜向裂缝等几个类型。温度应力、干缩应力、钢筋腐蚀膨胀会导致衬砌结构处于偏心荷载作用状态，长期的偏心作用将引发衬砌轴向受压破坏，并诱导张拉裂缝。隧道围岩不均匀沉陷也会引起衬砌内应力过大，进而引发衬砌开裂，围岩沿行车方向不均匀沉陷，在拱脚位置将出现竖向开裂，并最终发展成为环向裂缝；沿隧洞横截面方向出现不均匀沉陷，将诱发拱顶及隧道内路面纵向开裂。根据地铁隧道结构开裂的致灾原因制定结构开裂故障树模型，如图 2-129 所示。

2. 结构渗漏水

由于地铁隧道作为地下构筑物，周围充满各种地下水，所以地铁车站及区间结构普遍存在部分渗漏水的现象。地铁隧道作为地铁运营系统中的主要部分，渗漏水会严重地威胁到地铁隧道的运营安全。因此，有效防治结构渗漏水，对保证地铁结构稳定及正常运营都是尤为重要的。只有找到地铁隧道结构渗漏水的原因并进行综合的分析，才能有效防治和控制地下结构渗漏水。根据已有的文献和资料对地铁隧道结构渗漏水的原因和防治措施进行总结，如表 2-35 所示。

通过对上述研究总结分析发现，影响地铁结构渗漏水的致灾原因主要分为螺栓孔渗漏、接缝渗漏、注浆孔渗漏和裂缝渗漏。注浆孔渗漏主要是由于注浆孔处的防水塞失效和垫层老化；螺栓孔渗漏是由于防水垫圈的失效；裂缝渗漏是在盾构隧道中接缝变形过大导致接缝处混凝土出现裂损，接缝处管片本身的防水能力降低，地下水可能沿接缝裂损处进入隧道内部；接缝渗漏主要分为管片接缝渗漏、施工缝渗漏和变形缝渗漏。管片接缝在外荷载作用下，隧道接缝张

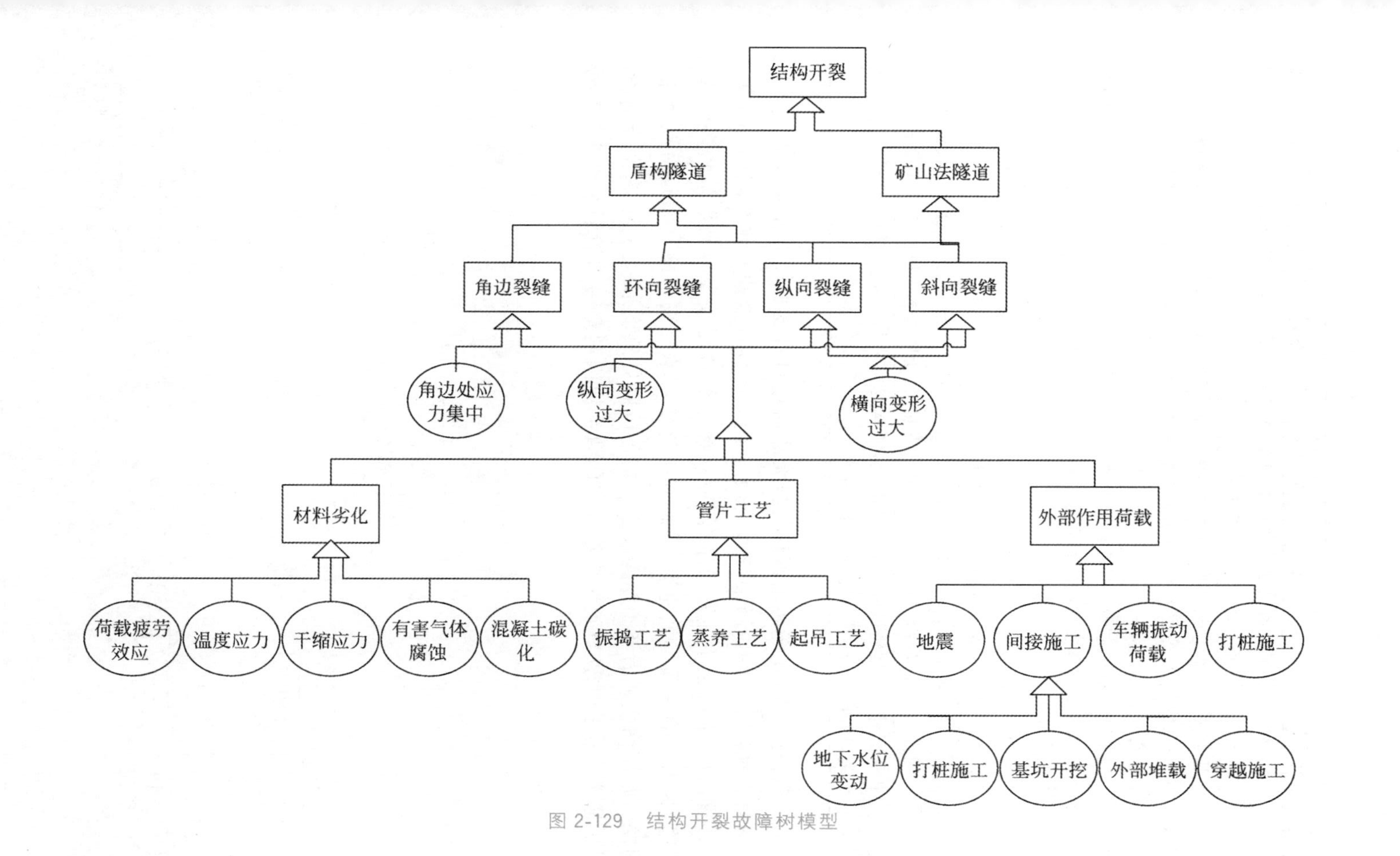

图 2-129　结构开裂故障树模型

表 2-35　结构渗漏水调研总结

作者	研究内容和结论
邓建峰	通过调研总结出造成地铁渗漏水的原因主要是结构裂缝诱发的渗漏、施工接缝诱发的渗漏和施工管理诱发的渗漏
董飞等	基于对北京地铁隧道的调研结果，渗漏水主要发生在接缝和螺栓孔等位置，所以管片之间的防水密封垫、施工过程的同步注浆圈以及管片自身的防水性能至关重要
刘亚江	地铁隧道结构主要在管片拼接缝、螺栓孔以及管片裂缝处等位置发生渗漏，其中有84%的渗漏发生在管片接缝。渗漏水的类型主要分为渗水、湿渍、滴漏和漏泥沙四类
罗子强	结构渗漏水主要集中在纵缝、环缝、管片蹦块、螺栓孔、吊装孔等部位，其中应该以管片接缝处为重点，水源为洞身围岩基岩裂隙水
庞旭卿	基于对深圳地铁5号线的研究调查，地铁车站在诱导缝、伸缩缝及顶板侧墙等位置普遍存在渗漏水，提出了有效防治渗漏水、变形缝渗水以及施工缝渗水的措施
陈勇	基于对上海地铁区间渗漏水的调查，盾构与管片相对位置不吻合使管片发生开裂，特别是出现贯穿裂缝而引起漏水

开量、错台量过大，接缝防水密封材料无法通过自身变形性能充实接缝，使得接缝密封止水性能下降，导致结构渗漏水。施工缝界面及止水钢板表面都积聚泥土，使得新老混凝土不能紧密结合，而且接缝处含泥较多容易导致较多的收缩裂缝，为水分的渗漏提供通道，导致施工缝渗漏水。变形缝渗漏是由混凝土结构发生收缩徐变或者隧道结构发生不均匀沉降导致变形缝过大，为水分的渗漏提供通道。根据地铁隧道结构渗漏水的致灾原因制定结构渗漏水事故树模型，如图 2-130 所示。

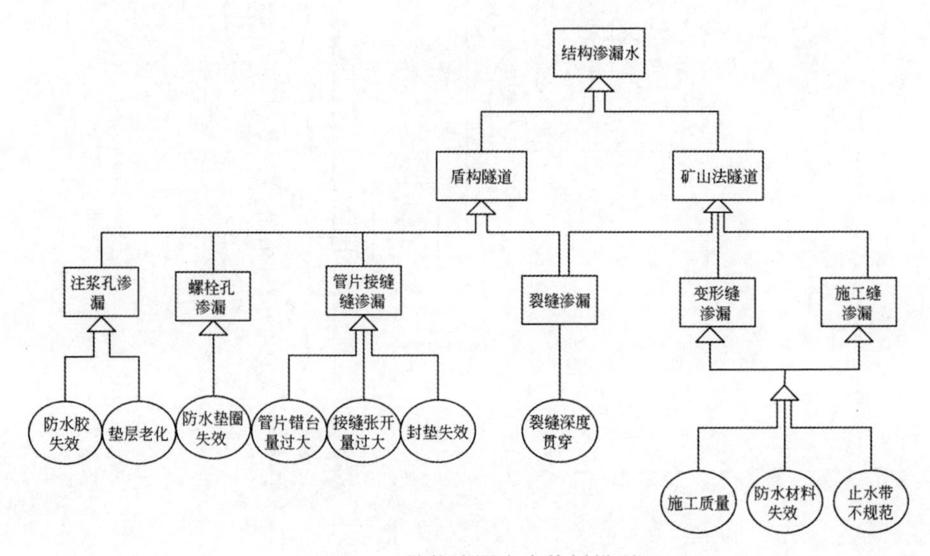

图 2-130　结构渗漏水事故树模型

3. 结构变形超标

随着城市地铁和市政工程建设的发展，隧道变形及病害会影响地铁结构本身的安全性和耐久性，甚至会直接影响轨道的平顺度、乘坐的舒适度及地铁的使用安全。因此需要花费大量的资金和时间去防止地铁隧道的变形及病害。城市中的盾构隧道周围的土层复杂且多样，受多种土层、施工因素以及地表和周围环境的影响，为使类似的隧道沉降问题减少出现，对软土地层盾构隧道变形的性态及相应控制方法进行研究具有一定的理论价值。对于地铁隧道结构变形超标的研究文献颇多，总结相对具有代表性的关于结构变形原因的分析的文献，如表 2-36 所示。

表 2-36　结构变形超标调研总结

作者	研究内容及结论
黄宏伟	以盾构法隧道为基础，分析了软土盾构隧道在纵向变形的发展过程，进一步推断施工条件或地质情况的改变，下卧土层分布的不均匀性和邻近隧道的上覆堆载荷载是影响隧道纵向变形的重要因素
徐凌等	总结有关地铁隧道沉降方面的研究，得出各种软土隧道纵向沉降的理论解析分析模型和土-隧道结构共同作用的解析模型等。提出应该通过更精确的模型试验、更全面的现场实测数据、与实际土层情况更符合的地基模型等方面进一步研究隧道的纵向变形
吴怀娜等	基于对管片局部渗漏对地铁隧道变形的影响的数值模拟结果，渗漏量与沉降量成正相关。随着渗漏量数值递增，沉降量数值递增
张学文	基于南京地铁部分区间隧道现场调研和监测资料，将病害分为管片不均匀沉降、衬砌渗漏水、衬砌裂缝以及道床隆起四种类型。对隧道沉降变形病害展开研究，指出引起地铁隧道变形的主要原因有地质条件、施工因素、邻近施工、地面卸载和堆载、地下水开采、列车振动荷载以及隧道渗漏水病害等
赵欢等	利用有限元软件创建了三维隧道计算模型，选取不同的数值计算模型，研究了软土盾构隧道下卧土层性质的差异、隧道上不均匀荷载变化等对隧道沉降的影响，并总结了隧道的变形规律
王如路	基于对上海地铁的调查研究，将隧道的变形超标类型主要分为纵向和横向变形过大。总结了隧道横向变形特征，进一步得出接头部位的变形和管片变形是构成隧道变形的两个部分。根据隧道纵向变形特征得出可以将错台变形情况视为隧道的纵向变形

上述研究分别从多个角度对结构变形超标进行研究，可以看出，地铁隧道结构变形主要包括纵向变形和横向变形，横向变形主要受到净空收敛的影响，纵向变形主要受到竖向位移和水平位移共同作用的影响。地层不均匀和荷载不均匀都会影响结构的竖向位移，地层不均匀的影响是不同地质环境的交界处、土体不均匀在运营期导致隧道不同部位的管片产生不同的沉降。荷载不均匀是在隧道周围的水压力、土压力不均匀或者突变的情况下，不同部分受力差

距较大，导致管片产生不均匀沉降。造成隧道的净空收敛过大的原因，一方面是盾构隧道衬砌结构本身引起的，包括管片几何尺寸以及螺栓尺寸、螺栓强度等级、配筋量、混凝土强度等级等，这些都是盾构隧道结构承载和抵抗变形的内在条件；另一方面是由上方加载、侧向卸载等外部荷载变化的作用引起的。外部荷载对竖向位移、水平位移和净空收敛都会产生重大的影响，主要是循环荷载如列车的荷载等附加在下卧层产生的附加沉降量，还有一部分是因为基坑开挖位置、隧道穿越、上覆荷载的增加所造成的周围土体应力改变，打破隧道受力平衡，从而造成隧道沉降。基于竖向位移、水平位移和净空收敛等原因制定结构变形超标的事故树模型，如图 2-131 所示。

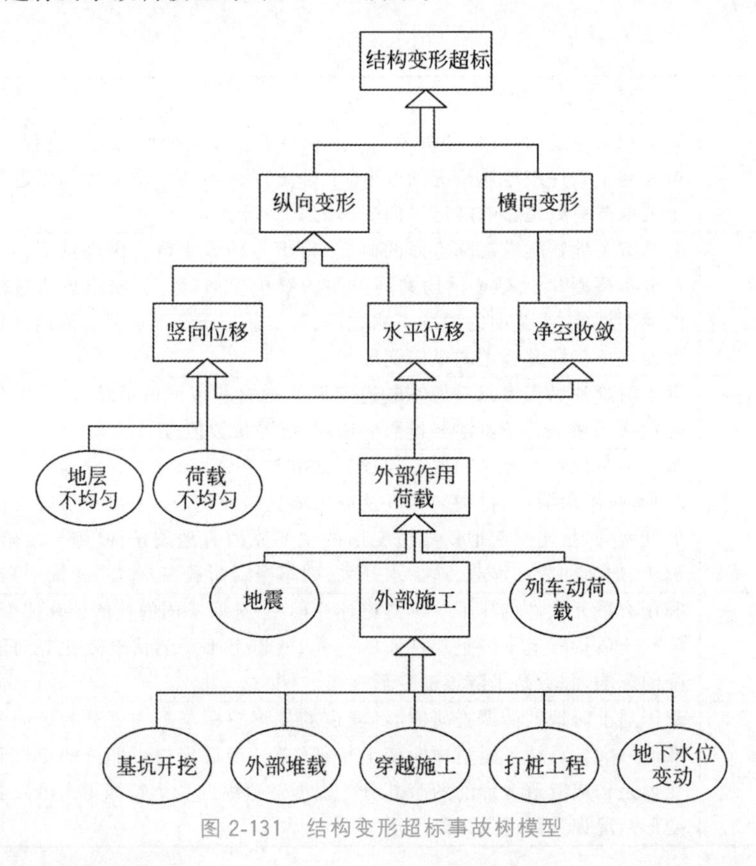

图 2-131　结构变形超标事故树模型

4. 管片接缝张开

盾构地铁修建中普遍存在盾构管片接缝张开问题，管片接缝张开和错台是盾构隧道管片拼装的两大技术难题。管片错台是指管片拼装后同一环相邻块管片或者不同环管片之间的尺寸偏差，前者称纵缝错台，后者称环缝错台。管片错台一般会导致隧道渗漏水，管片因受力不均匀而出现开裂现象，造成隧道净空的减小、盾构机盾尾漏浆等严重问题；而且会严重破坏衬砌结构的稳定性，使隧道结构的安全性、耐久性和稳定性降低，进而减少隧道的维护周期和使用寿命。因此，研究管片接缝张开和管片错台具有重要的应用价值。本节根据现有的文献总结了有关地铁盾构隧道管片接缝张开的原因，并将其总结分类，如表 2-37 所示。

表 2-37　管片接缝张开调研总结

作者	研究内容及结论
叶康慨	总结影响管片接缝的主要因素有管片选型不当、背衬注浆参数选择不当、背衬注浆不充分和注浆浆液凝固时间长等。进一步总结管片位移的规律，然后基于上述原因提出了防治与解决方法
钟志全	基于已有的研究成果分析，管片错台会导致隧道的表面损伤、结构渗漏水，管片开裂和盾尾尾刷挤压损坏，从而造成盾尾漏浆、盾尾油脂损耗等严重的后果。总结管片错台的主要影响因素是拼装作业不规范、注浆控制不当和盾构机姿态控制不好等几个方面。基于上述总结的影响因素，提出相关的防治措施
冯天炜等	基于现场实测的分析，管片错台的因素主要是同步注浆控制、总推力反力竖向分力、掘进速度、地层条件和组装作业等。利用广义函数法，以导致错台的主要因素为参考标准，建立了依据六项指标的管片错台风险评估体系，从而实现将定性的评价指标作定量化处理，从而使得评价指标之间具有可比性
张衍等	根据对盾构隧道管片接缝加固过程的实验图像，基于区域特征参数和边界特征参数来表征接缝的形态特征参数，研究在管片加固前后参数的变化规律。研究结果表明，只有接缝面积、接缝等效直径、圆形度、形状指数这几个参数能很好表征管片加固的过程
赵亚波等	可以通过移动三维扫描技术获取隧道三维坐标信息，构建出隧道的三维模型，进而根据三维点的信息来分析管片接缝张开，并且通过与实际案例的记录进行对比，验证该方法的可行性

基于上述表格的调查研究，可以将管片接缝张开分为管片错台和接缝张开。导致管片错台的施工因素有施工中盾尾间隙注浆不当、管片的拼装不规范和盾构机姿态控制不好等几个方面。而且不均匀的荷载导致隧道岩土体产生不均匀沉降，进而使受力不同的管片相较于岩土体产生不同的位移，最终导致管片错台。管片接缝会受到螺栓的质量问题及管片拼装误差的影响，进一步导致接缝扩大。管片和螺栓接触的地方，由于存在较大拉应力，混凝土易开裂，可能导致螺栓预加力的损失，使相邻管片的连接效果减弱，或者在隧道变形过大的情况下，螺栓受较大的拉力进入屈服状态，而管片间的距离会在外力作用下逐渐变大，造成管片接缝变大。根据管片接缝张开的致灾因子制定管片接缝张开的事故树，如图 2-132 所示。

目前对于地铁隧道受灾害问题越来越重视，并且现在对灾害的形成原因和

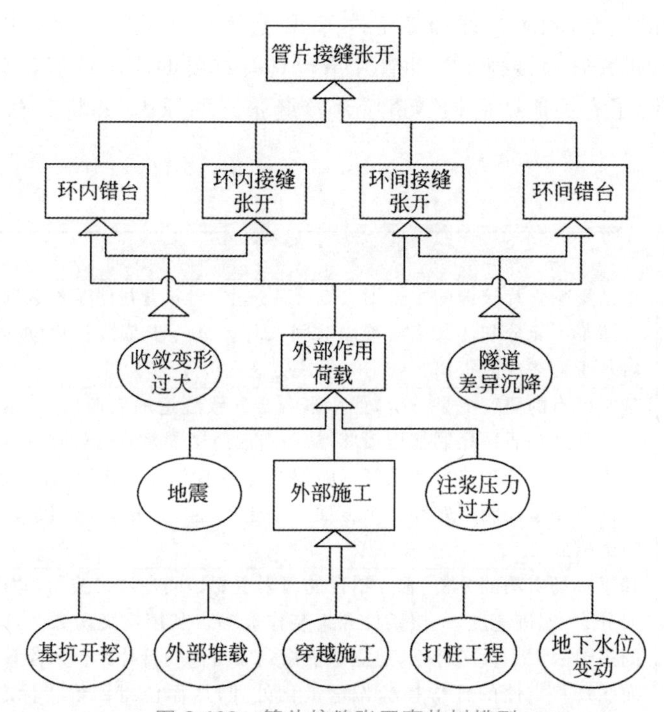

图 2-132　管片接缝张开事故树模型

防治措施都进行了系统的总结，但是每种应对措施都是需要考虑水文地质条件、施工因素、邻近施工、地面卸载和堆载等因素才能达到最好的防治。本节仅仅就影响土建功能失效的灾害进行分类总结，并且分析灾害的成因。而进一步需要讨论和研究的问题是：①通过对病害成因分析，如何完善地铁隧道土建结构功能失效的跟踪指标和进行地铁隧道土建结构功能失效的灾害等级判断？②在现行各个规范和现有研究成果的基础上建立地铁隧道土建结构功能失效灾害评价体系，包括故障树模型、跟踪识别指标和灾害等级判定的研究，如何通过数值模拟的方法研究地铁隧道土建结构功能失效在外荷载作用下的演化规律？

2.5.2　地下结构病害足尺模型试验研究

在地铁运营期间，盾构隧道管片在受到基坑开挖、周边卸载或地面堆载等外界因素的影响下，会产生较大变形甚至开裂等问题。目前常用整环管片加载系统对原型盾构管片进行加载试验，来研究管片的承载性能、受力变形情况以及复杂荷载下的破坏机理。国内常用的盾构整环管片加载系统有早期的中心拉杆式-自平衡加载系统[图 2-133(a)]和垂直拉杆式加载系统[图 2-133(b)]等。早期的加载系统难以反映作用在盾构隧道上的土压力随结构变形而改变的特性,后来同济大学和宁波大学等单位开发了液压-结构加载系统,该系统能够更为真实地模拟地层对盾构隧道的相互作用,如图 2-133(c)所示。

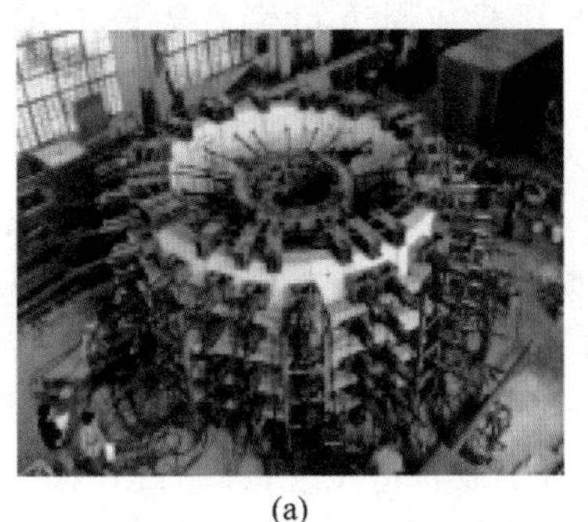

(a)

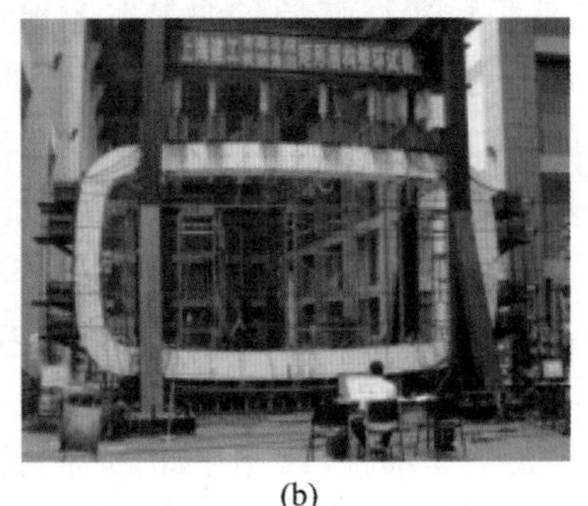

(b)

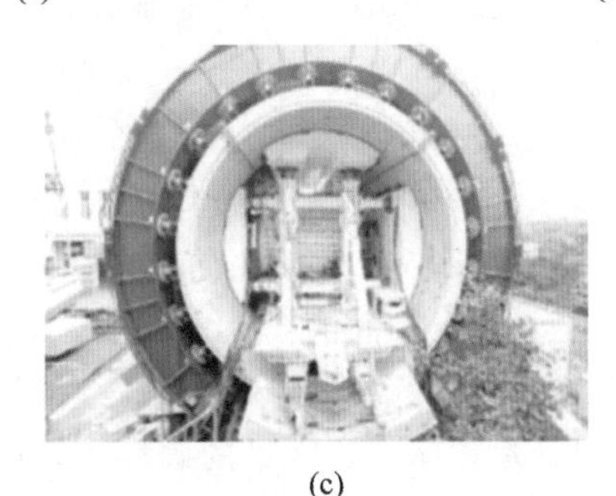

(c)

图 2-133 管片原型加载系统

(a) 中心拉杆式-自平衡加载系统;(b) 垂直拉杆式加载系统;(c) 液压-结构加载系统

1. 中心拉杆式-自平衡加载系统的应用

中心拉杆式-自平衡加载系统(图 2-134),开发比较早,其特点是水平加载。各横向钢拉杆均指向中心圆台,环向荷载通过多个点加载来模拟盾构管片在土层中受到的水土压力。考虑管片环间的作用力,在上半环顶面均匀地设置多个加载点,为尽量满足盾构管片自由变形的试验要求,在试验平台表面铺设薄钢板,安装钢球滚轮支座且在钢球上涂黄油。该系统大多仅研究一环管片。

同济大学等单位(2012—2014 年)针对上海地铁通缝盾构隧道,利用中心拉杆式-自平衡加载系统开展了单环盾构隧道整环试验研究,具体介绍了足尺试验方案和加载方案的设计,研究了不同工况下衬砌结构变形、管片裂缝、接缝变形和连接螺栓受力的

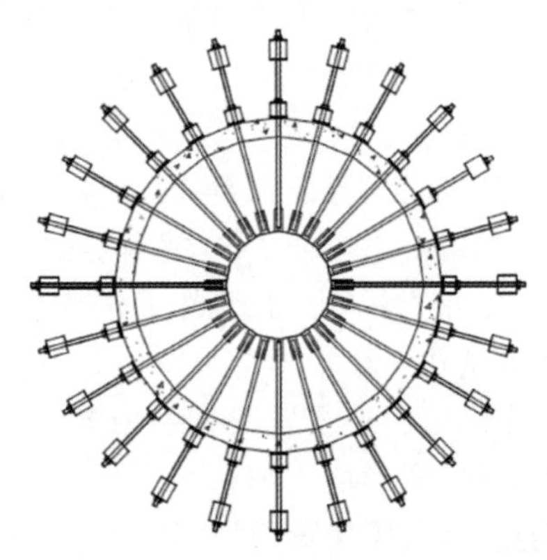

图 2-134 中心拉杆式-自平衡加载系统图

发展以及破坏过程。研究发现：①衬砌结构在环向荷载作用下，衬砌拱顶和拱底向内凹陷，在拱腰位置向外凸出，整体变形呈现“横鸭蛋”形态，且随着荷载的增加，这种趋势变得越来越明显。②顶部超载或周边卸载工况下，试验结构的破坏均由不同部位的接缝先后受压破坏，以及拱底块受弯裂缝稳定发展形成，属梁铰机制。③管片接缝是试验结构的薄弱部位。尽管加载路径有所区别，但结构的初始屈服均出现在管片接缝截面，结构的破坏也由管片接缝塑性发展而形成。④顶部超载和周边卸载工况下试验结构的承载力安全系数分别为 1.612 和 1.173，卸载工况下隧道衬砌结构受力更为不利，运营实践中应严格控制导致隧道结构侧向卸载的工程活动。

宁波大学等单位（2018—2019 年）针对宁波轨道交通错缝盾构隧道，利用中心拉杆式-自平衡加载系统开展了三环盾构隧道整环试验研究，研究了不同工况下衬砌结构变形、管片裂缝、接缝变形和连接螺栓受力的发展和破坏过程，同时分析了衬砌结构纵缝、环缝及管片本体的相互协同作用。研究发现：①试验结构的破坏从环缝受剪破坏开始，经历接缝螺栓屈服、管片截面主筋屈服和纵缝受压破坏，直至管片本体发生破坏，形成几何可变机构。②通过三环压弯试验与单环压弯试验对比，二者具有不同的受力模式和破坏形态。单环试验破坏具有单一性和独立性，纵缝是破坏的集中点；三环压弯试验破坏具有多样性和关联性，除纵缝外，环缝和管片本体也是常见的破坏点，且其破坏规律与各自力学性能相对关系密切相关。③错缝管片中引起的管片破坏往往是几种内力的复合结果——拉剪或者压剪破坏，且破坏发生顺序与发生破坏的凹榫的位置有关，一般情况下内弧面凹榫的破坏要先于外弧面凹榫的破坏。④错缝拼装管片的环间作用建立在两个前提下，即环与环之间存在变形不协调，环间能够传递剪力。环间力的传递使内力在管片内的分布更为合理，故错缝拼装管片较通缝拼装管片有更高的整体强度和刚度，但延性较差，裂缝出现较早。⑤在相同外荷载下，环间弯矩传递系数随纵向力增大而增大，且负弯矩接头的弯矩传递系数较正弯矩更大，在同一纵向力下，一定范围内弯矩传递系数随外荷载的增大而增大。

刘钊、王康任和卢院针对深圳地铁 1 号线鲤鱼门—前海湾区间错缝盾构隧道，利用中心拉杆式-自平衡加载系统开展了单环和三环盾构隧道整环试验研究，研究了复杂荷载条件下错缝拼装盾构隧道结构受力性能，并提出了工程可用的结构安全指标。由单环盾构隧道足尺试验研究发现：①结构弹性极限也是首个纵缝出现受压裂缝的性能点。腰部收敛变形，管片结构到达弹性极限性能点之前，变形值先随荷载增加而呈明显的线性增加。②腰部收敛变形 0.5%性能点，该阶段变形增加幅度变大，腰部收敛变形达到规定的控制值 30mm（管片直径的 0.5%）。③结构弹塑性极限性能点，收敛变形值到达极限性能点之后，结构屈服，变形迅速增大至 94.2mm。④结构腰部收敛变形达到代表环历史最大变形 95mm 性能点。腰部收敛变形 94.2mm，在到达最大变形后的变形回调阶段，由于管片产生了塑性变形，腰部收敛变形值先基本稳定在 101.5mm，荷载进一步减小后降低至 72.4mm。⑤纵缝螺栓屈服也是结构极限状态性能点。再加载阶段，变形先线性增加后迅速增加直到接缝螺栓屈服，管片破坏，腰部收敛变形值增大至 250.5mm。

由三环错缝盾构隧道足尺试验研究得出结论如下：①从初始状态开始到比例极限的过程中，结构关键指标线性增加。结构腰部收敛变形达到 20～30mm 时，已经可以观察到结构裂缝出现，出现于顶底内弧面或腰部外弧面，由于弯矩传递效应，相邻环存在纵缝的位置先出现裂缝。②结构比例极限接近时，靠近顶底或腰部的个别纵缝，其内部核心受压区部分压应变达到混凝土极限压应力时应变，纵缝刚度开始降低，纵缝进入非线性阶段。数据中可见接缝张开、螺栓应变增速加快。③达到结构比例极限时，部分纵缝刚度下降，导致结构内力重分布，管片本体分摊内力比例上升，进而引起管片本体的钢筋、混凝土应变增速加快，进入非线性阶段。由于纵缝转动增速加快，环纵缝交界处环间错动逐渐增大，环缝剪切破坏逐渐增加。④结构比例极限到弹塑性极限过程中，随着外荷载的继续增加，管片本体分摊内力增加较多，钢筋、混凝土应变迅速上升。纵缝附近位置分摊内力增加较少，但接缝持续转动，引起整体变形的增加。弹塑性极限接近时，管片内力较大截面钢筋达到屈服应变，各项关键指标迅速上升。⑤达到结构弹塑性极限时，管片钢筋屈服位置增加。纵缝明显张开闭合，出现部分纵缝螺栓达到屈服应变，张开明显的纵缝内部破损可能延伸到弧面。由于纵缝明显的张开闭合，结构整体变形大，环、纵缝交界处环缝错动明显，多处环缝破损。⑥达到极限状态时，管片长时间处于塑性状态，结构变形、环纵缝破损、内力重分布持续发生，管片本体出现受压破坏，各纵缝转动明显，大量纵缝破损出现。环缝错动持续增加，除环纵缝交界处破损外，纵向螺栓附近由于螺栓给予剪力也出现环缝破损。

2. 多功能垂直拉杆式加载系统的应用

多功能垂直拉杆式加载系统由西南交通大学何川和封坤等（2011—2013 年）自主研发，该系统成功将水压与土压分离对整环原型管片衬砌结构进行加载。该系统的特点是对拉钢绞线在空间上相互垂直，两端各自锚定于对拉梁上和对面对拉梁的千斤顶上，以提供剪切荷载和弯矩来实现模拟土压力；环箍钢绞线围绕盾构管片一圈后，两端锚定于同一环箍梁上，以提供均匀分布的环箍力来模拟水压力；底部采用滑动铰支座来作支撑，如图 2-135 所示。

何川和封坤等自主研发了多功能盾构隧道结构加载试验系统，针对南京长江隧道和广州珠江狮子洋隧道两座大断面水下盾构隧道，成功开展了整环管片结构原型加载试验及接头实体结构的加载试验，对其接头力学性能及结构受力

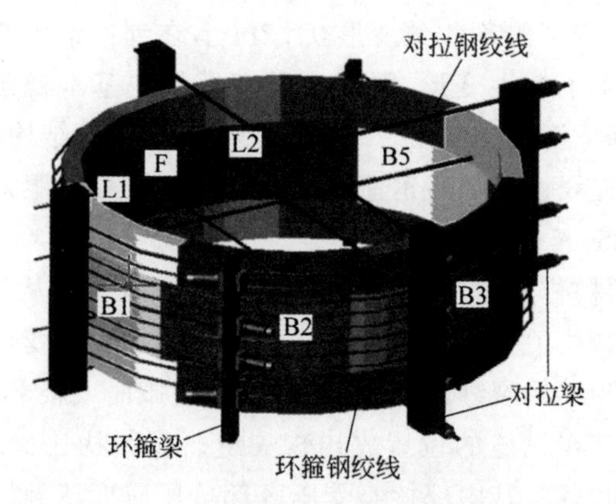

图 2-135　多功能垂直拉杆式加载系统图

特征、破坏特征等进行了探索。研究发现：①正常使用状态下，随着水压力的不断加大，在不同的土压条件下通缝与错缝拼装管片结构的最大正负弯矩均略有增长，轴力的增长较为显著，结构最大偏心矩均明显减小。两种结构最大变形量缓慢增加，纵缝最大张开量明显减小。②高水压条件下，随着土压力的增加，通缝与错缝拼装管片结构的最大正、负弯矩均显著增长，结构最大偏心矩均明显增加，最大变形量与纵缝最大张开量缓慢增加，错缝结构对于结构内力与形变的控制能力更强。③当结构出现裂缝时，通缝拼装结构弯矩骤增，结构最小轴力骤减，结构最大偏心矩骤增，最大变形量与纵缝最大张开量均显著增大。而错缝结构开裂后内力增幅小于通缝的增幅，其最大变形量与纵缝最大张开量的增长并不大，高水压明显减缓了结构内力与形变的发展。错缝拼装结构的整体稳定性好于通缝结构，对于水下隧道，错缝拼装结构对于接缝张开量的控制作用尤为明显。

2.5.3　地下结构病害相互关系数值模拟研究

由于数值模拟能以低成本获得全面丰富的数据，因此许多学者采用数值模拟研究不同工况下的隧道衬砌力学行为。在已有的盾构隧道数值模拟中，大部分模拟采用刚度折减的方法将盾构隧道简化成均质圆环，一般不考虑管片接头以及钢筋的力学行为或者采用线性弹簧模拟管片接头；也有部分模拟基于管片足尺试验建立精细化模型，采用实体单元模拟接头以及采用桁架单元模拟钢筋，能够很好地反映接头的受力行为和钢筋的作用。下面将采用数值模拟的方法研究盾构隧道变形的关键要素及火灾与盾构隧道变形的相互关系。

1. 盾构隧道结构变形分析

1）数值分析模型建立

模拟对象为典型 6m 盾构隧道，根据实际盾构隧道尺寸，建立单环精细化有限元分析模型，如图 2-136 所示，其中螺栓简化为直螺栓进行研究。

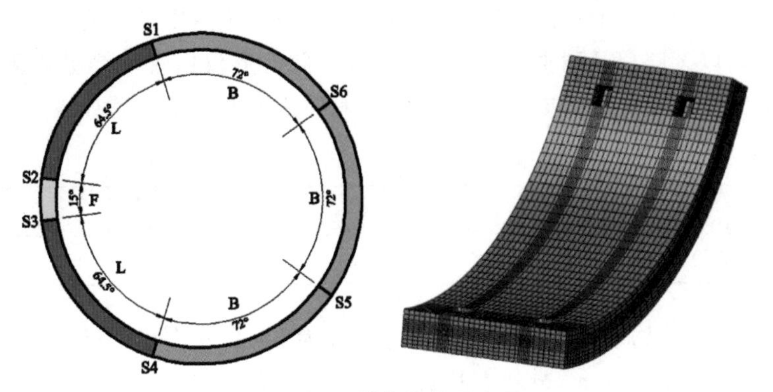

图 2-136　模拟管片示意图

隧道管片混凝土和螺栓均采用理想弹塑性本构模型，混凝土 C50，采用张厚美等提出的双折线线性强化弹塑性模型，根据《混凝土结构设计规范》参数取值。接缝螺栓为 8.8 级螺栓，螺栓达到屈服应力后，弹性模量降低为先前的 1/100。土与隧道结构的相互作用通过地基弹簧来实现，模型中管片每个节点通过 3 个接地弹簧进行约束，包括 1 个法向弹簧和 2 个切向弹簧。

如图 2-137 所示，数值模拟的隧道外荷载主要包括竖向土压力 P_{v1}、侧向土压力 P_x、地基反力 P_{y1}、隧道结构自重 G，侧压力系数 $k=P_x/P_{v1}$，取地基抗力系数 $k_h=10\text{MPa/m}$(黏性土地层)。根据《钢结构高强度螺栓连接技术规程》，纵缝 M20 的 8.8 级高强螺栓预加力为 230kN。

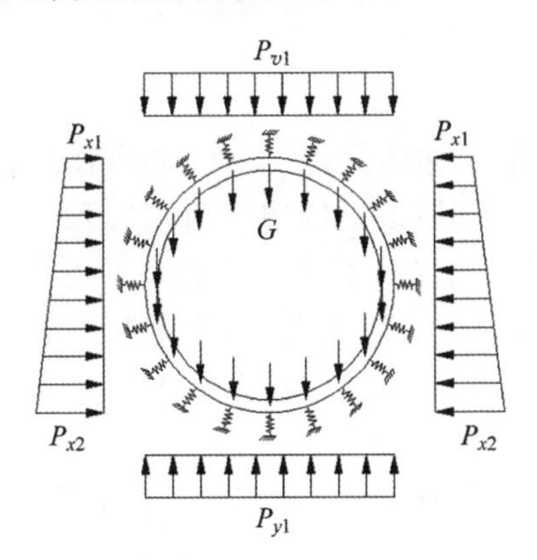

图 2-137　荷载模式图

2）收敛变形关键环节研究

隧道收敛变形是外荷载作用下纵缝张开/转动与管片本身弯曲变形两大原因共同作用的结果，但是管片本身与管片接缝构造、病害与处置措施截然不同，本研究旨在量化各因素的影响程度，确定收敛变形的关键环节。计算工况如下：①常规刚度隧道整环模型，管片刚度取C50混凝土刚度(34.5GPa)，考虑了管片弯曲变形及纵缝转动变形；②对比模型，管片弹性模量为常规管片10倍(345GPa)，以忽略管片弯曲变形，认为模型收敛变形仅由管片绕纵缝刚体转动导致，其他参数与常规刚度模型完全相同，具体工况及参数设置如表2-38所示。

表 2-38　收敛变形关键环节分析工况

顶部竖向荷载/kPa	侧压力系数	螺栓轴力/kN	地基抗力系数/($MPa \cdot m^{-1}$)
60、120、180、240、300	0	0	10

图2-138为常规刚度的管片在竖向荷载为300kPa作用下的变形情况，腰部收敛变形为54.74mm，分块管片自身变形最大为5.45mm。

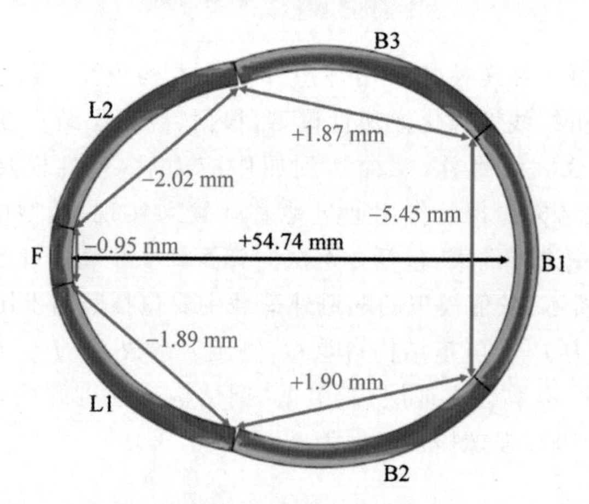

图 2-138　代表性变形情况(常规刚度模型，竖向荷载300kPa)

管片刚度提高10倍后，相同荷载工况下，隧道收敛变形减小7%～15%，如图2-139(a)所示；管片顶部附近纵缝内弧面接缝张开量增加12%～22%，如图2-139(b)所示。通过提高管片刚度忽略管片本身弯曲变形，腰部收敛变形25mm(0.42% D，D为隧道外径)以上时，纵缝张开导致的收敛变形占总收敛变形超过90%，且随收敛变形增加，占比逐渐增加。

综上所述，纵缝张开是隧道环向发生收敛变形的关键环节，管片绕接缝处刚体转动是收敛变形的主要原因。随腰部收敛变形增加，纵缝转动导致的收敛变形占比上升，收敛变形25mm(0.42% D)时，占比已经超过90%。

3) 收敛变形-纵缝张开关系研究

根据调研情况，由于隧道内弧面纵缝张开接触式测量困难，外弧面纵缝张开基本无法测量，而纵缝张开是反映纵缝状态的重要指标，也是管片接缝张开等级判定的跟踪识别指标之一。机理研究基于前述收敛变形和纵缝张开的机理关联，尝试得到3种代表性拼装方式的腰部收敛变形与拱顶内弧面、腰部外

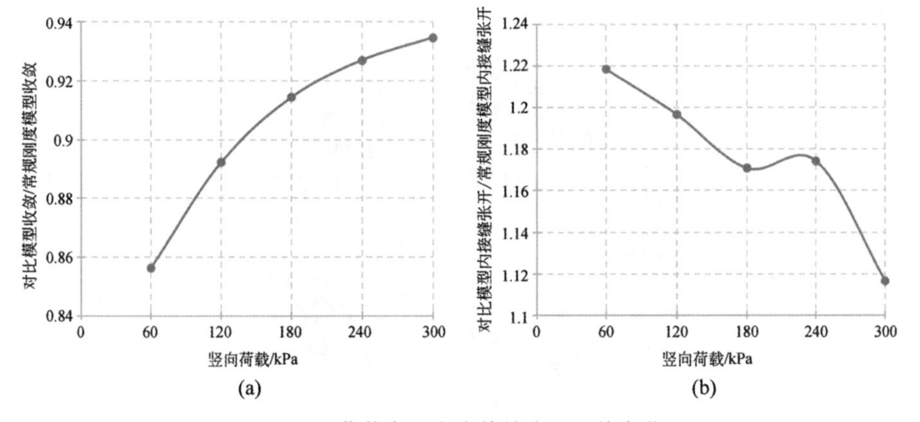

图 2-139 收敛变形和内接缝张开比值变化图

(a) 腰部收敛变形比值变化；(b) 内接缝张开比值变化

弧面纵缝张开关系，以便实际工作中根据容易测得的腰部收敛变形，估计纵缝张开情况。为了考虑不同拼装角度对“收敛变形-纵缝张开关系”的影响，计算模型考虑3种错缝拼装盾构隧道代表性拼装角度，用F块中心角度270°、306°、342°进行区分，如图2-140所示。计算工况如下：①计算模型选择顶部竖向荷载240kPa、300kPa(对应顶部埋深10～15m)；②侧压力系数0～0.7，地基抗力系数1MPa/m、5MPa/m、10MPa/m，共计48个工况，具体工况及参数设置如表2-39所示。

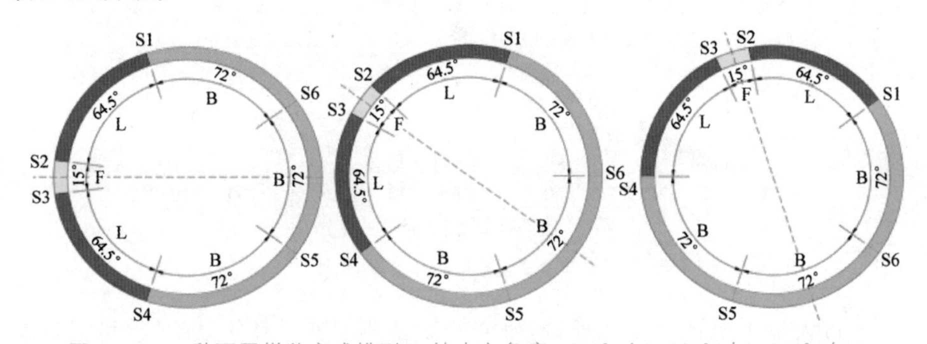

图 2-140 3种不同拼装方式模型(F块中心角度：270°(左)，306°(中)，342°(右))

表 2-39 模型计算工况

顶部竖向荷载/kPa	侧压力系数	螺栓轴力/kN	地基抗力系数/$(MPa \cdot m^{-1})$
240、300	0.7、0.6、0.5、0.4、0.3、0.2、0.1、0	0	1、5、10

典型变形形态及整体变形-纵缝变形的关系如图2-141所示，腰部收敛变形与纵缝张开量的变化趋势基本同步。与腰部收敛变形增大相对应，拱顶附近纵缝内弧面张开，腰部附近纵缝外弧面张开，纵缝高应力区集中在管片弧面边缘

1/3 管片厚度范围内,如图 2-142 所示。

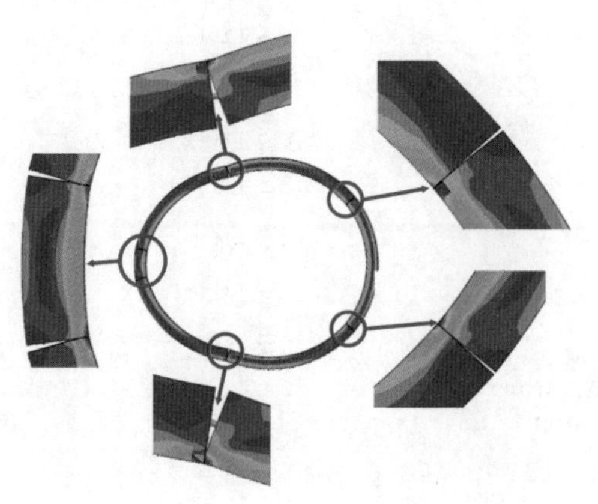

图 2-141　典型变形形态及整体变形-纵缝变形关系

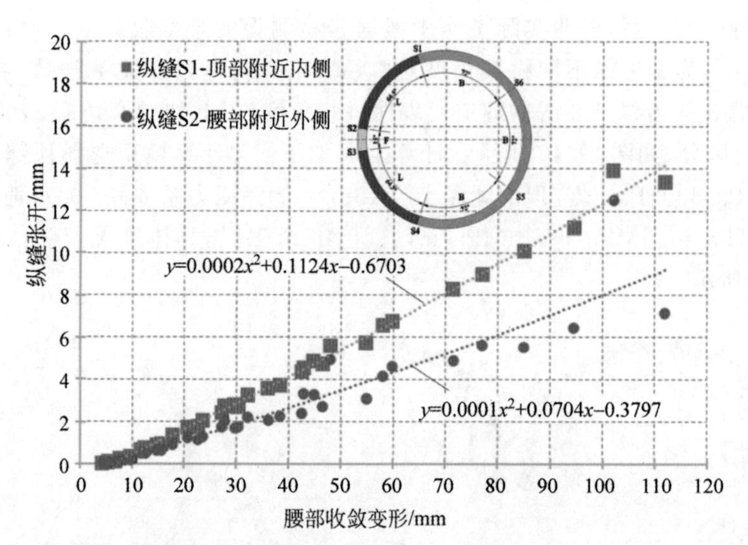

图 2-142　代表性收敛变形-纵缝张开关系(F 块中心位于 270°)

经过大量工况计算及梳理,本研究的 3 种典型隧道环拼装方式,可通过以下公式估算不同腰部收敛变形下的纵缝张开量,收敛变形-纵缝张开量的估算关系如表 2-40 所示。

表 2-40　收敛变形-纵缝张开量估算关系

拼装方式	顶部附近纵缝内弧面张开量 y_1/mm	腰部附近纵缝外弧面张开量 y_2/mm
F 块中心 270°	$y_1=0.0002x^2+0.11x-0.67$	$y_2=0.0001x^2+0.07x-0.38$
F 块中心 306°	$y_1=0.0002x^2+0.097x-0.50$	$y_2=0.0003x^2+0.11x-0.61$
F 块中心 342°	$y_1=0.0002x^2+0.11x-0.50$	$y_2=0.0003x^2+0.1x-0.58$

4）螺栓预紧力作用研究

根据调研情况，隧道施工过程中存在拱顶螺栓施拧困难，螺栓预紧力不足情况，导致了管片拱顶纵缝转动刚度降低，间接影响隧道整体环向刚度。本研究旨在量化螺栓预紧力对整体变形的影响程度，对螺栓施拧问题提出建议。由《钢结构高强度螺栓连接技术规程》，纵缝 M24 的 8.8 级高强螺栓预加力为 230kN，考虑一定预紧力损失，取螺栓预紧力最大值 200kN，具体工况如表 2-41 所示。

表 2-41　模型计算工况

顶部竖向荷载/kPa	侧压力系数	螺栓预紧力/kN	地基抗力系数/(MPa·m^{-1})
300	0.7、0.6、0.5、0.4、0.3、0.2、0.1、0	0、50、100、150、200	10

计算结果如图 2-143 所示，腰部收敛变形 15.65mm(0.42% D)时，施加螺栓预紧力效果接近峰值，所有纵缝螺栓施加 200kN 预紧力，腰部收敛变形较无预紧力减小 11.2%。收敛变形 10～30mm(0.16%～0.5% D)期间，对各纵缝按《钢结构高强度螺栓连接技术规程》要求施加螺栓预紧力，腰部收敛变形可减少 4%～11%，达到一定的整体变形控制效果。对于大变形工况，施加螺栓预紧力控制收敛变形效果不明显。

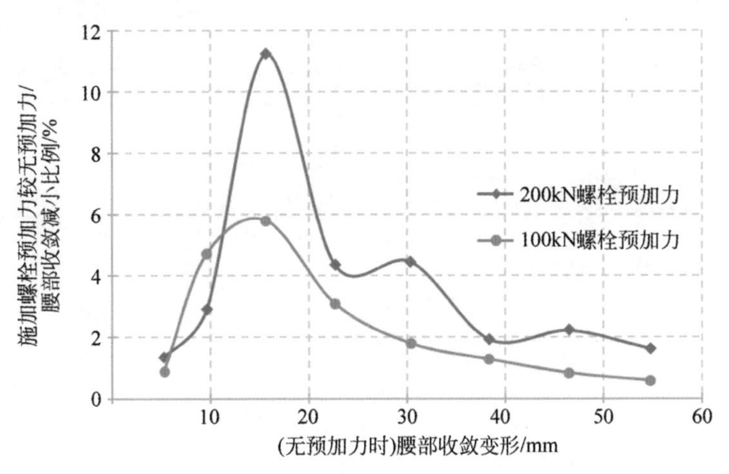

图 2-143　收敛变形减小比例-收敛变形关系

5）隧道背后土体松动

为了研究土体松动情况下盾构隧道的内力变化规律和横向变形特征，在数值分析中通过参数 α、β 和 λ 来分布控制土体松动范围、松动位置和松动程度。其中，α 为松动范围的圆心角；β 为 α 的角平分线与 0°的夹角；λ 为局部土体松动情况下基床系数或土压力的折减系数，即松动情况基床或土压力和正常情况时的比值。土体局部松动情况下的荷载模式如图 2-144 所示。

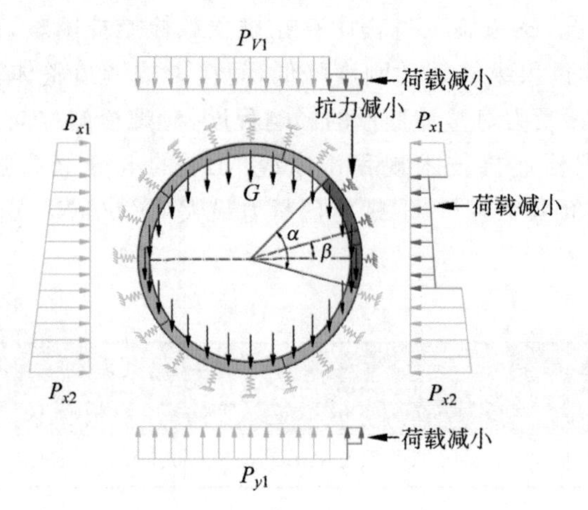

图 2-144 隧道背后松动荷载模式图

(1) 松动范围影响分析。如图 2-145 所示，为竖向收敛变形和接缝张开随松动范围 α 的变化情况。由图 2-145(a)可知，当局部土体松动发生在拱腰时，$\alpha=90°$时竖向收敛变形是最大的；当 $\alpha<90°$时，竖向收敛变形随松范围增大而增大；$\alpha>90°$后竖向收敛变形有减小的趋势。如图 2-145(b)和(c)分别为 72°和

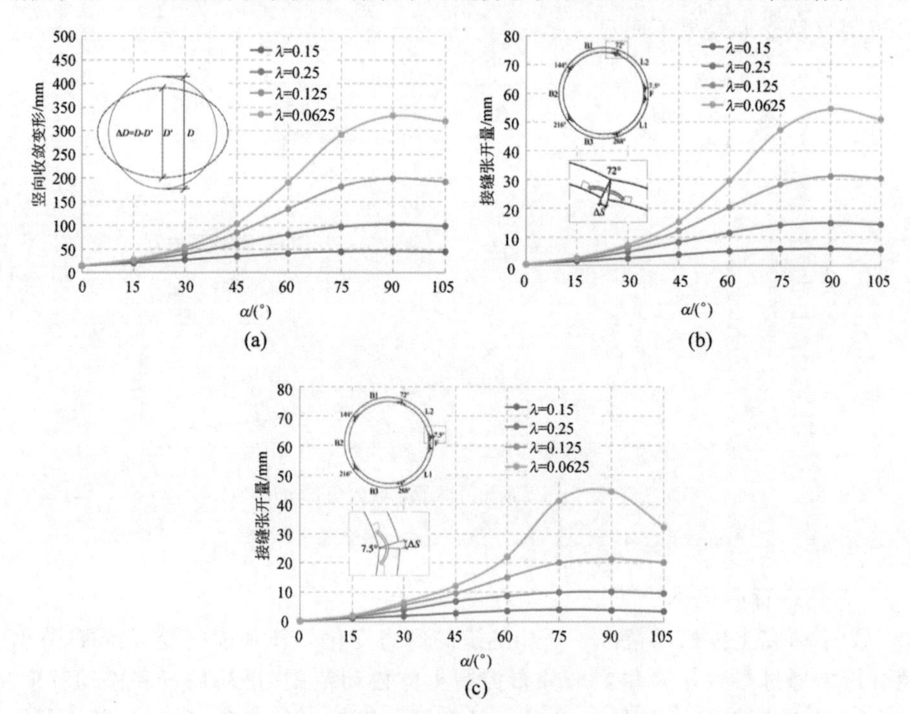

图 2-145 不同松动范围情况下竖向收敛变形和接缝张开的变化情况

(a) 竖向收敛变形；(b) 内接缝张开；(c) 外接缝张开

7.5°接缝的张开情况。$\alpha=90°$时接缝张开量是最大的；当$\alpha<90°$时，张开量随松动范围增大而增大；$\alpha>90°$后张开量有减小的趋势。

(2) 松动程度影响。λ 为松动情况基床或土压力与正常情况的比值。如图 2-146(a)所示，λ 越小隧道竖向收敛变形越大，即土体松动情况越严重隧道的竖向收敛变形越大。其中，当$\alpha=90°$和$\lambda=0.0625$时，竖向收敛变形最大，为 332.64mm。如图 2-146(b)和(c)所示，为 72°和 7.5°处接缝的张开量变化情况，λ 越小接缝张开量越大，即土体松动情况越严重，管片的接缝张开量越大。72°和 7.5°处接缝的张开量最大分别为 54.74mm 和 44.39mm。

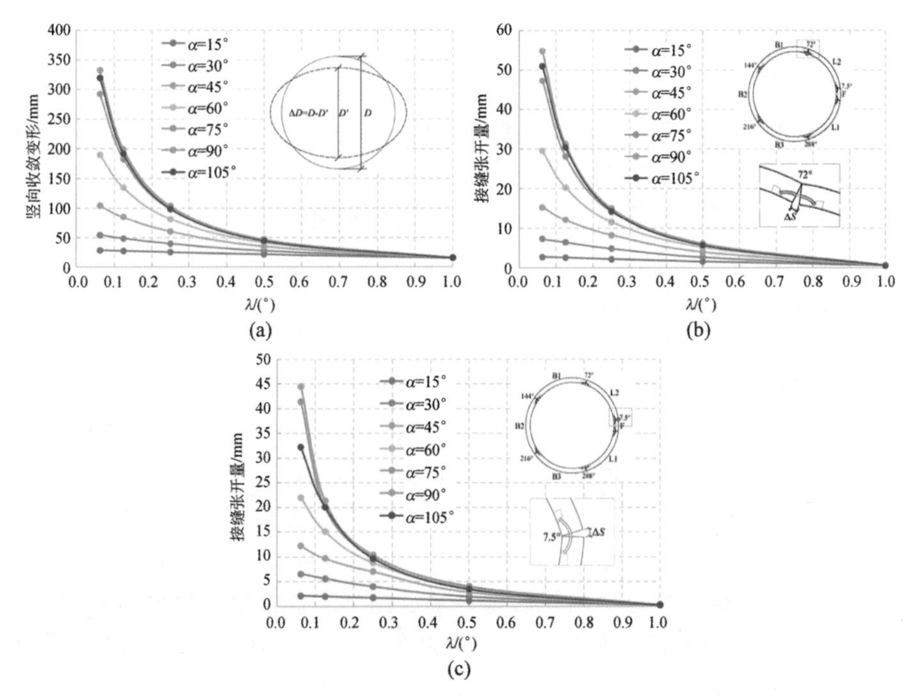

图 2-146 不同松动程度情况下竖向收敛变形和接缝张开的变化情况

(a) 竖向收敛变形；(b) 内接缝张开；(c) 外接缝张开

2. 火灾与盾构隧道结构变形相互作用分析

在火灾高温作用下，衬砌结构的损伤不仅严重降低了衬砌结构的安全性，威胁了隧道日后的安全运营，甚至会由衬砌混凝土的力学性能劣化、爆裂引起的衬砌截面厚度减少以及地层压力的作用而造成隧道垮塌。因此，研究其在火灾高温下的力学特性及破坏机理，对于深刻认识盾构隧道衬砌结构体系的火灾安全性并提高其防火能力具有重要的理论价值和实用意义。

1）混凝土、高强度螺栓与温度的关系

（1）隧道火灾场景温度。闫治国通过对大量火灾案例和火灾试验结果的归纳分析，得到了不考虑通风影响的情况下，不同车辆类型发生火灾时达到的最高温度（表 2-42），地铁车厢燃烧时的最高温度在 700～900℃。

表 2-42　不同类型车辆发生火灾时的最高温度

车辆类型	最高温度/℃	车辆类型	最高温度/℃
小汽车	500～600	铁路客车	700～900
公交车	800～900	铁路货车	1200
重型货车	1200	铁路油罐车	1400
油罐车	1300～1400	地铁列车	700～900

（2）混凝土与温度的关系。姚亚雄根据试验结果并参考有关文献，建立了混凝土抗压强度 f_c、弹性模量 E_c 和峰值应变 ε_c 的计算模型。

混凝土弹性模量计算模型，当 0℃$<T\leqslant$800℃时，

$$E_c(T)=(1-0.94\times10^{-3}T)E_c \tag{2-45}$$

混凝土抗压强度计算模型，当 0℃$\leqslant T\leqslant$400℃时，

$$f_c(T)=f_c \tag{2-46}$$

当 400℃$<T\leqslant$800℃时，

$$f_c(T)=(1.76-1.9\times10^{-3}T)f_c \tag{2-47}$$

混凝土峰值应变计算模型，当 0℃$<T\leqslant$800℃时，

$$\varepsilon_c(T)=(1+1.8\times10^{-3}T)\varepsilon_c \tag{2-48}$$

（3）高强度与温度的关系。国内同济大学对高强度螺栓 20MnTiB 钢的材料性能进行了试验研究。李国强通过力学性能试验数据拟合得出高强度螺栓 20MnTiB 钢的弹性模量和屈服强度与温度的关系式。其中，弹性模量和屈服强度与温度的关系式分别如式（2-49）和式（2-50）所示：

$$E_c(T)=(6\times10^{-9}T^3-8\times10^{-6}T^2+0.0011T+0.9433)E_s \tag{2-49}$$

$$f_y(T)=(4\times10^{-9}T^3-6\times10^{-6}T^2+0.0011T+0.9603)E_s \tag{2-50}$$

（4）不同温度下混凝土和高强度螺栓的力学参数取值。本节分析的 C50 混凝土常温时的混凝的土弹性模量 E_c 取 34.5GPa、抗压强度 f_c 取 32.4MPa、峰值应变 ε_c 取 0.02，混凝土在不同温度的弹性模量、抗压强度和峰值应变分别按式（2-45）～式（2-48）进行计算；8.8 级的高螺度螺栓按 20MnTiB 钢的材料选取，常温时钢的弹性模量 E_s 取 200GPa，屈服强度 f_y 取 640MPa，极限强度 f_u 取 800MPa，钢在不同温度的弹性模量和屈服强度分别按式（2-49）、式（2-50）进行计算。不同温度下混凝土和高强度螺栓力学参数的计算结果如表 2-43 和表 2-44 所示。

表 2-43 不同温度下混凝土的力学参数

参数	20℃	200℃	300℃	400℃	500℃	600℃	700℃	800℃
弹性模量折减系数	1	0.81	0.72	0.62	0.53	0.44	0.34	0.25
弹性模量/GPa	34.50	28.01	24.77	21.53	18.29	15.04	11.80	8.56
抗压强度折减系数	1	1	1	1	0.81	0.62	0.43	0.24
抗压强度/MPa	32.4	32.4	32.4	32.4	26.24	20.09	13.93	7.78
峰值应变增大系数	1	1.36	1.54	1.72	1.90	2.08	2.26	2.44
峰值应变	0.020	0.027	0.031	0.034	0.038	0.042	0.045	0.049

表 2-44 不同温度下高强度螺栓的力学参数

参数	20℃	200℃	300℃	400℃	500℃	600℃	700℃	800℃
弹性模量折减系数	1	0.99	0.87	0.69	0.49	0.32	0.20	0.18
弹性模量/GPa	200	198.3	173.1	137.5	98.7	63.9	40.3	35.1
屈服强度折减系数	1	0.970	0.858	0.696	0.510	0.324	0.162	0.048
屈服强度/MPa	640	622.3	549.3	445.6	326.6	207.6	103.9	30.91
极限强度/MPa	800	777.8	686.6	557.0	408.2	259.4	129.8	38.64

2）数值模拟结果分析

(1) 温度大小的影响。本部分主要研究隧道衬砌环结构和螺栓都受到温度影响的情况。在常规的盾构隧道管片变形当中，管片的变形不是导致收敛变形的主要原因，主要原因是由接缝的转动引起的，所以接缝处会出现较大的应力集中。但受到温度的影响，盾构隧道衬砌混凝土的弹性模量和抗压强度都变小，所以在相同的荷载作用下，隧道衬砌管片会产生较大的变形，会导致管片整体出现较大的应力，隧道变形应力云图如图 2-147 所示，且随着温度的增加管片的变形越大，管片变形应力越明显，收敛变形-荷载曲线如图 2-148 所示。

(2) 温度影响范围对比分析。在高温度的影响下，盾构隧道衬砌混凝土和螺栓的材料属性都会受到折减。现针对衬砌结构整体受温度影响、仅高强度螺栓受温度影响、仅衬砌环内圈受温度影响[图 2-149(a)]和仅衬砌环接头部位受温度影响[图 2-149(b)]，4 种情况下盾构隧道的变形情况进行研究。

从图 2-150 中可以得到，隧道衬砌结构整体受损情况下的收敛变形比局部受损情况下的收敛变形要大，温度超过 700℃后收敛变形发生突增。在整体受损的情况下温度 800℃的收敛变形比 700℃的收敛变形增加了 39.35%，在温度小于 700℃时混凝土内圈受损情况下的收敛变形比接头受损的大，超过 700℃

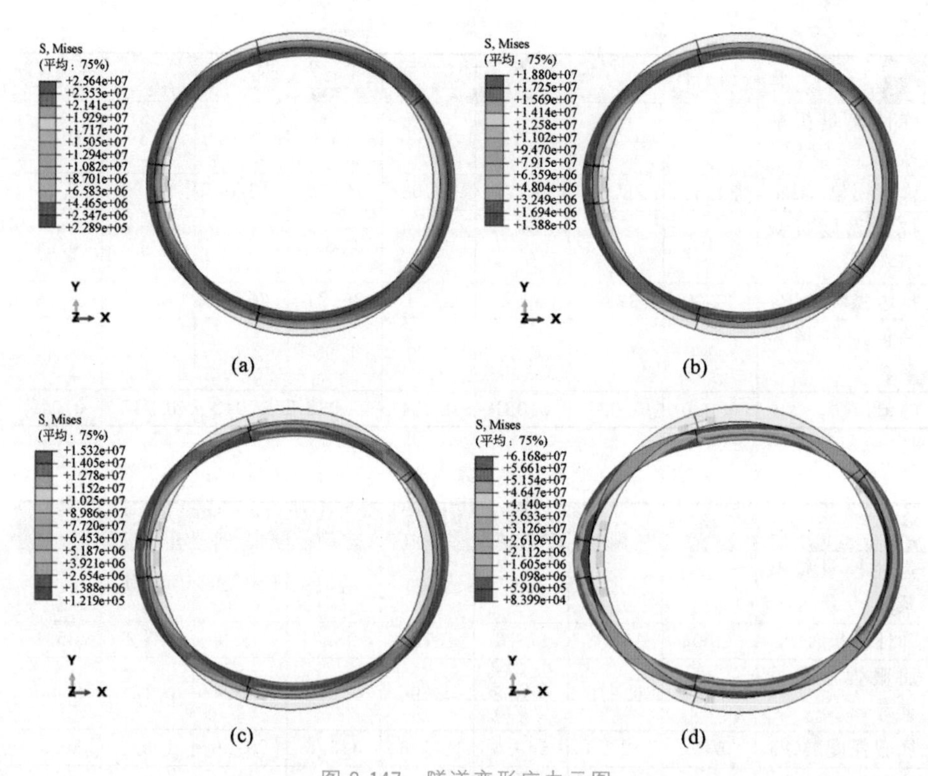

图 2-147　隧道变形应力云图

(a) 温度 20℃下隧道变形应力云图；(b) 温度 400℃下隧道变形应力云图；
(c) 温度 600℃下隧道变形应力云图；(d) 温度 800℃下隧道变形应力云图

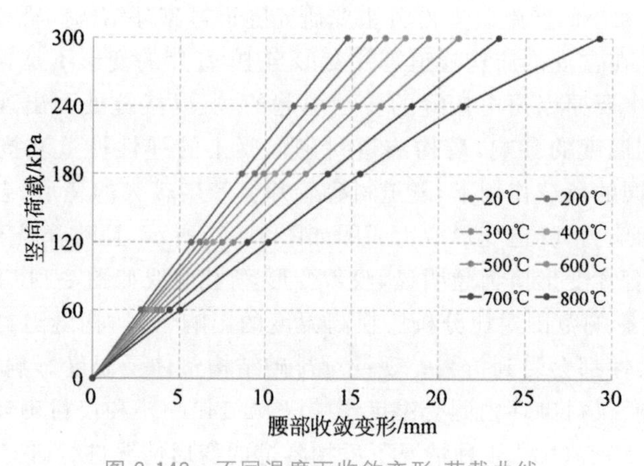

图 2-148　不同温度下收敛变形-荷载曲线

后接头混凝土受损情况下的收敛变形比混凝土内圈受损的大，可以看出盾构隧道接头部位受损是引起收敛变形的重要因素。从图 2-150 中可以看出，盾构隧道管片的力学性能折减是引起隧道变形增大的主要原因，高强度螺栓力学性能

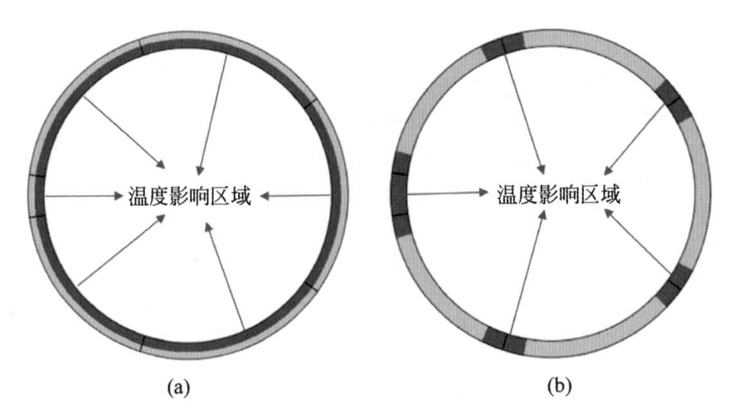

图 2-149 衬砌结构受温度影响的区域示意图

(a) 衬砌环内圈受温度影响；(b) 衬砌环接头部位受温度影响

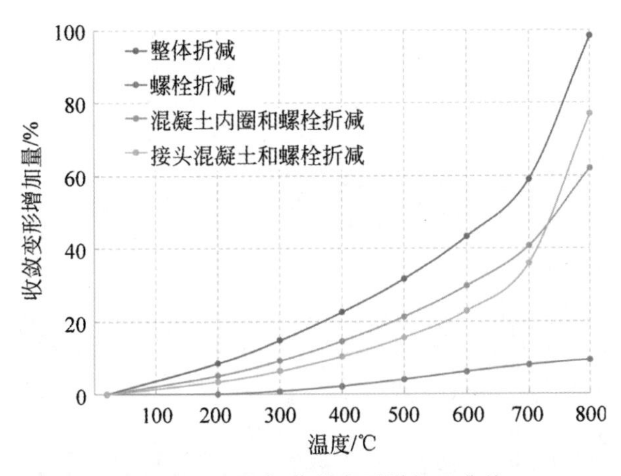

图 2-150 温度-收敛变形增加量曲线

的折减对于隧道收敛变形的影响程度不大，温度为 800℃时的收敛变形增加量为 9.4%。

如图 2-151 所示，高温导致隧道整体受损的情况下，会使内接缝张开量减小，管片接缝张开主要是由管片的刚体转动引起的，在高温的情况下管片整体软化，管片自身发生较大变形，从而导致接缝张开减小。而内圈混凝土、接头部位和螺栓受损都会导致内接缝张开增大，降低对管片接缝变形的约束能力，导致内接缝和外接缝张开量增大。

如图 2-152 所示，高温导致隧道整体受损、内圈混凝土受损和接缝部位受损的情况下，会使外接缝张开量减小。从整体受损和内圈混凝土受损的结果对比可以看出，外接缝张开主要取决于内圈混凝土的力学性能。另外，螺栓受损也会导致外接缝张开增大。

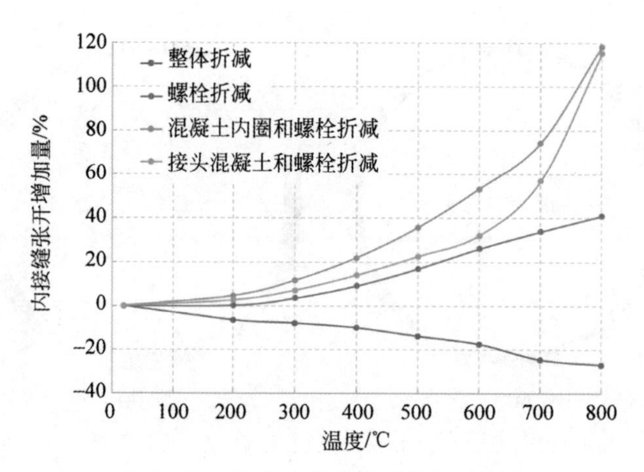

图 2-151　温度-内接缝张开增加量曲线

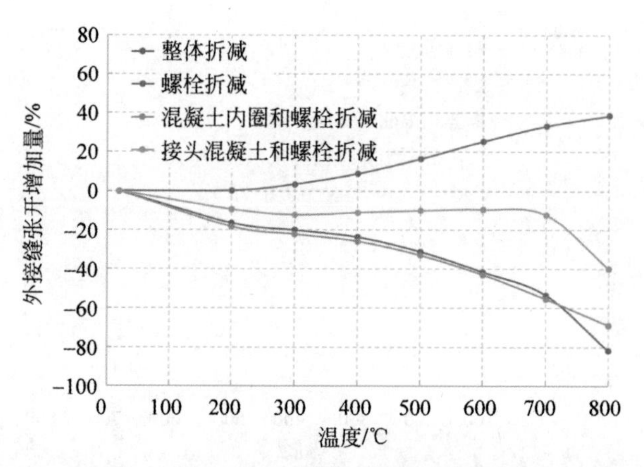

图 2-152　温度-外接缝张开增加量曲线

(3) 结论。在温度的影响下，隧道衬砌结构整体受损情况下的收敛变形比局部受损情况下的收敛变形要大，且温度超过 700℃后收敛变形会发生突增的情况，在整体受损的情况下温度 800℃的收敛变形比 700℃的收敛变形增加了 39.35%。盾构隧道接头部位受损是引起收敛变形的重要因素，温度在 800℃的情况下，收敛变形相比常温下增加了 77%；盾构隧道管片的力学性能折减是引起隧道变形增大的主要原因，高强度螺栓力学性能的折减对于隧道收敛变形的影响程度不大，温度为 800℃时的收敛变形增加量为 9.4%。高温导致隧道整体受损的情况下，会使内接缝张开量减小，内圈混凝土、接头部位和螺栓受损都会导致内接缝张开增大；高温导致隧道整体受损、内圈混凝土受损和接缝部位受损的情况下，会使内接缝张开量减小，螺栓受损也会导致外接缝张开增大。外接缝张开主要取决于内圈混凝土的力学性能和高强度螺栓的力学性能。

参考文献

[1] 深圳市气象局. 深圳市暴雨强度公式及查算图表[EB/OL]. (2015-11-01)[2021-08-01]. http://weather.sz.gov.cn/qixiangfuwu/qihoufuwu/qihouguanceyupinggu/baoyuqiangdugongshi/index.html.

[2] 许超峰. 深圳市城市设计暴雨雨型分析研究[D]. 郑州：华北水利水电大学，2018.

[3] 中华人民共和国住房和城乡建设部，中国气象局. 城市暴雨强度公式编制和设计暴雨雨型确定技术导则[EB/OL]. (2014-05-23)[2021-08-01]. https://www.mohurd.gov.cn/gongkai/fdzdgknr/tzgg/201405/20140519_217932.html.

[4] 张亮，俞露，任心欣，等. 基于历史内涝调查的深圳市海绵城市建设策略[J]. 中国给水排水，2015，31(23)：120-124.

[5] 中华人民共和国住房和城乡建设部. 室外排水设计标准：GB 50014—2021[S]. 北京：中国计划出版社，2021.

[6] 闻德荪，李兆年，黄正华. 工程流体力学[M]. 北京：高等教育出版社，2004.

[7] ISHIGAKI T，TODA K，BABA Y，et al. Experimental study on evacuation from underground space by using real size models[J]. Proceedings of Hydraulic Engineering，2006，50：583-588.

[8] 袁勇，邱俊男. 地铁火灾的原因与统计分析[J]. 城市轨道交通研究，2014，17(7)：26-31.

[9] 钟委. 地铁站火灾烟气流动特性及控制方法研究[D]. 合肥：中国科学技术大学，2007.

[10] 向鑫. 轨道交通型地下综合体疏散空间设计研究[D]. 北京：北京工业大学，2012.

[11] 孙伟俊. 城市地下综合管廊火灾危险控制技术研究[D]. 西安：西安建筑科技大学，2017.

[12] 陈曼英. 基于模糊理论的地铁火灾风险评估及控制研究[D]. 泉州：华侨大学，2013.

[13] 闫珊. 地下综合体防火设计研究[D]. 天津：天津大学，2011.

[14] 史玉晓. 地铁站火灾烟气扩散及控制研究[D]. 西安：西安建筑科技大学，2017.

[15] 张洪娟. 基于火灾烟气数值模拟的地铁旅客安全疏散研究[D]. 南京：东南大学，2015.

[16] 中华人民共和国住房和城乡建设部. 城市综合管廊工程技术规范：GB 50838—2015[S]. 北京：中国计划出版社，2015.

[17] 陈和燕. 地铁站火灾模拟与人员安全疏散时间研究[D]. 武汉：武汉理工大学，2019.

[18] 孟娜. 地铁车站关键结合部位火灾烟气流动特性与控制模式优化研究[D]. 合肥：中国科学技术大学，2014.

[19] JIN H，DAVID K，et al. Heat release rates of burning items in fires[J]. Journal of Propulsion and Power，2002，18(4)：866-870.

[20] 周汝，何嘉鹏，谢娟，等. 地铁站火灾时空气幕防烟的数值模拟与分析[J]. 中国安全科学学报，2006(3)：2，31-35.

[21] 杨科之，杨秀敏. 坑道内化爆冲击波的传播规律[J]. 爆炸与冲击，2003(1)：37-40.

[22] 孔德森. TNT 当量法估算地铁恐怖爆炸中的炸药当量[J]. 地下空间与工程学报，2010，6(1)：197-200.

[23] 庞磊，等. 地铁隧道列车内爆炸冲击波传播特性研究[J]. 兵工学报，2015，36(S1)：263-266.

[24] 曲树盛，李忠献. 内爆炸作用下地铁车站结构的动力响应与破坏分析[J]. 天津大学学报，2012，45(4)：285-291.

[25] SMITH P D, MAYS G C. Small scale models of complex geometry for blast overpressure assessment[J]. International Journal of Impact Engineering, 1992, 12(3): 345-360.

[26] CHAN P C, KLEIN H H. Study of blast effects inside an enclosure[J]. Journal of Fluids Engineering Transaction, 1994, 116(3): 450-455.

[27] BENSELAMA A M, WILLIAM-LOUIS M J P, MONNOYER F, et al. A numerical study of the evolution of the blast wave shape in tunnels[J]. Journal of Hazardous Materials, 2010, 181(1/2/3): 609-616.

[28] BRETISLAV J, PETR S, JAN H. Vented confined explosions in Stramberk experimental mine and AutoReaGas simulation[J]. Journal of Loss Prevention in the Process Industries, 2006, 19(2/3): 280-287.

[29] JACQUES E, LLOYD A, IMBEAU P, et al. GFRP-Retrofitted reinforced concrete columns subjected to simulated blast loading[J]. Journal of Structural Engineering, 2015, 141(11), 04015028.

[30] QASRAWI Y, HEFFERNAN P J, FAM A. Performance of concrete-filled FRP tubes under field close-in blast loading[J]. Journal of Composites for Construction, 2015, 19(4), 04014067.

[31] ASTARLIOGLU S, KRAUTHAMMER T, MORENCY D, et al. Behavior of reinforced concrete columns under combined effects of axial and blast-induced transverse loads[J]. Engineering Structures, 2013, 55: 26-34.

[32] LI Q M, MENG H. Pressure-impulse diagram for blast loads based on dimensional analysis and single-degree-of-freedom model[J]. Journal of Engineering Mechanics, 2002, 128(1): 87-92.

[33] EL-DAKHAKHNI W W, MEKKY W F, CHANGIZ-REZAEI S H. Vulnerability screening and capacity assessment of reinforced concrete columns subjected to blast [J]. Journal of Performance of Constructed Facilities, 2009, 23(5): 353-365.

[34] ISAAC P, DARBY A, IBELL T, et al. Plasticity based approach for evaluating the blast response of rc columns retrofitted with FRP [J]. International Journal of Protective Structures, 2011, 2(3): 367-380.

[35] WU C, OEHLERS D J, DAY I. Layered blast capacity analysis of FRP retrofitted RC member[J]. Advances in Structural Engineering, 2009, 12(3): 435-449.

[36] 柳锦春，方秦，龚自明，等. 爆炸荷载作用下钢筋混凝土梁的动力响应及破坏形态分析[J]. 爆炸与冲击，2003，23(1)：25-30.

[37] YU R, ZHANG D, CHEN L, et al. Non-dimensional pressure-impulse diagrams for blast-loaded reinforced concrete beam columns referred to different failure modes[J]. Advances in Structural Engineering, 2018, 21(14): 2114-2129.

[38] 金晓宇，金华. 火车站-地铁地下换乘区域爆炸恐怖袭击数值模拟及人员伤亡区域分析[J]. 现代计算机(专业版)，2019(1)：43-47.

[39] ZHANG J J, WANG L Q. Personnel casualty assessment for explosion in the subway platform[J]. Shock and Vibration, 2019, 9: 1-12.

[40] YAN Q, DU X. Forecasting research of overpressure of explosive blast in subway tunnels[J]. Journal of Vibroengineering, 2015, 17(6): 3380-3391.

[41] 师燕超，李绍琦，李忠献，等. 基于实测频率的钢筋混凝土柱爆炸损伤快速评估方法

[J]. 建筑结构学报,2020,42(11): 155-164.
[42] The Federral Emergency Management Agency. A How-ToGuideto Mitigate Potential Terrorist Attacks against Buildings[EB/OL]. [2021-08-01]. Department of Homeland and Security, https://www.wbdg.org/ffc/dhs/criteria/fema-452?msclkid=d749ba33ced611ec9eb5dd7f33d92d6e.
[43] 宋瑞刚,张顶立,伍冬,等. 隧道衬砌结构裂损机理及定量评估[J]. 北京交通大学学报,2010,34(4): 22-26,35.
[44] 孙洋. 大断裂带片岩区公路隧道二衬开裂机理及安全评价[D]. 武汉: 中国地质大学,2015.
[45] 郑阳焱. 公路隧道衬砌裂损机理及结构安全性评价研究[D]. 长沙: 中南大学,2014.
[46] 刘璇. 地铁隧道衬砌结构裂缝演化及其对结构安全性影响研究[D]. 北京: 北京交通大学,2018.
[47] 王亚琼,刘占良,张素磊,等. 在役公路隧道素混凝土衬砌裂缝稳定性分析[J]. 中国公路学报,2015,28(7): 77-85.
[48] 邓建峰. 地铁工程渗漏水处理施工技术研究 [J]. 科学技术创新,2020(26): 141-142.
[49] 董飞,房倩,张顶立,等. 北京地铁运营隧道病害状态分析[J]. 土木工程学报,2017,50(6): 104-113.
[50] 刘亚江. 北京地铁盾构隧道病害下结构安全及行车动力特性研究[D]. 北京: 北京交通大学,2019.
[51] 罗子强. 地铁盾构隧道渗漏原因分析及处理措施 [J]. 科学之友,2011(10): 69-70.
[52] 庞旭卿. 深圳地铁 5 号线主体结构防渗堵漏技术 [J]. 低温建筑技术,2011,33(8): 124-126.
[53] 陈勇,朱继文. 上海地铁区间隧道渗漏水发生的机理与防治 [J]. 地下空间,2001(1): 55-60,66-79.
[54] 王如路. 上海软土地铁隧道变形影响因素及变形特征分析 [J]. 地下工程与隧道,2009(1): 1-6,52.
[55] 黄宏伟,臧小龙. 盾构隧道纵向变形性态研究分析 [J]. 地下空间,2002(3): 244-251,283.
[56] 吴怀娜,胡蒙达,许烨霜,等. 管片局部渗漏对地铁隧道长期沉降的影响规律[J]. 地下空间与工程学报,2009,5(S2): 1608-1611.
[57] 徐凌,黄宏伟,罗富荣. 软土地层盾构隧道纵向沉降研究进展 [J]. 城市轨道交通研究,2007(6): 53-56.
[58] 赵欢,欧阳志. 软土盾构隧道纵向沉降有限元分析 [J]. 公路,2014,59(2): 216-220.
[59] 张学文. 运营期地铁隧道常见结构病害成因及治理方法研究[D]. 南京: 南京大学,2014.
[60] 冯天炜,周佳媚,张君,等. 地铁隧道管片错台风险评估体系的研究和探讨[J]. 地下空间与工程学报,2017,13(4): 1066-1072.
[61] 钟志全. 盾构管片错台分析及措施 [J]. 建筑机械化,2006(9): 43-45.
[62] 赵亚波,王智. 基于移动三维扫描技术的隧道管片错台分析及应用 [J]. 测绘通报,2020(8): 160-163.
[63] 张衍,万敏,宿文德. 盾构隧道管片加固前后接缝形态的变化特征 [J]. 地下空间与工程学报,2017,13(3): 773-778.
[64] 叶康慨. 盾构隧道管片位移分析 [J]. 隧道建设,2003(5): 8-10.

[65] 朱瑶宏，杨振华，陈飞飞，等. 模拟土与隧道相互作用的液压加载系统设计与试验应用[J]. 铁道科学与工程学报，2020，17(4)：915-923.
[66] 毕湘利，柳献，王秀志，等. 通缝拼装盾构隧道结构极限承载力的足尺试验研究[J]. 土木工程学报，2014，47(10)：117-127.
[67] 鲁亮，孙越峰，柳献，等. 地铁盾构隧道足尺整环结构极限承载能力试验研究[J]. 结构工程师，2012，28(6)：134-139.
[68] 朱瑶宏，柳献，张宸，等. 错缝拼装盾构衬砌结构力学性能试验分析[J]. 现代隧道技术，2019，56(2)：123-133，142.
[69] 朱瑶宏，夏杨于雨，董子博，等. 通用环错缝拼装盾构隧道结构设计计算参数研究[J]. 现代隧道技术，2018，381(4)：120-127.
[70] 朱瑶宏，张雨蒙，夏杨于雨，等. 通用环错缝拼装隧道极限承载能力足尺试验研究[J]. 现代隧道技术，2018，55(6)：158-168，175.
[71] 刘钊. 复杂工况条件下错缝拼装盾构管片变形性能试验与仿真分析研究[D]. 北京：中国铁道科学研究院，2017.
[72] 王康任，庞小朝，刘树亚，等. 复杂荷载条件下错缝拼装盾构隧道受力性能及结构安全指标研究[J]. 现代隧道技术，2018，55(z2)：588-598.
[73] 卢院. 盾构隧道管片足尺模型试验与环向接头仿真分析研究[D]. 北京：中国铁道科学研究院，2019.
[74] 何川，封坤，苏宗贤. 大断面水下盾构隧道原型结构加载试验系统的研发与应用[J]. 岩石力学与工程学报，2011，30(2)：254-266.
[75] 封坤. 大断面水下盾构隧道管片衬砌结构的力学行为研究[D]. 成都：西南交通大学，2012.
[76] 封坤，何川，苏宗贤. 南京长江隧道管片衬砌结构原型加载试验[J]. 中国公路学报，2013，26(1)：135-143.
[77] 封坤，何川，苏宗贤. 南京长江隧道原型管片结构破坏试验研究[J]. 西南交通大学学报，2011，46(4)：564-571.
[78] 何川，封坤，晏启祥，等. 水下盾构法铁路隧道管片衬砌结构的原型加载试验研究[J]. 中国工程科学，14(10)：9.
[79] 张厚美，张正林，王建华. 盾构隧道装配式管片接头三维有限元分析[J]. 上海交通大学学报，2003，37(4)：566-569.
[80] 中国建筑科学研究院. 混凝土结构设计规范：GB 50010—2010[S]. 北京：中国建筑工业出版社，2010.
[81] MASHIMO H，ISHIMURA T. Evaluation of the load on shield tunnel lining in gravel [J]. Tunneling and Underground Space Technology，2003，18(2/3)：233-241.
[82] KOYAMA Y. Present status and technology of shield tunneling method in Japan[J]. Tunneling and Underground Space Technology，2003，18(2)：145-149.
[83] 中华人民共和国住房和城乡建设部. 钢结构高强度螺栓连接技术规程：JGJ 82—2011 [S]. 北京：中国建筑工业出版社，2011.
[84] 闫治国. 隧道衬砌结构火灾高温力学行为及耐火方法研究[D]. 上海：同济大学，2007.
[85] 姚亚雄，朱伯龙. 钢筋混凝土框架结构抗火试验研究[J]. 同济大学学报(自然科学版)，1996(6)：619-624.
[86] 李国强，李明菲，殷颖智，等. 高温下高强度螺栓 20MnTiB 钢的材料性能试验研究[J]. 土木工程学报，2001(5)：100-104.

第3章

城市地下空间灾（病）害跟踪识别与应急处置

本章基于城市地下空间中的地铁、地下综合体的共性及特性，结合水灾、火灾、爆炸、关键设备系统故障、地下结构典型病害等灾（病）害的成因特征和作用机理的研究，建立各灾（病）害的跟踪识别指标及灾（病）害风险量化分级方法，同时根据灾害预防阶段、处置阶段和恢复阶段的不同要求，建立相应的分级处理策略和措施。

3.1 城市地下空间水灾跟踪识别与应急处置

本节提炼地下空间水灾的跟踪识别指标，包括外部识别指标和内部识别指标，根据识别指标对水灾进行实时跟踪预测，并结合外部和内部致灾因素的不同将灾害风险等级划分为四级，Ⅳ级为最低级，Ⅰ级为最高级。最终实现在不同的灾害风险等级下，根据实际情况采取相应的应急处置措施，达到最大限度降低灾害损失的目的。

3.1.1 地下空间水灾跟踪识别指标

为满足地下基础设施防洪预警、溯源及风险分析的需求，将跟踪识别指标分为外部识别指标（地下基础设施外部指标）和内部识别指标（地下基础设施内部指标）（表 3-1 和表 3-2）。

表 3-1 地下基础设施水灾外部跟踪识别指标

序号	指标名称	指标说明
1	水位指标	1. 出入口地表积水深度：出入口、风亭、紧急出口、直通电梯等水流涌入导致的外部因素水灾的主要表现形式，可直接用于水灾风险等级判定 2. 敞口处排水沟水位：与出入口地表积水深度、敞口附近集水井水位、侵入总流量共同用于水灾风险等级判定 3. 敞口附近集水井水位：与出入口地表积水深度、敞口处排水沟水位、侵入总流量共同用于水灾风险等级判定 4. 侵入总流量：通过经验公式计算得来，与出入口地表积水深度、敞口处排水沟水位、敞口附近集水井水位共同用于水灾风险等级判定
2	气象指标	1. 降雨量：在一定时间内降落在地面上的某一点或某一单位面积上的水层深度，可直接用于水灾预测，也可用于水灾溯源 2. 降雨强度：指在某一历时内的平均降雨量，用单位时间内的降雨深度来表示（如每分钟的降雨深度），可直接用于水灾预测 3. 降雨历时：从降水开始时刻至降水结束时刻的历时，可直接用于水灾预测
3	洪水指标	周边河流/海水水位，可用于水灾溯源

表 3-2 地下基础设施水灾内部跟踪识别指标

序号	指标名称	指标说明
1	水位指标	1. 地下空间内部（如地铁站厅层、地铁轨行区、地下商场和地下停车场区等）排水沟水位：各单元最低处排水沟最高水位，可用于水灾风险等级判断及水灾溯源 2. 地下空间内部集水井水位：各单元最低处集水井最高水位，可用于水灾风险等级判断及水灾溯源 3. 地铁轨道线路处水位：轨行区最低处的地铁轨道线路最高水位，可用于水灾风险等级判断

续表

序号	指标名称	指标说明
2	排水设备指标	1. 排水泵的工作状态：当排水泵工作状态异常时进行报警，可用于水灾溯源 2. 稳压泵工作状态：消防管道破裂时，稳压泵处于工作状态，可用于水灾预测

3.1.2 地下空间水灾风险分级

基于文献检索、现场调研和规范梳理，参考成都地铁公司《轨行区水淹应急预案》相关规定，结合数值模拟分析的相关成果，将地下空间水灾的风险等级划分为四级，其中Ⅳ级为最低级，Ⅰ级为最高级，风险等级依据外部识别指标和内部识别指标划分。

1. 基于外部识别指标的风险分级

基于外部识别指标的风险分级总体原则为：Ⅳ级为极端天气下出现地面积水或城市排水系统启动；Ⅲ级为入口处有水流进入或地下排水设施启动；Ⅱ级为地下出现积水或排水设施满负荷运行；Ⅰ级为积水影响地下基础设施运营。推荐采用(包括但不仅限于)以下监测指标来综合判定水灾风险等级：

(1) 出入口地表积水深度 $h_{口}$，通过各出入口处水位传感器监测得到；

(2) 侵入总流量 Q，基于相关公式，通过各出入口地表积水深度 h 计算得到；

(3) 敞口附近集水井水位 $h_{井}$，通过各出入口下方集水井处水位传感器监测得到；

(4) 敞口处排水沟水位 $h_{沟}$，通过各敞口排水沟水位传感器监测得到。

基于以上指标，推荐采用表 3-3 所示的指标阈值来综合判定水灾风险等级。当基于出入口地表积水深度、侵入总流量、敞口附近集水井水位、敞口处排水沟水位这 4 个指标判定的风险等级不一致时，以等级高者为准。如根据出入口地表积水深度得到的风险等级为Ⅱ级，根据侵入总流量得到的风险等级为Ⅲ级，则判定水灾风险等级为Ⅱ级。

2. 基于内部识别指标的风险分级

地下空间包含地铁站厅层、地铁轨行区、地下商业区和地下停车场区等不同功能区域，不同单元区域匹配相应的判断规则。其中站厅层和商业区人流最为密集，重要性最高，轨行区次之，停车场重要性一般。因此，对于站厅层和商业区，Ⅳ级考虑排水沟水位或集水井水位异常；Ⅲ级考虑水流溢出排水沟；Ⅱ级考虑积水影响重要设施设备或群众安全；Ⅰ级考虑严重积水情况。对于轨行区，Ⅳ级考虑排水沟水位或集水井水位异常；Ⅲ级考虑水流溢出排水沟；Ⅱ级考虑积水影响列车的正常运行；Ⅰ级考虑积水导致列车停运。基于内部识别指标，推荐采用表 3-4 所示的指标阈值来综合判定水灾风险等级。

表 3-3　基于外部识别指标的水灾风险分级

指　　标	风险分级标准	风险等级判定规则
出入口地表积水深度 $h_{\text{口}}$	Ⅳ级：在 100 年一遇降雨强度下，确保 20min 以上的响应或准备时间 Ⅲ级：入口处有水流进入 Ⅱ级：一半出入口的累计侵入总流量达到排水泵总抽排能力时对应的平均积水深度 Ⅰ级：最危险出入口侵入总流量达到排水泵总抽排能力时对应的积水深度	取各指标所判定的最危险等级
侵入总流量 Q	Ⅳ级：与出入口地表积水深度Ⅳ级判定规则一致 Ⅲ级：入口处有水流进入($Q>0$) Ⅱ级：侵入总流量达到内部排水泵抽排总量 Ⅰ级：侵入总流量达到内部排水泵抽排总量的 2 倍	
敞口附近集水井水位 $h_{\text{井}}$	Ⅳ级：水泵顶标高＜$h_{\text{井}}$＜集水井顶标高 Ⅲ级：$h_{\text{井}}$≥集水井顶标高 Ⅱ级：$h_{\text{井}}$≥集水井顶标高＋1/2 集水井后临时防水沙袋墙高度 Ⅰ级：$h_{\text{井}}$≥集水井顶标高＋集水井后临时防水沙袋墙高度	
敞口处排水沟水位 $h_{\text{沟}}$	Ⅳ级：排水沟内出现水流或人工发现漏水($h_{\text{沟}}>0$) Ⅲ级：排水沟内水流溢出或监测到排水沟外形成积水($h_{\text{沟}}$＞排水沟深度) Ⅱ级：排水沟内水流溢出并形成可见高度，可能危及电扶梯或重要设施设备($h_{\text{沟}}$≥排水沟深度＋0.2m) Ⅰ级：出现大范围积水，影响群众安全，急需大范围排水($h_{\text{沟}}$≥排水沟深度＋0.2 m，积水面积＞$100m^2$)	

表 3-4　基于内部识别指标的水灾风险分级

区域	指　　标	风险分级标准	风险等级判定规则
站厅层/商业区	排水沟水位 $h_{\text{沟}}$	Ⅳ级：排水沟内出现水流或人工发现漏水 Ⅲ级：排水沟内水流溢出或监测到排水沟外形成积水 Ⅱ级：积水流向楼梯等区域，可能危及电扶梯或重要设施设备，影响群众安全或 $h_{\text{沟}}$≥排水沟深度＋0.2m Ⅰ级：出现大范围积水情况，情况危急需要大范围排水(积水面积＞$100m^2$)	取各指标所判定的最危险等级
	集水井水位 $h_{\text{井}}$	Ⅳ级：水泵顶标高＜$h_{\text{井}}$＜1/2 集水井顶标高(中水位) Ⅲ级：1/2 集水井顶标高(中水位)≤$h_{\text{井}}$＜报警水位(低于水管底部 10cm) Ⅱ级：报警水位(低于水管底部 10cm)≤$h_{\text{井}}$＜集水井高度 Ⅰ级：$h_{\text{井}}$≥集水井高度	

续表

区域	指　　标	风险分级标准	风险等级判定规则
轨行区	地铁轨道线路处最高水位 $h_{轨}$	Ⅳ级：有积水并形成可检测到水位的规模 Ⅲ级：$h_{轨}$距离钢轨上表面高度小于0.18m Ⅱ级：$h_{轨}$距离钢轨上表面高度小于0.05m Ⅰ级：$h_{轨}$超过钢轨上表面	取各指标所判定的最危险等级
	排水沟水位 $h_{沟}$	Ⅳ级：排水沟内出现水流或人工发现漏水($h_{沟}>0$) Ⅲ级：排水沟内水流溢出或监测到排水沟外形成积水 Ⅱ级：积水可能危及重要设施设备，影响隧道运行安全或$h_{沟}\geqslant$排水沟深度+0.2m Ⅰ级：出现大范围积水情况，情况危急需要大范围排水(积水面积>100m^2)	
	集水井水位 $h_{井}$	Ⅳ级：水泵顶标高<$h_{井}$<1/2集水井顶标高(中水位) Ⅲ级：1/2集水井顶标高(中水位)$\leqslant h_{井}$<报警水位(低于水管底部10cm) Ⅱ级：报警水位(低于水管底部10cm)$\leqslant h_{井}$<集水井高度 Ⅰ级：$h_{井}\geqslant$集水井高度	
停车场区	排水沟水位 $h_{沟}$	Ⅳ级：排水沟内出现水流或人工发现漏水 Ⅲ级：排水沟内水流溢出或人工监测到排水沟外形成积水 Ⅱ级：积水流向楼梯等区域，可能危及电扶梯或重要设施设备 Ⅰ级：出现大范围积水情况，情况危急需要大范围排水(积水面积>100m^2)	取各指标所判定的最危险等级
	集水井水位 $h_{井}$	Ⅳ级：水泵顶标高<$h_{井}$<1/2集水井顶标高(中水位) Ⅲ级：1/2集水井顶标高(中水位)$\leqslant h_{井}$<报警水位(低于水管底部10cm) Ⅱ级：报警水位(低于水管底部10cm)$\leqslant h_{井}$<集水井高度 Ⅰ级：$h_{井}\geqslant$集水井高度	

3.1.3 地下空间水灾应急处置措施

地下空间水灾一旦发生，极可能造成严重后果。在应急处置过程中，应遵循以人为本、安全第一、统一领导、分级负责、充分准备、科学救援、预防为主的基本原则，主动、及时、综合、系统、全方位地处理水灾，并根据不同灾害情况，分等级制定应急处置措施。首先，应根据各监测点的数据和其他信息综合判断，识别水灾来源；其次，根据监测数据，评估并预测水灾可能达到的最高等级，然后采取相应的处置措施。

若水灾至多达到Ⅳ级，仅可能造成轻微型损失，不会威胁人员安全和影响地下基础设施运营，则可采取搬运物资、设置防水设施等防护工作。

若水灾可能达到Ⅲ级，对人员安全造成一定威胁并影响地下基础设施运营，则首先进行人员疏散，加大防护措施，尽量降低地下基础设施运营的风险。

若水灾可能达到Ⅱ级，对人员安全和地下基础设施运营安全造成很大威胁，应立即疏散人群，停止运营，采取措施保护地下基础设施，进行抽排工作。

若水灾可能达到Ⅰ级，对人员安全和地下基础设施运营安全造成极大威胁，则在采取基本措施后，还应评估是否需要从外调配救援人员和物资。

水灾的应急处置措施主要根据引起地下空间水灾的原因不同进行分类，并对不同致灾原因所引起的水灾进行灾害等级分级，最后再针对不同情况采取对应措施进行处理。其中引起水灾的原因主要有综合体周围管道破裂、江河漫流、暴雨地表积水、结构渗漏、内部管道破裂、连接口水流涌入、排水设备故障和出水管破裂或堵塞等，并将不同原因引起的水灾分别分为四个等级，如图 3-1 所示。图 3-2 详细列举了不同水灾情况下针对不同灾害等级的应急处置措施。

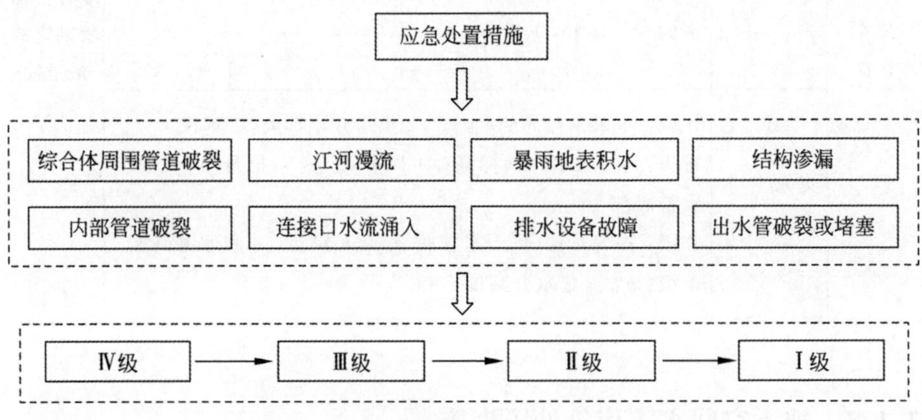

图 3-1　应急处置措施分类流程示意图

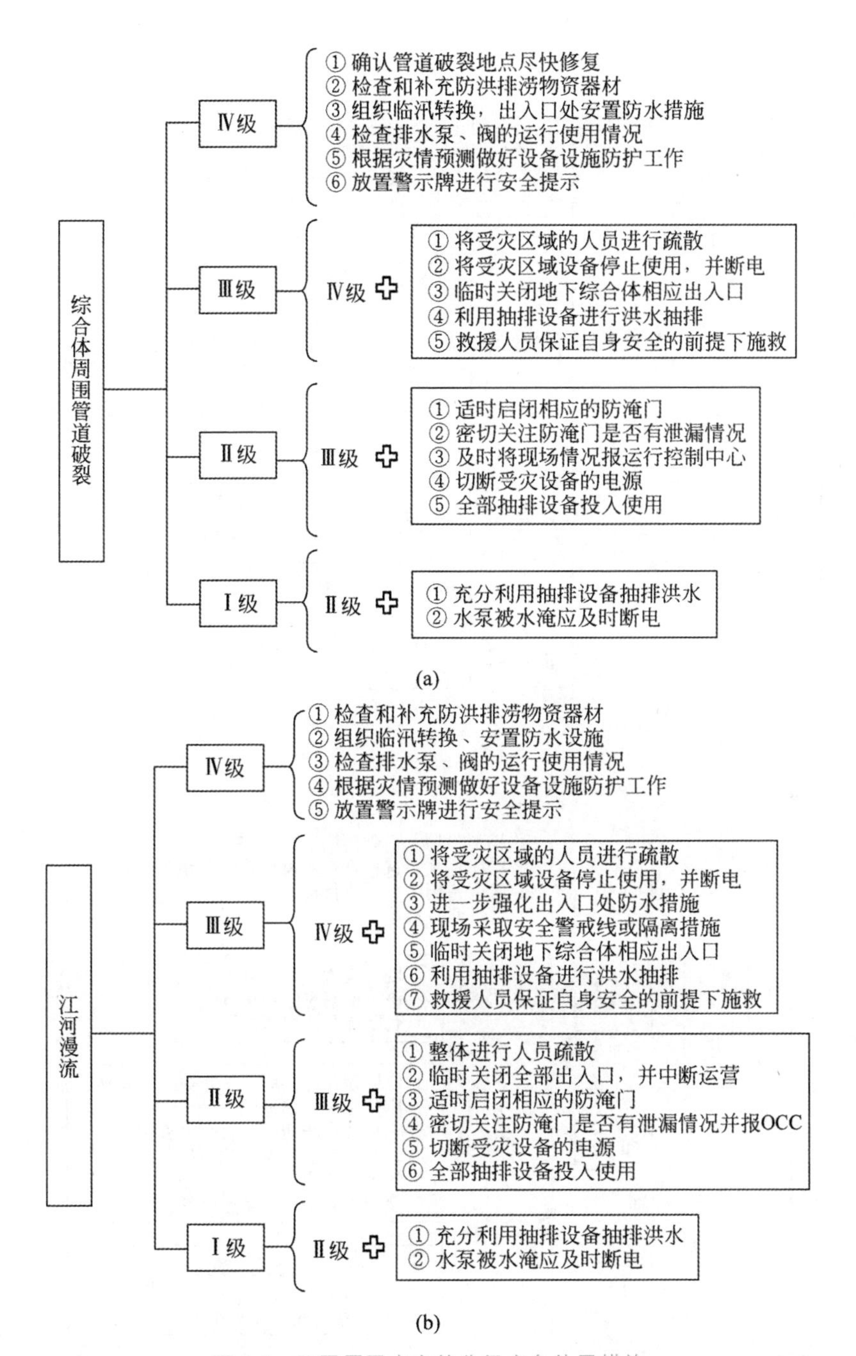

图 3-2 不同原因水灾的分级应急处置措施

(a) 综合体周围管道破裂应急处置；(b) 江河漫流应急处置；(c) 暴雨地表积水应急处置；(d) 结构渗漏应急处置；(e) 内部管道破裂应急处置；(f) 连接口水流涌入应急处置；(g) 排水设备故障应急处置；(h) 出水管破裂或堵塞应急处置

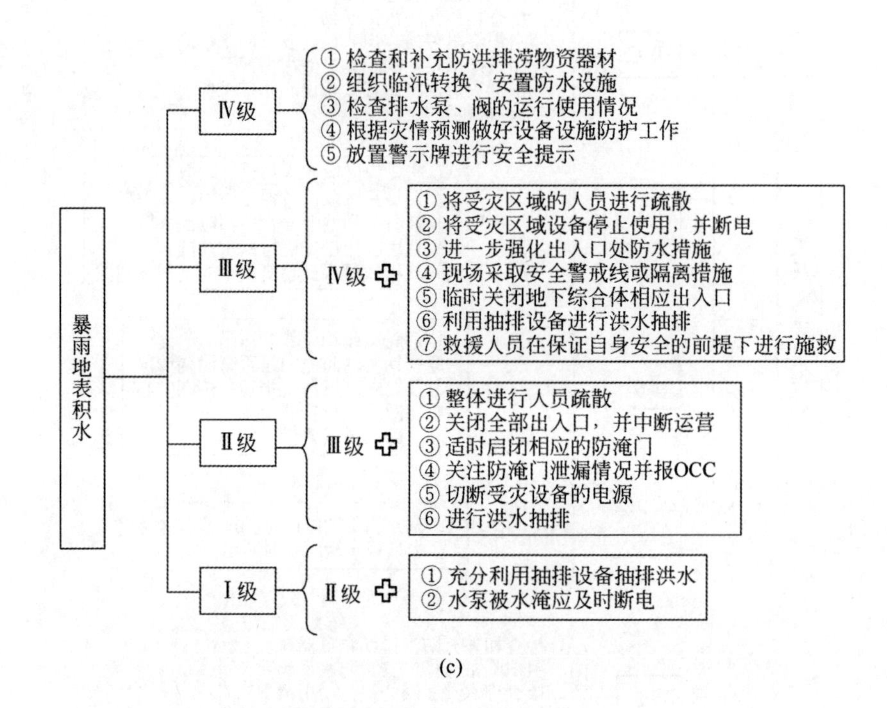
暴雨地表积水
Ⅳ级
① 检查和补充防洪排涝物资器材
② 组织临汛转换、安置防水设施
③ 检查排水泵、阀的运行使用情况
④ 根据灾情预测做好设备设施防护工作
⑤ 放置警示牌进行安全提示
Ⅲ级
Ⅳ级
① 将受灾区域的人员进行疏散
② 将受灾区域设备停止使用，并断电
③ 进一步强化出入口处防水措施
④ 现场采取安全警戒线或隔离措施
⑤ 临时关闭地下综合体相应出入口
⑥ 利用抽排设备进行洪水抽排
⑦ 救援人员在保证自身安全的前提下进行施救
Ⅱ级
Ⅲ级
① 整体进行人员疏散
② 关闭全部出入口，并中断运营
③ 适时启闭相应的防淹门
④ 关注防淹门泄漏情况并报OCC
⑤ 切断受灾设备的电源
⑥ 进行洪水抽排
Ⅰ级
Ⅱ级
① 充分利用抽排设备抽排洪水
② 水泵被水淹应及时断电

(c)

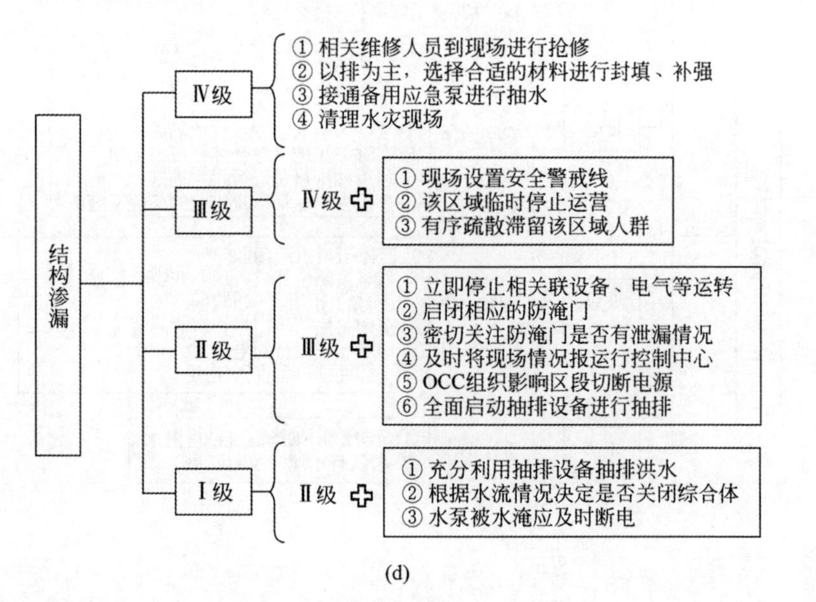
结构渗漏
Ⅳ级
① 相关维修人员到现场进行抢修
② 以排为主，选择合适的材料进行封填、补强
③ 接通备用应急泵进行抽水
④ 清理水灾现场
Ⅲ级
Ⅳ级
① 现场设置安全警戒线
② 该区域临时停止运营
③ 有序疏散滞留该区域人群
Ⅱ级
Ⅲ级
① 立即停止相关联设备、电气等运转
② 启闭相应的防淹门
③ 密切关注防淹门是否有泄漏情况
④ 及时将现场情况报运行控制中心
⑤ OCC组织影响区段切断电源
⑥ 全面启动抽排设备进行抽排
Ⅰ级
Ⅱ级
① 充分利用抽排设备抽排洪水
② 根据水流情况决定是否关闭综合体
③ 水泵被水淹应及时断电

(d)

图 3-2（续）

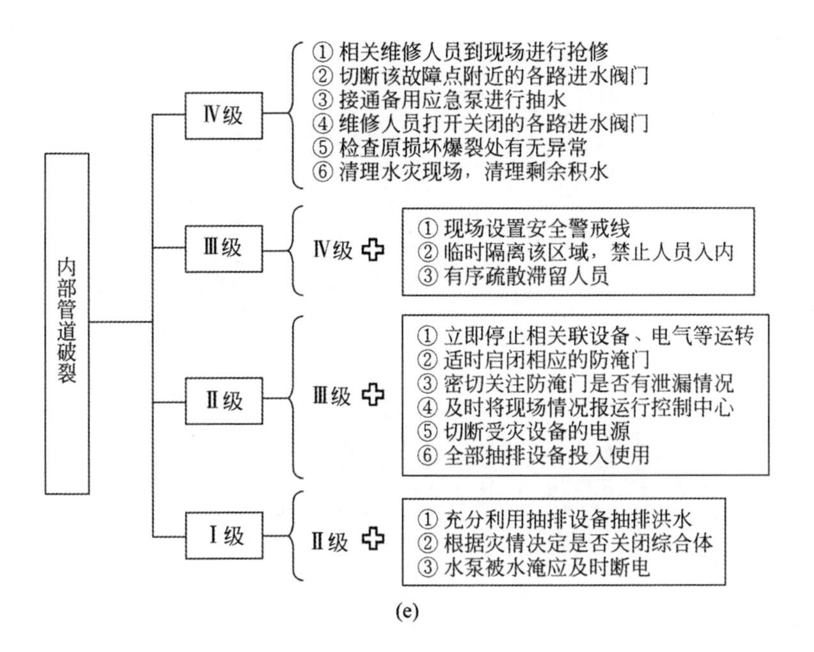
内部管道破裂
Ⅳ级
① 相关维修人员到现场进行抢修
② 切断该故障点附近的各路进水阀门
③ 接通备用应急泵进行抽水
④ 维修人员打开关闭的各路进水阀门
⑤ 检查原损坏爆裂处有无异常
⑥ 清理水灾现场，清理剩余积水
Ⅲ级
Ⅳ级
① 现场设置安全警戒线
② 临时隔离该区域，禁止人员入内
③ 有序疏散滞留人员
Ⅱ级
Ⅲ级
① 立即停止相关联设备、电气等运转
② 适时启闭相应的防淹门
③ 密切关注防淹门是否有泄漏情况
④ 及时将现场情况报运行控制中心
⑤ 切断受灾设备的电源
⑥ 全部抽排设备投入使用
Ⅰ级
Ⅱ级
① 充分利用抽排设备抽排洪水
② 根据灾情决定是否关闭综合体
③ 水泵被水淹应及时断电

(e)

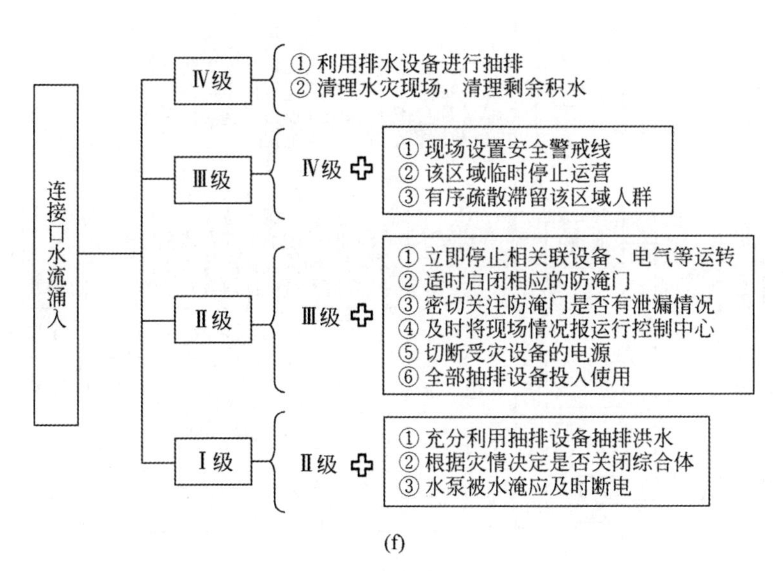
连接口水流涌入
Ⅳ级
① 利用排水设备进行抽排
② 清理水灾现场，清理剩余积水
Ⅲ级
Ⅳ级
① 现场设置安全警戒线
② 该区域临时停止运营
③ 有序疏散滞留该区域人群
Ⅱ级
Ⅲ级
① 立即停止相关联设备、电气等运转
② 适时启闭相应的防淹门
③ 密切关注防淹门是否有泄漏情况
④ 及时将现场情况报运行控制中心
⑤ 切断受灾设备的电源
⑥ 全部抽排设备投入使用
Ⅰ级
Ⅱ级
① 充分利用抽排设备抽排洪水
② 根据灾情决定是否关闭综合体
③ 水泵被水淹应及时断电

(f)

图 3-2(续)

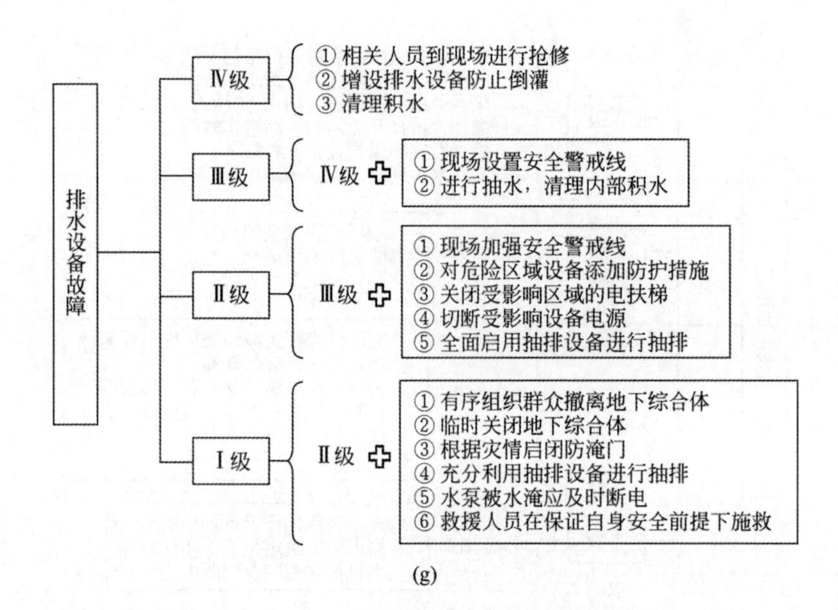
排水设备故障
Ⅳ级
① 相关人员到现场进行抢修
② 增设排水设备防止倒灌
③ 清理积水
Ⅲ级
Ⅳ级
① 现场设置安全警戒线
② 进行抽水，清理内部积水
Ⅱ级
Ⅲ级
① 现场加强安全警戒线
② 对危险区域设备添加防护措施
③ 关闭受影响区域的电扶梯
④ 切断受影响设备电源
⑤ 全面启用抽排设备进行抽排
Ⅰ级
Ⅱ级
① 有序组织群众撤离地下综合体
② 临时关闭地下综合体
③ 根据灾情启闭防淹门
④ 充分利用抽排设备进行抽排
⑤ 水泵被水淹应及时断电
⑥ 救援人员在保证自身安全前提下施救

(g)

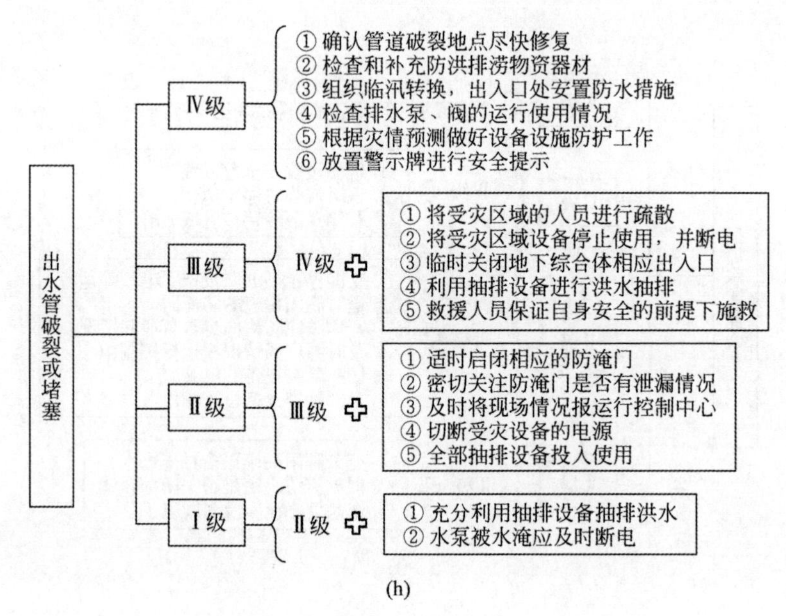
出水管破裂或堵塞
Ⅳ级
① 确认管道破裂地点尽快修复
② 检查和补充防洪排涝物资器材
③ 组织临汛转换，出入口处安置防水措施
④ 检查排水泵、阀的运行使用情况
⑤ 根据灾情预测做好设备设施防护工作
⑥ 放置警示牌进行安全提示
Ⅲ级
Ⅳ级
① 将受灾区域的人员进行疏散
② 将受灾区域设备停止使用，并断电
③ 临时关闭地下综合体相应出入口
④ 利用抽排设备进行洪水抽排
⑤ 救援人员保证自身安全的前提下施救
Ⅱ级
Ⅲ级
① 适时启闭相应的防淹门
② 密切关注防淹门是否有泄漏情况
③ 及时将现场情况报运行控制中心
④ 切断受灾设备的电源
⑤ 全部抽排设备投入使用
Ⅰ级
Ⅱ级
① 充分利用抽排设备抽排洪水
② 水泵被水淹应及时断电

(h)

图 3-2（续）

3.2 城市地下空间火灾跟踪识别与应急处置

地下建筑由于其特殊的空间属性，火灾发生后的危害和地上建筑相比更大，主要体现在发烟量更大，阴燃时间更长，烟气扩散性更差，烟气温度更高从而使火灾扑救更加困难。本节根据提取出的火灾跟踪识别指标达到对火灾风险进行分级的目的，并将火灾发生的场所大致分为地下综合体、地铁区间和地下管廊三类，针对不同场所发生的火灾类型采取对应的应急处置措施。

3.2.1 地下空间火灾跟踪识别指标

火灾的跟踪识别指标主要包括环境温度、O_2 的体积分数、环境内 CO 浓度、易燃易爆气体的体积分数、烟雾浓度、能见度等。

(1) 环境温度：常规情况下环境温度为－25～40℃，通过温度计或传感器监测的实际环境温度，可直接用于火灾预警、识别。

(2) O_2 的体积分数(%)：常规情况下 O_2 的体积分数为 18%～22%，通过传感器监测得到实际 O_2 的体积分数可直接用于火灾预警、识别。

(3) 环境内 CO 浓度：常规情况下环境内 CO 浓度小于 $225mg/m^3$，通过传感器监测得到环境内 CO 浓度可直接用于火灾预警、识别。

(4) 易燃易爆气体的体积分数：如 CH_4 和 H_2S 的体积分数，通过传感器监测得到易燃易爆气体的体积分数可直接用于火灾预警、识别、分析和位置判定。当 CH_4 体积分数达到 0.96%时，需启动事故段分区及相邻分区的通风设备。

(5) 烟雾浓度：通过传感器监测得到的烟雾浓度可直接用于火灾预警、分析、位置判定。

(6) 能见度：一般 10m 作为危险临界指标；人在烟气环境中能正确判断方向、脱离险境的能见度最低为 5m；当人的视野降到 3m 以下，逃离现场就非常困难。

火灾自动报警系统给出的信号：如火灾探测器、手动报警按钮、信号输入模块、输出模块运行状态；火灾报警控制器、消防联动控制器、火灾显示盘、CRT 图形显示等运行状态。

3.2.2 地下空间火灾风险分级

根据火灾的跟踪识别指标，以及不同有害气体成分对人体的损害程度(损害不大、轻度症状、危险和死亡危险)，将地下综合体、地铁区间和地下管廊等三类地下空间的火灾划分为Ⅳ级到Ⅰ级(轻微到严重),具体划分标准参见表 3-5。

表 3-5 地铁区间火灾分级

位置	指标名称	指标单位	等级	指标阈值
地下空间	环境温度(受灾区域)	℃	Ⅳ级	[70,95)
			Ⅲ级	[95,120)
			Ⅱ级	[120,145)
			Ⅰ级	[145,170]
	CH_4 体积分数	%	Ⅳ级	>0.24
			Ⅲ级	>0.48
			Ⅱ级	>0.72
			Ⅰ级	>0.96
	CO 浓度	μL/L	Ⅳ级	[50,200)(t>120min)
			Ⅲ级	[200,1000)(t>60min)
			Ⅱ级	[1000,3200)(t>30min)
			Ⅰ级	[3200,12 800)(t>1min)
	O_2 体积分数	%	Ⅳ级	<19.5
			Ⅲ级	<12
			Ⅱ级	<10
			Ⅰ级	<6
	HCN 浓度	μL/L	Ⅳ级	<36(t>120min)
			Ⅲ级	[36,54)(t>60min)
			Ⅱ级	[54,125)(t>30min)
			Ⅰ级	≥125(t>5min)

3.2.3 地下空间火灾应急处置措施

由于地下建筑结构复杂、环境密闭,一旦发生火灾,人员安全及疏散问题十分严峻,如果处置不当往往会造成重大的人员伤亡和财产损失,产生巨大的社会影响。因此,完善地下基础设施内的火灾处理机制,对于有效地组织现场应急处置、减少地下建筑结构火灾所带来的人员伤亡和财产损失,意义十分重大。地下基础设施内的火灾应急处置主要分为地下综合体火灾、地铁火灾和地下综合管廊火灾的处置(图 3-3)。

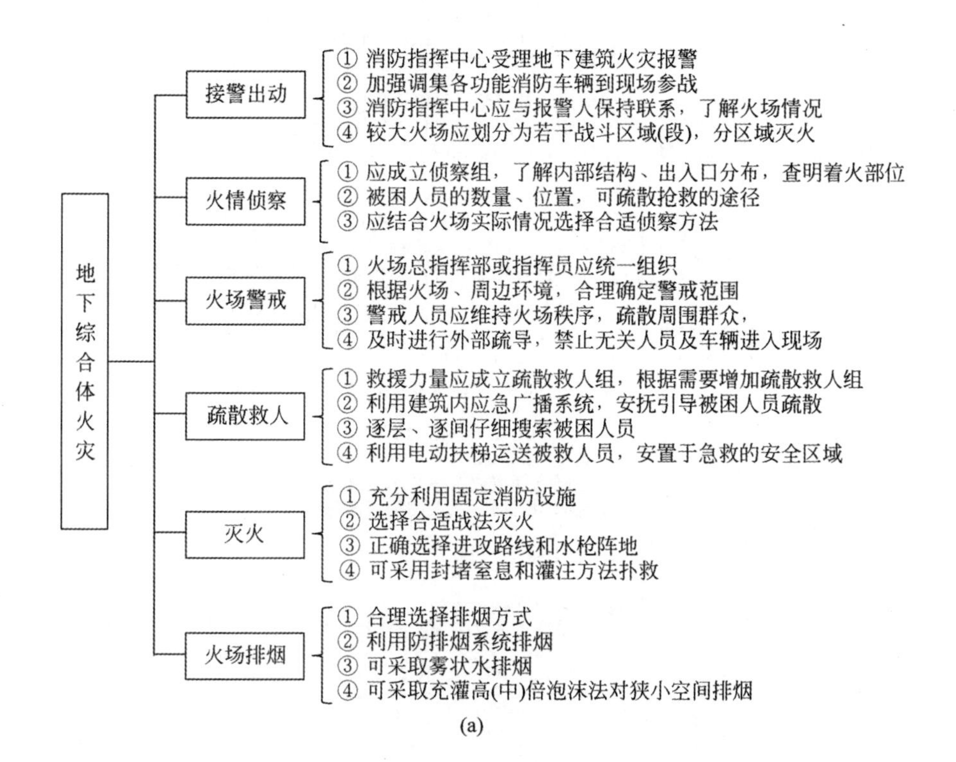

(a)

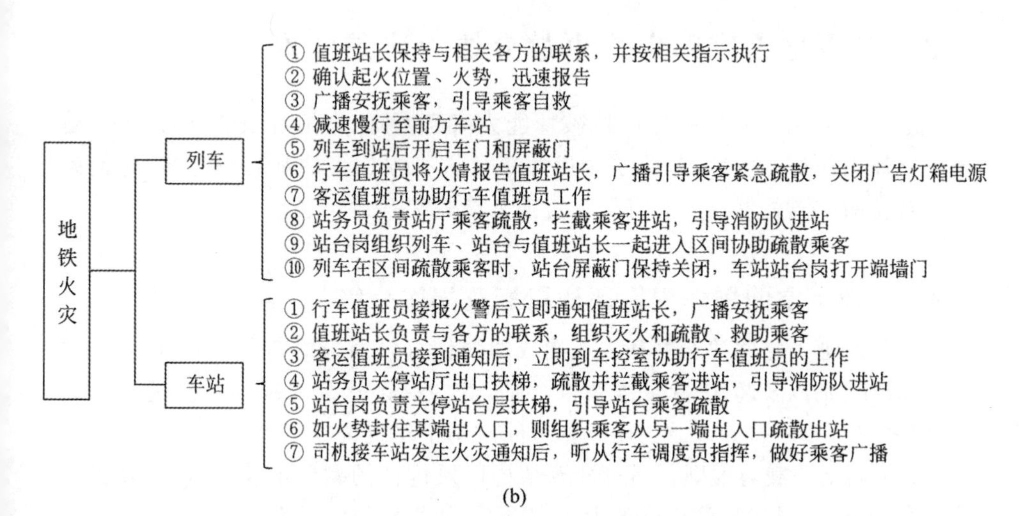

(b)

图 3-3　地下基础设施火灾应急处置

(a) 地下综合体火灾应急处置；(b) 地铁火灾应急处置；(c) 地下综合管廊火灾应急处置

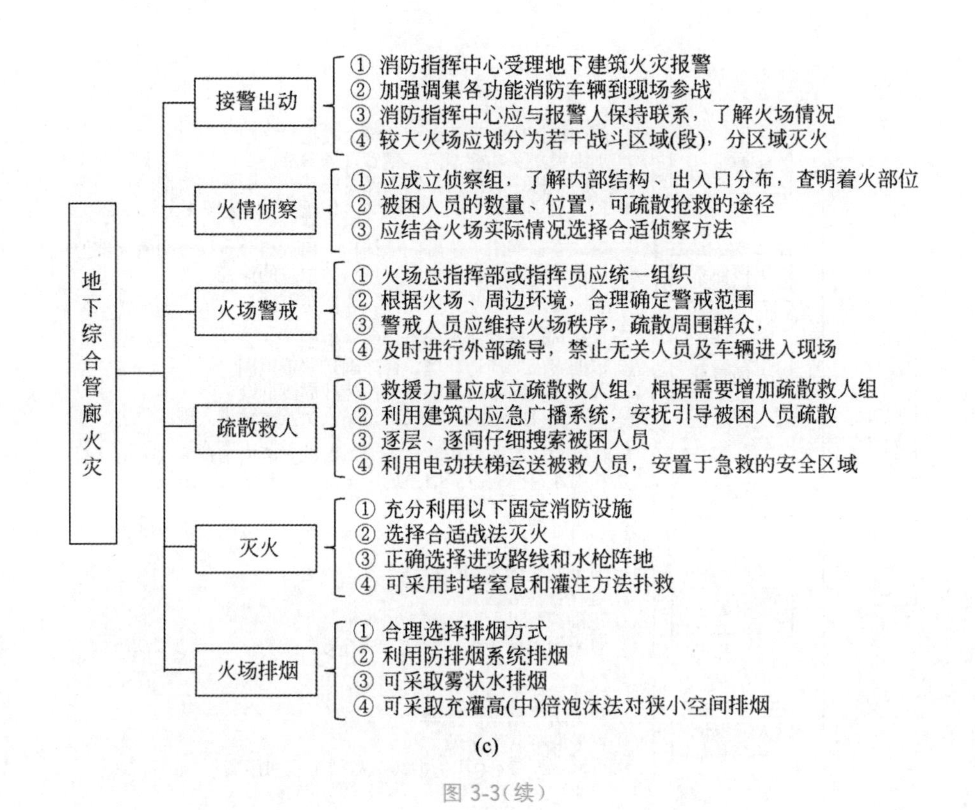

图 3-3(续)

3.3 城市地下空间爆炸事故分级与应急处置

地下空间结构具有一定的抗破坏能力，但这种能力是有限的，因此确定建筑物爆炸损伤评估指标，对建筑物爆炸事故进行损伤评估和影响分级，进而确定出对应的应急处置措施对降低灾害损失是非常有必要的。

3.3.1 地下空间爆炸损伤评估指标及损伤分级

爆炸对地下空间建筑物和人员造成的损伤可分别采用剩余承载力准则、冲击波超压准则以及超压-冲量准则来评估，其中剩余承载力准则主要适用于结构构件的损伤评估，冲击波超压准则可同时用于建筑物破坏和人员伤亡评估。

(1) 剩余承载力准则。通过计算结构以及构件的剩余承载力，可以获得损伤指数，并以此描述损伤程度的大小，其中损伤指数的定义为：

$$D = 1 - \frac{R_r}{R_d} \tag{3-1}$$

式中，D 为损伤指数；R_r 为爆炸后的剩余承载力；R_d 为设计承载力。

根据损伤指数,可根据表 3-6 确定建筑物破坏等级。

表 3-6　以损伤指数对建筑物破坏程度分级

损伤指数(D 值)	破坏程度	破坏等级
[0,0.2)	轻度损伤	D
[0.2,0.5)	中度损伤	C
[0.5,0.8)	严重损伤	B
[0.8,1]	倒塌	A

(2) 冲击波超压准则。冲击波超压指爆炸产生的高温和高压的火球猛烈地向外膨胀,挤压周围的空气,形成压缩空气层。压缩空气层所通过区域的压力,超过正常大气压的部分,称为冲击波超压。以冲击波超压值为主要依据进行等级划分,如表 3-7 和表 3-8 所示。

表 3-7　爆炸冲击波对人员损伤程度分级

冲击波超压值/MPa	伤亡程度	伤亡等级
[0.02,0.03)	轻微受伤	D
[0.03,0.05)	骨折等中等受伤	C
[0.05,0.1)	重伤或死亡	B
≥0.1	大部分死亡	A

表 3-8　爆炸冲击波对建筑物破坏程度分级

ΔP/MPa	破坏程度	破坏等级
[0.005,0.006)	门窗玻璃部分破碎	D
[0.006,0.015)	受压面门窗玻璃大部分破碎	
[0.015,0.02)	窗框损坏	C
[0.02,0.03)	墙裂缝	
[0.04,0.05)	墙大裂缝屋瓦掉下	B
[0.05,0.07)	木建筑厂房柱子折断,屋架松动	
[0.07,0.10)	砖墙倒塌	A
[0.10,0.20)	防震混凝土破坏,小房屋倒塌	
[0.20,0.30)	大型钢架结构破坏	

(3) P-I 准则。冲击波对人员伤害的严重程度通常用超压和正相冲量来衡量。地铁结构中爆炸产生的冲击波是一种复杂的冲击波,它可以出现多个反射峰。最大峰值过压和正相位脉冲在模拟中被重新评估为:

$$\Delta P_{\mathrm{m}} = \max(p(t) - p_0), \quad \forall t \in [0, t_{\mathrm{sim}}] \tag{3-2}$$

式中,ΔP_{m} 为最大峰值过压,Pa;p_0 为标准大气压,Pa;t_{sim} 为整个数值模拟时间,s。

$$i=\int_0^{t^+}(p(t)-p_0)\mathrm{d}t,\quad \forall t\in[0,t_{\mathrm{sim}}] \tag{3-3}$$

式中，i 为冲击波的正相冲量，Pa·s；t^+ 为冲击波正压的作用时间，s。

Probit 概率模型常用于伤亡评估。Probit 概率模型与损伤因子之间有确切的算法关系，通式为：

$$Y=A+B\ln x \tag{3-4}$$

式中，Y 为概率模型；x 为不同类型事件的损伤变量；A 和 B 为概率模型的参数。爆炸造成每一个人的伤害都可以通过相应的概率单位模型来评估。肺损伤模型是基于 Bowen 等给出的超压和冲量，但这种由自由场爆炸发展而来的模型不适用于地铁爆炸。因此，适用于复杂冲击波的损伤严重度指数(ASII)评分方法经调整后用于肺损伤评估，其数学模型为：

$$\frac{V_{\mathrm{AX}}}{\Delta P_{\mathrm{m}}}=\begin{cases}-4.1863t_{\mathrm{eq}}^2+2.003\times10^{-2}t_{\mathrm{eq}}+7.982\times10^{-9}, & (t_{\mathrm{eq}}\leqslant 0.001\mathrm{s})\\ f_1(\Delta P_{\mathrm{m}},i)f_2(\Delta P_{\mathrm{m}})+1.589\times10^{-5}, & (\text{否则})\end{cases} \tag{3-5}$$

其中

$$t_{\mathrm{eq}}=\frac{2i}{\Delta P_{\mathrm{m}}} \tag{3-6}$$

$$f_1(\Delta P_{\mathrm{m}},i)=\frac{4.5\times10^{-5}}{1+\exp[(-6.806-\ln(t_{\mathrm{eq}}))/0.845]}-2.1147\times10^{-5} \tag{3-7}$$

$$f_2(\Delta P_{\mathrm{m}})=-7.3786\times10^{-19}\Delta P_{\mathrm{m}}^3+1.8576\times10^{-12}\Delta P_{\mathrm{m}}^2-2.0727\times10^{-6}\Delta P_{\mathrm{m}}+1.579 \tag{3-8}$$

$$\mathrm{ASII}=(0.124+0.117V_{\mathrm{AX}})^{2.63} \tag{3-9}$$

式中，V_{AX} 为最大内胸壁速度，m/s；t_{eq} 为等效三角形脉冲持续时间 s。

损伤程度与 ASII 评分的关系见表 3-9。

表 3-9 不同损伤等级对应 ASII 评分值

损伤情况	ASII 值
安全	[0.0,0.2)
轻伤	[0.2,1.0)
重伤	[1.0,3.6)
死亡概率大于 50%	≥3.6

由冲击波的直接作用引起的耳膜损伤的评估模型如式(3-10)所示：

$$Y_2=-12.6+1.524\ln\Delta P_{\mathrm{m}} \tag{3-10}$$

冲击波间接作用造成的撞击伤可分为全身撞击伤和头部撞击伤。损伤评估模型如式(3-11)和式(3-12)所示。全身撞击伤害概率模型：

$$Y_3 = 5 - 2.44\ln\left(\frac{7.38 \times 10^3}{\Delta P_m} + \frac{1.3 \times 10^9}{\Delta P_m i}\right) \tag{3-11}$$

头部撞击伤害概率模型：

$$Y_4 = 5 - 8.49\ln\left(\frac{2.43 \times 10^3}{\Delta P_m} + \frac{4 \times 10^8}{\Delta P_m i}\right) \tag{3-12}$$

损伤出现的概率可从概率模型中获得，可按式(3-13)计算：

$$P_i = \frac{1}{\sqrt{2\pi}}\int_{-\infty}^{Y_i - 5} e^{(-u^2/2)} du \tag{3-13}$$

式中，P_i 是发生的概率；当 Y_i 取 5 时，发生概率为 50%。

综上所述，根据人体不同部位的损伤概率对人身整体的不同受伤情况进行概率评估，对人员伤亡情况进行 4 个等级的划分，当全身撞击伤害概率与头部撞击伤害概率的最大值大于或等于 50%，即 $\max(P_3, P_4) \geqslant 50\%$ 或 ASII>3.6 时，伤亡评估为死亡；当 $1\% \leqslant \max(P_3, P_4) < 50\%$ 或 $1.0 < \text{ASII} \leqslant 3.6$ 或 $P_2 \geqslant 50\%$ 时，伤亡评估为重伤；当 $0.2 < \text{ASII} \leqslant 1.0$ 或 $1\% \leqslant P_2 < 50\%$ 时，伤亡评估为轻伤。具体评估流程如图 3-4 所示。

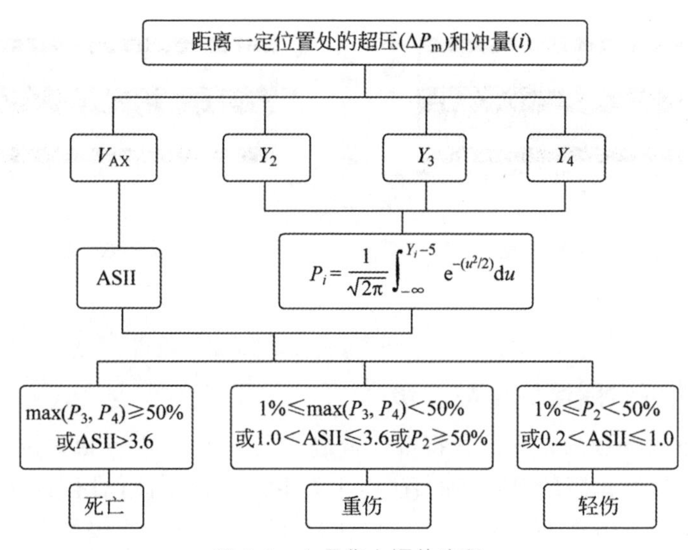

图 3-4 人员伤亡评估流程

根据此流程进行最终人员伤亡情况的等级划分，具体见表 3-10。

表 3-10 不同损伤等级对应 ASII 评分值

损伤情况	损伤等级	损伤情况	损伤等级
安全	1	重伤	3
轻伤	2	死亡概率大于 50%	4

根据上述损伤评估准则，对 2.2.3 节中工况一算例进行伤亡区域等级划分，并绘制不同楼层的伤亡云图。如图 3-5 所示为根据冲击波超压准则(以下称准则一)及 P-I 准则(以下称准则二)对人员伤亡情况进行伤亡区域等级划分的结果。

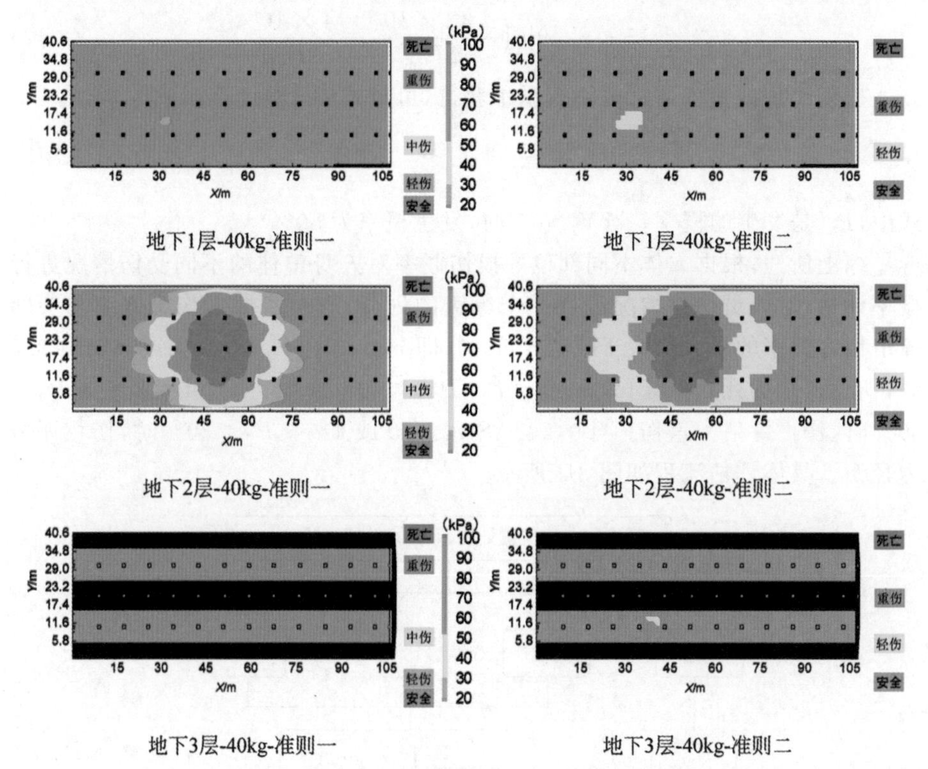

图 3-5 采用不同伤亡准则绘制的爆炸伤亡云图

3.3.2 地下空间爆炸事故分级

爆炸事故等级的划分是根据爆炸造成的人员伤亡、财产损失情况，它反映了爆炸冲击波对作用目标破坏的程度，主要取决于冲击波作用、目标承载能力和损伤情况等三方面的因素。如表 3-11 所示，将地下空间爆炸事故划分为 4 级，即Ⅰ、Ⅱ、Ⅲ、Ⅳ级。参考《城市轨道交通突发事件应急处理》，Ⅰ、Ⅱ、Ⅲ、Ⅳ级分别对应特别重大运营突发事件、重大运营突发事件、较大运营突发事件和一般运营突发事件。

表 3-11 爆炸事故分级

级别	分级标准
Ⅰ级	1. 30 人以上死亡或 100 人以上重伤； 2. 主要承重构件(柱、主梁等)严重破坏或倒塌，或导致恶劣的火灾情况； 3. 直接经济损失 1 亿元以上

续表

级别	分级标准
Ⅱ级	1. 10人以上30人以下死亡或50人以上100人以下重伤； 2. 主要承重构件(柱、主梁等)严重破坏但未倒塌(柱、梁等构件明显变形，表面混凝土大面积脱落，钢筋大面积裸露在外)或导致小范围的火灾情况； 3. 直接经济损失5000万元以上1亿元以下，或连续中断行车24h以上
Ⅲ级	1. 3人以上10人以下死亡或10人以上50人以下重伤； 2. 主要承重构件(柱、主梁等)较严重破坏(混凝土保护层破裂，钢筋较大面积裸露在外)或导致小范围的火灾情况； 3. 直接经济损失1000万元以上5000万元以下或连续中断行车6h以上24h以下
Ⅳ级	1. 3人以下死亡或10人以下重伤； 2. 主要承重构件(柱、主梁等)轻微或无明显破坏，较少或无明火持续燃烧； 3. 直接经济损失50万元以上1000万元以下或连续中断行车2h以上6h以下

注：有关数量表述中"以上"含本数，"以下"不含本数。

3.3.3 地下空间防爆措施与应急处置

爆炸事故的发生对人力、财力、物力造成的损失是极大的，为了预防潜在事故隐患和应对可能出现的紧急情况，应在事前考虑一定的防爆措施并制定应急处置措施，以最大限度地减少爆炸事故发生时造成的损失或避免由于职责不清造成的指挥失灵和混乱，延误抢险时间。图3-6给出了应对城市地下空间爆炸事故的部分事前和事中措施，图3-7为针对城市地铁爆炸事故制定的分级处置预案，可供相关单位和部门参考。

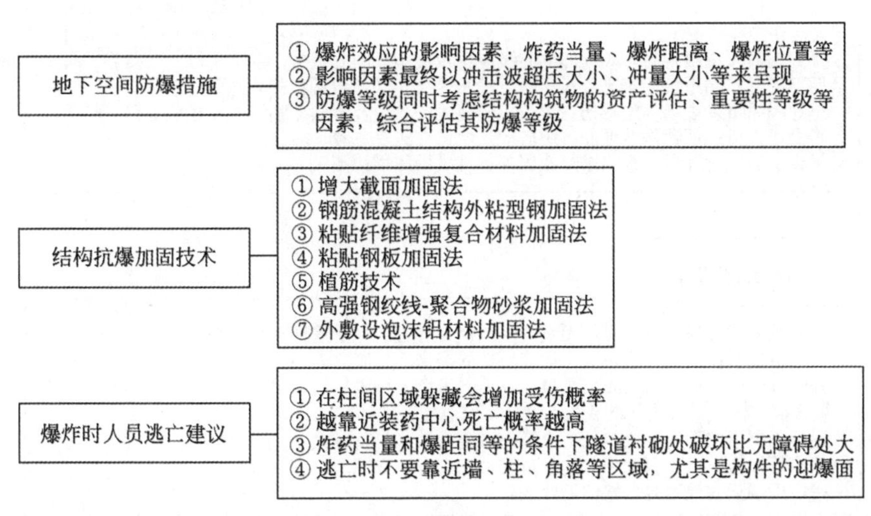

图3-6 防爆措施

Ⅰ级爆炸事故

① 就近岗位站务人员应迅速、准确查明爆炸发生的时间、地点、爆炸物，涉及列车的车次、人员伤亡等情况
② 接到站务人员报告后，立即向国家级应急救援指挥中心报告
③ 应急救援部门成立临时的抢险救灾指挥部
④ 利用广播系统告知危险现况并稳定群众情绪
⑤ 启动应急照明系统、车站通风系统、冷水系统，切断电源，停止运营
⑥ 分析事发地铁站附近交通状况，构建应急响应专用运输通道
⑦ 临时关闭地下综合体全部出入口，中断地下综合体及地铁的运营，关闭有关设施的使用
⑧ 重视舆论的引导
⑨ 事故调查，并上报备案，请专家组对此次事故进行研究评价

(a)

Ⅱ级爆炸事故

① 就近岗位站务人员应迅速、准确查明爆炸发生的时间、地点、爆炸物，涉及列车的车次、人员伤亡等情况
② 接到站务人员报告后，应立即向省级应急救援指挥中心报告
③ 应急救援部门应迅速派出现场指挥部人员赶往现场
④ 启动应急照明系统、车站通风系统、冷水系统，切断电源，停止运营
⑤ 专用应急通道在一定保护措施下进行抢险救援工作，输送响应人员、设备等资源到事发区域
⑥ 临时关闭地下综合体全部出入口，中断地下综合体及地铁的运营，关闭有关设施的使用
⑦ 向应急响应人员传递可信、可行的信息；重视舆论的引导
⑧ 事故调查，并上报备案，请专家组对此次事故进行研究评价

(b)

Ⅲ级爆炸事故

① 就近岗位站务人员应迅速、准确查明爆炸发生的时间、地点、爆炸物，涉及列车的车次、人员伤亡等情况
② 接到站务人员报告后，应立即向省级应急救援指挥中心报告
③ 启动应急照明系统、车站通风系统、冷水系统，切断电源，停止运营
④ 迅速隔离事发现场，抢救伤亡人员，撤离无关人员及群众，临时关闭相应入口
⑤ 将受伤人员迅速转移至地面，由医护人员送往医院急救
⑥ 报告上级主管部门，查明爆炸原因并进行现场环境检测

(c)

Ⅳ级爆炸事故

① 提醒乘客们在爆炸发生时不要到有阻挡物处躲避，尽量逃往空旷的地域
② 行车值班员接到站务人员关于爆炸事件的报告后，应立即通知值班站长、站区长等领导，并向行车调度员、公安派出所报告，车站工作人员紧急出动引导乘客快速撤离现场，疏散人群，快速转移受伤的人员，并送至就近医院医治
③ 迅速隔离事发现场，抢救伤亡人员，撤离无关人员及群众
④ 将事故报告上级主管部门并记录备案
⑤ 进行现场治安保卫并尽快清理残骸

(d)

图 3-7　爆炸事故分级处置

3.4 城市地下空间关键设备系统故障跟踪识别与应急处置

3.4.1 轨道系统故障跟踪识别与应急处置

1. 轨道系统故障跟踪识别指标

风险可定义为对不期望发生的后果的概率和严重度的度量,通常采用概率和结果乘积的表现形式。分析方法主要有预先危险性分析法、故障类型影响分析法、作业条件危险性分析法和风险矩阵法。其中,预先危险性分析法主要考虑危险有害因素导致后果的严重性,对导致后果的可能性重视不足;故障类型影响分析法只能对系统元件进行分级;作业条件危险性分析法在进行危险有害因素分级时,只考虑了人员伤亡的可能性和后果严重度。

本研究中采用风险矩阵法是依据事故发生的可能性和后果的严重程度对危险有害因素分级,包括人员伤亡和设备损坏等方面的危险后果。

风险矩阵的基本思想是将风险(risk)分解为严重程度(severity)和可能性(likelihood)两个可度量的量。其中严重程度与经济损失、人员伤害、环境污染、法律法规触犯、声誉损失等因素相关。由于不同的主体对风险的承受能力不同,不同类型的后果或事件的特征也有很大不同,例如同样100万元等级的经济损失,小型私企可能将其严重性归于不可接受,而大型国企可能将其归于可以容忍,所以不同的主体应该定义自己的风险矩阵。其中严重程度、可能性及风险的分级标准都可独立。

表 3-12 风险事故的可能性等级

等级说明	事故频次	等级说明	事故频次
频繁	>8	极少	1～2
经常	6～8	基本不可能	<1
偶尔	3～5		

本研究选择四类风险严重程度和五类事故发生可能性进行分析计算。其中,Ⅰ类为特别重大运营突发事件;Ⅱ类为重大运营突发事件;Ⅲ类为较大运营突发事件;Ⅳ类为一般运营突发事件。风险等级则根据两类评价指标(灾害严重程度及发生概率可能性)进行颜色标识:蓝色表示低风险;绿色表示中风险;黄色表示高风险;红色表示极高风险。风险等级矩阵如图3-8所示。

目前,已统计到的轨道致灾均由事故链组成。事故致因链能清晰地反映哪些因素导致事故的发生以及致因与致因之间存在的关系、不同的致因与事故类型之间的关系等。地铁运营事故致因中,既包括单因素导致的事故致因,又包括诱发事故连锁反应的致因。

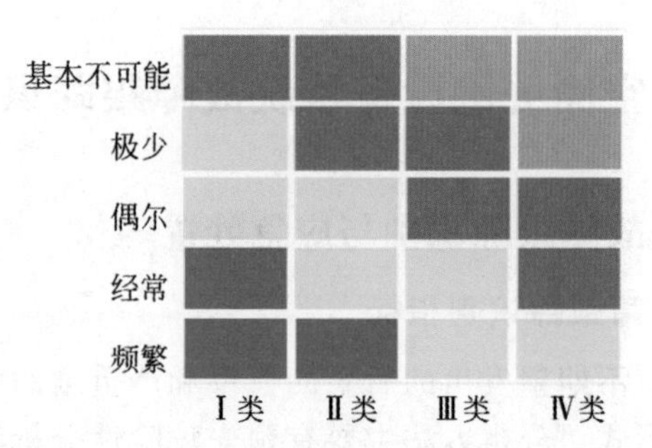

图 3-8　风险等级矩阵评价指标

国内外近几十年的事故案例统计信息表明：任何事故的诱发风险因素都可以追溯到直接及间接原因，这一结论对于摸清事故原因及演化规律具有重要的作用。本研究中，充分考虑连锁事故中的致因间存在因果关系，依据调研的事故案例描述，将统计的国内外地铁运营事故按照表 3-13 的逻辑进行整理简化，并提取出事故致因链，分析其风险等级。

表 3-13　轨道系统事故致因后果

致因链	各等级事故数量/次				总计/次	频次等级
	Ⅰ	Ⅱ	Ⅲ	Ⅳ		
钢轨变形、几何参数→脱轨	1	1	1		3	偶尔
人为原因→道岔失表→脱轨及人员死亡		1			1	极少
制动系统故障→脱轨及人员死亡		1	2		3	偶尔
信号系统故障→脱轨及人员死亡	1	1			2	极少
轨道伤损（裂纹、疲劳）→脱轨或列车晚点风险			3	1	4	偶尔
人为疏忽→脱轨及人员死亡	1		1		2	极少
人为制度不完善→控制系统故障→脱轨及人员伤亡	1				1	极少
道岔失表→列车停运或晚点		1	7		8	经常
道床变形→列车停运			1		1	极少
车辆部件松脱→脱轨及人员死亡	1			1	2	极少
人为制度不完善→轨道伤损（裂纹、疲劳）→脱轨或列车晚点风险			1		1	极少
轨道异物→列车晚点或停运		2	8		10	频繁
人为疏忽→部件松脱→列车停运		1	1		2	极少
钢轨回流起火→轨道伤损（裂纹、疲劳）→脱轨或列车晚点风险			2		2	极少
人为疏忽→列车脱轨及人员死亡	1				1	极少
人为违规→列车脱轨或晚点			1		1	极少
人为违规→制动系统故障→脱轨及人员伤亡		1			1	极少

续表

致因链	各等级事故数量/次				总计/次	频次等级
	Ⅰ	Ⅱ	Ⅲ	Ⅳ		
人为疏忽→轨道伤损→脱轨及列车停运		1			1	极少
人为违规操作→脱轨及列车晚点		3			3	偶尔
人为违规操作→脱轨及人员死亡	2	1			3	偶尔
人为业务不熟→脱轨及人员死亡	1				1	极少
人为超速驾驶→脱轨及人员死亡		1			1	极少
人为超载驾驶→脱轨及人员死亡		1			1	极少
自然灾害→轨道系统故障→列车晚点及停运		1			1	极少

可以明显看出：

(1) 部分致因链的关系紧密并且可导致特别重大的运营突发事件，事故的严重等级和事故链的长短并没有直接关系，由此可见较小的事故致因可直接导致最严重的后果(例如：人为疏忽→列车脱轨及人员死亡)。

(2) 因果关系较为紧密的事故链会造成严重后果。从较长的事故链中发现支链的影响不容忽视，例如人为操作→钢轨伤损等。在一些防控管理过程中，可以避免支链事故的发生。

(3) 整体上而言，同一致因所引起的短链发生概率更高，风险值也更大。

同时，结合上述风险矩阵法的定义及表中致因链风险统计，评价各类致因链的风险初值。灾害事故风险评价方法是合并相同的事故致因链、后果分级及可能发生的频次。计算对应风险等级矩阵中的隶属度，分配各致因链的权重系数。表 3-14 统计结果说明权重系数较大的两类致因链中轨道异物及道岔系统故障是发生高风险或极高风险的重要因素。

表 3-14 各级致因链风险隶属度

致因链	权重	隶属度			
		低	中	高	极高
钢轨变形、几何参数→脱轨	0.055		0.33	0.67	
人为原因→道岔失表→脱轨及人员死亡	0.018		1		
制动系统故障→脱轨及人员死亡	0.055		0.67	0.33	
信号系统故障→脱轨及人员死亡	0.036		0.5	0.5	
轨道伤损(裂纹、疲劳)→脱轨或列车晚点风险	0.073		1		
人为疏忽→脱轨及人员死亡	0.036		0.5	0.5	
人为制度不完善→控制系统故障→脱轨及人员伤亡	0.018			1	
道岔失表→列车停运或晚点	0.145			1	

续表

致因链	权重	隶属度			
		低	中	高	极高
道床变形→列车停运	0.018		1		
车辆部件松脱→脱轨及人员死亡	0.036	0.5		0.5	
人为制度不完善→轨道伤损(裂纹、疲劳)→脱轨或列车晚点风险	0.018		1		
轨道异物→列车晚点或停运	0.182			0.8	0.2
人为疏忽→部件松脱→列车停运	0.036		1		
钢轨回流起火→轨道伤损(裂纹、疲劳)→脱轨或列车晚点风险	0.036		1		
人为疏忽→列车脱轨及人员死亡	0.018			1	
人为违规→列车脱轨或晚点	0.018		1		
人为违规→制动系统故障→脱轨及人员伤亡	0.018		1		
人为疏忽→轨道伤损→脱轨及列车停运	0.018		1		
人为违规操作→脱轨及列车晚点	0.055			1	
人为违规操作→脱轨及人员死亡	0.055			1	
人为业务不熟→脱轨及人员死亡	0.018			1	
人为超速驾驶→脱轨及人员死亡	0.018		1		
人为超载驾驶→脱轨及人员死亡	0.018		1		
自然灾害→轨道系统故障→列车晚点及停运	0.002		1		

据不完全统计,国内及国际城市轨道交通的致灾因素如图 3-9 所示。致灾因素分类按照上述章节中的定义分为轨道或车辆系统本身(设备)、人员操作及专业度(人为)及外部环境致因(环境)三个大的类别。其中,由于车辆或者轨道系统不健全等引起的占到 56%,人员原因等接近 40%,现有案例中虽然环境致因发生的概率较低,但仍然是列车脱轨或潜在风险发生的重要因素。

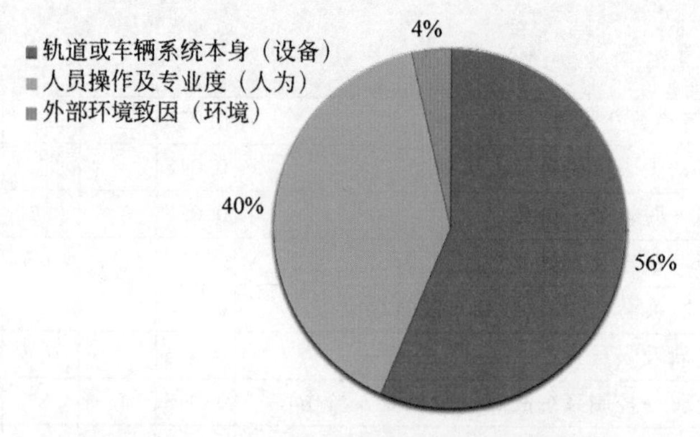

图 3-9　近 30 年城市轨道交通脱轨或潜在风险耦合致因统计

综上所述,本研究聚焦轨道系统故障中的脱轨、追尾、翻车及可能诱发脱轨的灾害风险(列车停运、晚点、人员伤亡等),并将上述故障作为顶层事件A。轨道或车辆系统本身(设备)、人员操作和专业度(人为)以及外部环境致因(环境)三个大的类别依次被定义为B1,B2,B3。而其他相关因素则分别定义C、D、E等因子作为耦合因素。

(1) 轨道系统故障B11、车辆系统故障B12、信号系统故障B13。此类致因包含钢轨自身结构、日常养护及行车设备系统性故障等。导致列车脱轨或潜在风险事故发生的直接原因如表3-15(不仅限于)所示。

表3-15 车辆系统本身(设备)各级致因链风险隶属度

三级因子	原因
轨道几何外形C1	通常定义轨道几何形位指的是轨道各部分的几何形状、相对位置及基本尺寸。主要包含参数有:轨距D1、曲线超高D2(曲线超过标准超高或者低于标准超高,都会增加脱轨的可能性)、曲线半径D3(半径越小,发生脱轨的可能性就越大)、轨底坡D4、轨道三角坑不平顺D5(分为高低不平顺E1,指垂直方向的不平顺,轨面出现不良高低变化;水平不平顺E2,左右轨形成不良高低差,不同距离出现连续相反的轨面高低差,形成空间上的三角坑;轨向不平顺E3,指轨道中心线上点的不平顺;轨距不平顺E4,轨距不良变化;其余组合E5)
钢轨断裂C2	因表面或内部裂纹扩展而造成的轨体折断,将直接导致线路故障使车辆无法通行
钢轨磨损C3	会使车辆中的某个或某几个车轮发生减载甚至悬空,无法正常紧压轨道,再加上横向力的作用,就会导致脱轨风险;其中,磨损又可以分成波浪形或鞍行磨耗D6、钢轨擦伤D7、钢轨掉块D8
钢轨锈蚀C4	产生细小裂纹,扩展成疲劳裂纹
钢轨缺陷C5	由于表面裂纹D9、内部核伤D10、轨底裂纹D11等演化引起
道岔故障失表C6	道岔指示出现异常,该故障易干扰到正常的交通秩序
钢轨廓形C7	轨头表面横向的扩展或者纵向的车轮不圆度D12、车轮表面粗糙度D13
轨道异物C8	由检修人员遗漏和部件松引起的结构件滑落,造成异物侵限
表面波磨C9	钢轨在使用过程中表面出现的类似波浪形的不平顺磨损,严重时将影响行车稳定性
轨道扣件损坏脱落C10	因钢轨剧烈振动出现螺栓松动或弹条疲劳断裂,从而加大钢轨局部的振动变形量,往往一个扣件的松脱会诱发周边扣件连续性松脱。在连续数个扣件松脱下,缺乏足够约束力的钢轨会发生轨距变化,极易导致列车脱轨
弹条松动C11	扣件松动引发的扣压力不足,导致弹条偏转,极易导致列车脱轨
轨枕失效C12	钢轨无法固定,在车辆通过时的冲击力下发生位移,造成脱轨
锁定轨温C13	钢轨被锁定之后,除长轨条的两端位于伸缩区之外,其余的钢轨长度不能随温度变化而变化(伸缩)。如因养护不当长度发生了变化,轨温也随之变化。若钢轨伸长则锁定轨温升高;若钢轨缩短则锁定轨温下降

续表

三级因子	原因
车辆轴承、轮对关键部件故障 C14	直接导致车辆无法正常在轨道上行驶，发生脱轨
车辆转向架故障 C15	转向架与车体刚性结合，转向不灵，在曲线处脱轨
车辆零部件断裂、松脱等 C16	载加固不当而移位、掉落，发生异常移动或者坠落的物体会使轮轨间的力矩发生突变，很可能造成脱轨
装车辆超载、偏载 C17	重心偏移，诱发脱轨或其他风险
信号设备失灵 C18	车辆运行安全隐患
通信设备失灵 C19	车辆运行安全隐患
车辆制动系统失灵 C20	无法紧急制动，直接导致列车脱轨或翻车

(2) 人员操作经验及专业度 B2。此类因素是指由于人员的技能不到位，责任心不强或管理不到位等行为间接引发列车脱轨事故风险。人员作为事故诱因且是一种需要特别防护的对象出现在系统中。目前，通过调研相关的事故及原因，分析总结产生脱轨及风险的原因如表 3-16(不仅限于)所示。

表 3-16 人员操作及专业度(人为)各级致因链风险隶属度

三级因子	原因
车辆司机的超速、超载运行 C21	特别是在径曲线、道岔等地段时，易产生蛇形运动，发生脱轨
工作室调度失误 C22	未能正确地控制信号联锁，道岔转换失误，车辆在错误的信号指示下必然会加重脱轨风险
线路检修人员的疏忽及失职 C23	目前，统计的事故案例中，检修人员时常将私人工具遗漏在隧道中或者操作不当导致轨道异物存在及线路侵界，虽然极少造成脱轨事故，但是直接导致线路停运及晚点，加大了诱发严重安全事故的风险，仍然值得警惕
司机业务操作不熟练 C24	直接导致列车脱轨

(3) 外部环境致因 B3。上述(1)、(2)均需要暴露在一定的隧道或者外部空旷环境中，对于城市轨道交通而言，环境因素除了包含空气、温度、湿度、光线、噪声、震动等要素外，还有许多自然灾害因素。根据前期一定数量的案例归纳总结，导致脱轨及潜在风险的环境因素如表 3-17(不仅限于)所示。

表 3-17　外部环境各级致因链风险隶属度

三级因子	原因
风力 C25	当风力变成车辆所受横向力时，就容易造成车辆失稳，当风力过大时甚至可以造成车辆倾覆，发生脱轨
滑坡 C26	对于露天运行的城际交通线路，道路两旁的山体滑坡会直接作用在车身上，同时线路较易受到土石滚落等影响
地震 C27	地震波将使轨道线路瘫痪，直接或间接诱发列车脱轨或其他因素
障碍物 C28	车辆行驶途中碾压废料或动物，异物侵界导致列车倾覆
大气环境温度 C29	环境温度影响直接导致钢轨断裂或胀轨，诱发脱轨事故

综上所述，对已有的国内外案例进行统计及事故链追溯，分类统计间接因素发生概率。其中，统计显示发生概率最高的前三项为轨道系统故障 B11 中的道岔故障失表 C6(16.36%)，车辆系统故障 B12 中的轨道异物 C8(14.55%)，人员操作经验及专业度 B2 中的线路检修人员的疏忽及失职 C23(10.91%)(表 3-18)。在设备和人员方面出现故障案例的情况较多，值得重点关注。另外，轨道几何形位(7.27%)、钢轨不同程度磨损(9.09%)、列车车体部件松脱及断裂(7.27%)均超过 5%，说明轨道系统和车辆系统的安全性会引起灾害事故，且频次较高。人为操作失误、经验不足及疏忽大意等致灾因子时有发生，占比总和较高。其分布统计如图 3-10 所示。

表 3-18　各类三级致灾因子在已有案例中的分布统计

二级因子	三级因子	发生次数	发生概率/%
轨道系统故障 B11	轨道几何形位 C1	4	7.27
	钢轨断裂 C2	1	1.82
	钢轨磨损 C3	5	9.09
	钢轨锈蚀 C4		0.00
	钢轨缺陷 C5	2	3.64
	道岔故障失表 C6	9	16.36
	钢轨廓形 C7	1	1.82
	轨道异物 C8	8	14.55
	表面波磨 C9		0.00
	轨道扣件损坏脱落 C10		0.00
	弹条松动 C11	1	1.82
	轨枕失效 C12		0.00
	锁定轨温 C13		0.00
车辆系统故障 B12	车辆轴承、轮对关键部件故障 C14		0.00
	车辆转向架故障 C15		0.00
	车辆零部件断裂、松脱等 C16	4	7.27
	车辆超载、偏载 C17		0.00

续表

二级因子	三级因子	发生次数	发生概率/%
信号系统故障 B13	信号设备失灵 C18	1	1.82
	通信设备失灵 C19	1	1.82
	车辆制动系统失灵 C20	3	5.45
人员操作经验及专业度 B2	车辆司机的超速、超载运行 C21	2	3.64
	工作室调度失误 C22	2	3.64
	线路检修人员的疏忽及失职 C23	6	10.91
	司机业务操作不熟练 C24	3	5.45
外部环境 B3	风力 C25		0.00
	滑坡 C26		0.00
	地震 C27		0.00
	障碍物(动物、废料等)C28	1	1.82
	大气环境温度 C29	1	1.82
	其他 C30		0.00

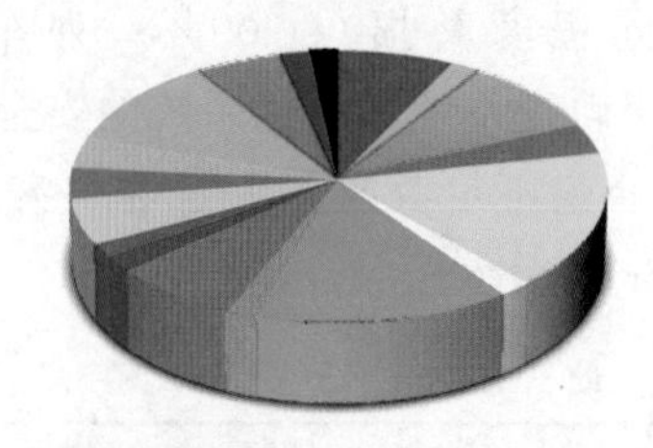

图 3-10　各类三级致灾因子在已有案例中的分布统计饼图

2. 贝叶斯网络脱轨风险概率推理

贝叶斯网络是一种基于概率推理的有向图解模型，通过可视化的网络模型表达问题领域中变量的依赖关系和关联关系，适用于不确定性知识的表达和推理。它可以将具体问题中复杂的变量关系体现在一个网络结构中，以简洁的图论形式揭示变量之间的内在现象和本质运用概率参数描述变量之间的关联强度，将繁琐的联合概率通过局部条件概率紧凑地表达出来。贝叶斯网络最重要的一个特点是对现实世界的直接描述，而不是其推理的过程。

贝叶斯网络主要由两部分组成，分别对应问题领域的定性描述及定量描述：一部分为有向无环图，通常为贝叶斯网络结构。由若干个节点之间的有向边组成，节点代表问题领域的随机变量，每个节点对应一个变量。变量的定义可以是感兴趣的现象、部件、状态及属性等，具有一定的实际意义。连接点之间的有向边代表节点之间的依赖及因果关系，连接边的箭头代表因果关系的影响方向性，节点之间缺省表示节点所对应的变量之间相互独立。另一部分为反映变量之间的关联性的局部概率参数集合，通常为条件概率表。概率值表示子节点与其父节点之间的关联强度或置信度，没有父节点的节点概率为其先验概率。贝叶斯网络结构是将数据实例抽象化的结果，是对问题领域的一种宏观描述，而概率参数是对变量节点之间关联强度的精确表达。根据贝叶斯反向推理公式，即在已知系统故障的概率时($Y=1$)，则系统各个元件的故障概率($X=1$)为：

$$P(X=1 \mid Y=1)=\frac{P(X=1)P(Y=1 \mid X=1)}{P(Y=1)} \tag{3-14}$$

贝叶斯网络构建的基本步骤和流程如下：

(1) 确定贝叶斯网络结构。贝叶斯网络结构直观表现为网络的图形结构，网络节点间的约束状态。依据节点间的因果关系，将各节点联系起来，形成具有可传递关系的网状结构。结合现有的有关研究和领域专家的知识，可以建立起贝叶斯网络的基本结构，在实际的应用中，可能存在需要对初步的网络结构进行修正的情况，如需要引入新的变量，随即需添加新的节点等。

(2) 定义网络节点变量的基本信息。网络结构和节点参数共同决定了一个贝叶斯网络的基本信息和运算内容。这里需要明确的节点信息主要包括节点类型以及网络节点的先验概率和可能取值。在贝叶斯网络结构中，主要的节点类型有自然节点、决策节点和效用节点等；此外，对于主要使用的自然节点，也可以继续细分为M类节点和N类节点。贝叶斯网络节点表示的风险事件或者风险因素，这些节点一般都被定义为N类节点，该类节点可用发生与不发生的概率直接描述，每个节点的状态变量有两个即Y和N，分别表示该节点所描述风险因素是否发生。M类节点的分析可以通过0-1分析法得出；为了使风险因素的设定更加符合实际情况，可以对此类节点设定一个小概率事件的发生概率θ。

(3) 确定贝叶斯网络参数。网络中需要确定的参数主要是指节点的概率分布，即节点的边缘概率以及各节点的条件概率表(CPT)。在特定的网络结构下，依据变量之间的因果关系以及独立依赖关系，可以按照各节点条件概率表给定的数据进行相关的概率演算，最终求出各节点的边缘概率。

3. 基于事故链的贝叶斯网络诊断分析

通过前期调研的轨道系统安全风险事故及致因链，建立以列车脱轨、列车晚点或停运及人员伤亡为边缘节点的贝叶斯网络模型(图3-11)。从案例角度

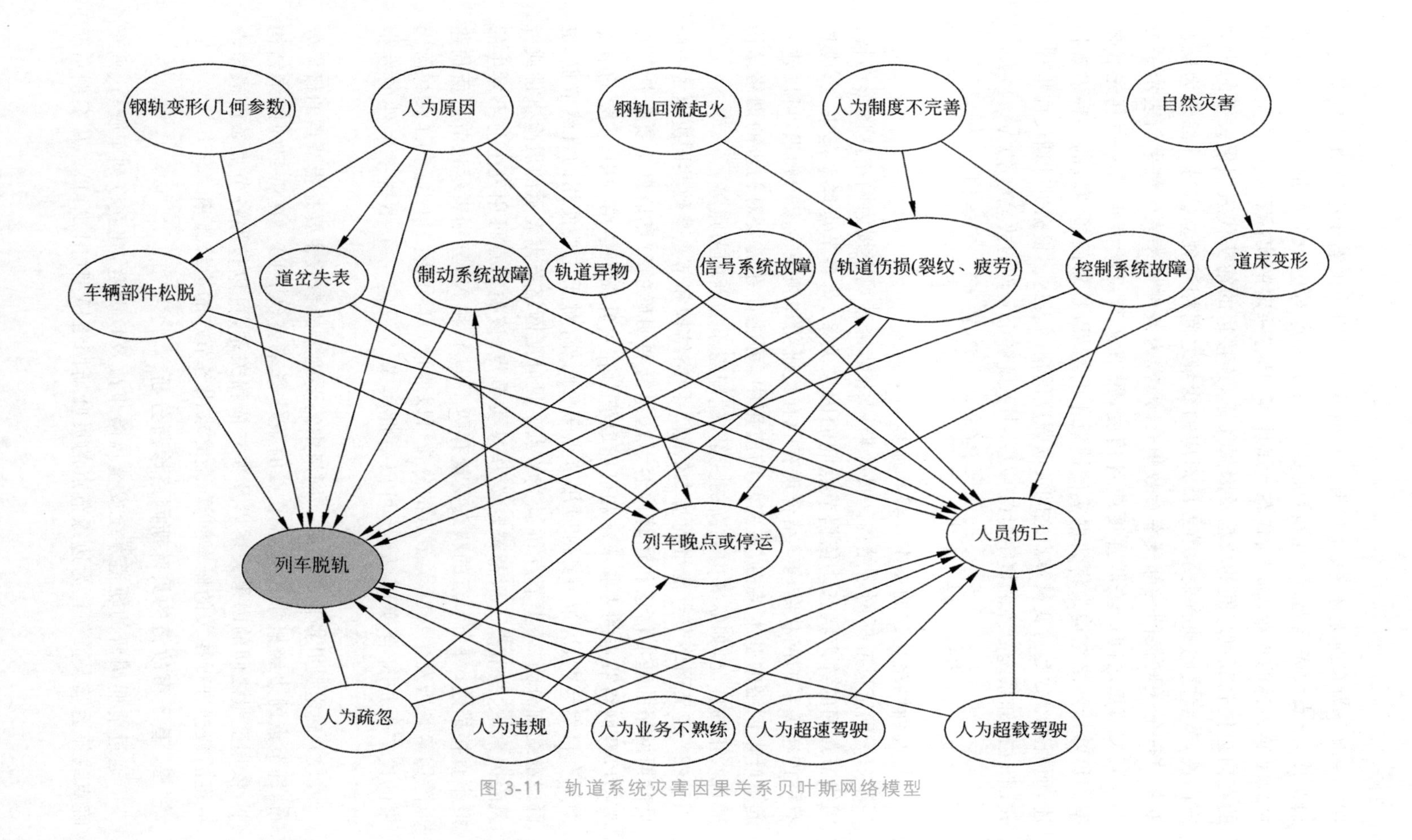

图 3-11 轨道系统灾害因果关系贝叶斯网络模型

说明人为原因及轨道、车辆系统的稳定性是直接或间接导致列车脱轨、晚点、停运的主要原因。

通过建立贝叶斯网络模型，输入子节点、父节点的概率及构建网络因果关系，可以计算到当列车脱轨、列车晚点或人员伤亡发生时，事故链中各因子的后验概率(权重)。本节事故链较为复杂，确定先验条件概率最为重要。

首先，在对贝叶斯网络进行推理运算时，其所用的推理算法为联合树算法。在联合树推理算法中，每一个节点的后验概率都需要经过消息传播，逐步通过条件概率计算得出。如图 3-11 所示，事故链即说明每一个节点的后验概率均含有子节点和父节点之间的关系。通过以此筛选出后验概率最大的父节点而组成的链条，是基于节点本身概率及节点间的条件概率得出的，具有一定的合理性。

其次，本节以列车脱轨、列车晚点或停运为最顶层的节点开始，依次找出概率最大的父节点，这是贝叶斯网络模型诊断推理的模式。在贝叶斯网络中，父节点(底层)和子节点之间是一种因果关系，从表示最终结果的子节点开始，依次找出后验概率最大的父节点，是对事故进行诊断和致因分析的过程。从每一个子节点的几个父节点之中，选择出后验概率最大的一个，就是相当于从导致结果的若干原因中，选择出发生概率最大的一个原因，进而通过选出的节点组合成链条告诉事故调查人员致灾最可能的致因链。

最后，本节所选出的导致事故发生最可能的致因链代表的是导致事故发生的最可能路径，其在发生的时候并不排除其他致因链发生的可能性，只是相对概率较小。这与事先统计的事故样本数量有关。

综上所述，分别计算当列车脱轨、列车晚点或列车停运三者确定发生的情况下，对应各条事故链中的致灾因子的发生概率：

1）列车脱轨单独发生

如图 3-12 所示，得出值得相关部门注意并抑制脱轨事故发生的高风险源主要包括：人为违规→列车脱轨；人为违规→制动系统故障→列车脱轨；轨道伤损→列车脱轨；钢轨变形(几何参数超标)→列车脱轨；制动系统故障→列车脱轨；道岔失表→列车脱轨。

2）列车晚点及停运风险发生

如图 3-13 所示，得出值得相关部门注意并抑制列车晚点或停运事故发生的高风险源主要包括：道岔失表→列车晚点或停运；轨道异物→列车晚点或停运。

3）基于故障树的贝叶斯网络诊断示例

本节考虑到列车脱轨最重要的影响因素是轨道系统故障。因此，以故障树中轨道系统故障树分支为例，建立轨道系统故障影响因子的贝叶斯模型，分析包括钢轨病害等在内的各因子之间的相互影响及各自发生故障的概率，最终输入模型，根据逆推原则统计轨道系统故障发生时各影响因子权重。

首先，建立基于轨道系统故障的致灾因子故障树贝叶斯网络，如图 3-14 所示。

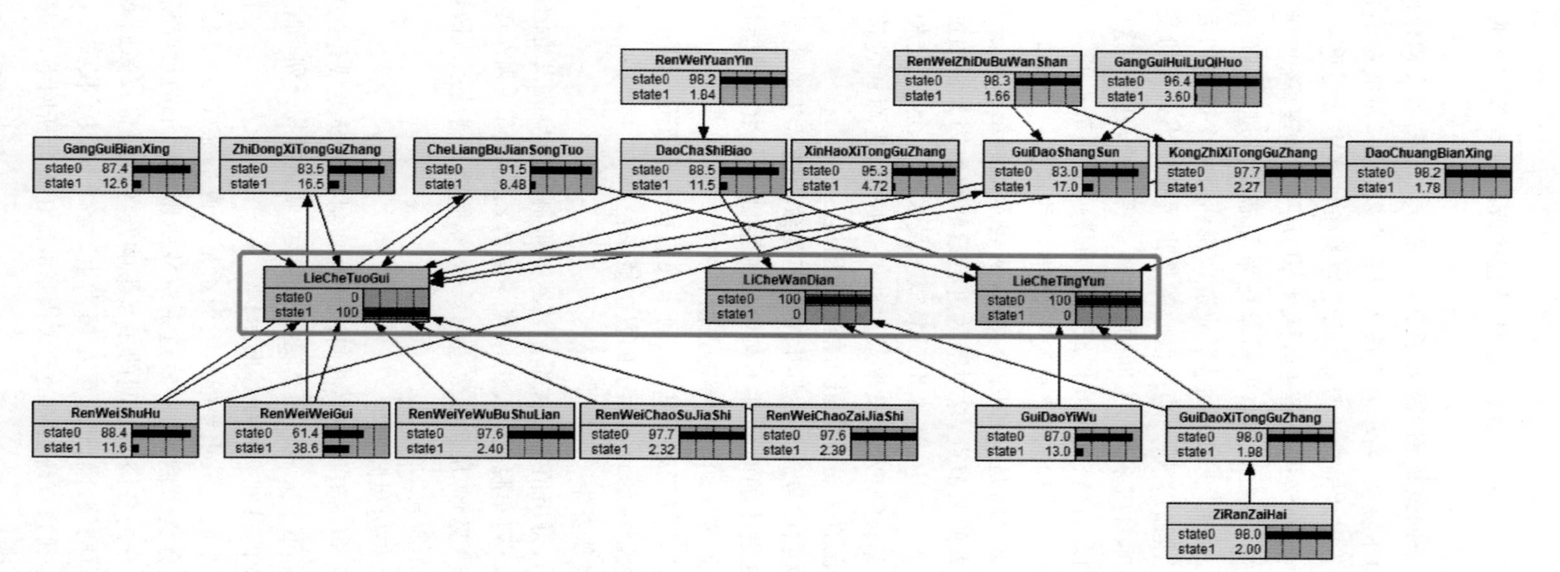

图 3-12 列车脱轨单独发生时贝叶斯前向推理桶消元法模型

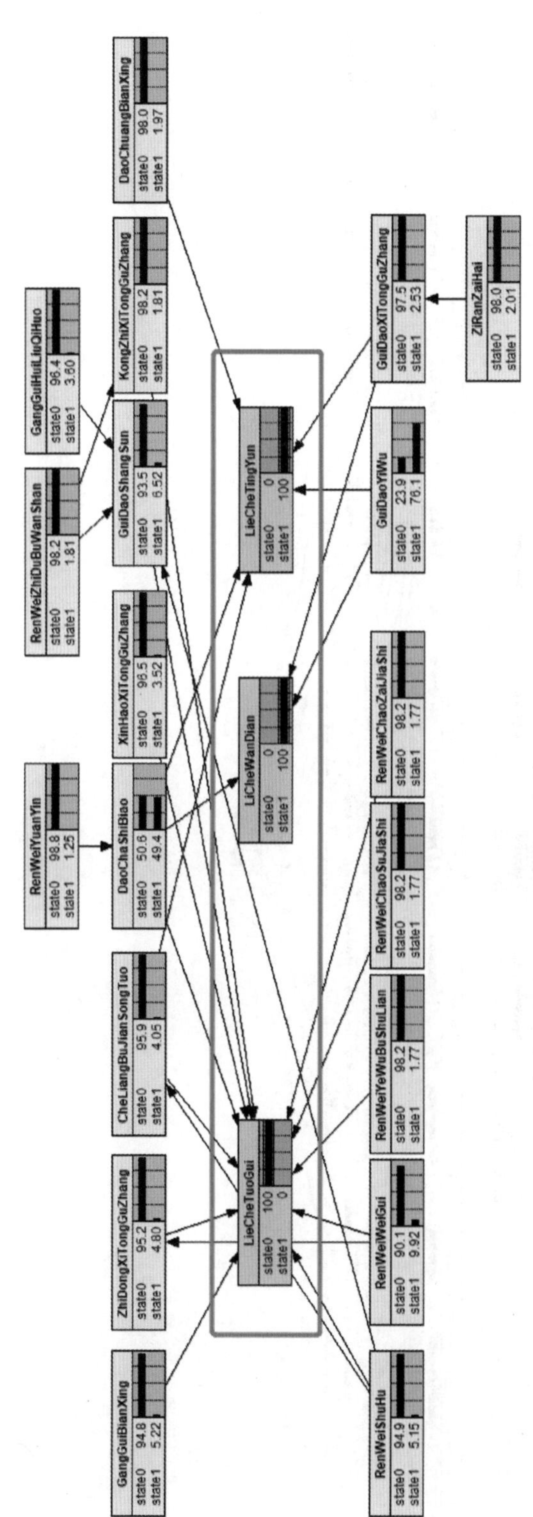

图 3-13　列车晚点或停运发生时贝叶斯前向推理桶消元法模型

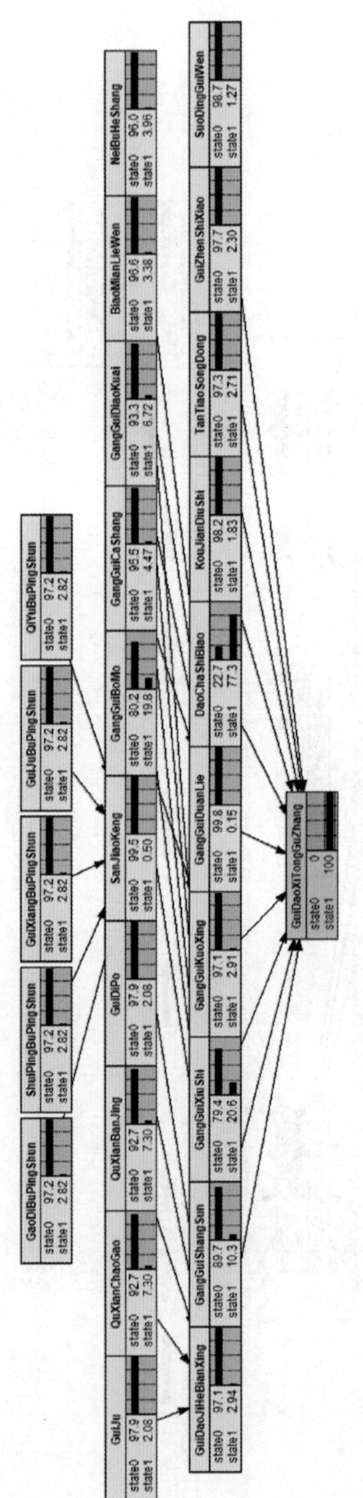

图 3-14　基于轨道系统故障的致灾因子故障树的贝叶斯网络

其次，统计轨道系统故障各致灾因子(参考故障树)的可靠性参数，综合已有统计故障案例发生概率表(作为各因子基本概率)、《铁路脱轨事故分析与预警安全技术研究》、《城市轨道交通运营设备维修与更新技术规范第 4 部分：轨道》等资料。其中，轨道系统(钢轨)故障维修分为常规维修和大修，常规维修又分为计划修和临时补修，表 3-19 中的绝大部分致灾因子都属于计划修项目范畴。

表 3-19　综合分析后得到的各轨道系统致灾因子可靠性参数(示例)

致灾因子	故障率/%	检修类别
高低不平顺	2.796	计划修(或临时补修)
水平不平顺	2.796	计划修(或临时补修)
轨向不平顺	2.796	计划修(或临时补修)
轨距不平顺	2.796	计划修(或临时补修)
其余不平顺	2.796	计划修(或临时补修)
轨距	2.000	计划修(或临时补修)
曲线超高	6.500	计划修(或临时补修)
曲线半径	6.500	计划修(或临时补修)
轨底坡	2.000	计划修(或临时补修)
三角坑	13.980	计划修(或临时补修)
钢轨波磨	15.000	计划修
钢轨擦伤	4.070	计划修
钢轨掉块	5.900	计划修
表面裂纹	3.100	计划修
内部核伤	3.640	计划修
轨道几何变形	7.270	计划修
钢轨伤损	9.090	计划修
钢轨锈蚀	7.260	计划修
钢轨廓形	1.820	计划修
钢轨断裂	1.820	计划修(或临时补修)
道岔失表	16.360	计划修
扣件丢失	1.340	计划修
弹条松动	1.820	计划修
轨枕失效	1.610	计划修
锁定轨温	1.000	计划修

根据贝叶斯网络的诊断功能及推理结果(表 3-20)可以看出：在故障树中，钢轨几何参数(曲线超高、曲线半径)→轨道系统故障发生的可能性较高，说明钢轨几何参数的日常巡检工作值得关注；同时，钢轨病害(钢轨波磨、钢轨伤损、

钢轨锈蚀）是直接导致轨道系统故障的重要支链，当轨道系统发生故障时应重点排查轨道健康程度；另外，道岔失表同样是影响轨道系统安全运行的重要指标，位居首位。

表 3-20 轨道系统故障时各原因的故障概率

故障类型	故障概率%	故障类型	故障概率%
高低不平顺	2.82	曲线半径	7.30
水平不平顺	2.82	轨底坡	2.08
轨向不平顺	2.82	三角坑	0.50
轨距不平顺	2.82	钢轨波磨	19.80
其余不平顺	2.82	钢轨擦伤	4.47
轨距	2.08	钢轨掉块	6.72
曲线超高	7.30	表面裂纹	3.38
内部核伤	3.96	道岔失表	77.30
轨道几何变形	2.94	扣件丢失	1.83
钢轨伤损	10.30	弹条松动	2.71
钢轨锈蚀	20.60	轨枕失效	2.30
钢轨廓形	2.91	锁定轨温	1.27
钢轨断裂	0.15		

4. 轨道系统故障应急处置措施

本节将在致灾因子致灾机理分析的结论基础上，结合相关部门设计规范及维修规程，明确轨道系统致灾因子的合理监测阈值范围及灾害抑制措施。同时，考虑钢轨病害类型及不同伤损程度，给出合理维修建议，以便更好抑制灾害。如图 3-15 和图 3-16 所示，分别列出基于事故链的贝叶斯网络计算出的列车脱轨、晚点或停运等灾害发生条件下的各主要致灾因子发生后验概率（致因占比）。图 3-17 为基于事故树分析的轨道系统发生故障时的主要致因占比。

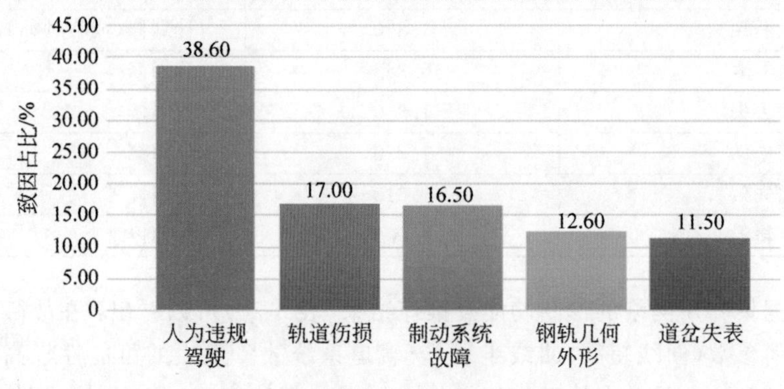

图 3-15 列车脱轨主要致因占比

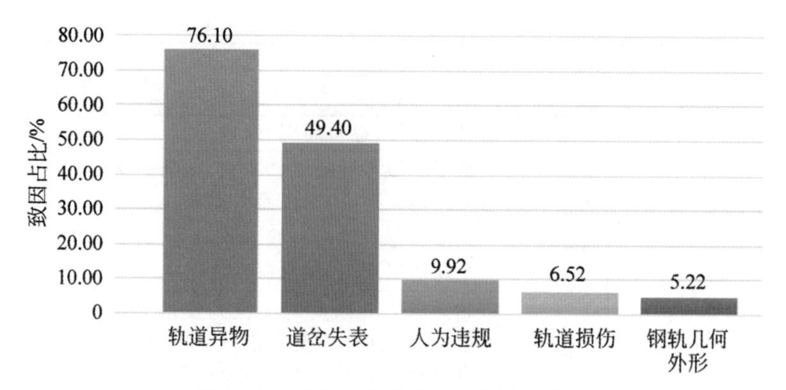

图 3-16 列车晚点或停运主要致因占比

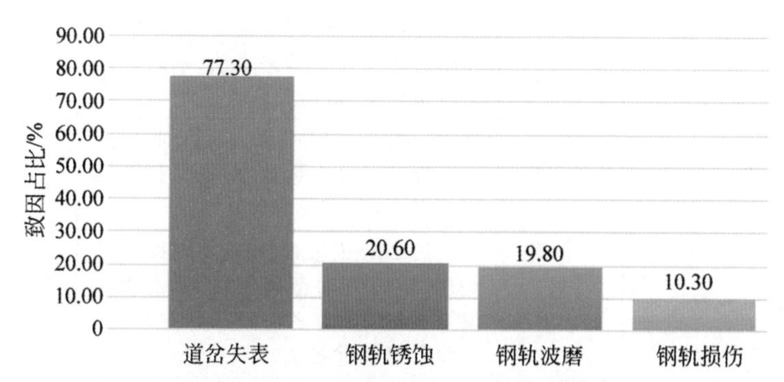

图 3-17 基于事故树分析的轨道系统发生故障时的主要致因占比

5. 事故的合理化预防及维护建议

本节灾害抑制模型及建议将充分结合下述规范及标准，给出轨道几何设计参数超限、人为操作规范、钢轨病害等几类主要致因的合理化预防及维护建议，对于抑制灾害有较好的作用。

- 《地铁设计规范》(GB 50157—2013)
- 《广州地铁线路维修规程(小修及以下)》(GDY/QW-WX I-030-001)
- 《钢轨伤损分类》(TB/T 1778—2010)
- 《城市轨道交通运营设备维修与更新技术规范第 4 部分：轨道》(JT/T 1218.4—××××)(审核中)
- 《普速铁路线路修理规则》(TG/GW 102—2019)
- 《普速铁路工务安全规则》(TG/GW 101—2014)

(1) 轨道几何参数合理化建议。根据轮轨耦合动力学模型及轨道外形几何参数峰值管理要求，按照等级分项(Ⅰ级：日常保持；Ⅱ级：计划维修；Ⅲ级：临时补修；Ⅳ级：限速)提出合理化监测及改善建议，如表 3-21～表 3-24 所示。

表 3-21　轨道几何参数合理化建议(高低不平顺差)

故障类别	车速 V_{max}/($km\cdot h^{-1}$)	检测指标阈值/mm	超限处理意见	提供依据
高低不平顺偏差	>160	Ⅰ级:5	日常保持,巡检周期<7d	JT/T 1218.4—××××(审核中)
		Ⅱ级:8	超限后参考计划维修方法,钢轨打磨至阈值以下,占用天窗点处理	
		Ⅲ级:12	超限后参考临时补修方法,钢轨打磨至阈值以下,占用天窗点处理	
		Ⅳ级:15	超限后24h内及时上报并安排人员处理,钢轨打磨至阈值以下,占用天窗点处理,打磨之前限速,打磨之后按照限速要求放行	
	(120,160]	Ⅰ级:6	日常保持,巡检周期<7d	TG/GW 102—2019
		Ⅱ级:10	超限后参考计划维修方法,钢轨打磨至阈值以下,占用天窗点处理	
		Ⅲ级:15	超限后参考临时补修方法,24h内及时上报并安排人员处理,钢轨打磨至阈值以下,占用天窗点处理	
		Ⅳ级:20	超限后24h内及时上报并安排人员处理,钢轨打磨至阈值以下,占用天窗点处理,打磨之前限速,打磨之后按照限速要求放行	
	(80,120]	Ⅰ级:8	日常保持,巡检周期<7d	
		Ⅱ级:12	超限后参考计划维修方法,钢轨打磨至阈值以下,占用天窗点处理	
		Ⅲ级:20	超限后参考临时补修方法,24h内及时上报并安排人员处理,钢轨打磨至阈值以下,占用天窗点处理	
		Ⅳ级:24	超限后24h内及时上报并安排人员处理,钢轨打磨至阈值以下,占用天窗点处理,打磨之前限速,打磨之后按照限速要求放行	
	≤80	Ⅰ级:12	日常保持,巡检周期<7d	
		Ⅱ级:16	超限后参考计划维修方法,钢轨打磨至阈值以下,占用天窗点处理	
		Ⅲ级:24	超限后参考临时补修方法,24h内及时上报并安排人员处理,钢轨打磨至阈值以下,占用天窗点处理	
		Ⅳ级:26	超限后24h内及时上报并安排人员处理,钢轨打磨至阈值以下,占用天窗点处理,打磨之前限速,打磨之后按照限速要求放行	

表 3-22　轨道几何参数合理化建议(水平不平顺偏差)

故障类别	车速 V_{max}/($km \cdot h^{-1}$)	检测指标阈值/mm	超限处理意见	提供依据
高低不平顺偏差	>160	Ⅰ级：5	日常保持,巡检周期<7d	JT/T 1218.4—××××(审核中)
		Ⅱ级：8	超限后参考计划维修方法,钢轨打磨至阈值以下,占用天窗点处理	
		Ⅲ级：12	超限后参考临时补修方法,钢轨打磨至阈值以下,占用天窗点处理	
		Ⅳ级：14	超限后24h内及时上报并安排人员处理,钢轨打磨至阈值以下,占用天窗点处理,打磨之前限速,打磨之后按照限速要求放行	
	(120,160]	Ⅰ级：6	日常保持,巡检周期<7d	TG/GW 102—2019
		Ⅱ级：10	超限后参考计划维修方法,钢轨打磨至阈值以下,占用天窗点处理	
		Ⅲ级：14	超限后参考临时补修方法,24h内及时上报并安排人员处理,钢轨打磨至阈值以下,占用天窗点处理	
		Ⅳ级：18	超限后24h内及时上报并安排人员处理,钢轨打磨至阈值以下,占用天窗点处理,打磨之前限速,打磨之后按照限速要求放行	
	(80,120]	Ⅰ级：8	日常保持,巡检周期<7d	
		Ⅱ级：12	超限后参考计划维修方法,钢轨打磨至阈值以下,占用天窗点处理	
		Ⅲ级：18	超限后参考临时补修方法,24h内及时上报并安排人员处理,钢轨打磨至阈值以下,占用天窗点处理	
		Ⅳ级：22	超限后24h内及时上报并安排人员处理,钢轨打磨至阈值以下,占用天窗点处理,打磨之前限速,打磨之后按照限速要求放行	
	≤80	Ⅰ级：12	日常保持,巡检周期<7d	
		Ⅱ级：16	超限后参考计划维修方法,钢轨打磨至阈值以下,占用天窗点处理	
		Ⅲ级：22	超限后参考临时补修方法,24h内及时上报并安排人员处理,钢轨打磨至阈值以下,占用天窗点处理	
		Ⅳ级：25	超限后24h内及时上报并安排人员处理,钢轨打磨至阈值以下,占用天窗点处理,打磨之前限速,打磨之后按照限速要求放行	

表 3-23　轨道几何参数合理化建议(轨向不平顺偏差)

故障类别	车速 V_{max}/(km·h^{-1})	检测指标阈值/mm	超限处理意见	提供依据
轨向不平顺偏差	>160	Ⅰ级：5	日常保持,巡检周期<7d	JT/T 1218.4—××××(审核中)
		Ⅱ级：8	超限后参考计划维修方法,钢轨打磨至阈值以下,占用天窗点处理	
		Ⅲ级：12	超限后参考临时补修方法,钢轨打磨至阈值以下,占用天窗点处理	
		Ⅳ级：14	超限后24h内及时上报并安排人员处理,钢轨打磨至阈值以下,占用天窗点处理,打磨之前限速,打磨之后按照限速要求放行	
	(120,160]	Ⅰ级：6	日常保持,巡检周期<7d	
		Ⅱ级：10	超限后参考计划维修方法,钢轨打磨至阈值以下,占用天窗点处理	
		Ⅲ级：14	超限后参考临时补修方法,24h内及时上报并安排人员处理,钢轨打磨至阈值以下,占用天窗点处理	
		Ⅳ级：18	超限后24h内及时上报并安排人员处理,钢轨打磨至阈值以下,占用天窗点处理,打磨之前限速,打磨之后按照限速要求放行	
	(80,120]	Ⅰ级：8	日常保持,巡检周期<7d	TG/GW 102—2019
		Ⅱ级：12	超限后参考计划维修方法,钢轨打磨至阈值以下,占用天窗点处理	
		Ⅲ级：18	超限后参考临时补修方法,24h内及时上报并安排人员处理,钢轨打磨至阈值以下,占用天窗点处理	
		Ⅳ级：22	超限后24h内及时上报并安排人员处理,钢轨打磨至阈值以下,占用天窗点处理,打磨之前限速,打磨之后按照限速要求放行	
	≤80	Ⅰ级：12	日常保持,巡检周期<7d	
		Ⅱ级：16	超限后参考计划维修方法,钢轨打磨至阈值以下,占用天窗点处理	
		Ⅲ级：22	超限后参考临时补修方法,24h内及时上报并安排人员处理,钢轨打磨至阈值以下,占用天窗点处理	
		Ⅳ级：25	超限后24h内及时上报并安排人员处理,钢轨打磨至阈值以下,占用天窗点处理,打磨之前限速,打磨之后按照限速要求放行	

表 3-24 轨道几何参数合理化建议(曲线超高、轨底坡、扣件丢失个数)

故障类别		检测指标阈值	超限处理意见	提供依据
曲线超高		合理区间 70～160mm	曲线段超高时控制外轨高度,利用车体重力产生的向心分力(向心力)来平衡离心力。超高不足时,占用天窗点进行钢轨线路维修:有碴轨道上增加外轨下道床厚度,以抬高外轨,而内轨则仍保持原有标高;无碴轨道上将外轨抬高至计算超高值的一半,而内轨则降低一半	轮轨耦合动力学计算结果
轨底坡		＜1/18	占用天窗点处理,采用调节轨下或者板下垫板方式直至调节至设计要求	
扣件丢失个数	左轨失效个数	＞10 个,则轮重减载率＞0.65	日常巡检发现后应当在当日天窗点内及时紧固松动扣件	
		＞12 个,则脱轨系数＞1.758		
		＞13 个,则可能诱发脱轨		
	右轨失效个数	＞10 个,则轮重减载率＞0.65		
		＞12 个,则脱轨系数＞1		
	双轨失效个数	＞12 个,则倾覆系数＞0.8		
		＞13 个,则可能诱发脱轨		

(2) 钢轨伤损病害合理化维护。本节首先根据《中国铁路总公司普速铁路线路修理规则》(TG/GW 102—2019)中第 3.6.1、3.6.3 条规定将钢轨不同病害伤损等级划分成轻伤、重伤及折断三类,即Ⅰ级:轻伤;Ⅱ级:重伤;Ⅲ级:折断。同时,根据《国家铁道行业标准钢轨伤损分类》(TB/T 1778—2010),钢轨病害发生的位置,可以大致分为:轨头表面(踏面、轨距角、轨头侧面)、轨头内部、轨头下颚、轨腰、螺栓孔、轨底(轨底下表面、轨底边缘或轨底角侧面)。结合钢轨伤损分级量化中已有病害,将其分别按照病害最常发生的位置进行归类并给出其合理化维护意见,如表 3-25 和表 3-26 所示。

表 3-25 可量化钢轨病害分类

病害位置	(编号-)病害类别
轨头表面(踏面、轨距角、轨头侧面)	1-剥离掉块
	1-擦伤划痕
	1-钢轨波磨
	1-钢轨轮轨接触面裂纹(如鱼鳞纹)
	1-钢轨非轮轨接触面裂纹(轨头纵向裂纹)
	1-钢轨变形(轨头表面扩大)
	1-钢轨锈蚀
轨头内部	2-轨头内部核伤
轨头下颚	3-钢轨非轮轨接触面裂纹(轨头下颚水平裂纹)
轨腰	4-钢轨非轮轨接触面裂纹(轨腰水平裂纹)
	4-钢轨变形(轨腰扭曲或鼓包)
螺栓孔	5-钢轨非轮轨接触面裂纹(如螺栓孔裂纹)
轨底(轨底下表面、轨底边缘或轨底角侧面)	6-钢轨非轮轨接触面裂纹(轨底裂纹)

表 3-26 钢轨伤损病害合理化维护(提供依据：TG/GW 102—2019)

病害类别-编号分类	车速 V_{max}/(km·h^{-1})	分级检测指标阈值/mm	超限处理意见
1-剥离掉块	(120,160]	Ⅰ级：长>15 深>3	一般达到轻伤标准后就需要修理性打磨(或铣磨),打磨后应保证伤损得到消除；达到重伤标准时,更换钢轨或根据实际病害程度进行短轨焊接。注：依据《普速铁路工务安全规则》,处理应在天窗点内进行,繁忙干线封锁>2h、干线封锁≥4h,短轨前后 50m 内正常放行≤160km/h
		Ⅱ级：长>25 深>3	
		Ⅲ级：长>50 深>10	
	≤120	Ⅰ级：长>15 深>4	
		Ⅱ级：长>30 深>8	
		Ⅲ级：长>50 深>10	
1-擦伤划痕	(120,160]	Ⅰ级：深>0.5	未达到重伤标准时可以进行局部焊补；超过重伤标准则更换钢轨或根据实际病害程度进行短轨焊接。注：依据《普速铁路工务安全规则》,处理应在天窗点内进行,繁忙干线封锁>2h、干线封锁≥4h,短轨前后 50m 内正常放行≤160km/h
		Ⅱ级：深>1	
		Ⅲ级：无	
	≤120	Ⅰ级：深>1	
		Ⅱ级：深>2	
		Ⅲ级：无	

续表

病害类别-编号分类	车速 V_{max}/(km·h^{-1})	分级检测指标阈值/mm	超限处理意见
1-钢轨波磨	(120,160]	Ⅰ级：谷深>0.3	轻伤及重伤标准下，谷深达到0.4mm时，使用打磨列车或小型打磨机进行打磨(或铣磨)，打磨后确保伤损消除；超过重伤标准则更换钢轨或根据实际病害程度进行短轨焊接。注：依据《普速铁路工务安全规则》，处理应在天窗点内进行，繁忙干线封锁>2h、干线封锁≥4h，短轨前后50m内正常放行≤160km/h
		Ⅱ级：无	
		Ⅲ级：无	
	≤120	Ⅰ级：谷深>0.5	
		Ⅱ级：无	
		Ⅲ级：无	
1-钢轨轮轨接触面裂纹(如鱼鳞纹)	—	Ⅰ级：长度一般2～5mm 深度一般8～10mm	发现后多按轻伤标准定义，可不处理
		Ⅱ级：无	
		Ⅲ级：无	
1-钢轨非轮轨接触面裂纹(轨头纵向裂纹)	—	Ⅰ级：无	重伤：建议使用打磨列车或小型打磨机进行打磨(或铣磨)，打磨后直至伤损得到消除。若需更换钢轨，则根据实际病害程度进行短轨焊接；断轨：建议更换钢轨或根据实际病害程度进行短轨焊接。注：依据《普速铁路工务安全规则》，处理应在天窗点内进行，繁忙干线封锁>2h、干线封锁≥4h，短轨前后50m内正常放行≤160km/h。同时，加强轨道养护检修，合理进行预防性打磨和校正性打磨，改善轮轨接触方式，采用合理的轮轨润滑以控制钢轨的磨耗速率和疲劳裂纹的扩展速率
3-钢轨非轮轨接触面裂纹(轨头下颚水平裂纹)		Ⅱ级：存在即为重伤	
4-钢轨非轮轨接触面裂纹(轨腰水平裂纹) 5-钢轨非轮轨接触面裂纹(螺栓孔裂纹) 6-钢轨非轮轨接触面裂纹(轨底裂纹)		Ⅲ级：裂纹贯通整个轨头截面或轨底截面	
2-轨头内部核伤	—	Ⅰ级：深度<12mm Ⅱ级或Ⅲ级：深度≥12mm	建议更换钢轨或根据实际病害程度进行短轨焊接，如系白点造成的，应24h内更换全部同炉号钢轨。注：依据《普速铁路工务安全规则》，处理应在天窗点内进行，繁忙干线封锁>2h、干线封锁≥4h，短轨前后50m内正常放行≤160km/h

续表

病害类别-编号分类	车速 V_{max}/(km·h^{-1})	分级检测指标阈值/mm	超限处理意见
1-钢轨变形(轨头表面扩大) 4-钢轨变形(轨腰扭曲或鼓包)	—	Ⅱ级或Ⅲ级：存在即为重伤(出现直接按Ⅱ级以上处理)	轨头扩大、轨腰扭曲或鼓包等，经判断确认内部有暗裂的情况应当及时(当日天窗点内)更换钢轨或根据实际病害程度进行短轨焊接 注：依据《普速铁路工务安全规则》，处理应在天窗点内进行，繁忙干线封锁＞2h、干线封锁≥4h，短轨前后50m内正常放行≤160km/h
1-钢轨锈蚀	(120,160]	Ⅱ级：经除锈后，轨底厚度不足8mm或轨腰厚度不足14mm	(当日天窗点内)更换钢轨或根据实际病害程度进行短轨焊接。注：依据《普速铁路工务安全规则》，处理应在天窗点内进行，繁忙干线封锁＞2h、干线封锁≥4h，短轨前后50m内正常放行≤160km/h
	≤120	Ⅲ级：经除锈后，轨底厚度不足5mm或轨腰厚度不足12mm	

3.4.2 接触网(轨)故障跟踪识别与应急处置

1. 接触网(轨)故障跟踪识别指标

根据第2章的故障成因特征及规律得出灾害识别指标，如表3-27所示。

表3-27 接触网(轨)灾害跟踪识别指标

故障种类	事件类型	失效部件	测量指标	提供依据
断线	停电	接触线	拉出值	GB/T 32578—2016
停电	停电	接触线	载流量	TB/T2089—2016
接触线磨损	停电	接触线	接触线磨耗比	TB/T2089—2016
绝缘子损耗	短路	绝缘子	爬电距离	GB/T 32586—2016
绝缘滑道磨损	停电	绝缘器导流滑道	磨损深度	Q/XDY 30016.41—2019
绝缘子松动	停电	绝缘子	松动值	GB/T 32586—2016
断电	雷击	电闸	跳闸次数	GB/T 37317—2019
弓网断线	停电	弓网	接触力	GB/T 32578—2016
线岔损坏	停电	线岔	定位点拉出值	Q/XDY 30016.41—2019
汇流排	停电	汇流排中间接头	接头和定位点距离	Q/XDY 30016.41—2019
汇流排失效	停电	汇流排	中间接头间隙	Q/XDY 30016.41—2019

为保证地铁牵引供电系统设施设备的安全运行，更好地发挥检测系统实时数据的采集、分析功能，有效利用检测超限数据、缺陷以指导设备状态修、周期

修和定时修，以实现对系统的科学管理而开展动态检测。动态检测工具主要为带有动态检测设备的接触网(轨)作业车；检修周期原则上应按照规定时间进行，地铁正线周期为每月一次；检测内容包括接触线的拉出值、导线高度、接触网供电电压、接触网压力、接触悬挂硬点(冲击)、定位点位置和速度(里程)等诸项机械及电气技术参数；检测过程中需要地铁正弦接触网全部带电。详细检测内容、方法与标准见附表2和附表3，表3-28和表3-29列出重要参数及其检测方法。

表3-28 刚性接触网灾害动态指标检测

检查内容	检查标准	检查方法
支持定位装置	构件无变形	目视检查
绝缘部件	绝缘子表面洁净，无裂纹	目视检查
定位线夹	线夹表面无裂纹、无缺损	目视检查
	无扭曲变形，转折角，表面无裂纹	目视检查
汇流排	中间接头、外包式接头接触良好	目视检查外观
	固螺栓力矩	目视，紧固使用30N·m力矩
接触线	可靠嵌入汇流排内，无接头	目视检查
	接触线的磨耗要均匀	目视检查
	高度及拉出值	使用激光测量仪测量
中心锚结	表面无大于5mm的破损和裂纹	目视检查
	中心锚结与汇流排固定牢固	目视划线无变化
线岔	导高及拉出值	使用激光测量仪测量

表3-29 柔性接触网灾害动态指标检测

检查内容	检查标准	检查方法
吊弦	吊弦线夹与接触线的倾斜度一致	目视检查
中心锚结	安装牢固	目视检查
	中锚辅助绳受力均匀	目视检查，无明显松弛
	导高	激光测量仪测量
	各部件无损伤	目视检查
支柱	支柱无锈蚀、变形、裂纹	目视检查
	支柱直立及倾斜情况无明显变化	目视检查
接触线磨耗	测量柔接头线夹、锚段关节磨损	目视检查
	刚柔过渡处接触线磨损	
	线岔转换点处接触线磨耗	
复合绝缘部件	表面大于5mm的破损和裂纹	目视检查
绝缘子	无裂纹、破损	目视检查
避雷器	无裂纹、破损、老化和放电痕迹	目视检查
架空地线	损伤面积小于截面积的5%	目视检查

上述确定的各动态指标的阈值如表3-30所示。

表 3-30 动态指标及其阈值

检测部件	检测指标	单位	阈值
接触线	拉出值	mm	400
绝缘子	松动值	mm	5
电闸	跳闸次数	次	29
绝缘子	爬电距离	mm/kV	24
接触线	载流量	A	360
接触线	接触线磨耗比	mm^2/万弓架次	0.015
滑板	滑板重量磨耗比	g/万机车 km	200
弓网	接触力	N	400
绝缘器导流滑道	绝缘器导流滑道磨损深度	mm	4.5
线岔	线岔定位点拉出值	mm	200
汇流排中间接头	汇流排中间接头和定位点的距离	mm	500
汇流排	汇流排中间接头间隙	mm	2

2. 接触网(轨)故障风险分级评估方法及演化模型

风险的基本含义是损失的不确定性，在不同的领域有不同的解释。风险可定义为对不期望发生的后果的概率和严重度的度量，通常采用概率和结果乘积的表现形式。用于风险评估分级的方法主要有预先危险性分析法、故障类型影响分析法、作业条件危险性分析法和风险矩阵法。其中，预先危险性分析法主要考虑危险有害因素导致后果的严重性，对导致后果的可能性重视不足；故障类型影响分析法只能对系统元件进行分级；作业条件危险性分析法在进行危险有害因素分级时，只考虑了人员伤亡的可能性和后果严重度；风险矩阵法依据事故发生的可能性和后果的严重度对危险有害因素分级，可以同时考虑人员伤亡和设备损坏等方面的危险后果。因此，本节选用风险矩阵法对地铁接触网(轨)系统中的危险有害因素进行分级。

(1) 事故后果严重度分级：根据事故发生的严重程度，将其分为Ⅰ～Ⅴ五个等级，分别代表严重、中度、轻度、较安全和安全，如表 3-31 所示。

表 3-31 风险事故的后果严重度等级

等级	等级说明	评价指标		
		中断运营时长 t/min	人员伤亡	设备损坏情况
Ⅰ	严重	>60	重伤或死亡	系统严重损坏
Ⅱ	中度	(40,60]	轻伤	设备严重损坏，系统轻度损坏
Ⅲ	轻度	(20,40]	无	设备中度损坏
Ⅳ	较安全	(10,20]	无	设备轻度损坏
Ⅴ	安全	(0,10]	无	设备轻微损坏

(2) 事故发生可能性分级：根据事故发生的频繁程度，将其可能性分为 A～E 五个等级，分别代表频繁、经常、偶尔、极少和基本不可能，如表 3-32 所示。

表 3-32 风险事故的可能性等级

可能性等级	等级说明	事故频率/(次·年$^{-1}$)
A	频繁	>1
B	经常	(0.3,1]
C	偶尔	(0.2,0.3]
D	极少	(0.1,0.2]
E	基本不可能	≤0.1

依据上述分级标准，本节提取地铁接触网(轨)事故的致因链，统计其后果严重度等级及可能性等级，如表 3-33 所示。其中，考虑到早期的事故数据不完整、信息传递不畅等情况，事故频率以 2010—2020 年之间的数据为参考值。

表 3-33 牵引供电系统事故致因后果

致因链	不同等级事故次数/次					总计/次	事故频率/(次·年$^{-1}$)
	Ⅰ	Ⅱ	Ⅲ	Ⅳ	Ⅴ		
坠轨→人员伤亡→停电	3	0	0	0	0	3	0.30
设备使用状态→停电	3	2	0	1	1	7	0.70
异物侵限→停电	2	0	1	0	1	4	0.30
自然灾害及意外→设备损坏→停电	1	0	0	0	1	2	0.10
设备使用状态→停电/火灾→人员伤亡	0	1	0	0	0	1	0.10
腐蚀→设备损坏→停电	0	1	0	0	0	1	0.10
零部件质量缺陷→停电	0	0	0	1	1	2	0.20
设备使用状态→设备损坏	0	0	0	0	2	2	0.20
设备使用状态→火灾	0	0	0	0	1	1	0.10
安装缺陷→设备损坏	0	0	0	0	3	3	0.30
违章操作→设备损坏	0	0	0	0	1	1	0.10

从表 3-33 中可以明显看出：

(1) 部分相互之间关系紧密且致因后果比较严重的致因链，受致因链长度的影响较弱，如设备使用状态→停电/火灾→人员伤亡等。

(2) 因果关系强的两因素所形成的短事故链风险很高，且容易在长致因链中作为支链的形式出现，如设备损坏→停电等。在故障传播的预防控制管理中，应高度重视这类支链的影响。

(3) 从整体上而言，同一致因所引起的短链发生概率更高，风险值也更大，随着链的延长，风险明显下降。

综合考虑风险事故的后果严重性及其可能性，形成了本节的牵引供电系统风险事件等级评价指标，如图 3-18 所示。

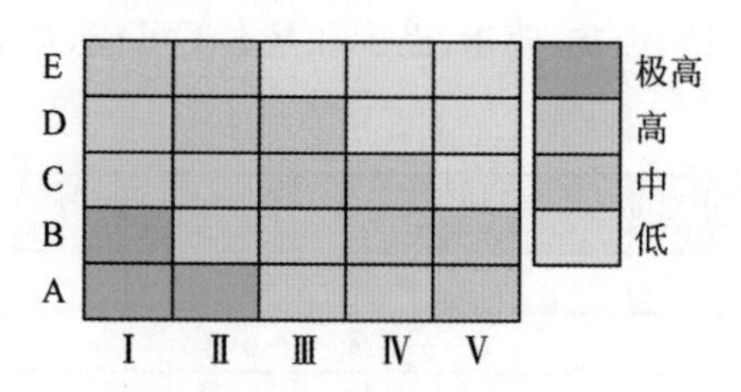

图 3-18 风险等级矩阵评价指标

3. 灾害风险评估方法及演化模型

本研究依照上述风险矩阵法，对各致因链进行风险初值评价，如表 3-34 所示。

表 3-34 各致因链的风险隶属度

代号	致 因 链	权重	隶属度			
			低	中	高	极高
A_{1a}	设备使用状态→停电	0.259	0.000	0.286	0.286	0.429
A_{1b}	设备使用状态→停电/火灾→人员伤亡	0.037	0.000	0.000	1.000	0.000
A_{1c}	设备使用状态→设备损坏	0.074	1.000	0.000	0.000	0.000
A_{1d}	设备使用状态→火灾	0.037	1.000	0.000	0.000	0.000
A_{1e}	零部件质量缺陷→停电	0.074	1.000	0.000	0.000	0.000
A_{1f}	安装缺陷→设备损坏	0.111	0.000	1.000	0.000	0.000
A_{2a}	异物侵限→停电	0.148	0.000	0.250	0.250	0.500
A_{2b}	自然灾害及意外→设备损坏→停电	0.074	0.500	0.000	0.500	0.000
A_{2c}	腐蚀→设备损坏→停电	0.037	0.000	1.000	0.000	0.000
A_{3a}	违章操作→设备损坏	0.037	1.000	0.000	0.000	0.000
A_{3b}	坠轨→人员伤亡→停电	0.111	0.000	0.000	0.000	1.000

风险，是在孕险环境下，致险因子作用在承险体上而形成的。这三大因素一起构成一个风险系统。理论上来讲，一个风险系统可以用一系列状态方程进行表征，其广义函数形式可表达为：

$$R(\omega_1,\omega_2,K,\omega_n)=f(W_1(\omega_1),W_2(\omega_2),\cdots,KW_n(\omega_n)) \tag{3-15}$$

式中，R 为风险的最终评价指标，$\omega_1,\omega_2,\cdots,\omega_n$ 为孕险环境中的基本事件，为随机变量；$W_1,W_2,\cdots,W_n$ 为各致险因子的某种功效函数；抽象函数 $f(W_1(\omega_1),W_2(\omega_2),KW_n(\omega_n))$ 是风险产生机理的某种数学描述，体现着孕险环境的特点。

对风险系统在时间尺度上做进一步推广，则可将风险表示为：

$$R(t)=f(W_1(\omega_1),W_2(\omega_2),KW_n(\omega_n)),t\in T \quad (3\text{-}16)$$

此即风险的随机过程定义。式(3-16)表明,当存在 $R_n \to R$ 的单值映射 f 时,风险可由一个随机过程描述。风险的分布由各致险因子功效函数的分布决定。

马尔可夫链模型是一个随机变量序列,它与某个系统的状态相对应,而此系统在某个时刻的状态只依赖于它在前一时刻的状态。也就是说,马尔可夫链是满足下面两个假设的一种随机过程:

$$P\{X^{(t+1)}=x \mid X^{(0)},X^{(1)},\cdots,X^{(t)}\}=P\{X^{(t+1)}=x \mid X^{(t)}\}; \quad (3\text{-}17)$$

系统从时刻 t 到时刻 $t+1$ 状态的转移概率,与 t 的值无关。

利用马尔可夫链理论,可对风险的动态演变趋势进行预测,对其灾变可能性进行判断,并可结合马尔可夫决策过程制定最优风险管控方案。将马尔可夫链与目前风险评估中常用的模糊评价法结合,便可实现对风险演变规律的表达、归纳和预测。具体步骤如下:

① 构建指标体系及 ANP 网络,如图 3-19 所示。

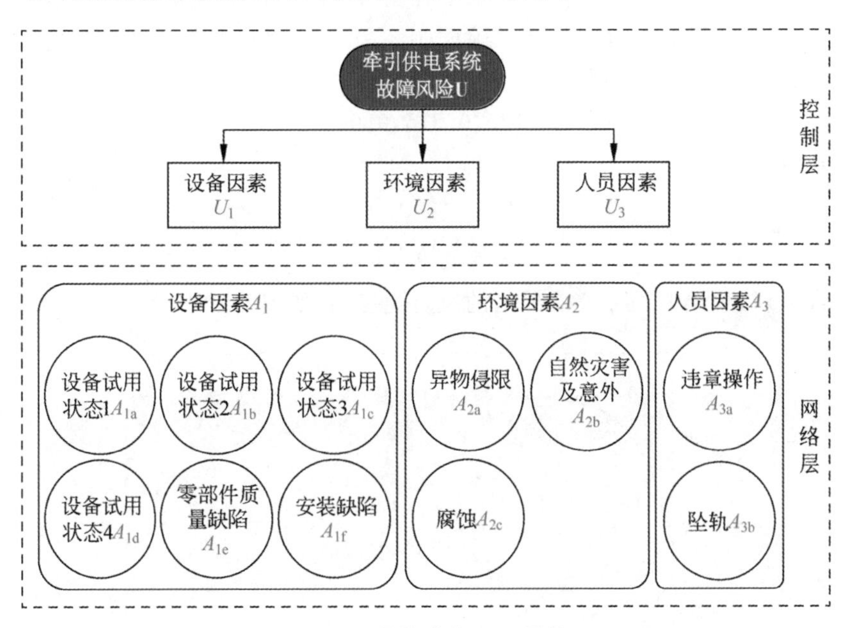

图 3-19 风险演化 ANP 网络

② 计算各致灾因子的权重系数矩阵 $\boldsymbol{A}$ 和模糊评价矩阵 $\boldsymbol{R}$。采用网络层次分析法计算各元素的权重系数,并确定各元素的风险等级,构建模糊评价矩阵 $\boldsymbol{R}$。相关的值已在上文给出,详情如表 3-34 所示。

③ 确定因素集和评语集。因素集为 ANP 网络底层元素的集合 U。根据上面制定的风险评价标准,将风险分为 4 个等级,故评语集为:

$$V=\{低风险,中风险,高风险,极高风险\}$$

④ 确定马尔可夫转移矩阵。以致灾因子 A_{1f} 为例，取其马尔可夫转移矩阵为：

$$\boldsymbol{P}_{1f} = \begin{bmatrix} 0.88 & 0.12 & 0 & 0 \\ 0 & 0.78 & 0.22 & 0 \\ 0 & 0 & 0.82 & 0.18 \\ 0 & 0 & 0 & 1 \end{bmatrix} \tag{3-18}$$

⑤ 进行模糊评价并使评价结果清晰化。选取均衡考虑各因素影响的加权平均算子进行模糊合成：

$$\begin{aligned} \boldsymbol{B}^{(0)} &= \boldsymbol{A}(\cdot, \oplus)\boldsymbol{R} \\ \boldsymbol{B}^{(1)} &= \boldsymbol{A}(\cdot, \oplus)(\boldsymbol{R} \otimes \boldsymbol{P}) \\ &\vdots \\ \boldsymbol{B}^{(\infty)} &= \boldsymbol{A}(\cdot, \oplus)(\boldsymbol{R} \otimes \boldsymbol{P}^{(\infty)}) \end{aligned} \tag{3-19}$$

由于评语集分为 4 个等级，故每个等级对应的评价值区间为：低风险∈(0, 0.25]，中风险∈(0.25,0.5]，高风险∈(0.5,0.75]，极高风险∈(0.75,1]。

按其区间中位数为评语集中各元素赋值：

$$N = \{0.125, 0.375, 0.625, 0.875\}$$

计算评价值

$$\begin{aligned} b^{(i)} &= N \cdot B^{(i)} \\ b &= \sum b^{(i)} \end{aligned} \tag{3-20}$$

综上所述，绘制 A_{1f} 安装缺陷的风险演变图，如图 3-20 所示。

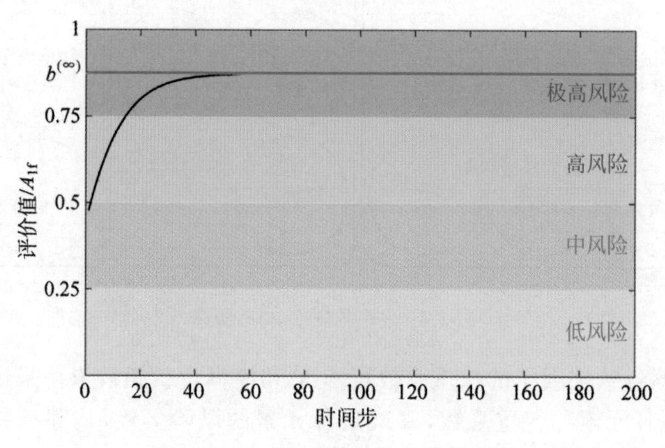

图 3-20　A_{1f} 安装缺陷的风险演变图

评估结果表明，该指标在初始阶段处于中风险；在评估之后的约 15d 内，风险持续增加且增速较快；评估之后约 50d，风险增速放缓，维持在一个稳定的水平。

4. 接触网(轨)故障紧急预案和应对处置

1) 紧急预案

根据《国家城市轨道交通运营突发事件应急预案》、西安市轨道交通集团有限公司的故障处理文件及相关文献,制定灾害情况下的紧急预案,其内容分为预警、应急响应和后期处置三个部分。

(1) 预警

① 预警信息发布。运营单位要及时对可能导致运营突发事件的风险信息进行分析研判,预估可能造成影响的范围和程度。城市轨道交通系统内设施设备及环境状态异常可能导致运营突发事件时,要及时向相关岗位专业人员发出预警;因突发大客流、自然灾害等可能影响城市轨道交通正常运营时,要及时报请当地城市轨道交通运营主管部门,通过电视、广播、报纸、互联网、手机短信、楼宇或移动电子屏幕、当面告知等渠道向公众发布预警信息。

② 预警行动。研判可能发生运营突发事件时,运营单位视情况采取以下措施:

a. 防范措施。对于城市轨道交通系统内设施设备及环境状态预警,要组织专业人员迅速对相关设施设备状态进行检查确认,排除故障,并做好故障排除前的各项防范工作。对于突发大客流预警,要及时调整运营组织方案,加强客流情况监测,在重点车站增派人员加强值守,做好客流疏导,视情况采取限流、封站等控制措施,必要时申请启动地面公共交通接驳疏运。城市轨道交通运营主管部门要及时协调组织运力疏导客流。对于自然灾害预警,要加强对地面线路、设备间、车站出入口等重点区域的检查巡视,加强对重点设施设备的巡检紧固和对重点区段设施设备的值守监测,做好相关设施设备停用和相关线路列车限速、停运准备。

b. 应急准备。责令应急救援队伍和人员进入待命状态,动员后备人员做好参加应急救援和处置工作准备,并调集运营突发事件应急所需物资、装备和设备,做好应急保障工作。

c. 舆论引导。预警信息发布后,及时公布咨询电话,加强相关舆情监测,主动回应社会公众关注的问题,及时澄清谣言传言,做好舆论引导工作。

③ 预警解除。运营单位研判可能引发运营突发事件的危险已经消除时,宣布解除预警,适时终止相关措施。

(2) 应急响应。根据上述分析的事故致因路线,由设备、环境因素导致的以下几种事故情况,如图 3-21 所示。

① 仅设备损伤,未停电影响正线运营。

设备维修部分:若设备损伤轻微,如隧道顶端防霉涂层脱落、设备少许松脱等,可待次日停运后进行异物清除、设备紧固等维护手段;若设备损伤较为严重,如承力索下锚补偿装置平衡轮处补偿绳断线导致图定转峰回段车未能正常

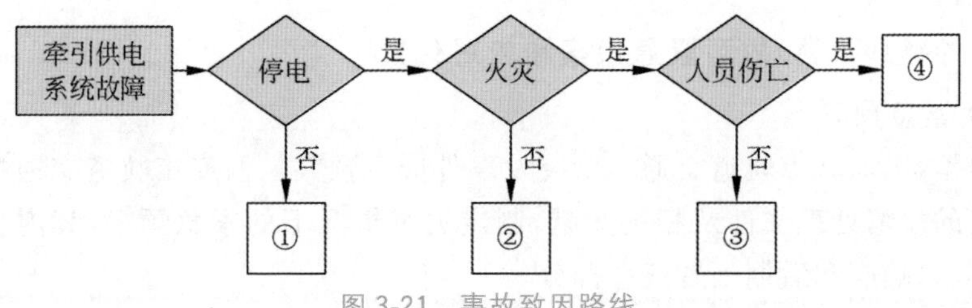

图 3-21 事故致因路线

回段而持续加开运行、正线运营未受影响,可将列车暂时退出正线,进行抢修。

② 停电,未发生火灾。

设备抢修部分:通知地铁抢修人员迅速赶赴现场处置;选择合理的抢修方案;完成设备维修;清理现场确认具备送电条件,申请送电;送电后,若正常则恢复正常运营,若不正常则继续维修。

人员疏散部分:首先安抚乘客情绪,通知公安、武警等赶赴现场协助疏散;其次工作人员携带照明设备,身穿荧光衣服,引导乘客有序通过安全通道撤离;再次办理单程票、地铁卡等相关退费工作;最后对城市轨道交通线路实施分区封控、警戒,阻止乘客及无关人员进入。

交通疏导部分:中断区间行车,采取分段运营、限流、告知等措施疏导客流;根据疏散乘客数量和发生运营突发事件的城市轨道交通线路运行方向,及时调整城市公共交通路网客运组织,利用城市轨道交通其余正常运营线路,调配地面公共交通车辆运输,加大发车密度,做好乘客的转运工作;设置交通封控区,对事发地点周边交通秩序进行维护疏导,防止发生大范围交通瘫痪;开通绿色通道,为应急车辆提供通行保障。

舆论控制部分:通过政府授权发布、发新闻稿、接受记者采访、举行新闻发布会、组织专家解读等方式,借助电视、广播、报纸、互联网等多种途径,运用微博、微信、手机应用程序(APP)客户端等新媒体平台,主动、及时、准确、客观向社会持续动态发布运营突发事件和应对工作信息,回应社会关切,澄清不实信息,正确引导社会舆论。信息发布内容包括事件时间、地点、原因、性质、伤亡情况、应对措施、救援进展、公众需要配合采取的措施、事件区域交通管制情况和临时交通措施等。

③ 停电且发生火灾,未造成人员伤亡。

火灾扑救部分:报告相关部门,调度消防局进行紧急救援。

设备抢修部分:通知地铁抢修人员,待火灾扑灭后赶赴现场处置;其余处理措施同“②停电,未发生火灾”部分。

人员疏散部分、交通疏导部分、舆论控制部分同“②停电,未发生火灾”部分。

④ 停电、火灾,造成人员伤亡。

火灾扑救部分、设备抢修部分同“③停电且发生火灾,造成人员伤亡”,人员疏散部分、交通疏导部分、舆论控制部分同“②停电，未发生火灾”部分。

人员搜救部分：调派专业力量和装备，在运营突发事件现场开展以抢救人员生命为主的应急救援工作，现场救援队伍之间要加强衔接和配合，做好自身安全防护；迅速组织当地医疗资源和力量，对伤病员进行诊断治疗，根据需要及时、安全地将重症伤病员转运到有条件的医疗机构加强救治；视情况增派医疗卫生专家和卫生应急队伍、调配急需医药物资，支持事发地的医学救援工作；提出保护公众健康的措施建议，做好伤病员的心理援助。

此外，对于意外坠轨、自杀等人员因素造成的人员损伤，工作人员应采取接触轨停电措施，及时将伤患送往医院，然后恢复送电使运营秩序恢复正常。

（3）后期处置。

① 善后处置。城市轨道交通所在地城市人民政府要及时组织制定补助、补偿、抚慰、抚恤、安置和环境恢复等善后工作方案并组织实施。组织保险机构及时开展相关理赔工作，尽快消除运营突发事件的影响。

② 事件调查。运营突发事件发生后，按照《生产安全事故报告和调查处理条例》等有关规定成立调查组，查明事件原因、性质、人员伤亡、影响范围、经济损失等情况，提出防范、整改措施和处理建议。

③ 处置评估。运营突发事件响应终止后，履行统一领导职责的人民政府要及时组织对事件处置过程进行评估，总结经验教训，分析查找问题，提出改进措施，形成应急处置评估报告。

2）风险情况下的应急处置

（1）设备设施部分。

① 建立基于设备设施故障风险的全寿命维修维护管理体系，充分利用设备设施安全运行数据，建立设备设施数据库，利用智能计算和大数据分析技术，对设备设施风险进行特征提取和分析评价，建立设备设施风险智能识别评估模型，实现设备设施风险的自动识别分级，根据实时监测数据，利用多源数据融合、关联规则挖掘，对各种监测信号进行分析处理，实现设备设施故障诊断、预警，从而降低设备设施因素引起的地铁运营事故数量，并重点对车辆设备信号、设备重要部件、重点部位、关键环节等进行风险评估，对重点问题和惯性故障开展技术攻关和专项整改。

② 组织对综合监控系统、通信系统、自动售票系统、屏蔽门系统、信号系统、劳动防护用具等特别是针对消防系统使用的培训，这项工作极为重要。在运营安全培训当中应当重点关注业务、技能、意识较差的员工，确保能够做到人人过关，在专业中寻求保证，以技能来保证运营的质量以及安全性。

③ 加强应急处置救援能力。安全技术部要根据地铁运营情况，提前做好安全预想工作，针对可能发生的突发情况，应积极安排、调整各部门应急演练项目，牵头各部门对前期各项演练活动进行总结，对各部门演练方案进行不断优

化、完善,查漏补缺,切实提高部门应急救援的处置能力;同时要做好日常演练培训工作,稳步推进,逐步提升员工的应急处置能力。

④ 建立自动监控及报警系统。为了保证人们在地铁出行时的安全,地铁系统内都应当具备监控以及自动报警系统(fire alarm system,FAS)。FAS能够有效确保地铁运营管理中的安全,且对其安全管理具有重要的作用,现今已经成为地铁各个系统中不可或缺的重要组成部分。受到FAS监测保护的对象是全线的车站、车辆以及地铁相关建筑,因此FAS必须具备高度的可靠性,同时其组装连接简便、灵活,便于维护以及扩展。一般在地铁的控制中心(OCC)应具备全线的示意图,确保能够监控到全线的报警提示,做到具有一定的动态性。

⑤ 为了加强地铁运营管理安全的可靠性,其一,需要减少设备故障、老化、不适配等隐患;其二,降低人为操作引起事故发生的可能性,需要对部分重要设备管理设置一定权限,从而加强地铁运营安全管理工作效率以及安全标准。

(2) 环境及人员部分。

① 行驶环境。驾驶沿途单调,会使发生事故的概率变大。应该采取措施,为司机驾驶创造富有变化的行驶环境。

② 通风。地铁是一个城市的名片,随着城市规模的不断增加,运行的里程将越来越长,出于节约建设成本、增加建设速度的考虑,线路地下站较多。而且,线路网络化后,客流量也将大幅增加,站点通风良好显得尤为重要。

③ 车次。当车次增加时,司机容易疲劳驾驶,应该注意保证司机充足的休息。

④ 针对地铁运行外部环境问题,定期进行全面风险辨识,利用法律的手段治理安全保护区违法施工、违法经营、违章建筑、树木及异物侵界等隐患,确保地铁运营安全。

⑤ 增加侵限监测、加强维保管理力度。

3) 防灾措施下的灾害抑制模型

以下为城市轨道交通牵引供电系统的重要动态检测指标及其抑灾减灾措施,相应的灾害抑制模型如图3-22所示。

本节对城轨交通接触网(轨)关键部件进行了分析,不完全统计了1972—2020年牵引供电网络的故障案例,从设备因素、环境因素、人员因素三个方面进行了致因分析,并由此建立了牵引供电网络失效的故障树;构建了关键部件的贝叶斯网络模型,并参考国家标准文件、地铁公司设备设施检修规程及相关文献,确定了灾害跟踪识别指标,并总结了动态指标检测方法、演化规律及其阈值;综合考虑风险事故的后果严重度及其发生概率,制定了风险评估标准,并且基于马尔可夫链理论进行了风险预测;针对灾害情况和风险情况,分别制定了相应的紧急预案和应对措施,并由此建立了防灾措施下的灾害抑制模型。

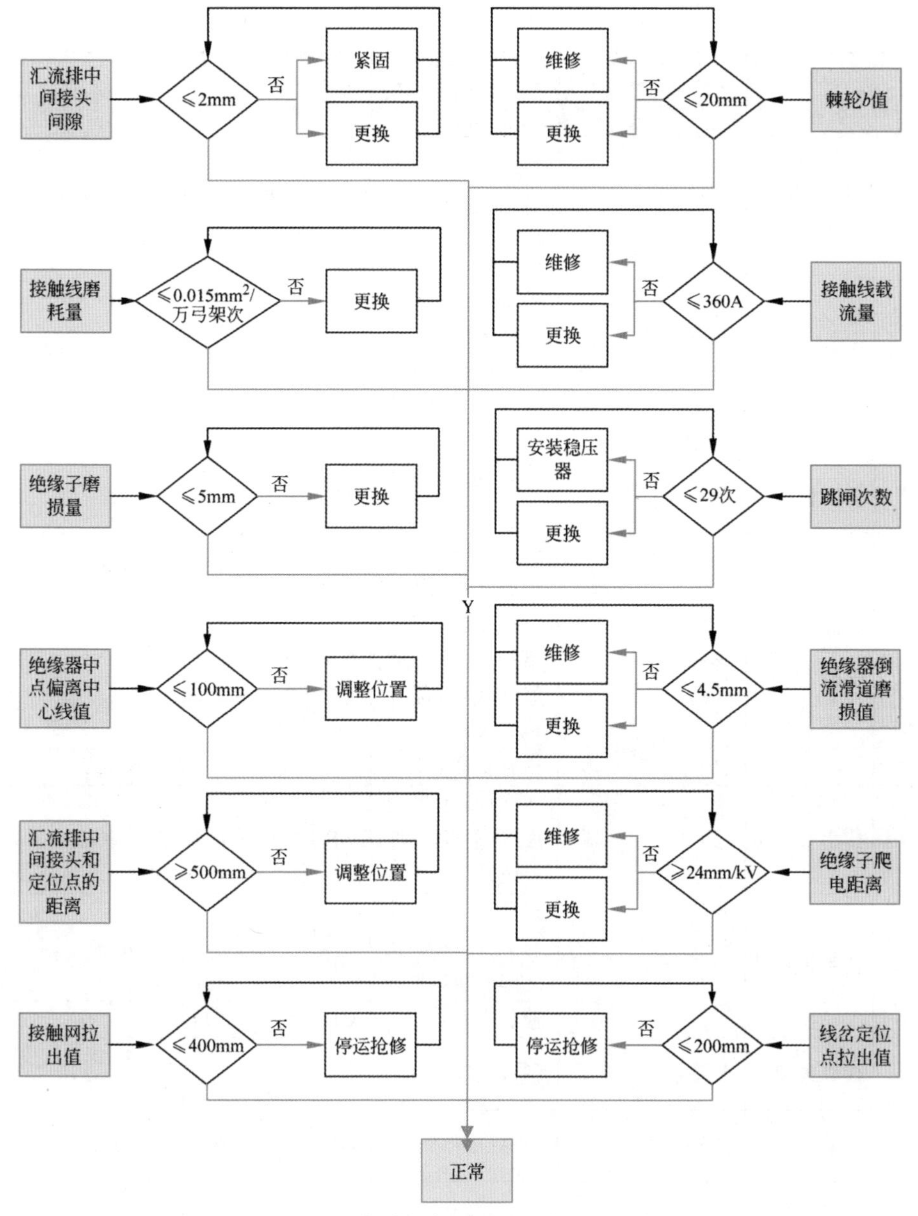

图 3-22　牵引供电系统的灾害抑制模型

3.4.3　自动扶梯故障跟踪识别与应急处置

1. 自动扶梯故障跟踪识别指标

根据自动扶梯故障成因特征及规律，结合相关规范要求得出灾害识别指标，如表 3-35 所示：

表 3-35 自动扶梯灾害识别指标

事件类型	故障种类	失效部件	监测指标	提供依据	指标等级判定规则
坠落	坠入扶梯内部(梯级缺失)	梯级	面域特征(有下坠趋势)	与固有图像得到特征匹配概率判断	bool 型(0 或 1)
	坠入扶梯内部(梯级下陷)	位移(梳齿与梯级踏板齿槽的啮合深度)	位移(梳齿与梯级踏板齿槽的啮合深度)	GB 16899—2011	>4mm
		位移(梳齿与梯级踏板齿槽的间隙)	位移(梳齿与梯级踏板齿槽的间隙)		≥4mm
	楼层板松动	盖板	垂直位移或翻转后位移	调研	≥8mm
挤压、夹人	梯路运行受阻	梯路	位移(踏面齿与梳齿之间间隙)	GB 16899—2011	≥4mm
			位移(梯级与围裙板之间的间隙,梯级内部连接失效)		>4mm
			梯路轨迹变化		≥4mm
跌倒	扶手带失速	扶手	速度(扶手带速度与梯级速度差值)	GB 16899—2011	≥梯级的 15%
	扶手带松动		扶手带开口处与其运行导轨之间的距离	TSG T 7005—2012	≥8mm
			伸长率	GB 16899—2011	≥1.5
逆转	梯级失速	梯级	梯级速度	GB 16899—2011	≥名义速度的 5%
	制动异常	制动器	位移(制停距离)		>1.2m
	主驱动链异常	主驱动链	位移(伸长率)		≥1.5%
	主机位移	主机	振动(振动加速度)	实验研究	分析振动加速度信号变化趋势
			声谱		分析声谱的频域下振幅分布

注:《自动扶梯和自动人行道的制造与安装安全规范》(GB 16899—2011)

《电梯监督检验和定期检验规则——自动扶梯与自动人行道》(TSG T 7005—2012)

2. 自动扶梯安全风险评估

自动扶梯的安全评估可以选取预先危险性分析法，并结合部件失效模式及影响分析进行。部件危险度评估主要从风险二要素出发，考虑两个方面：危险状态导致伤害的严重程度(事故的严重程度)S 以及伤害发生的概率(事故发生的难易程度)P。数学模型如下：

$$R = f(S, P) = SP \tag{3-21}$$

(1) 伤害的严重程度(事故的严重程度)S。事故的危害主要考虑对人员的伤害以及对设备的损害，其中对设备的损害还包括对设备对应功能造成的削弱或丧失。

(2) 伤害发生的概率(事故发生的难易程度)P。根据 GB 16899—2011 的规定，自动扶梯与自动人行道的事故类型主要包括剪切、挤压、坠落、绊倒和跌倒、夹住、火灾、电击以及由机械损伤、磨损、锈蚀等引起的材料失效等，直接与人身伤害相关的有 7 种，而材料失效则主要是引发故障后可能对设备及人员造成损害。部件的不安全状态是引发自动扶梯与自动人行道事故的必要条件，根据部件的功能分析、防护装置的保护情况等，可判断事故发生的难易程度。

评估项目的风险等级由其伤害的严重程度(S)等级和伤害发生的概率(P)等级组合而成。根据评估项目的风险，即可能对人身、财产和环境造成的后果，将其严重程度评定为表 3-36 所列的等级之一。

表 3-36 伤害的严重程度(S)等级

严重程度	等级	说　明
高	1	死亡、系统(安全部件)缺失、违背现行标准和政府指令、严重的环境损害
中	2	严重损伤、严重职业病、主要系统和部件功能降低、环境损害
低	3	较小损伤、较轻职业病、次要系统和部件功能降低、环境损害
可忽略	4	不会引起伤害、职业病及系统、环境损害

根据评估项目发生的概率、暴露于危险中的频次和持续时间以及影响、避免或限制伤害的可能性，将其发生的概率评定为表 3-37 所列的等级之一。

表 3-37 伤害发生的概率(P)等级

发生的概率(频次)	等级	说　明
频繁	A	在使用寿命内，系统和部件很可能经常发生
很可能	B	在使用寿命内，系统和部件仍可能会发生数次
偶尔	C	在使用寿命内，系统和部件有可能发生 2 次
极少	D	未必发生，但在使用寿命内有可能发生 1 次
不大可能	E	在使用寿命内不大可能发生
不可能	F	概率几乎为零

通过综合衡量评估项目伤害的严重程度(S)等级和发生的概率(P)等级，按照附录 A 的方法组合成的风险等级如表 3-38 所示。

表 3-38 风险等级

伤害发生的概率等级	伤害的严重程度等级			
	1-高	2-中	3-低	4-可忽略
A-频繁	1A	2A	3A	4A
B-很可能	1B	2B	3B	4B
C-偶尔	1C	2C	3C	4C
D-极少	1D	2D	3D	4D
E-不太可能	1E	2E	3E	4E
F-不可能	1F	2F	3F	4F

根据自动扶梯与自动人行道的安全特征和实践经验，以及通过各个风险等级相互之间的比较，评定各危险状态下的风险等级的风险类别，并最终确立三个风险类别，如表 3-39 所示。

表 3-39 风险类别

风险类别	风险等级	风险类别影响及对应措施描述
Ⅰ级	1A、2A、3A、1B、2B、3B、1C、2C、1D	导致自动扶梯与自动人行道处于危险状态，需根据具体情况立即采取部件判废、改造、修理等措施以降低风险，并停止使用自动扶梯和自动人行道
Ⅱ级	1E、2D、2E、3C、3D、4A、4B	需复查，自动扶梯与自动人行道运行存在安全隐患，增加了乘客的乘运风险，在考虑解决方案和社会价值的实用性后，确定是否需要进一步的防护措施来降低风险
Ⅲ级	1F、2F、3E、3F、4C、4D、4E、4F	对自动扶梯与自动人行道运行安全影响较小，保持维保，无需采取额外措施

根据自动扶梯安全评估的相关标准，自动扶梯风险类别在Ⅰ级的安全评估项目、严重程度、概率等级和风险类别如表 3-40 所示。

表 3-40 自动扶梯安全评估项目、内容及要求

序号	部件	评估内容	严重程度	概率等级	风险类别	备注
1	驱动与转向站	转动部件的安全防护	1	D	Ⅰ	
		维修空间	1	D	Ⅰ	
		主开关	2	C	Ⅰ	
		停止开关与辅助设备开关	2	C	Ⅰ	
		紧急停止装置	2	C	Ⅰ	

续表

序号	部　件	评估内容	严重程度	概率等级	风险类别	备注
2	驱动装置	主机固定	1	D	Ⅰ	
		电动机	1	D	Ⅰ	
		减速箱	1	D	Ⅰ	
		机-电制动器	1	D	Ⅰ	
		制动器松闸故障保护	2	C	Ⅰ	
		附加制动器	1	C	Ⅰ	
		联轴器	1	D	Ⅰ	
		驱动链	1	D	Ⅰ	
		驱动皮带	1	D	Ⅰ	
		梯级和踏板的链条	2	C	Ⅰ	
		驱动轴及轴承	1	D	Ⅰ	
3	电气装置	导线和电缆	2	C	Ⅰ	
		接触器(继电器)	3	C	Ⅰ	
		变频器	2	C	Ⅰ	
		触电保护	1	D	Ⅰ	
		超速保护和非操纵逆转保护	1	C	Ⅰ	
		扶手带开口处间隙	2	C	Ⅰ	
		扶手带入口保护	3	C	Ⅰ	
		扶手带运行速度偏差	2	C	Ⅰ	
		围裙板	2	C	Ⅰ	
		围裙板防夹装置	2	C	Ⅰ	
		梯级、踏板或者胶带与围裙板间隙	2	C	Ⅰ	
		梳齿板	3	B	Ⅰ	
		梳齿板保护	3	B	Ⅰ	
		梯级或者踏板的下陷保护	1	D	Ⅰ	
		梯级或者踏板的缺失保护	1	C	Ⅰ	
4	相邻区域	出入口空间	1	D	Ⅰ	
		防止出入口跌落的保护	1	D	Ⅰ	
		垂直净高度	1	D	Ⅰ	
		防护挡板	2	C	Ⅰ	
		扶手带外缘距离	1	C	Ⅰ	
		检修盖板	1	D	Ⅰ	
		空载制停距离	1	C	Ⅰ	

3. 自动扶梯故障应急处置措施

1）自动扶梯灾害情况下的紧急预案

特种设备事故发生后，事故发生单位应当立即启动事故应急预案，组织抢救，防止事故扩大，减少人员伤亡和财产损失，并及时向事故发生地县以上特种设备安全监督管理部门和有关部门报告。一般事故由设区的市级特种设备安全监督管理部门会同有关部门组织事故调查组进行调查。

建议针对自动扶梯可能发生的风险，制定相应的应急预案，包括自动扶梯综合联动应急预案，如车站水灾、车站火灾等灾害情况下的扶梯联动应急预案以及自动扶梯专项应急预案及现场处置方案。专项应急预案针对具体的故障类别、危险源和应急保障而制定。现场处置方案包括针对具体的装置、场所或设施、岗位所制定的应急处置措施，现场处置方案应具体、简单、针对性强。现场处置方案应根据风险评估及危险性控制措施逐一编制。

应急预案包括八大"核心要素"，分别为：危险源与风险分析、应急组织机构与职责、监测与预警、信息报告与处置、应急响应（处置）、保障措施、应急恢复、培训与演练。应急预案编制参考步骤如图 3-23 所示。

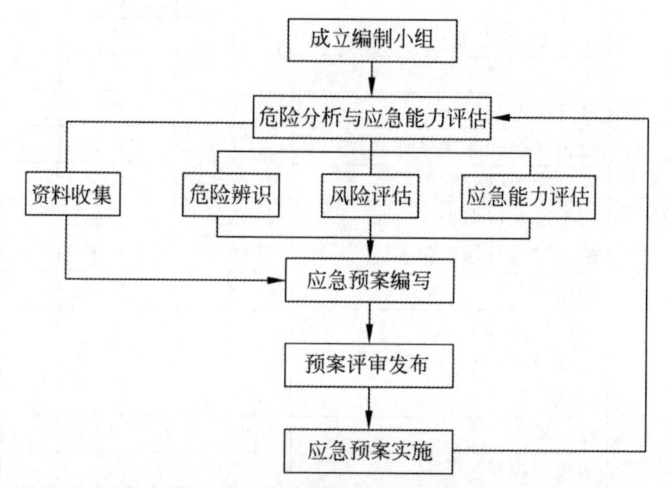

图 3-23　应急预案编制参考步骤

成立应急指挥中心或应急指挥小组。应急指挥中心或应急指挥小组在事故发生后，可进行统一调度指挥，针对突发事件启动应急响应，跟进现场指挥部处置情况，监督协调人力、物资调配，为现场应急处置提供辅助决策支持。

2）操作程序

（1）切断自动扶梯主电源。

（2）确认自动扶梯全行程之内没有无关人员或其他杂物。

（3）确认在扶梯上（下）入口处已有维修人员进行监护，并设置了安全警示牌。严禁其他人员上（下）自动扶梯。

（4）确认救援行动需要自动扶梯运行的方向。

（5）打开上（下）机房盖板，放到安全处。

（6）装好盘车手轮（固定盘车轮除外）。

(7) 一名维修人员将抱闸打开,另外一人将扶梯盘车轮上的盘车运动方向标志与救援行动需要自动扶梯运行的方向进行对照,缓慢转动盘车手轮,使梯级向救援行动需要的方向运行,直到满足救援需要或决定放弃手动操作扶梯运行为止。

(8) 关闭抱闸装置。

(9) 若确认有乘客受伤或有可能有乘客会受伤等情况,则应立即同时通报120急救中心,以便急救中心做出相应行动。

3) 应急救援方法

自动扶梯按照不同的风险类别可采取不同的应急救援方法,如表3-41所示。

表3-41 应急救援方法

风险类别	风险等级	应急救援方法
人员被夹持	梯级与围裙板发生夹持	1. 如果围裙板开关(安全装置)起作用,可通过反方向盘车方法或者采用扩张器方法救援 2. 如果围裙板开关(安全装置)不起作用,应以最快的速度对内侧盖板、围裙板进行拆除、切割或者采用扩张器,救出受困人员 3. 请求支援。当上述救援方法不能完成救援活动时,应急救援小组负责人向本单位应急指挥部报告,请求应急指挥部支援
	乘客被扶手带夹持	1. 扶手带入口处夹持乘客,可拆掉扶手带入口保护装置,放出夹持乘客 2. 扶手带夹伤乘客,可用工具撬开扶手带放出受伤乘客 3. 对夹持乘客的部件进行拆除或切割,救出受困人员
	乘客被梳齿板夹持	1. 拆除梳齿板或通过反方向盘车方法救援 2. 对梳齿板、楼层板进行拆除、切割或采用扩张器完成救援工作
自动扶梯梯级断裂、驱动链断裂	梯级发生断裂	1. 按下"急停"按钮或切断自动扶梯总电源,在扶梯/人行道上下端站设置警示牌,对受伤人员进行必要的扶助和保护措施 2. 确定盘车方向,在确保盘车过程中不会加重或增加伤害的情况下,可通过反方向盘车方法救援 3. 可对梯级和桁架进行拆除或切割作业,完成救援活动 4. 请求支援。当上述救援方法不能完成救援活动时,由应急救援小组负责。负责人向本单位应急指挥部报告,请求应急指挥部支援
	驱动链断链	1. 按下"急停"按钮或切断自动扶梯总电源,在扶梯/人行道上下端站设置警示牌,对受伤人员进行必要的扶助和保护措施 2. 确定盘车方向,在确保盘车过程中不会加重或增加伤害的情况下,通过反方向盘车方法救援 3. 可对梯级和桁架进行拆除或切割作业,完成救援活动 4. 请求支援。当上述救援方法不能完成救援活动时,由应急救援小组负责人向本单位应急指挥部报告,请求应急指挥部支援
制动器失灵	制动器失灵	1. 制动器失灵造成扶梯及人行道向下滑车的现象,人多时会发生人员挤压事故,立即封锁上端站,防止人员再次进入自动扶梯 2. 立即疏导底端站的乘梯人员

3.5 城市地下空间结构典型病害跟踪识别与应急处置

地下结构有关的典型病害主要涉及结构开裂、结构渗漏水、结构变形超标、管片接缝张开等四种类型，本节主要对运营期地铁盾构隧道进行研究，获得以上四种典型病害可能发生的识别指标，对该病害发生风险进行分级，并根据分级结果对应采取应急处置措施，达到降低病害发生造成损失的目的。

3.5.1 地下结构典型病害跟踪识别指标

病害识别指标以下分别对四种典型地下结构的跟踪识别指标的内容和分级进行详细说明。

1. 结构开裂指标

结构开裂指标主要包括隧道裂损现象等级、管片最大裂缝宽度、管片裂缝深度以及接缝剥落区域直径等四个指标，以下是针对这四个指标进行较为详细的解释说明。

（1）隧道裂损现象等级：对于隧道病害多以绘制隧道开裂破损展开图的形式，首先将地铁隧道内弧面进行展开。其次将隧道裂缝、接缝开裂破损均半定量表达在图上。最后用人工或机器识别并进行隧道裂损等级判定。一般用于出现较严重病害、进行结构详细检测时，隧道病害展开图如图 3-24 所示，主要用于单环或特定区段的隧道结构开裂的病害等级判断。由于混凝土裂缝宽度、深度、掉块大小等可量测值离散性较大，且大范围高精度进行裂缝量测比较困难，隧道开裂和破损展开图的标准化是十分必要的，其重要性大于对裂缝、破损的定量量测，它是进行病害机理原因分析和病害等级判断的基础。目前隧道病害整理过程中发现，各地不同从业者对病害的分类和描述非常不规范，以照片和文字记录为主，结构性差，不利于病害情况把控和案例积累，应通过标准化展开图来实现地铁隧道开裂破损病害的标准化表达。

（2）管片最大裂缝宽度：单环隧道管片所有裂缝的最大宽度，内弧面裂缝主要出现在拱顶。裂缝宽度是表征管片截面内力状态的重要指标，可用于进行单环管片的开裂等级判断。

（3）管片裂缝深度：宽度最大的 2～3 条裂缝的裂缝深度。主要用于辅助参考判断混凝土管片开裂严重程度。

（4）接缝剥落区域直径：隧道管片开裂严重，出现空鼓、剥落（或敲击可脱落）现象的区域的直径。接缝破损是接缝病害的直接表现，可用于判断接缝开裂病害等级。

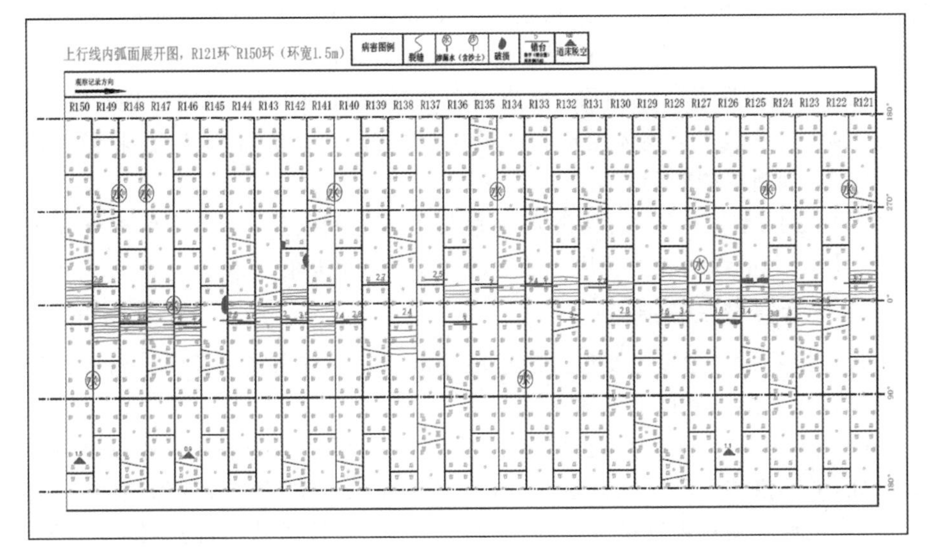

图 3-24　某个典型的隧道开裂破损展开图

2. 结构渗漏水指标

结构渗漏水指标主要包括隧道渗漏水现象等级和隧道区段渗漏水量这两个指标，以下内容是对这两个指标的详细介绍。

(1) 隧道渗漏水现象等级：隧道渗漏水展开图是将地铁隧道内弧面进行展开，然后将隧道渗漏水现象半定量表达在图上，一般用于出现较严重病害、进行结构详细检测时，隧道病害展开图如图 3-24 所示。它主要用于隧道某区段结构渗漏水的病害等级判断。由于渗漏水多发于拱顶及腰部，大范围定量量测渗漏水量存在诸多困难，隧道渗漏水展开图的标准化是十分必要的，它是进行病害机理原因分析和病害等级判断的基础。目前隧道病害整理过程中发现，各地不同从业者对病害的分类和描述不完全规范，以照片和文字记录为主，结构性差，不利于病害情况把控和案例积累，应通过标准化展开图来实现地铁隧道渗漏水病害的标准化表达。

(2) 隧道区段渗漏水量：隧道区段渗漏水量包含平均渗水量、单点漏水量两个指标，表达了隧道区段和区段内特定位置的渗漏水情况。它主要用于定位渗漏水最严重区段、位置；进行湿渍、浸渗、滴漏、线漏、涌流状态定量分级，进而进行结构渗漏水等级判断。

3. 结构变形超标指标

结构变形超标指标主要有隧道收敛变形，隧道沉降、隆起、侧移和隧道道床脱空三大指标，以下内容对这三大指标进行了详细的介绍说明。

(1) 隧道收敛变形：收敛变形是隧道内两点间距的相对变化，通常指“腰部收敛变形”,即隧道腰部水平距离最大处的间距变化。结构收敛变形是表征地铁盾构隧道结构受力状态最重要的指标,用于评定隧道断面变形程度。

(2) 隧道沉降、隆起、侧移:隧道内单个监测点的水平、竖向位移。隧道内单点沉降、侧移是多个整体变形指标的组成部分,可计算沉降速率、收敛变形、差异沉降,判断结构变形病害等级。

(3) 隧道道床脱空:盾构隧道管片与道床之间的脱离量,或称离缝宽度。它主要用于定量判断隧道管片与道床的分离情况并进行分级。

4. 管片接缝张开指标

管片接缝张开指标主要包括隧道环缝错动和隧道纵缝张开两个指标,以下分别对这两个指标进行了详细介绍。

(1) 隧道环缝错动:环缝环间错动量值,一般最大值位于拱顶附近环纵缝交界处,最小值位于环缝螺栓附近。由于环纵缝交界处的接缝变形接触式测量困难,非接触式测量识别精度有限,一般谈及的“环缝错动”指的是拱顶的环间错动量。它主要用于判断环缝变形程度,与环缝开裂、破损相关性大,用于判断管片接缝张开病害等级。

(2) 隧道纵缝张开:内弧面纵缝的张开量值,随着隧道腰部收敛变形增大,顶部附近接缝相对张开,腰部附近接缝相对闭合,故一般指拱顶附近纵缝的张开量。它主要用于判断纵缝变形程度,与纵缝开裂、破损相关性大,用于判断管片接缝张开病害等级。

3.5.2 地下结构典型病害分级

病害等级划分采用指标法,判断指标来自相关规范,主要为《城市轨道交通隧道结构养护技术标准》(CJJ/T 289—2018)、《地下防水工程质量验收规范》(GB 50208—2011),辅以案例数据统计及病害机理研究。

参考《城市轨道交通隧道结构养护技术标准》地铁隧道健康度等级划分方式,将病害等级根据病害程度、发展趋势、对运营安全影响、对结构安全影响,划分为四级,原则如表 3-42 所示。

表 3-42 地铁隧道病害等级判断原则

隧道结构类型	评定因素	等级			
		1	2	3	4
盾构隧道	病害程度	轻微	中等	较严重	严重
	病害发展趋势	趋于稳定	较慢	较快	迅速
	病害对运营安全的影响	尚无影响	将来影响	已经影响	严重影响
	病害对隧道结构安全的影响	尚无影响	将来影响	已经影响	严重影响

1. 结构开裂病害等级判断

地铁隧道结构开裂主要包括隧道管片、接缝、道床的开裂/破损，结构开裂病害等级判断以表观现象为主。由于混凝土裂缝宽度、深度、掉块大小等可量测值离散性较大，且大范围高精度进行裂缝量测比较困难，量测指标仅供参考。在实际工作中，可用量测指标进行等级初判，再根据表观现象综合复判确定病害等级。结构开裂等级判断如表3-43和表3-44所示。

表3-43 结构开裂等级判断(表观现象)

识别对象	等级	表观现象	主要依据
拱顶管片	1	轻微开裂	铁科院足尺试验以及《城市轨道交通隧道结构养护技术标准》
	2	拱顶存在少量纵向裂缝	
	3	拱顶纵向裂缝基本出齐，主要分布在拱顶附近30°范围，裂缝最大间距10～20cm，裂缝纵向长度基本贯穿管片环宽	
	4	拱顶裂缝宽度大，出现裂缝处表面混凝土酥松、起鼓现象，严重时出现掉块	
管片接缝	1	个别接缝边缘轻微开裂	铁科院足尺试验以及《城市轨道交通隧道结构养护技术标准》
	2	出现环纵缝交界处开裂；局部出现浸渗，水质清澈	
	3	环纵缝交界处错台明显，多处环缝出现混凝土开裂、空鼓掉块；接缝局部出现滴漏、线漏	
	4	多处环缝错台明显，出现环缝混凝土开裂、空鼓掉块；纵缝开裂、空鼓掉块；渗漏水情况严重，线漏、涌流为主	
底部道床	1	轻微的裂缝、变形	《城市轨道交通隧道结构养护技术标准》
	2	局部破损，出现道床脱空	
	3	道床多处破损、变形，多处道床脱空，影响轨道稳定性	
	4	严重破损、变形，出现环向裂缝，道床脱空严重，无法满足正常运营	

表3-44 结构开裂等级判断(量测指标)

识别对象	评定指标	等级				主要依据
		1	2	3	4	
拱顶管片	裂缝宽度/mm	<0.2	<0.2	0.2～0.4	≥0.4	铁科院足尺试验
		—	<1/2*H*①	1/2～2/3*H*	>2/3*H*	
管片接缝	剥落区域直径/mm	0～50	50～75	75～150，可能掉块	>150，危及行车安全	《城市轨道交通隧道结构养护技术标准》

① *H* 为隧道管片厚度(mm)。

2. 结构渗漏水病害等级判断

地铁隧道结构渗漏水主要为隧道管片注浆孔、管片接缝的渗漏水，病害等级从表观现象、病害后果两方面进行判断，取等级较高者。结构渗漏水等级判断如表 3-45 和表 3-46 所示。

表 3-45　结构渗漏水等级判断(表观现象)

识别对象	等　级	表 观 现 象	主 要 依 据
管片接缝	1	轻微渗漏水，湿渍	《城市轨道交通隧道结构养护技术标准》
	2	渗漏点较稀疏，以湿渍和浸渗为主	
	3	滴漏为主，局部线漏、涌流	
	4	渗漏点密集，线漏、涌流为主，伴有漏泥沙	
管片注浆孔	1	填塞物轻微脱落；湿渍	
	2	局部填塞物脱落；浸渗、滴漏	
	3	多处孔位填塞物脱落；滴漏、线漏	
	4	填塞物连续脱落；涌流、漏泥沙	

表 3-46　结构渗漏水等级判断表(病害后果)

识别对象	等　级	病 害 后 果	主 要 依 据
隧道道床及轨道	1	道床状态恶化，钢轨腐蚀	《城市轨道交通隧道结构养护技术标准》
	2	局部道床积水	
	3	道床下沉，不能保持轨道几何尺寸，影响正常通行	
	4	水(泥沙)涌入隧道，淹没钢轨，危及行车安全；拱顶线漏、涌流或直接传至接触网	

关于湿渍、浸渗、滴漏、线漏、涌流、漏泥沙等现象，一般目视观察并定性分类，也可参考《地下防水工程质量验收规范》(GB 50208—2011)进行定量划分，滴落速度为 1～4 滴/min 时，24h 漏水量为 1L。①湿渍：明显色泽变化的潮湿斑；②浸渗：有水渗出，可观察到流挂水迹，小于 1 滴/min；③滴漏：介于浸渗、线漏之间；④线漏：滴落速度大于 300 滴/min 时，认为形成连续线流；⑤涌流：呈现喷水状态。基于以上指标，通过统计隧道集水沟或设置量水堰统计水量情况，可推测隧道整体渗漏水情况，进行渗漏水分类，如表 3-47 所示。

表 3-47　结构渗漏水量化分类

识别对象	评 定 因 素	渗 漏 状 态		
		湿渍	浸渗、滴漏	线漏、涌流
隧道区段(沿纵向 5m/区段)	平均渗水量/($L \cdot m^{-2} \cdot d^{-1}$)	0～0.05	0.05～2	≥2
	任意 $100m^2$ 防水面积的平均漏水量/($L \cdot d^{-1}$)	0～0.15	0.15～4	≥4
	单点最大漏水量/($L \cdot d^{-1}$)			≥2.5

3. 结构变形超标病害等级判断

地铁隧道结构变形超标主要包括隧道收敛变形、纵向沉降/隆起/侧移、道床脱空，以量测指标作为分级依据。隧道收敛变形以《城市轨道交通隧道结构养护技术标准》为主要依据，隧道沉降和隧道差异沉降参考《城市轨道交通工程监测技术规范》(GB 50911—2013)规定的监测指标控制值确定。结构变形超标等级判断如表 3-48 和表 3-49 所示。

表 3-48 结构变形超标灾害等级判断表(量测指标)

识别对象	评定指标	等级				主要依据
		1	2	3	4	
隧道腰部位置	错缝隧道收敛变形/% D	4～6	6～9	9～12	≥12	《城市轨道交通隧道结构养护技术标准》
道床与衬砌交界处	道床脱空量/mm	—	0～3	3～5	≥5	
隧道位移监测点	隧道沉降/mm	0～10	10～20	20～30	≥30	《城市轨道交通工程监测技术规范》
	沉降速率/(mm·d^{-1})	0～1	1～2	2～3	≥3	
	差异沉降/%L_s	0～0.2	0.2～0.3	0.3～0.4	≥0.4	

注：①D 为隧道外径；②L_s 为监测断面间距。

收敛变形是常规地铁隧道状态判断最重要的指标，经过与铁科院的深圳地铁错缝足尺试验和规范对比，关键性能点基本符合。铁科院足尺试验得到的“弹性极限”(腰部收敛变形 30～40mm)、“首个截面钢筋屈服”(腰部收敛变形 60～70mm)、“弹塑性极限”(腰部收敛变形＞90mm)三个关键性能点，根据病害等级划分原则，分别对应 2、3、4 级。

表 3-49 结构变形超标指标对比

识别对象	评定指标	等级				主要依据
		1	2	3	4	
隧道腰部位置	错缝隧道收敛变形/‰D	4～6	6～9	9～12	≥12	《城市轨道交通隧道结构养护技术标准》
		—	5～6.7	10～11.7	15	铁科院足尺试验(外径 6m)

注：D 为隧道外径。

4. 管片接缝张开病害等级判断

地铁隧道接缝张开主要包括隧道纵缝张开、环缝错动，以测量指标作为分级依据，经过与铁科院的深圳地铁错缝足尺试验和多个案例的变形、裂损情况进行对比，关键性能点基本符合。管片接缝张开等级判断如表 3-50 和表 3-51 所示。

表 3-50　管片接缝张开等级判断表(量测指标)

识别对象	评定指标	等级 1	等级 2	等级 3	等级 4	主要依据
拱顶环纵缝交界处	环缝错台/mm	—	8～12	12～16	≥16	铁科院足尺试验《城市轨道交通隧道结构养护技术标准》
拱顶纵缝	纵缝张开/mm	—	13～15	15～18	≥18	铁科院足尺试验

表 3-51　管片接缝张开指标对比

识别对象	评定指标	等级 1	等级 2	等级 3	等级 4	主要依据
环纵缝交界处	环缝错台/mm	5～8	8～12	12～16	≥16	《城市轨道交通隧道结构养护技术标准》
		—	6～9.5	8.3～18.6	24.5～24.6	铁科院足尺试验
拱顶纵缝	纵缝张开/mm	[δ]～2[δ]	2[δ]～3[δ]	>3[δ]	—	《盾构法隧道结构服役性能鉴定规范》
		—	13.3～13.5	14～16.9	19.9～20.5	铁科院足尺试验

注：[δ]取4～8mm。

3.5.3　地下结构典型病害处置原则与措施

依据《深圳市轨道交通突发事件应急预案》有关规定，地铁隧道突发事件根据事件/灾害后果进行分级判断，处置措施分为动态预警、预警响应、应急响应三个阶段。

1. 动态预警

按照灾害危害程度、发展情况和紧迫性，轨道交通突发事件预警由低到高分为蓝色、黄色、橙色、红色四个级别，如表 3-52 所示。

表 3-52　地铁隧道突发事件动态预警

预　警	突发事件
蓝色预警	预计将要发生一般(Ⅳ级)及以上的灾害，事件即将临近，事态可能会扩大
黄色预警	预计将要发生较大(Ⅲ级)及以上的灾害，事件已经临近，事态有扩大趋势
橙色预警	预计将要发生重大(Ⅱ级)及以上的灾害，事件即将发生，事态正逐步扩大
红色预警	预计将要发生特别重大(Ⅰ级)灾害，事件即将发生，事态正在蔓延

2. 预警响应

根据预警情况，对可能导致的事件后果进行预控，如表 3-53 所示。

表 3-53 地铁隧道突发事件动态预警

预 警	突发事件应对
蓝色预警	1. 轨道交通运营企业等相关成员单位应立即启动相关专项预案，实行 24h 值班制度，加强信息监控与收集 2. 轨道交通运营企业的相关巡查人员对隐患部位进行重点排查 3. 专业应急救援队伍随时待命，接到命令后迅速出发，视情况采取防止事件发生或事态进一步扩大的相应措施
黄色预警	1. 在蓝色预警相应的基础上，市轨道交通应急领导小组办公室随时掌握情况，及时进行信息报送，并报请市轨道交通应急领导小组启动本预案 2. 市轨道交通应急领导小组及时进行研判，如果达到黄色预警，则启动本预案，并部署相关预警相应工作 3. 轨道交通运营企业的巡查人员全部上岗，并对整个区域进行逐一排查 4. 市轨道交通应急领导小组专家组进驻市轨道交通应急领导小组办公室或隐患现场，对事态发展做出判断，并提供决策建议 5. 必要时轨道交通停运，同时加强地面公交运力
橙色预警	在黄色预警相应基础上，由省级相关应急机构统一部署，市相关应急机构积极配合
红色预警	在橙色预警相应基础上，由国家相应应急机构统一部署，省、市相关应急机构积极配合

3. 应急响应

突发事件发生后，针对轨道交通突发事件等级，轨道交通运营企业作为第一相应单位，应立即启动相关专项应急预案，成立企业层面的应急指挥机构，开展先期应急处置工作：

(1) 根据实际情况，派相关工作人员到现场迅速疏散站内、车厢内乘客，组织乘客自救，同时封闭车站，劝阻乘客进入；

(2) 根据情况调整线路运营，阻止在线列车进入突发事件现场，防止次生灾害发生；

(3) 及时通过交通电台、告示牌、站内广播、电子显示屏等有效告知手段，发布车站封闭、运营线路调整等事件信息；

(4) 在自身能力范围内，积极开展现场救援、抢修等处置工作。

地铁隧道突发事件应急分级响应如表 3-54 所示。

表 3-54　地铁隧道突发事件应急分级响应

事件分级	突发事件响应
Ⅳ级事件	轨道交通运营企业自身可以处理和控制的Ⅳ级事件响应： 1. 在开展先期处置的基础上，根据情况进行现场安抚理赔，以减少乘客滞留，保证救援工作正常开展 2. 及时向市轨道交通应急领导小组办公室报告现场处置进展情况 3. 根据情况需要，轨道交通运营企业及时联系公安、卫生等相关成员单位，同时报市轨道交通应急领导小组办公室 4. 相关成员单位接到信息后，立即启动专项应急预案，并及时组织专业应急救援队赶赴现场开展人员疏散、现场警戒、现场监控、抢险救助等应急处置工作 5. 现场主导救援单位牵头组建现场指挥部，开展应急智慧协调工作，并及时向市轨道交通应急领导小组办公室报告现场处置进展情况 6. 根据情况需要，市轨道交通应急领导小组办公室或相关成员单位协助发布轨道交通运营调整相关信息、开展现场安抚理赔等工作
Ⅲ级事件	在Ⅳ级响应的基础上，采取下列措施： 1. 市轨道交通应急领导小组办公室接到Ⅲ级以上事件报告后，及时报市轨道交通应急领导小组并提请启动预案 2. 市轨道交通应急领导小组及时进行研判，如果达到Ⅲ级以上轨道交通突发事件，立即启动预案 3. 预案启动后，市轨道交通应急领导小组办公室及时通知相关成员单位启动相关专项预案，同时组织专家制定救援方案，并报市应急协和省级相关应急机构 4. 市轨道交通应急领导小组及时牵头成立现场指挥部，开展现场指挥协调、救援抢险、客流疏散、交通管制等应急处置工作 5. 市轨道交通应急领导小组及时组织关于交通管制、轨道交通运营线路调整等影响公众出行的信息发布工作
Ⅱ级事件	Ⅱ级应急响应工作由省级相关应急机构负责组织实施。在Ⅲ级响应的基础上，采取下列措施： 1. 按照属地原则，市突发事件应急委员会负责统一协调深圳市各方面应急资源，积极配合省级相关应急机构做好应急处置工作 2. 根据情况需要，现场指挥部及时启动基本应急组，开展现场指挥、救援等工作
Ⅰ级事件	Ⅰ级应急响应工作由国家相关应急机构组织实施，在Ⅱ级响应的基础上，市突发事件应急委员会负责统一协调深圳市各方面应急资源，积极配合国家、省级相关应急机构做好应急处置工作

4. 土建结构功能失效突发事件现场处置

以上动态预警、预警响应、应急相应内容针对各类地铁隧道突发事件，以管理层面任务为主，在此根据地铁隧道自身特点，梳理土建结构功能失效突发事件具体的现场处置措施。经调研，地铁土建结构功能失效突发事件除遵循以上原则外，还需根据破损情况，分为四级进行现场响应，如表 3-55 所示。Ⅰ级：运营线路隧道坍塌；Ⅱ级：外部施工入侵地铁隧道；Ⅲ级：外部施工入侵车站等主体结构；Ⅳ级：外界不利作用(如近接工程施工)导致的地铁隧道严重病害/损伤，对应病害等级3级及以上。

表3-55　地铁隧道土建结构功能失效突发事件响应

事件等级	突发事件响应
Ⅳ级事件	1. 立即通知管理单位 2. 要求列车限速，加强瞭望 3. 排查外界不利事件并针对性处理，立即要求邻近工程停工 4. 立即检查确认伤损情况，如无须中断行车，可限速到运营结束后处理；如需中断行车，马上通知相关部门进行行车调整，并出动抢险队；处置结束后，经确认方可逐步恢复正常行车 5. 受影响车站组织乘客疏散、公交接驳
Ⅲ级事件	1. 立即通知管理单位 2. 立即安排抢险队出动 3. 立即安排人员到地面检查，寻找事发现场并制止肇事行为 4. 根据现场结构入侵情况，确定封堵方案，封堵孔洞 5. 评估结构伤损情况，制定抢险方案，进行临时抢修
Ⅱ级事件	1. 立即停止后续列车，进行行车调整 2. 进行信息通报，车站组织疏散、公交接驳 3. 立即安排人员到地面检查，寻找事发现场并制止肇事行为 4. 根据现场结构入侵情况，确定封堵方案，封堵孔洞 5. 评估结构伤损情况，制定抢险方案，进行临时抢修
Ⅰ级事件	1. 立即停止后续列车，进行行车调整 2. 立即组织开展坍塌清理、人员救治和区间疏散 3. 进行信息通报，车站组织疏散、公交接驳 4. 排查外界不利事件并针对性处理，立即要求临近工程停工 5. 密切监视结构变化，防止次生灾害发生 6. 评估结构伤损情况，制定抢险方案，进行临时抢修

5. 病害处置原则及措施

地铁隧道监测过程中，根据病害类型，基于跟踪识别指标及病害等级判断，可得到病害位置的病害等级。参考规范《城市轨道交通隧道结构养护技术标准》(CJJ/T 289—2018)中对不同健康状态隧道的养护和维修措施，具体病害等级判断与结构监测、病害处置时机直接挂钩，处置原则如下：1级，对隧道进行正常养护，在下次检查中进行重点关注；2级，按需要实施特殊监测，依据监测结果确定是否采取维修措施；3级，按需要限制使用，尽快采取维修措施，实施特殊监测；4级，立即限制使用，进行维修、更换，实施特殊监测。根据病害处置原则和案例调研，不同病害类型处置措施如表3-56和表3-57所示。

表 3-56 地铁盾构隧道病害推荐处置措施(结构开裂、渗漏水)

病害	病害区域	病害等级	推荐处置措施
结构开裂	拱顶管片	1	正常养护
		2	砂浆涂抹裂缝
		3	砂浆涂抹或压力注浆修补裂缝；粘贴芳纶布加固
		4	敲除裂损空鼓区域并填补；粘贴芳纶布加固
	管片接缝	1	正常养护
		2	壁后注浆
		3	敲除裂损空鼓区域并填补
		4	壁后注浆；粘贴钢环加固
	底部道床	1	正常养护
		2	壁后注浆
		3	壁后注浆；道床脱空区域注浆填充
		4	洞外双液微扰动注浆；道床脱空区域注浆填充，道床裂缝砂浆涂抹
结构渗漏水	管片注浆孔	1	正常养护
		2	壁后注浆止水
		3	壁后注浆止水、嵌填密封
		4	壁后注浆止水、嵌填密封
	隧道区段/接缝	1	正常养护
		2	壁后注浆止水
		3	壁后注浆止水
		4	修补接缝裂损位置并嵌填密封

表 3-57 地铁盾构隧道病害推荐处置措施(结构变形超标、接缝张开)

病害	评定指标	病害等级	推荐处置措施
结构变形超标	道床脱空	1	正常养护
		2	壁后注浆
		3	壁后注浆；道床脱空区域注浆填充
		4	洞外双液微扰动注浆；道床脱空区域注浆填充，道床裂缝砂浆涂抹
	收敛变形	1	正常养护
		2	壁后注浆
		3	壁后注浆，粘贴钢环加固
		4	壁后注浆，粘贴钢环加固
	沉降、侧移	1	正常养护
		2	壁后注浆；地面深层注浆；隧道侧面增加位移隔离桩/门式框架
		3	壁后注浆；地面深层注浆；隧道侧面增加位移隔离桩/门式框架
		4	壁后注浆；地面深层注浆；隧道侧面增加位移隔离桩/门式框架

续表

病害	评定指标	病害等级	推荐处置措施
管片接缝张开	纵缝张开	1	正常养护
		2	壁后注浆
		3	敲除裂损空鼓区域并填补,壁后注浆粘贴钢环加固
		4	敲除裂损空鼓区域并填补,壁后注浆粘贴钢环加固
	环缝错动	1	正常养护
		2	敲除裂损空鼓区域并填补
		3	壁后注浆;地面深层注浆;隧道侧面增加位移隔离桩/门式框架
		4	壁后注浆;地面深层注浆;隧道侧面增加位移隔离桩/门式框架

由于地铁隧道病害处理窗口时间短,工作环境狭窄,一般情况下,地铁隧道病害处置措施均以将本级别病害彻底解决为目标。各病害采取处置措施后,持续观察一个月,若期间新增病害情况小于病害等级1级对应阈值,基本可以判定处置措施有效,将病害等级下调至1级,并在后续检查中重点关注。

参考文献

[1] 王康任.复杂荷载条件错缝拼装盾构受力性能及安全指标研究[D].上海:同济大学,2018.

[2] 邓兵兵.地铁接触网危险有害因素分级[J].现代职业安全,2017(4):15-17.

[3] 丁立超.基于盾构法的地铁施工安全风险评估[D].徐州:中国矿业大学,2020.

[4] 莫伟丽.地铁车站水侵过程数值模拟及避灾对策研究[D].杭州:浙江大学,2010.

[5] 韩利民,李兴高,杨永平.地铁运营安全及对策研究[J].中国安全科学学报,2004,14(10):46-50.

[6] 黄宏伟,陈龙,群芳,等.隧道与地下工程的全寿命风险管理[M].北京:科学出版社,2010.

[7] 郭建平.故障类型和影响分析法在设备安全管理中的应用[J].设备管理与维修,2016(7):27-29.

[8] 刘俊.日本铁路防灾系统对我国铁路的启示[J].铁道运输与经济,2011,33(6):54-58.

[9] 杨超,彭芳乐.城市大深度地下防洪排水体系构想及策略[J].地下空间与工程学报,2017,13(3):821-826.

第4章

城市地下空间人员应急疏散研究

地下空间人口流动大、人员密度高，在灾害发生时如何及时有效地疏散人群是减少人员伤亡、降低灾害影响的关键。本章采用基于社会力模型的仿真分析，进行地铁车站在突发水侵时的安全疏散研究，并针对换乘枢纽的大客流组织和疏散问题，从微观角度模拟分析客流量、扶梯故障与疫情防控等事件对客流疏散的影响，从而探寻不同突发情况下的合理应急疏散策略，以期为地下空间应急疏散预案的编制及现场决策提供有益参考。

4.1　城市地下空间人员应急疏散分析方法

4.1.1　地下空间人员疏散建模分析方法

人员疏散是行人及疏散动力学研究领域重要的组成部分，具有重要的理论和现实意义。研究人员疏散的仿真模型可分为宏观和微观两大类。

宏观模型主要参考流体力学理论和方法，将行人流作为整体研究对象，并将气体或流体运动模型运用到行人流的建模仿真中。该种模型对真实情况作了简化，理论难度小，计算及运算能力要求低，计算效率高。流体力学模型、排队模型是常用的宏观模型。在宏观模型中，行人某些影响疏散的属性仅考虑周围环境的因素影响（如客流密度及疏散路径的容量会影响行人的疏散方向与速度），忽略了行人的个体特征产生的影响，所以宏观模型一般适用于构建大规模的疏散场景。

微观模型充分考虑到了个体的异质性，适用于分析行人个体的疏散决策和疏散行为，以及这些行为对行人流整体的影响。行人微观仿真中常见的模型包括元胞自动机模型、格子气模型、社会力模型、Agent 模型和博弈论模型。由于网格的离散性，使用以元胞自动机、格子气为代表的离散模型时行人运动的自由度受到限制，基于多 Agent 的模型通常需要更多的计算量，采用博弈论模型目的是使每个疏散者的效用最大化，而社会力模型能较好地表征乘客的一些自组织行为，这一行为在疏散过程中是常见的，因而应用较为广泛。

1995 年德国学者黑尔宾(Helbing)提出考虑行人自身内在驱动力的社会力模型，并在 2000 年扩展该模型用以模拟恐慌状态下的行人运动。社会力模型考虑了不同个体之间以及行人与障碍物之间的相互作用关系，所以在进行微观行人仿真时它能更真实直观地模拟出乘客疏散行为特性。社会力模型把个体的主观意愿、个体之间及个体与环境之间的相互影响关系分别用社会力的概念来描述。具体可归纳为三种作用力：①自身的驱动力，即影响自身行为的个体主观意识可以转化为其所受的社会力，表现在不受任何干扰的情况行人以自身所期望的速度移动到目的地的意愿；②人与人之间的作用力，其指行人个体之间想要保持一定距离所需要施加的力，按照行人间中心点的间距与行人的半径之间的关系可分为排斥力与接触力，体现在行人在运动过程中的加减速和方向变化；③人与障碍物之间的作用力，障碍物与人之间的影响类似于人与人之间的作用力，同样分为排斥力与接触力（包括摩擦力与挤压力）。

社会力模型可表述为加速度公式的形式：

$$m_i \frac{\mathrm{d}v_i}{\mathrm{d}t} = f_i^0 + \sum_{j \neq i} f_{ij} + \sum_i f_{iw} + \xi \tag{4-1}$$

式中，等式左侧表示行人 i 在运动过程中 t 时刻所受到的合力，其中 m_i 为行人质量，v_i 为行人的速度；等式右侧第一项为个体的自身驱动力 f_i^0，第二项 f_{ij} 为两个不同个体(i,j)之间的相互作用力（接触力和排斥力），第三项 f_{iw} 为个体与障碍物之间的作用力（接触力和排斥力），第四项 ξ 为个体行为的干扰因素。社会力模型已经嵌入到一些行人疏散仿真软件中，常用的行人疏散仿真软件有 AnyLogic、VISSIM、SimWalk、Legion、STEPS 等，如表 4-1 所示。

表 4-1 行人疏散仿真软件对比

软件名称	建模方法	是否支持二次开发	能否混合仿真	优 势
AnyLogic	社会力模型	支持，开放的体系结构	能	仿真效果更符合实际，先进的可视化技术
VISSIM	社会力模型	支持，但不如 AnyLogic	不能	可模拟人与车辆的动态交互
SimWalk	社会力模型	不支持	不能	势场算法
Legion	元胞自动机模型	不支持，能与 Aimsun 衔接	能与 Aimsun 结合，实现人、车混合仿真	考虑个体行为特性
STEPS	元胞自动机模型	不支持	不能	结构简单，易于实现，运算速度较快

4.1.2 地下空间人员疏散行为主要影响因素

影响人员应急疏散行为的因素包括主客观两方面。主观因素主要指行人生理机能、行为特性、外部环境等对行人速度、密度、流量的影响；客观因素指设施设备布置、建筑物结构设计等方面对疏散能力的影响。生理、心理和环境因素，在很大程度上决定了应对灾害时的认知能力、反应能力、移动能力和对灾害的承受能力。

1. 生理因素

生理因素包括性别、年龄和身体状况等。性别差异体现在紧急疏散时的移动能力上，有研究表明男性的平均走行速度会较女性更快。另外，性别差异对行人在应急疏散中的表现也存在影响。一般而言，男性在紧急情况下相对比较理智，在灾害发生时更倾向于找到突发事件的根源，从而主动采取措施解决问题，例如发生火灾时会寻找火源和灭火器去主动救火，并且在大多数情况下更在乎自己能否安全逃生。女性面对突发事件则更为感性，反应速度较慢，一般会报警寻求帮助，选择等待或跟家人一起逃生。布里安（Bryan）曾对美国男性和女性在火灾中的第一反应行为表现存在较大差异的现象进行了调查研究，研究数据如表 4-2 所示。

表 4-2　男性与女性在火灾中的第一反应

项　　目	第一反应比例/%	
	男性	女性
寻找火源	14.9	6.3
寻找灭火器	5.8	10.1
移除可燃物	1.1	2.2
撤离建筑物	4.2	10.4
报警	6.1	11.4
与家人一起逃生	3.4	11.0
穿上衣服	5.8	10.1
什么都不做	2.7	2.8

紧急情况下年龄对疏散行为的影响体现在行人对于灾害的反应能力，即人感知、认知危险的能力，包括反应速度、反应时间。一般而言，青壮年面对危险时可以迅速做出判断和反应，反应能力更强，而儿童和老人面对危险的反应能力则相对较弱。有研究认为面对危险 25～34 岁年龄段的青壮年是最有可能安全逃生的，而 5 岁以下的幼童以及 65 岁以上的老年人能够安全逃生的概率最低。年龄对疏散行为的影响还体现在行人的移动能力上。一般来说，中青年在紧急疏散时的走行速度会比儿童和老人快，儿童和老人在人群中的占比越大则越会降低群体的走行速度，容易产生拥挤的人流，他们容易在拥挤和混乱中受到伤害。

在紧急疏散中，个体的身体健康状况和头脑清醒程度是非常重要的，这在很大程度上决定了行人的感知能力、反应能力、决策能力能否正常行使。残疾人在身体、精神健康状况等方面或多或少存在缺陷，他们的身体状况不佳会直接或间接地导致移动能力下降，对路线或标志的辨识能力下降，行为的可靠性降低。因此，残疾人在疏散过程中处于弱势，往往在事故中伤亡的比例很大。此外，睡眠不足或者部分饮酒人群的头脑清醒程度处于较低水平，对危险的反应灵敏性下降，会直接导致个体的认知和决策能力降低或丧失。

2. 心理因素

在紧急疏散中，人群处于封闭的拥挤空间内渴望逃生，但面临的未知因素多，这对行人的判断力和意志力提出挑战。在这样的情况下，行人的心理可能会逐渐发生变化。

当车站内突发灾害，大多数行人没有接受过正规的安全逃生教育，面对突发危险毫无心理准备，往往会不知所措。一旦发生伤亡事故，想要加速逃离危险区域的心态会导致人群发生拥挤、冲撞、踩踏，从而引发恐慌情绪。恐慌心理会导致人群更加无序、混乱，丧失真实的判断能力，这在很大程度上增加了疏散难度，并且可能造成更加严重的后果。

从众心理比较普遍，在突发事件发生时，人群意识到危险都想在最短时间内逃生，由于行人对现场环境不熟悉，对灾害严重程度不了解，在决策时往往会受到周围人群的影响，在某种程度上跟随人群移动会给人带来安全感，因此，个体很容易产生跟从群体行动的倾向。此外，有研究显示从众心理与人的年龄有关，处于 18～30 岁的人最有自己的判断力，51 岁以上的人更容易产生从众心理。

在紧急疏散过程中，在楼扶梯、闸机、通道、出入口等设施设备处容易出现大量人群聚集和拥挤，大大降低了疏散效率。而部分行人在恐慌情绪的催化下，为了尽快逃生可能会失去理智，产生侥幸逃生的心理，为了逃生不择手段而采取过激行为，甚至导致更为严重的后果，造成不必要的伤亡。

3. 环境因素

在紧急疏散过程中，环境因素对疏散的影响主要有两方面：一是站内的空间结构，包括出入口、楼扶梯、自动售票机、安检门、闸机等设施设备的位置、数量和通过能力，通道的长度和宽度，引导标识标志设置的合理性，站厅站台分区情况，车站设计的埋深程度。站内的空间结构直接决定了疏散通道的通行能力和安全疏散人数。二是对疏散环境的熟悉程度。发生紧急事件时，对站内环境不熟悉的乘客很容易迷失方向，当不能凭借经验做出准确判断的时候，一般会选择跟随人流方向移动，导致人群产生拥挤、冲撞。而对站内环境熟悉的乘客更容易准确找到安全疏散路线，逃生信心高、概率大。站内空间布局结构、个人体验以及环境复杂程度等均会影响乘客对地铁车站的熟悉程度。相关文献研究结果表明，对站内物理环境及疏散路线的熟悉程度高的行人在疏散时的行动能力更强。

4.2 地铁车站水灾人员应急疏散仿真研究

地下空间疏散策略的目标是在安全时间范围内将乘客从灾难空间疏散到安全区域。应急疏散策略的研究和制定需要综合灾害类型和特点、地下空间结构、人流量、疏散路径、安全区域、人流密度、疏散时间、安全疏散人数等诸多因素。本节选择以社会力模型为基础的 AnyLogic 软件作为建模工具，构建深圳地铁车公庙站 11 号线的应急疏散仿真模型，进行地铁车站水灾人员应急疏散仿真及疏散策略优化研究。

4.2.1 地铁车站水灾人员疏散仿真模型构建

AnyLogic 软件具有丰富的插件库，比如流程建模库、行人库、轨道库、道路交通库、系统动力学库等,可快速构建仿真系统模型和外围环境。它基于 Java 语言,方便用户进行二次开发,开发特定的模型及自定义功能。利用 AnyLogic 仿真软件构建了深圳地铁车公庙站 11 号线的应急疏散仿真模型。建模过程主要包括地铁站物理环境模型的构建和疏散仿真逻辑模型设计两大部分。首先需要利用 AutoCAD 绘制出车公庙站仿真场景平面图,包括车站的面积、高度、出入口和设施设备数量、位置等数据,再将绘制好的平面图作为背景图导入到 AnyLogic 平台,按照真实尺寸设置"1m=10 像素"的比例尺,并固定底图。根据底图,利用行人库空间标记模块的功能绘制地铁站的墙体、障碍物、栏杆等,完成地铁站内物理环境的搭建。

描绘完站内基本空间结构后,再在模型中添加自动售票机、人工售票、安检口、进出站闸机、自动扶梯、楼梯、屏蔽门、轨道等设施设备,并根据调研的参数对行人和设施设备的位置、数量等相关属性进行设置。最后进行逻辑模型设计,构建行人进出站、上下车、换乘、疏散和列车运行的流程,实现行人、列车、环境的交互。

1. 车站概况介绍

车公庙站位于深圳市福田区,是包含 1 号与 11 号线、7 号与 9 号线的大型换乘站,是深圳市唯一同时也是国内第二个四线换乘站,工作日客流量位居深圳市首位。该站地下共三层,整体布局呈"¬ "形,站台为双岛式结构。地下 1 层是站厅层;地下 2 层是 1 号与 11 号线的站台层,沿东西方向延伸;地下 3 层是 7 号与 9 号线的站台层,沿南北方向延伸。车站共设计了 11 个出入口,1 号与 11 号线 6 个出入口,分别是 A、B、C、D1、D2、E;7 号与 9 号线 5 个出入口,分别是 F、G、H、I1、I2。其中,出入口 E、G、H、I2 尚未开通。车公庙站站厅、站台层的平面示意图如图 4-1 所示。

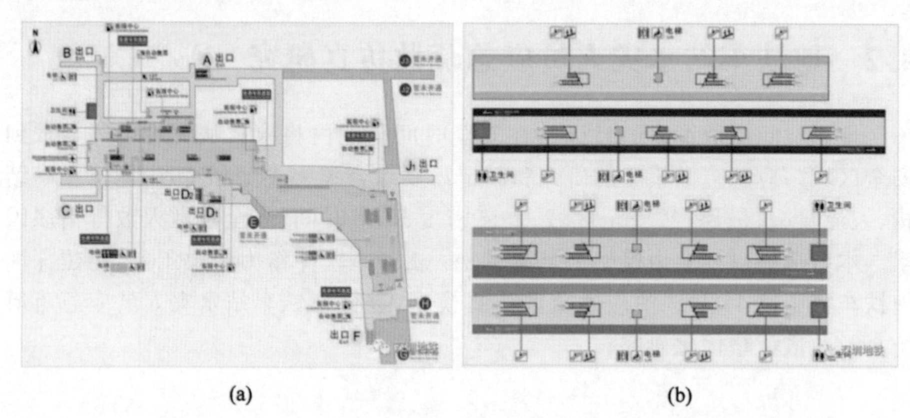

图 4-1 车公庙站站厅、站台层平面示意图(深圳地铁,2017)

(a) 站厅层;(b) 站台层

2. 模型的基本假设

为了合理简化仿真模型，降低计算难度，以车公庙站 11 号线为仿真对象，建立单条线路的局部模型，对一些非重点研究的细节和因素不予考虑。本节具体假设如下：

（1）一般情况下，若地铁站发生水侵，列车一般不进站或者跳站运行。因此，疏散条件触发时，本模型只考虑疏散当下车站内 11 号线的所有人员，包括进出站、两方向换乘、候车的客流，而不考虑列车内的乘客。

（2）假设洪水入侵时消防专用梯、垂直电梯不予使用，忽略其对疏散过程的影响；假设行人在疏散过程中是理性且有秩序的，不会做出一些翻越栏杆、障碍物等过激行为；可能发生的人员受伤、摔倒、踩踏等情况暂不纳入考虑范畴；假设行人可以找到最近的安全出口逃生；暂不考虑站内工作人员的引导、广播颁布的疏散指令、疏导标识标牌等。

（3）地下空间洪水的扩散是相对缓慢的过程，在洪水入侵的初期阶段，洪水侵入流量不大，此时行人并没有产生危险意识，或者说其严重程度还不足以需要疏散。因此，将站内积水深度达到 10cm 作为触发疏散的临界条件，考虑积水对行人形成的阻力，从而影响行走速度，暂不考虑站内洪水的变化情况，假设洪水水位为均匀上升。疏散开始后，行人立即向安全出口移动，此处不考虑行人的反应时间。

（4）假设行人排队候车、下车等行为均服从分布函数，以此体现行人行为的离散性。现实中的上车过程，可能因列车已经满载或者过于拥挤而导致乘客无法上车，需要等下一趟列车的情况，此处不考虑这种情况，认为在屏蔽门前排队候车的乘客全部可以上车。

3. 构建地铁站物理环境模型

利用 AnyLogic 软件的插件库，根据导入的 CAD 底图，绘制墙体、障碍物、栏杆、楼梯、自动扶梯、闸机、售票机等设施设备，构建深圳地铁 11 号线车公庙站的物理环境。

（1）站厅层环境模型。车公庙站站厅层是为行人提供购票、安检、检票、进出站等服务的区域，分为付费区与非付费区，长 384.6m，宽 131.5m，层高 5.6m。从站厅层到站台层有四组通道，采用两侧两组 1m 宽自动扶梯、中间两组 1m 宽自动扶梯＋1.8m 宽楼梯组合的方式连通。由于本节仅对车公庙 11 号线进行局部仿真，因此只绘制了距离 11 号线较近的 A、B、C、D 四个出入口作为安全疏散的出口。此外，构建了站厅层的墙体、障碍物、栏杆等，并添加自动售票机、人工售票厅、安检门、闸机、自动扶梯、楼梯、屏蔽门、轨道等设施设备，最终绘制的站厅层设施分布二维模型图和三维模型图，如图 4-2 和图 4-3 所示。

（2）站台层环境模型。站台层主要用于候车和乘客的乘降，长 227.5m，宽

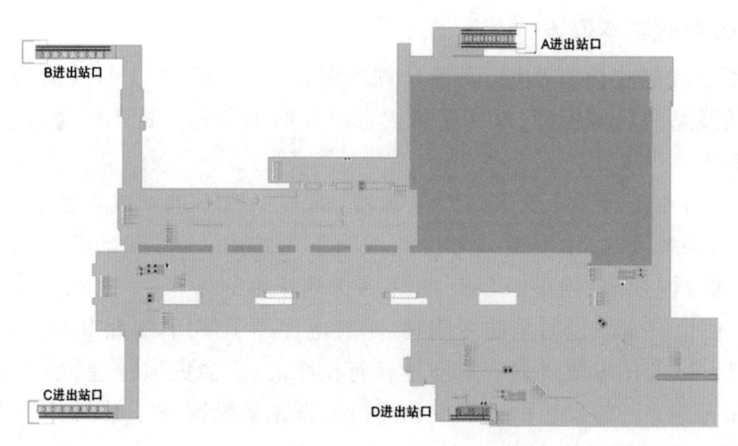

图 4-2　站厅层二维模型图

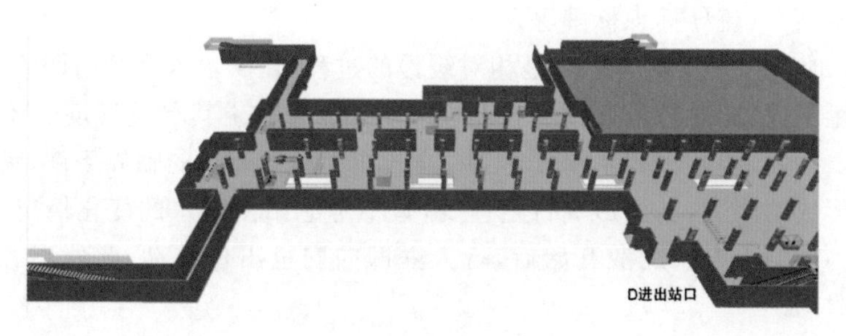

图 4-3　站厅层三维模型图

126.3m，层高 5.1m。共 4 组楼扶梯可上至站厅层，从西到东依次编号为 1、2、3、4 号楼扶梯。其中，两侧 1 号和 4 号两组上行、下行均为 1m 宽的自动扶梯，中间两组 2 号、3 号是 1m 宽自动扶梯＋1.8m 宽楼梯的组合。站台层物理环境模型的构建方法与站厅层相似，不同之处在于站台层有双向列车驶入，行人会产生上下车行为。因此，除了利用行人库中的空间标记元素构建物理空间结构，还需要利用轨道库中的空间标记元素添加轨道、列车，通过设置列车出现和消失位置、停车位置、排队候车区对行人上下车规则和列车行驶轨迹进行描述。绘制完成的站台层二维、三维模型图如图 4-4 和图 4-5 所示。

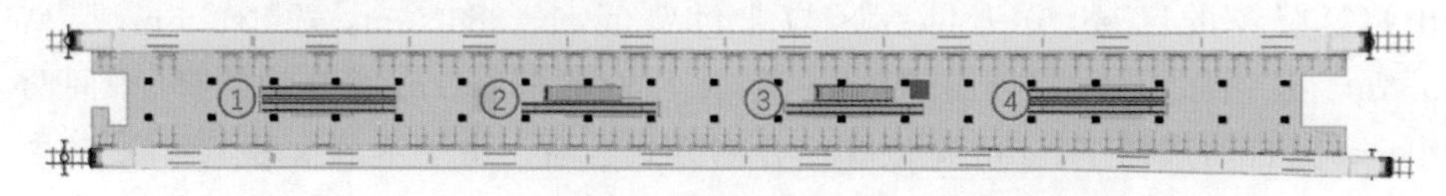

图 4-4　站台层二维模型图

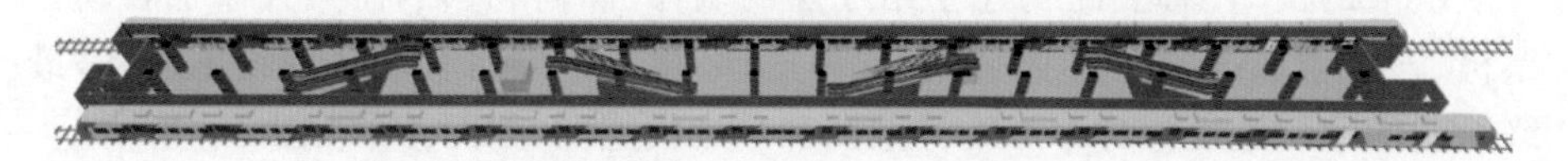

图 4-5　站台层三维模型图

4. 设置基本参数

通过查阅文献资料、地铁车站客流量数据、实地调查估算得到仿真模型主要输入数据，从而进行合理的设置。主要参数设置如下：

1）行人的特征参数和行走速度

不同性别、年龄的行人人体数据会存在一定差异，见表4-3。

表4-3 行人的特征参数

行人类型	肩宽/m	身厚/m	身高/m	人数比例/%
成年男性	0.50	0.26	1.75	34
成年女性	0.44	0.27	1.65	34
老人	0.45	0.30	1.60	15
儿童	0.35	0.22	1.20	17

行人行走速度在紧急疏散和正常行走时有较大差异，对于未知危险的恐惧会驱使行人提高走行速度。此外，年龄、性别对行走速度的影响也不容忽视，差异主要体现在紧急疏散时的移动能力上。一般而言，男性的平均行走速度会较女性快。青壮年面对危险时反应能力、判断能力更强，身体状况更优，因此在紧急疏散时的行走速度较儿童和老人快。国内外学者对行人的行走特征进行了研究，形成了一些标准的行人参数。行人快速行走速度为0.80～1.5m/s，正常行走速度为0.72～1.35m/s。具体参数如表4-4所示。

表4-4 行人在不同地点的行走速度

行人类型	通道/(m·s^{-1})	上楼梯/(m·s^{-1})	下楼梯/(m·s^{-1})	地面/(m·s^{-1})
成年男性	1.39	0.75	0.95	1.58
成年女性	1.22	0.66	0.83	1.43
老人和儿童	1.06	0.52	0.4	1.17

2）站内人流量参数

根据车公庙地铁站11号线2019年12月某一周运营日高峰期2h的客流统计数据以及调查估算，得到表4-5所示的客流量数据。

表4-5 行人疏散流量确定

行人疏散范围	行人疏散构成	数据来源	人流量/人
站台	下车乘客	调查估算	每个车门3～6
站厅	进站乘客	自动售票系统数据	16 303
	出站乘客		19 248
	11号线进站乘客		3085
	11号线出站乘客		3643
换乘通道	11号线两方向的换乘客流	调查估算	12 010

3）设施设备属性参数

站内出口通道宽度为4～6m，自动扶梯宽1m，楼梯宽1.8m；11号线站台层列车沿东西两方向的轨道驶入，采用的是A型车，由6＋2混合编组列车组成，包括6节普通车厢和2节商务车厢，每节车厢长23.54m，宽3m，车厢每侧有5个门，每个门宽2m，核定载客人数约为2564人。工作日高峰期列车的到站间隔为4min，平峰期到站间隔为8min，每个站点停靠35～40s，供行人上下车。运行速度为56km/h，最高速度可达120km/h。轨道面与站台层的高度差为1.7m，轨行区隧道两端均设有防淹门。

5. 疏散仿真逻辑模型设计

行人疏散流程图的创建首先是通过行人库空间标记模块建立对象并设置属性，常用的有墙、目标线、线服务等模块，完成仿真环境的建模。行人疏散流程的概念设计，基于智能体和离散事件完成行人行为流程建模，主要包括客流的产生、走行路径、排队等待、接受服务、客流的消失等。表4-6对构建行人疏散逻辑模型需要用到的各个模块及其功能进行介绍。

表4-6　逻辑模型各模块介绍

模块名称	图　标	功　能
pedSource		生成行人。可自行定义行人到达速率、到达数量等
pedChangeLevel		将行人流从当前层移动到新的层
pedSelectOutput	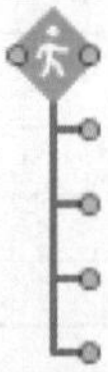	根据特定的比率或条件，引导进入的行人到几个（最多5个）出口之一
selectOutput		根据特定的比率或条件，引导进入的智能体到两个出口之一
pedService		为行人提供服务
split		为每个进入的智能体创建一个或多个其他智能体，并通过“＋”outCopy输出
delay		赋予智能体延迟时间
match	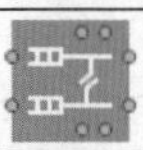	依据既定标准寻找两个相匹配的智能体
combine		令两个到达端口的智能体组合成新智能体并将其输出

续表

模块名称	图标	功能
pedEscalator		仿真行人通过自动扶梯的输送方式
exit		令智能体结束流程并指定接下来的操作
pedSink		处理进入的行人，行人通常在此处消失
evacuation		行人取消当前流程后进入疏散流程
trainSource		生成列车，启动轨道流程
trainMoveTo		控制列车移动
trainDispose		从模型中移除列车

1）行人进站逻辑设计

行人进站的逻辑模型可以运用 AnyLogic 仿真软件行人库与智能体中各模块功能实现，如图 4-6 所示。图 4-7 所示的是进站流程，行人通过 A、B、C、D 四

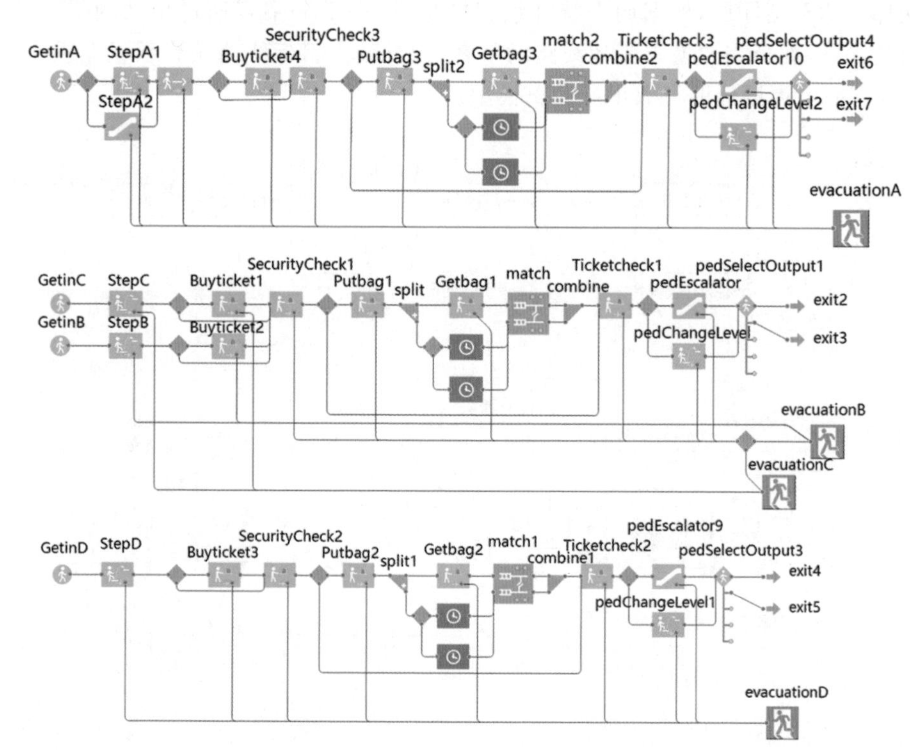

图 4-6 A、B、C、D 口行人进站逻辑

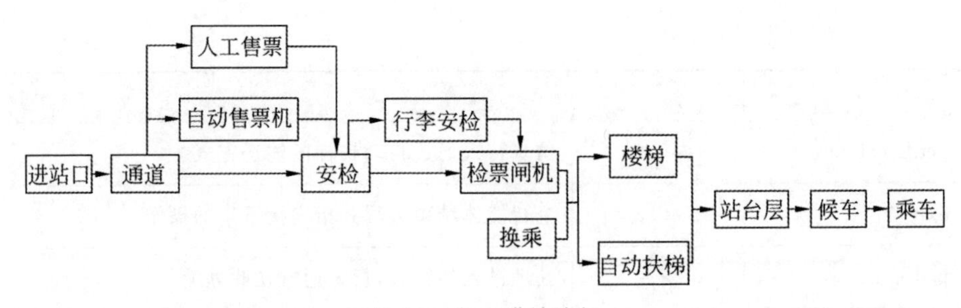

图 4-7 行人进站路径

个出入口的楼扶梯进入地铁站站厅层通道，首先根据不同概率选择自动售票机、人工售票或者乘车码完成购票。其次根据是否携带行李判断是否需要接受安检服务。再次通过检票闸机后与换乘客流均通过楼扶梯由站厅层进入站台层，在等候区选择人数较少且距离较近的队列排队候车。最后待列车到达后则乘车离开。

2）行人出站逻辑设计

根据行人出站流程概念可以设计行人出站逻辑模型(图 4-8)。出站行人源的产生主要来源于两方向运行的列车，行人到站下车进入站台层，通过 4 组楼扶梯上达至站厅层，根据调查统计设置的概率，一部分乘客通过出站闸机直接出站，另一部分需要换乘其他线路的乘客，则继续去目标线路站台层候车乘车。图 4-9 所示为设计的行人出站逻辑模型。

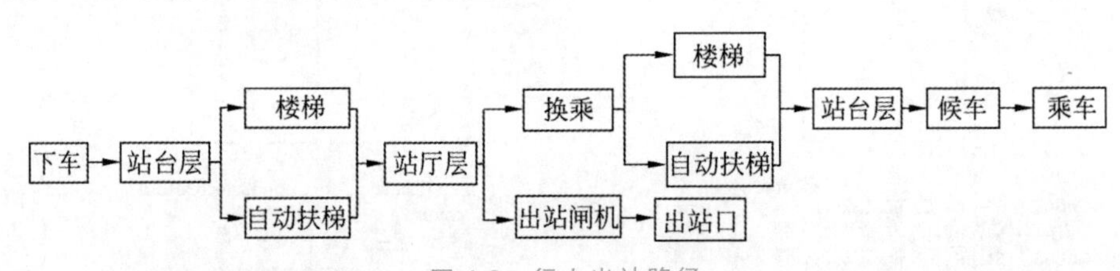

图 4-8 行人出站路径

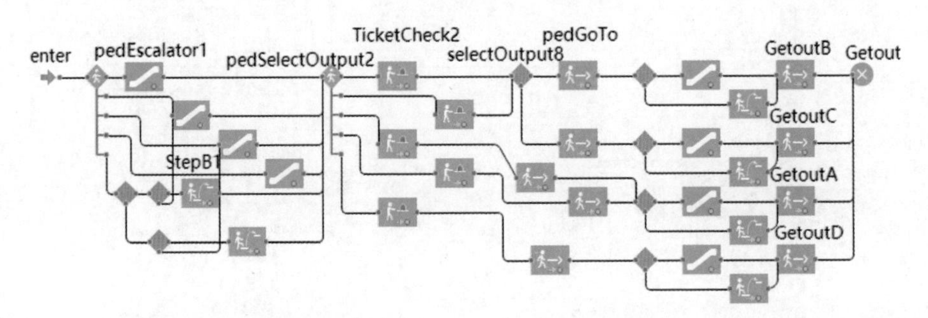

图 4-9 A、B、C、D 口行人出站逻辑模型

3）列车运行逻辑设计

行人进出站流程的设计与列车运行情况具有十分密切的联系，因此本节还

需构建列车运行逻辑模型。已知车公庙站11号线的站台为岛式结构，站台两端轨道沿东西方向布置，列车在轨道上双向运行。列车采用6+2混合编组的模式，两方向列车在工作日高峰期到站间隔时间均为4min，停靠40s。因此，设置列车源的产生频率为4min/车次，40s后列车离开，行人需要在此时间内完成上下车行为，原本在等候区排队候车的乘客上车离开，下车产生新的乘客进入出站流程。列车运行流程与逻辑模型分别如图4-10和图4-11所示。

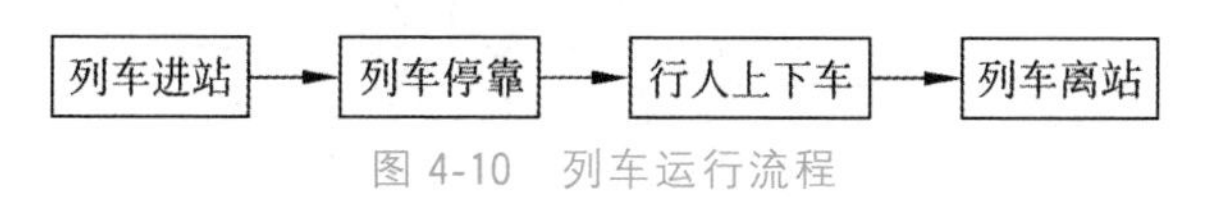

图4-10 列车运行流程

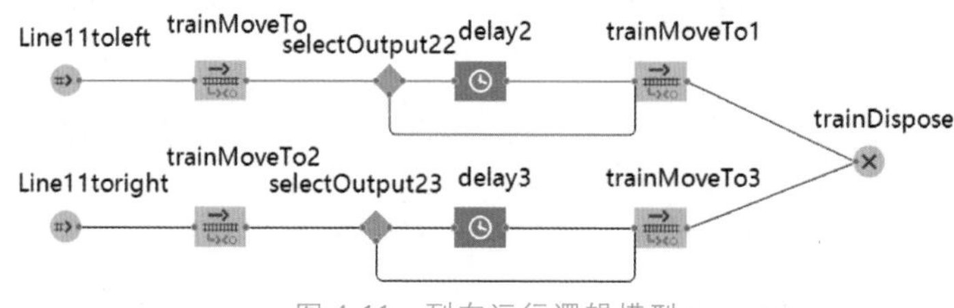

图4-11 列车运行逻辑模型

行人上下车是人和列车的交互过程，如图4-12所示。一方面，列车停靠后乘客到站下车，作为新的行人源进入系统中，再按照出站逻辑出站。另一方面，原本排队候车的乘客乘车离开。如遇紧急疏散情况，站台候车乘客不再候车，而是向站厅层的安全出口移动进行疏散，同时列车也不再停靠下客。

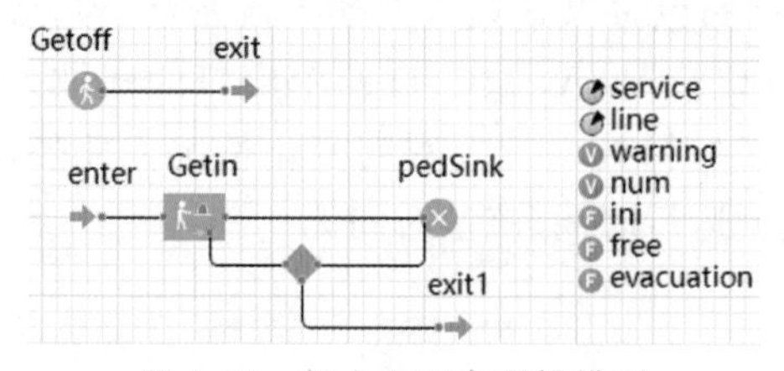

图4-12 行人上下车逻辑模型

下车过程中，设置每个车门随机释放3～6个人，符合均匀分布uniform(3,6)；上车过程中，在车门前排队候车的乘客全部上车。

4）行人疏散逻辑设计

行人疏散行为的逻辑设置分为五个步骤：①所有出入口不再有新的行人进入；②所有站内行人都停止进行当前服务，停止售票、安检等服务；③列车停止运行，且不再有行人上下车行为；④自动扶梯等设备停止运行；⑤出站闸机和应急疏散口全部打开用作疏散通道，站内所有行人寻找最近的出站口实现安全疏散。当地铁站仿真模型需要启动应急疏散状态时，触发水侵紧急疏散按钮，通过Java编程执行代码来实现上述功能。行人疏散路径和逻辑模型分别如图4-13和图4-14所示。

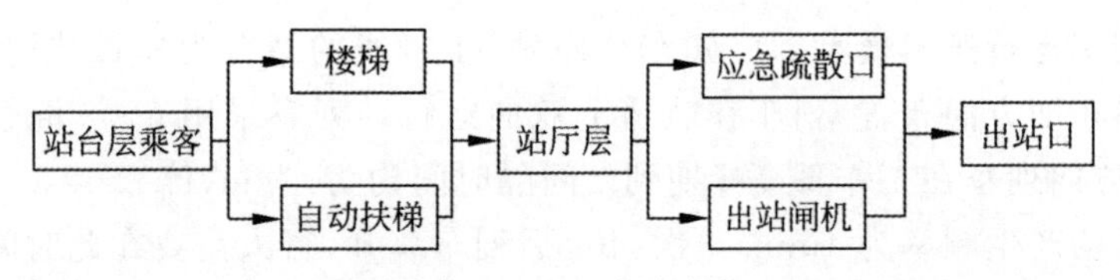

图 4-13 行人疏散路径

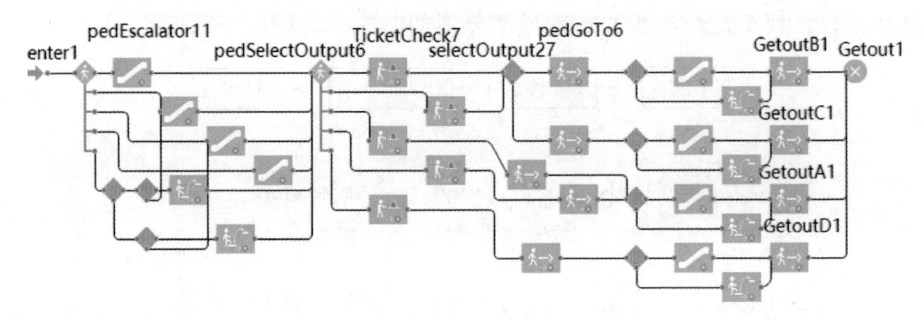

图 4-14 A、B、C、D 口行人疏散逻辑模型

6. 输出设计及效果展示

根据设计的不同疏散情景，运行模型疏散程序，通过折线图、密度图等图表形式实时观测站内人流量和疏散时间的动态变化情况。

如图 4-15 所示，行人密度图图例表示的是实时的行人密度情况，密度由低到高对应的色度变化为蓝→青→绿→黄→橙→红，根据我国国情，设置关键密度为 3.5 人/m^2，根据颜色可以直观地判断人流密度。折线图可以表示疏散过程中的站内总人数变化情况，A、B、C、D 四个出口的疏散人数与模型运行时间的关系，站台层 4 组楼扶梯处的行人密度变化情况。此外，输出部分还包括建筑物内剩余人数、模型运行时间、疏散时间等。

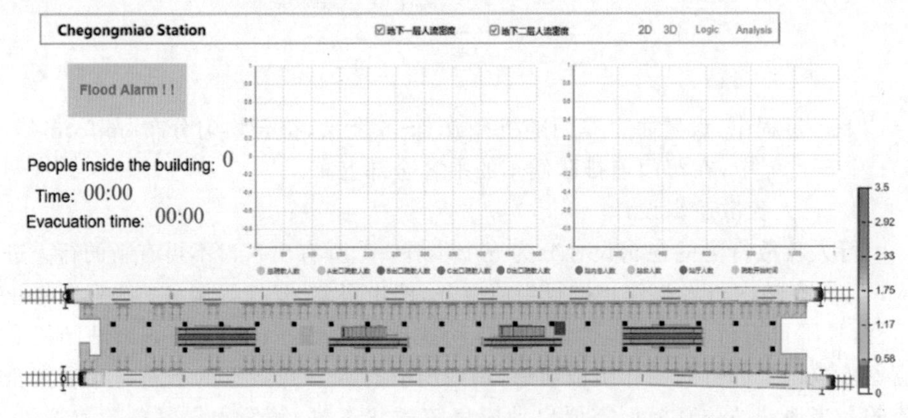

图 4-15 车公庙站 11 号线疏散仿真模型输出设计

车公庙站 11 号线站厅层、站台层的仿真效果展示如图 4-16 所示。

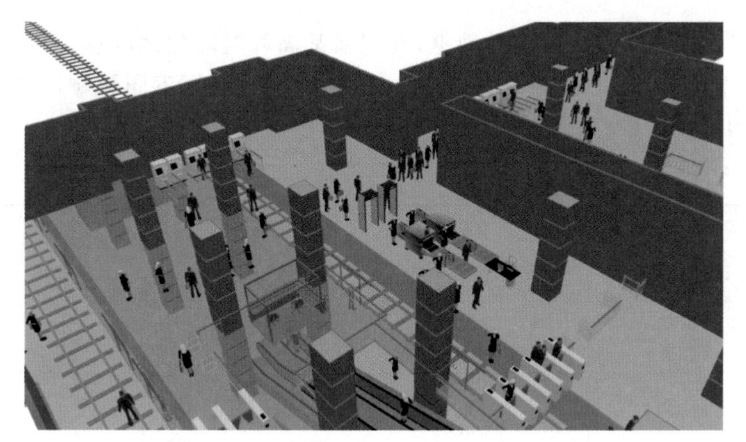

图 4-16　车公庙站 11 号线站厅层仿真效果展示

4.2.2　地铁车站水灾人员疏散仿真结果分析及疏散策略优化

利用基于 AnyLogic 的车公庙站 11 号线水侵仿真模型，运行疏散程序，实时观测高峰期不同条件下的应急疏散过程，对评价指标和输出结果进行分析、对比，找出影响疏散效率的瓶颈因素以及疏散过程存在的问题，为后续疏散策略的优化提供基础和支撑。

1. 情景设计

设计地铁站水侵疏散仿真模型在不同进水口数量、灾害等级、楼扶梯运行、导流栏布设、应急疏散口增设等条件下的灾害情景，对疏散影响因素进行分析，以不同情景下的疏散时间、安全疏散比例以及行人密度图作为指标对疏散效果进行评估。仿真分析情景设计如表 4-7 所示。

表 4-7　水侵仿真情景设计

灾　害	情景设计	评价指标
不同水侵发生位置	出入口水侵： 1）D 出口通道进水 10cm 2）A、D 出口通道进水 10cm 3）A、B、C、D 出口通道进水 10cm	(1) 疏散时间 (2) 安全疏散比例 (3) 行人密度图
不同水侵等级	第Ⅰ级：水深 h＜10cm 时，正常行走 第Ⅱ级：水深 10cm＜h＜30cm，缓慢行走，视情况疏散 第Ⅲ级：水深 30cm＜h＜50cm，移动至就近安全疏散口 第Ⅳ级：水深 50cm＜h＜70cm，行人自行疏散或等待救援	
不同自动扶梯运行方式	1）自动扶梯停止使用 2）自动扶梯等同于楼梯使用 3）自动扶梯正常运行	
不同导流栏布设	D 出口通道处是否布设导流栏杆	
不同应急疏散口增设	出站闸机处是否增设应急疏散口	

通过在模型中录入客流量数据，发现在某高峰时段的站内总人数最高能达到1200人左右，因此设置1200人为疏散总人数。根据不同影响因素设计11种具体的疏散情景，如表4-8所示。

表4-8　疏散情景设计

序　号	进水点	灾害等级	自动扶梯运行方式	通道处是否布设导流栏	是否增设应急疏散口
原始情景	A、B、C、D出口	Ⅱ级（水深10cm）	停止运行，禁止使用	否	否
情景1	D出口	Ⅱ级（水深10cm）	停止运行，禁止使用	否	否
情景2	A，D出口	Ⅱ级（水深10cm）	停止运行，禁止使用	否	否
情景3	A、B、C、D出口	Ⅰ级（水深0cm）	停止运行，禁止使用	否	否
情景4	A、B、C、D出口	Ⅲ级（水深30cm）	停止运行，禁止使用	否	否
情景5	A、B、C、D出口	Ⅳ级（水深50cm）	停止运行，禁止使用	否	否
情景6	A、B、C、D出口	Ⅱ级（水深10cm）	停止运行，作楼梯用	否	否
情景7	A、B、C、D出口	Ⅱ级（水深10cm）	正常运行	否	否
情景8	A、B、C、D出口	Ⅱ级（水深10cm）	停止运行，禁止使用	是	否
情景9	A、B、C、D出口	Ⅱ级（水深10cm）	停止运行，禁止使用	否	是
情景10	A、B、C、D出口	Ⅱ级（水深10cm）	停止运行，作楼梯用	是	是

2. 原始情景下的疏散仿真研究

原始情景是指通常情况下的应急疏散，不改变任何设施设备的设置和布局。此处设置水侵Ⅱ级（水深10cm），自动扶梯停止运行无法使用。地铁站疏散人数为1200人，通过A、B、C、D四个出口疏散。根据实际情况，开始疏散后，列车跳站运行，因此行人不再下车，站内所有行人均停止服务并向出口移动。

根据对疏散过程的观察，疏散开始后短时间内大量行人向出口处涌去，根据图4-17所示，可以直观地看到行人疏散的瓶颈点在于楼扶梯入口处、闸机以及出口通道处，在这些地方人群极易发生拥堵、碰撞，并且在很大程度上降低了通过能力。

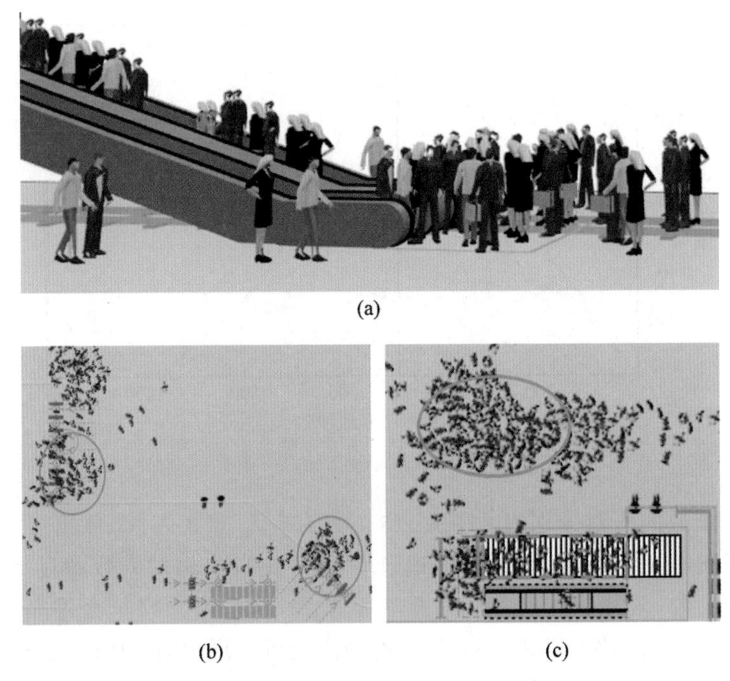

图 4-17 瓶颈点

(a) 楼扶梯入口处；(b) 闸机处；(c) 出口通道处

图 4-18 所示为原始情景站内总人数、站厅人数、站台人数与模型运行时间的关系，其中与横坐标垂直的黑线表示站内人数达到 1200 人后开始疏散的时间。疏散前站内人数总体上呈上升趋势，这是因为列车进站，行人下车，站内人数增加；列车出站，行人乘车离开，站内人数减少。此处设定站内人数达到 1200 人后自动触发疏散机制，开始疏散后站内人数逐渐下降，由于站台行人向站厅移动，站厅行人向出口移动，所以站厅人数先升后降，并且站台人数为 0 的同时站厅人数才开始减少，之后站内总人数与站厅人数的曲线重合。疏散曲线的斜率先大后小说明下降速度先快后慢，这是由于疏散开始时四个出口都在进行疏散，因此疏散速度快，疏散后期 B、C 出口已经疏散结束了，但还有 A、D 出口由于距离较远或拥堵仍在疏散，导致疏散效率降低。根据《地铁安全疏散规范》(GB/T 33668—2017)，规定安全疏散时间为 6min，即在 6min 内成功疏散的为安全疏散。原始情景中在 6min 内到达安全出口的人数为 980 人，则安全疏散比例为 81.7%。

假设乘客对每个出口都同样熟悉，在疏散过程中选择 A、B、C、D 四个出口情况如图 4-19 所示。乘客到达站厅后，根据到出口的距离远近自主选择最近的出口疏散。因此，在水侵不影响乘客走行路线且严重拥堵的情况下，可能不会出现每个出口经过的乘客人数接近的情况，由图 4-19 中数据可知，通过 A、B、

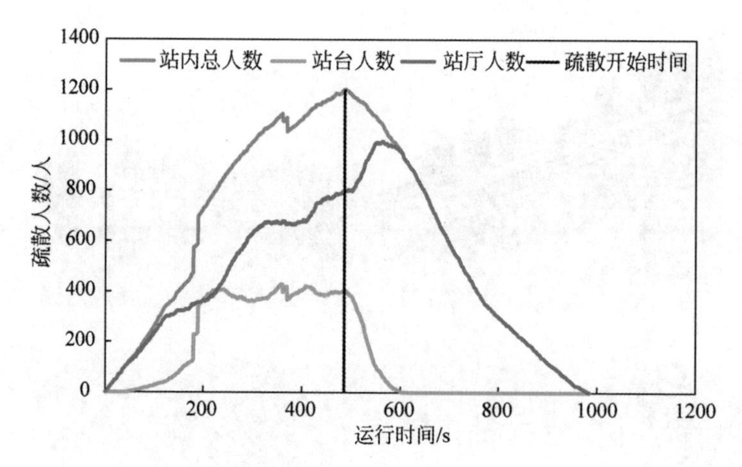

图 4-18 原始情景站内人数与模型运行时间的关系

C、D 出口疏散的人数分别为 237 人、252 人、157 人、553 人，C、D 出口的疏散人数占比高达 60%。大多数情况下，通过 C 和 D 出口出站的人数超过 A 和 B 出口出站的人数，尤其是在列车到站乘客下车后，这是因为列车会停靠在出口 C 和 D 这一侧，大多数乘客离出口 C、D 的距离更近。同时，由于 A 出口的通道较长，需要更长的时间才能移动至该出口，这在一定程度上减轻了 A 出口楼扶梯处的拥堵。

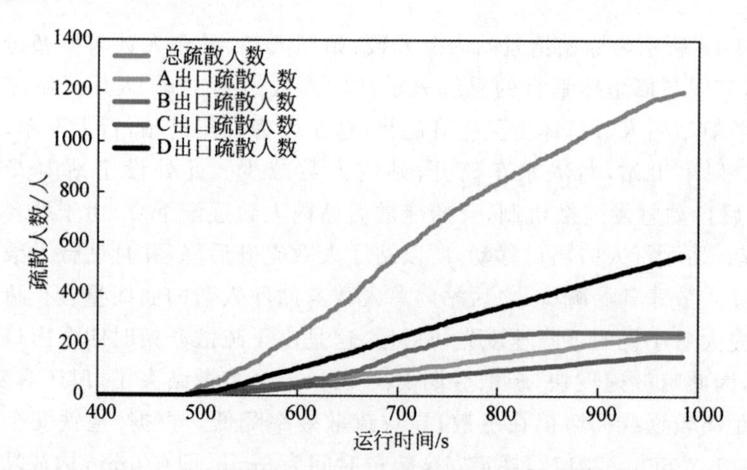

图 4-19 原始情景疏散人数与模型运行时间的关系

图 4-20 所示为原始情景疏散过程中 11 号线站厅站台的人员密度图，实际疏散时间为 8min 20s。开始疏散后，站厅站台层连接处楼扶梯、出入口处楼扶梯、出站闸机处均出现不同程度的拥堵现象，形成疏散瓶颈。众多行人聚集此处排队等待，通过楼扶梯时间增长，尤其是站厅站台层连接处 4 号楼扶梯和 D 出口拥堵严重。4 号楼扶梯拥堵主要是因为换乘客流量大，按照就近原则大多

数人会选择 4 号自动扶梯下行至站台层乘车。D 出口拥堵主要是因为 D 出口是距离大量换乘客流最近的一个出口，并且出口通道长度较短，非常容易导致人群拥堵，从而降低疏散效率。

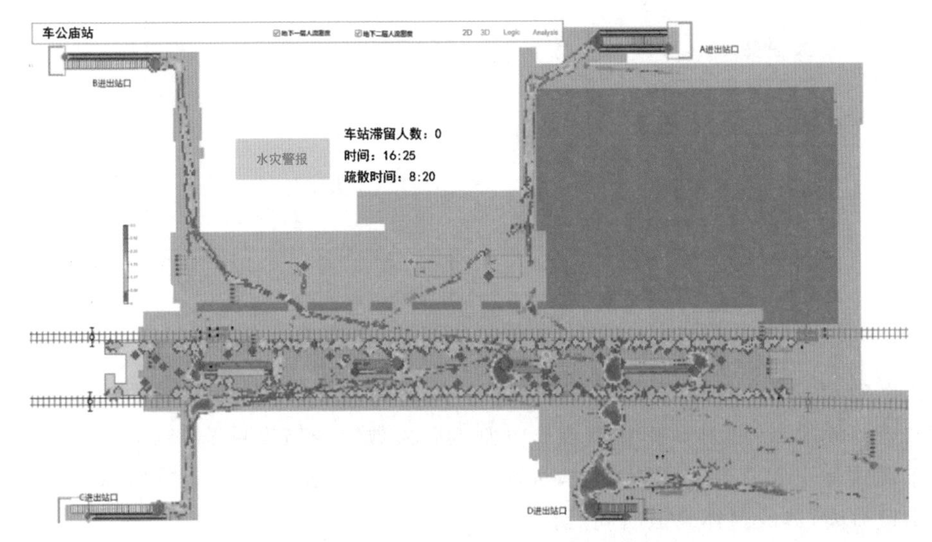

图 4-20 原始情景站厅站台的人员密度图

3. 不同水侵发生位置的疏散仿真研究

地铁站属于半封闭式的地下空间结构，大多数情况下发生洪涝灾害时的进水点都是在进出口处，因此，本节仿真模拟水侵发生位置只考虑洪水从进出口处入侵的情况，分析比较了不同出入口进水情况对疏散结果的影响。

1）情景 1：D 出入口进水

假设 D 出入口有大量洪水入侵，当站厅内积水水深达到 10cm 启动疏散程序，则 D 出口停止使用，行人仅通过 A、B、C 三个出口疏散，如图 4-21 所示。通过 A、B、C 三个出口疏散的人数分别为 684 人、275 人、222 人，另外 19 人是从 D 出口进入尚未进站的，因此从 D 出口原路折返。由图 4-21 可知，B、C 出口率先疏散完毕后整体疏散效率下降，疏散开始约 6 min 后只剩 A 出口继续疏散。因此，当东侧 D 出口因水侵无法使用时，对 A 出口的疏散压力是最大的。由于东侧客流量大，且只剩 A 出口可以使用，造成 A 出口通道处极其拥堵，疏散严重延误。

图 4-22 所示为 D 出口进水时站内人数与模型运行时间的关系，此处设定模型运行 534 s 后站内人数达到 1200 人，自动触发疏散机制，图中黑线为疏散时间点。由于东西两侧客流量的不同，东侧换乘客流很大，对东侧出口的疏散压力较大。当东侧 D 出口洪水入侵，导致乘客无法通过时，客流高峰时的疏散时间将达到 12min 35s 左右。情景 1 中的安全疏散人数为 781 人，则安全疏散

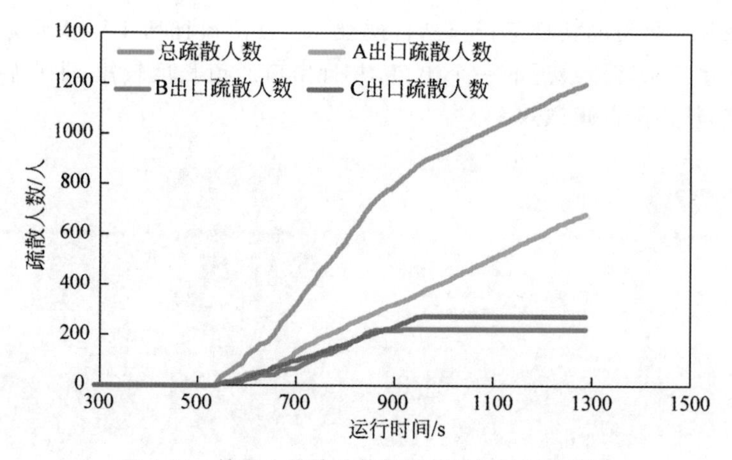

图 4-21　情景 1 疏散人数与模型运行时间的关系

比例为 65.1%。当疏散持续一段时间后，站内尚未疏散的乘客变化曲线呈现出明显的分割点(见图 4-22 中蓝点)，分割点后人数下降趋势明显放缓。这是因为东部只有一个 A 出口可以使用，西侧 B、C 出口疏散结束后，仍有乘客从东面 A 出口撤离，造成整体疏散时间延长。

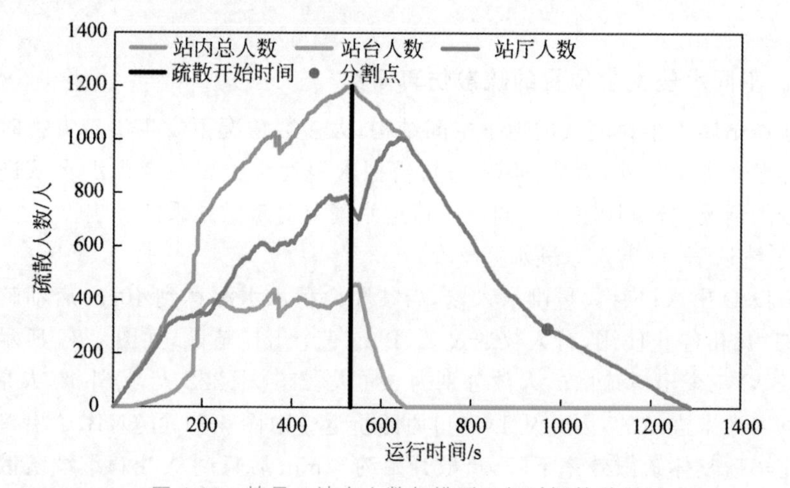

图 4-22　情景 1 站内人数与模型运行时间的关系

2) 情景 2：A、D 出入口进水

假设 A、D 两个出入口都有洪水入侵，则疏散过程中只有西侧 B、C 出口才允许行人通过。如图 4-23 所示，B、C 出口的疏散人数分别为 299 人、668 人，其余 233 人是从 A、D 两出口进入尚未进站的，因此从 A、D 两出口原路折返。如图 4-23 所示，B 出口在模型运行 1131s，即疏散开始 428 s 后首先完成疏散，不再有行人通过，C 出口在整个过程中几乎保持匀速的疏散速率，因此，总体的疏散效率也是先上升后下降的。

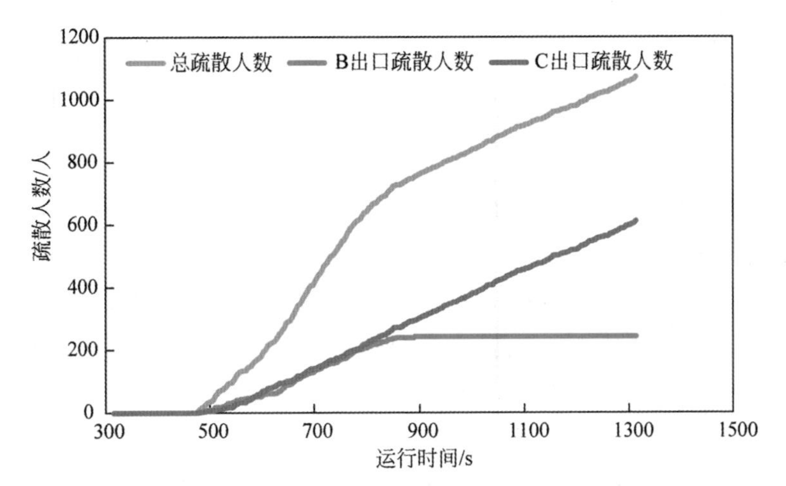

图 4-23　情景 2 疏散人数与模型运行时间的关系

如图 4-24 所示，情景 2 中 A、D 出口进水无法通行时，疏散压力主要集中在 B、C 出口上，尤其是 C 出口，这是因为大量换乘客流以及 11 号线站台层客流都更靠近 C 出口。而 C 出口疏散时间延长的主要原因在于大量客流聚集在通道拐角处，因为在拐角处行人视线容易被遮挡，也容易发生碰撞，从而产生拥堵，导致疏散时间延长。

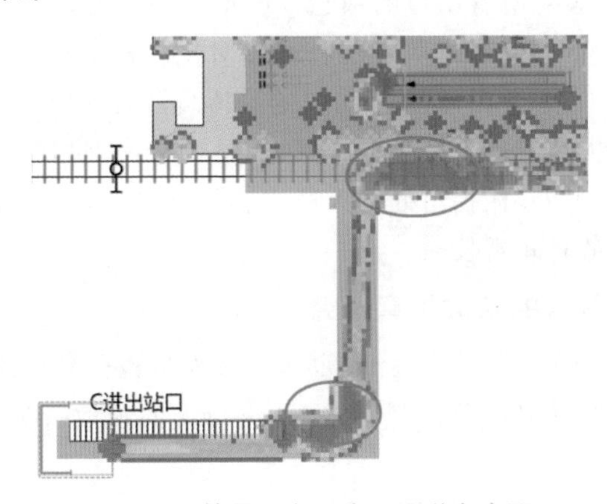

图 4-24　情景 2 中 C 出口通道密度图

A、D 两个出口进水时站内人数与模型运行时间的关系如图 4-25 所示，站内人数达到 1200 人后自动触发疏散机制，图中黑线为疏散时间点。由于东侧客流较大，当东侧 A、D 两个出口同时减少时，仅剩 B、C 两个出口可以正常使用，对疏散效率的影响是很大的，客流高峰时的疏散时间将达到 17min 23s 左右。情景 2 中的安全疏散人数为 691 人，安全疏散比例为 57.6%。当疏散持续一段时间后，只剩 C 出口尚未疏散完毕，因此人数下降趋势明显放缓。

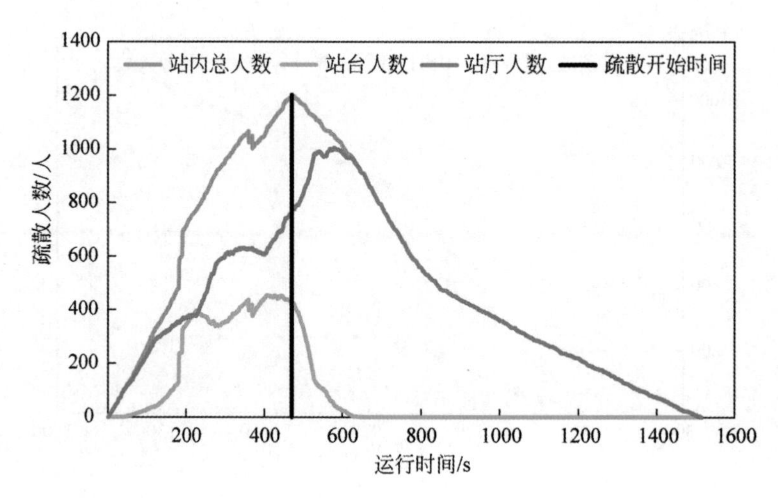

图 4-25　情景 2 站内人数与模型运行时间的关系

3）原始情景：A、B、C、D 出入口进水

考虑最极端的情况，假设 A、B、C、D 四个出入口都有少量洪水入侵，则必须立即向各个安全出口疏散，并封闭地铁站。所有出入口处自动扶梯停止运行，被用作楼梯正常使用。

本研究假设乘客对所有出口的熟悉程度都是一样的，模拟了不同进水点数量在相同人员负载下的人员疏散过程。通过对比分析情景 1、情景 2 和原始情景，可发现，4 个出口、3 个出口、2 个出口的总体疏散时间依次递增，说明可用出口多则疏散效率更高，但也不是越多越好，而是要与需求相匹配，否则会造成不必要的资源浪费。另外，在拐角处行人视线容易被遮挡，也容易发生碰撞，从而产生拥堵，导致疏散时间延长。

4. 不同水侵等级的疏散仿真研究

触发水侵警报机制后，洪水逐渐增加，疏散人员也受到洪水的影响，走行速度下降。因此，根据洪水扩散过程和水深，将行人的疏散行为划分为以下四个等级：

第Ⅰ级：当地下洪水水位较低，即 10cm 以下时，正常行走。水对行人的运动影响很小，行人可以正常行走。

第Ⅱ级：当洪水深度 h 在 10～30cm 时，缓慢行走，需要视情况决定是否疏散。水会在一定程度上阻碍行人的活动，行人的步行速度会随着洪水深度的增加而降低。

第Ⅲ级：当洪水深度 h 在 30～50cm 时，移动至就近安全疏散口。积水会对行人安全构成一定的威胁。

第Ⅳ级：当洪水深度 h 在 50～70cm 时，行人自行疏散或等待救援。当洪水深度增加到一定值,行人移动到出入口或附近遮蔽处躲避洪水,若无法行走则停止移动并等待救援。而 70cm 为判断成年行人能否行走的临界水深,超过 70cm 则行人无法移动。

在研究不同水侵等级对疏散结果的影响时,控制其他影响因素不变,设置情景 3: Ⅰ级水侵,水深 0cm; 原始情景: Ⅱ级水侵,水深 10cm; 情景 4: Ⅲ级水侵,水深 30cm; 情景 5: Ⅳ级水侵,水深 50cm。图 4-26 所示为 4 个不同水侵等级下站内人数与模型运行时间的关系对比,站内人数随时间的变化趋势总体相近,均为先升后降。图 4-27 所示为 4 个情景下站内人数与疏散时间的关系对比,重点关注疏散过程中不同水侵等级下站内人数的变化情况,也体现了不同的疏散水平。由图 4-27 可知,Ⅰ、Ⅱ级水侵时站内人数下降得最快,Ⅲ级次之,Ⅳ级的疏散效率最低,说明在 50cm 水深范围内,疏散效率确实与洪水水位成反比,与水侵等级成反比。

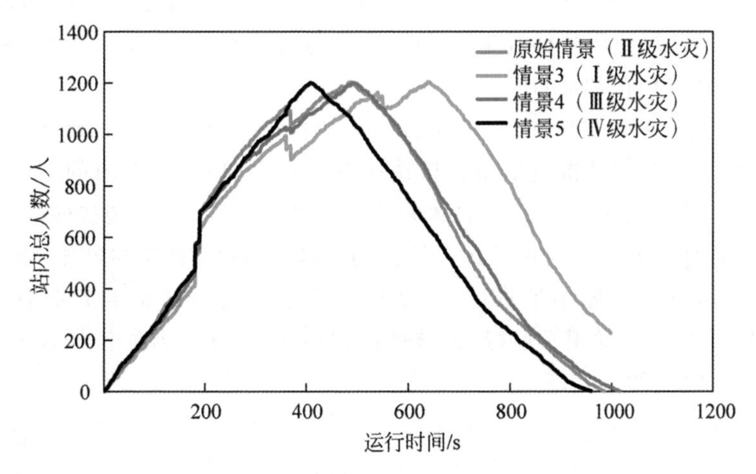

图 4-26 不同水侵等级下站内人数与模型运行时间的关系

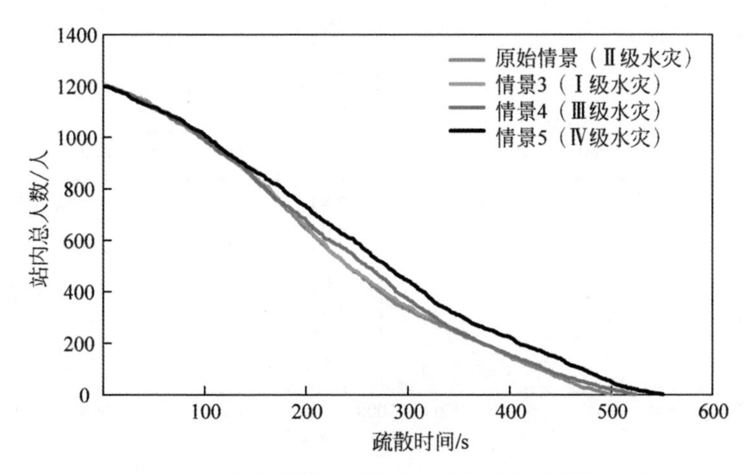

图 4-27 不同水侵等级下站内人数与疏散时间的关系

通过对不同灾害等级的疏散仿真模拟结果可知，情景 3、原始情景、情景 4、情景 5 的总疏散时间分别为 8min 32s、8min 20s、8min 45s、9min 11s，水深 50cm 比水深 10cm 的总疏散时间增加了 51s，表明随着地下空间积水水位的上升，行人的走行速度下降，导致总体疏散效率降低。但乘客走行速度的变化对车站整体疏散结果影响不大，在疏散过程中，由于地下空间相对来说狭小封闭，客流较拥挤，因此行人在走行速度上的微小变化并不会对整体疏散效果产生较大影响。

5. 不同自动扶梯运行方式的疏散仿真研究

当地铁站洪水入侵时，由于自动扶梯是采用供电方式运行的，若继续运行可能存在安全隐患，并且自动扶梯表面的水渍容易使行人脚底打滑。因此，一般情况下地铁站发生水侵时会暂时关停自动扶梯。此处在研究不同楼扶梯设置情况对疏散过程的影响时，控制其他影响因素不变，设置原始情景：自动扶梯停止使用，行人仅使用楼梯逃生；情景 6：自动扶梯停止运行，等效为楼梯使用；情景 7：自动扶梯正常运行。

一般来说，在紧急情况下，由站台转乘楼扶梯或空间狭窄的转乘区域最容易发生堵塞，此案例是指包括站台层楼扶梯、出口处楼扶梯在内的站内所有楼扶梯。站台层楼扶梯共 4 组，从西到东依次编号为 1、2、3、4 号楼扶梯，其中，1 号和 4 号两组为自动扶梯，中间两组 2 号、3 号是楼梯与自动扶梯的组合。图 4-28～图 4-30 所示分别为原始情景（自动扶梯禁止使用）、情景 6（自动扶梯做楼梯用）、情景 7（自动扶梯正常运行）在疏散过程中 11 号线站台层楼扶梯处的行人密度随运行时间的变化情况。

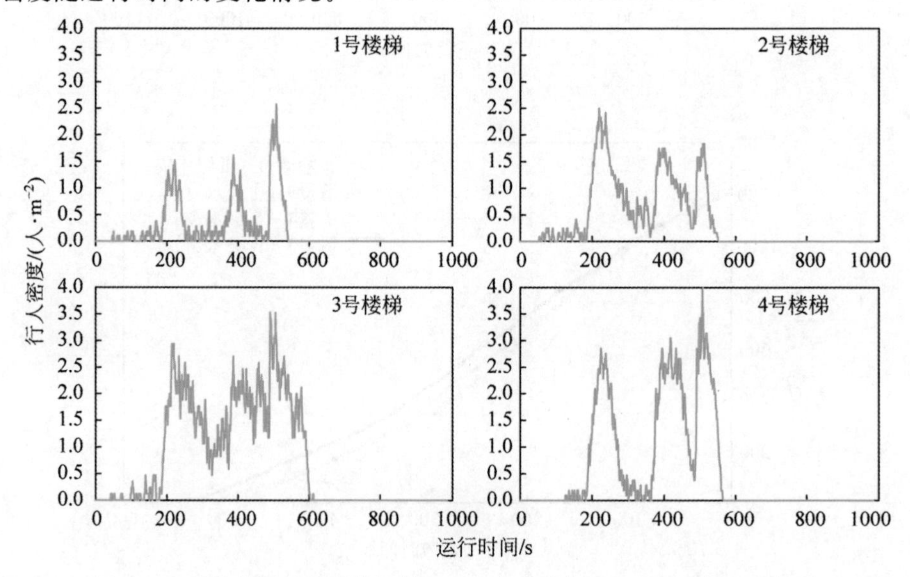

图 4-28　原始情景站台层楼扶梯处行人密度随模型运行时间的变化情况

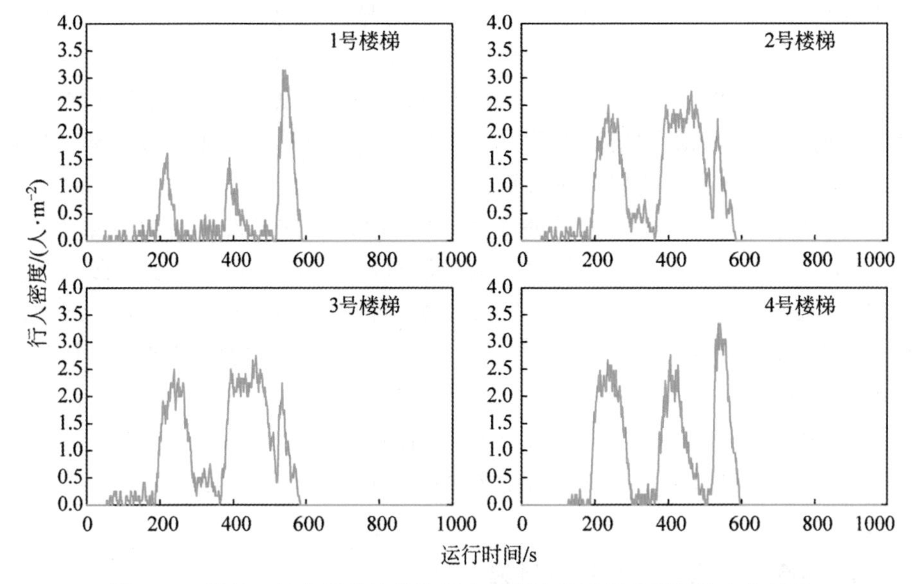

图 4-29 情景 6 站台层楼扶梯处行人密度随模型运行时间的变化情况

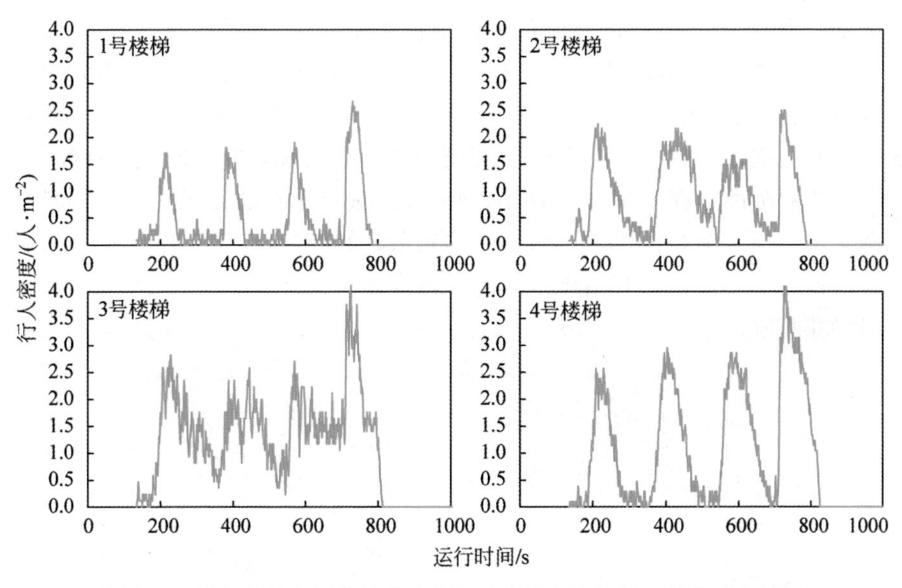

图 4-30 情景 7 站台层楼扶梯处行人密度随模型运行时间的变化情况

在没有洪水的情况下，11 号线站台的人群均匀分布在屏蔽门前候车，随着站台层列车的固定频率到达，4 组扶楼梯处的行人密度呈现出周期性波动。触发水侵警报机制后，站台层乘客会选择直线距离最近的楼扶梯进行疏散，大量人群在很短的时间内聚集在楼梯上，造成了交通堵塞，并且原本排队候车的乘客也要通过楼扶梯向站厅出口逃生，因此，疏散开始后的行人密度图的峰值相对来说会更高。此外,由图中不难看出2号、3号、4号楼扶梯的行人密度更大,在一段时间内的通过人数更多,这是因为2号、3号楼扶梯位处站台中间位置,距离大多数行人更近,而3号、4号楼扶梯靠近站厅东侧,站厅东侧的人流量较大。在现实中,可以通过增加人员引导等方式将密度大的东侧楼梯客流往西侧楼梯引导,使楼扶梯的使用更加均衡。

仿真模拟结束时,原始情景的疏散时间为8min 20s,安全疏散人数为980人,安全疏散比例为81.7%;情景6的疏散时间为7min 47s,安全疏散人数为1076人,安全疏散比例为89.7%;情景7的疏散时间为7min 10s,安全疏散人数为1113,安全疏散比例为92.8%。由于原始情景中站内所有自动扶梯都停止使用,所以疏散效率最低,情景6次之,而情景7的疏散效果最优,疏散时间最短,说明对疏散效率的影响大小:自动扶梯正常运行＞自动扶梯作楼梯用＞自动扶梯禁止使用,并且自动扶梯作楼梯用与正常运行对疏散结果的影响相差不大。

6. 导流栏布设的疏散仿真研究

根据对疏散过程的观察可知,地铁站D出口处通道过短、客流汇集导致人群拥堵严重,一般来说布设导流栏可以维护客流秩序,是对拥挤客流进行疏堵的一种有效措施。因此,此处研究D出口通道处是否布设导流栏对疏散过程的影响,控制其他影响因素不变,设计原始情景:不布设导流栏;情景8:布设导流栏。通过增设导流栏策略仿真,判断导流栏布设情况对客流疏堵的效益。

通过对疏散过程以及输出图表的观察,发现D出口总是最后完成疏散的。如图4-31所示,在4个出口中,D出口的疏散人数最多,疏散压力最大。在疏散过程的最后1.5min内,其余出口均已疏散完毕,疏散人数不再增加,只剩下D出口仍在疏散。

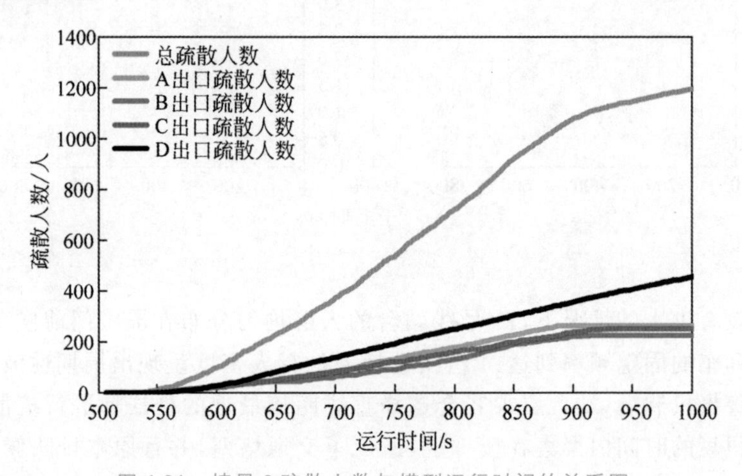

图4-31 情景8疏散人数与模型运行时间的关系图

D出口处通道过短，并且东、北两方向的大量客流在狭小的通道处交汇，很容易产生碰撞、拥堵，从而延长疏散时间。因此，研究发现在D出口处布设导流栏，不仅能将两方向的客流隔离开，还能适当增加通道长度，能有效缓解出口处拥堵，减少疏散时间。对比原始情景与情景8的仿真结果，如图4-32所示，增设导流栏杆前的疏散时间为8min 20s，增设导流栏杆后的疏散时间为7min 48s，疏散时间有效减少了32s。增设导流栏能有效将两方向的客流分开，从而缓解出口通道处的人群聚集现象。

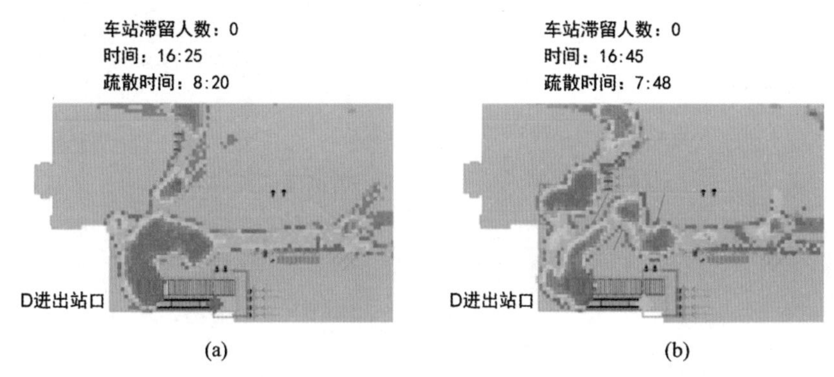

图4-32 布设导流栏前后的疏散时间与行人密度图对比

(a) 布设导流栏前；(b) 布设导流栏后

7. 应急疏散口增设的疏散仿真研究

在疏散过程中，出站闸机处属于疏散瓶颈点之一，在短时间内无法负荷超大客流，容易造成严重的客流拥堵，导致疏散延误。因此，本节考虑在出站闸机旁增设应急疏散口，提高闸机处的通过能力。设计原始情景：不增设应急疏散口；情景9：增设应急疏散口。对比两种情景的仿真结果，判断应急疏散口增设与否对疏散效率的影响。

由图4-33可以看到模型中共标记了9处应急疏散口，触发疏散机制后，除了闸机，行人也可以通过这9处应急疏散口到达安全区域，如图4-34所示，疏散过程中部分个体选择应急疏散口进行疏散，这在一定程度上缓解了闸机的通行压力。

对比原始情景与情景9增设应急疏散口增设前后的仿真结果，如图4-35所示，增设应急疏散口前后的疏散时间分别为8min 20s、8min 03s，疏散时间有效减少了17s，说明增设应急疏散口对疏散效率有增益作用。选取9处应急疏散口中的①号、⑧号两处典型疏散口重点观察，从疏散过程中的行人密度图也可以看出，增设应急疏散口后，行人可以同时通过闸机和疏散口疏散，应急疏散口能有效分担向安全出口移动的客流，提高出站闸机处的通行能力，缓解原始场景中闸机处的客流拥堵。

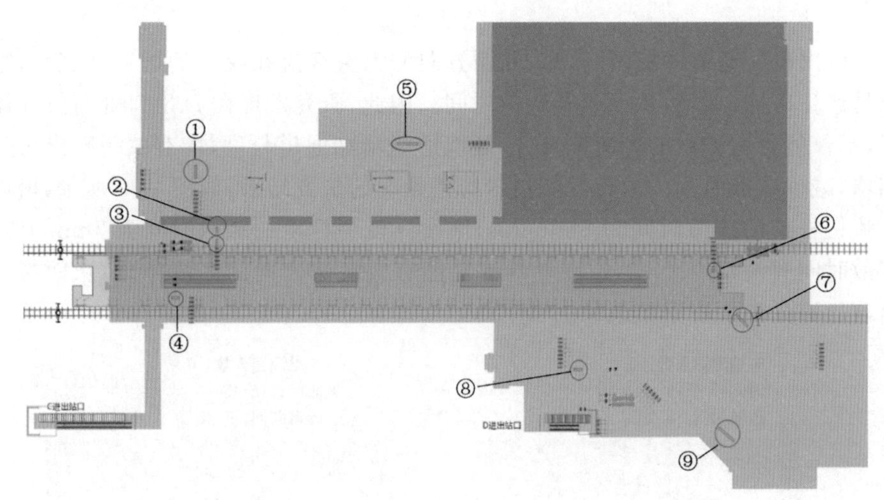

图 4-33　站厅层应急疏散口增设位置

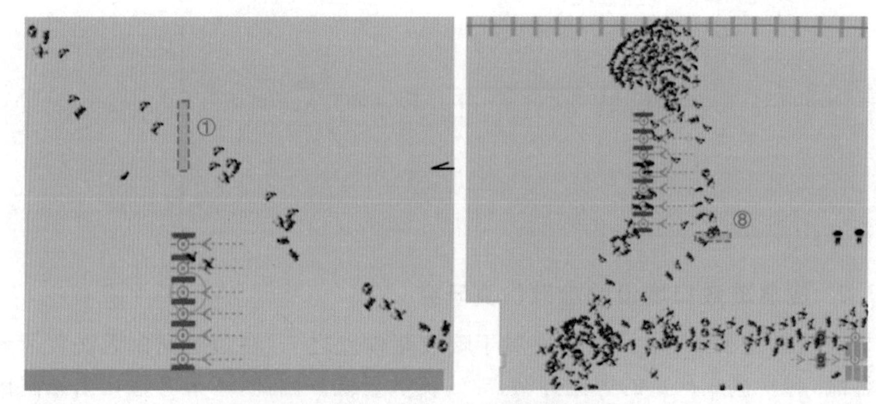

图 4-34　个体选择应急疏散口进行疏散

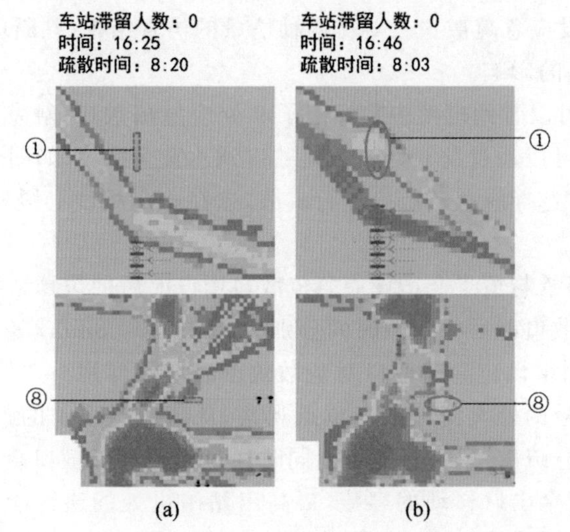

图 4-35　应急疏散口增设前后的疏散时间与行人密度图对比

(a) 应急疏散口增设前；(b) 应急疏散口增设后

8. 仿真结果分析及疏散策略优化

通过设计不同情景进行疏散模拟，对比分析每个疏散情景疏散时间、安全疏散比例、行人密度等参数的模拟结果，找出影响疏散效率的瓶颈因素，并针对此对模型的疏散策略进行优化。

通过对表4-9不同情景下行人疏散的仿真模拟结果进行比较，结果表明：

表4-9 疏散情景仿真模拟结果比较

情景	疏散时间/s	疏散总人数/人	安全疏散人数/人（6min以内）	安全疏散比例/%
原始情景	500	1200	980	81.7
情景1	755	1200	781	65.1
情景2	1043	1200	691	57.6
情景3	512	1200	977	81.4
情景4	525	1200	976	81.3
情景5	551	1200	914	76.2
情景6	467	1200	1076	89.7
情景7	430	1200	1113	92.8
情景8	468	1200	1070	89.2
情景9	483	1200	1051	87.6
情景10	443	1200	1106	92.2

(1) 对比原始情景、情景1和情景2可知，4个出口、3个出口、2个出口的总体疏散时间依次递增，说明可用出口多则疏散效率更高，但也不是越多越好，而是要与需求相匹配，否则会造成不必要的资源浪费。

(2) 由情景2的疏散过程发现在拐角处行人视线容易被遮挡，也容易发生碰撞，从而产生拥堵，导致疏散时间延长。因此，实际情况中可在通道拐角处设置标识标牌或人员引导，提醒行人出口通道方向，并拆除通道内的障碍物。

(3) 情景3(Ⅰ级水侵)、原始情景(Ⅱ级水侵)、情景4(Ⅲ级水侵)、情景5(Ⅳ级水侵)的疏散时间基本上是不断增加的，表明随着地下空间积水水位的上升，行人的走行速度下降，导致总体疏散效率降低。但乘客走行速度的变化对车站整体疏散结果影响不大，在疏散过程中，由于地下空间相对来说狭小封闭，客流较拥挤，因此行人在走行速度上的微小变化并不会对整体疏散效果产生较大影响。

(4) 比较原始情景(自动扶梯停止使用)、情景6(自动扶梯等效为楼梯使用)、情景7(自动扶梯正常运行)的模拟结果，说明对疏散效率的影响大小：自动扶梯正常运行＞自动扶梯作楼梯用＞自动扶梯禁止使用，并且自动扶梯运行方式是影响行人疏散的重要因素，对疏散结果影响较大。虽然自动扶梯正常运行的效率最高，但实际情况中自动扶梯的运行方式需根据现场灾害情况和疏散人数判定，如发生水侵时一般须关停自动扶梯，避免安全隐患。

(5) 通过对比原始情景与情景 8，判断导流栏对疏散拥堵处的增益效果，从而判断导流栏策略对水侵应急疏散的价值效度。发现在 D 出口处布设导流栏，不仅能将两方向的客流隔离开，还能适当增加通道长度，能有效缓解出口处的拥堵现象。

(6) 对比原始情景与情景 9，发现在出站闸机处增设应急疏散口后，行人可以同时通过闸机和疏散口疏散，应急疏散口能有效分担向安全出口移动的客流，提高出站闸机处的通行能力，缓解闸机处的客流拥堵。

根据对 11 种情景下仿真过程的跟踪和分析，发现车公庙站水侵时疏散时间延长主要是由于 11 号线站台层楼扶梯疏散时使用不均，东侧楼扶梯人流密度大，通行能力不足，产生排队现象。此外，D 出口通道过短、客流汇集，导致人群拥堵在出口处，很大程度上延长了疏散时间。因此，针对以上分析结果对疏散模型进行优化，提出将原本停止使用的自动扶梯等同于楼梯使用，并在 D 出口处增设导流栏，在出站闸机旁增设应急疏散口，根据仿真结果对疏散策略进行优化，从而提高该地铁站的疏散效率。

优化后的仿真模型的疏散效率得到大幅提升，模型运行效果如图 4-36 和图 4-37 所示。总疏散时间为 7min 23s，比原始情景的 8min 20s 缩短了 57s，疏散效率提升了 11.4%。有 92.2%的行人满足 6 min 内疏散要求，远高于优化前的 81.7%，提升了 10.5%。优化后的瓶颈点处的拥堵情况也得到一定的改善，通过将站台层停止运行的自动扶梯作楼梯使用，楼扶梯处的行人密度也有所下

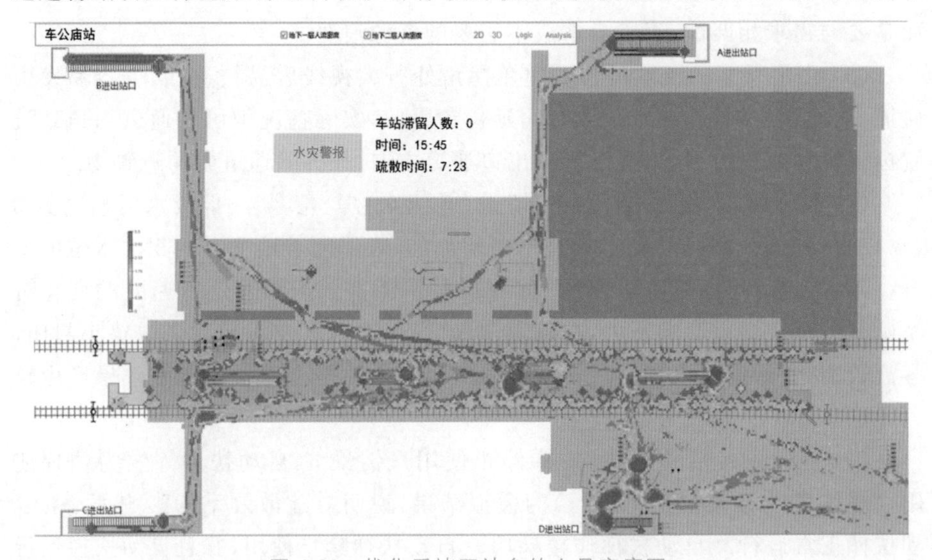

图 4-36　优化后站厅站台的人员密度图

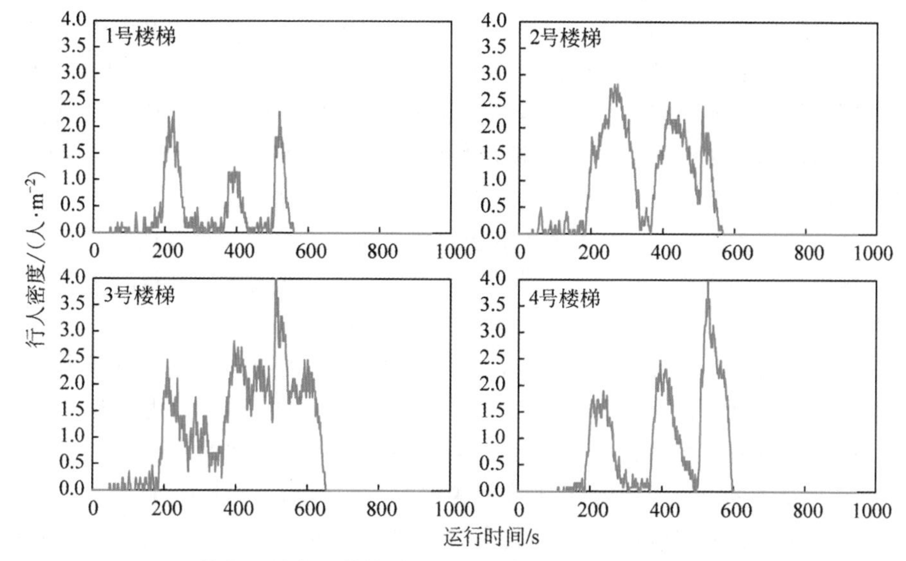

图 4-37 优化后站台层楼扶梯处行人密度随模型运行时间的变化情况

降。1 号、2 号楼扶梯最大客流密度在 2 人/m^2 左右,3 号、4 号楼扶梯最大客流密度均不超过 3.5 人/m^2,尚未达到设置的关键密度,站台层楼扶梯处的平均行人密度也由 0.56 人/m^2 降为 0.49 人/m^2。

在实际工作中,可以通过增加人员引导等方式将密度大的东侧楼梯客流往西侧楼梯引导,使得楼扶梯的使用更加均衡。在 D 出口过短的通道处设置导流栏,将东、北两方向的出站乘客分流,也有效缩短了疏散时间。此外,在出站闸机处增设应急疏散口,可以有效提高出站闸机处的通行能力,缓解疏散瓶颈闸机处的客流拥堵,从而提高疏散效率。

4.3 地铁大客流人员疏散仿真研究

地铁车站大客流风险具体是指由于大规模客流的冲击,车站的客流需求和容纳能力之间、车站各个设施设备和服务能力之间出现失衡,从而出现的运营安全的不确定性。这种不确定性产生的结果可能会使乘客滞留在站台、列车出现晚点,更严重的可能会出现人员被挤下站台、人员踩踏等重大事故,这些结果会影响到地铁车站的安全运营。本节针对换乘枢纽的大客流组织和疏散问题,从微观角度模拟分析客流量、扶梯故障与疫情防控等事件对客流疏散的影响,并探寻合理应急疏散策略。

4.3.1 地铁大客流组织方法基础

1. 大客流分类

随着车站客流的增大,站内服务设施如通道、楼扶梯及站台等处会变得十分拥挤。按照客流来源,地铁站大客流包括常态化大客流和突发性大客流两类。

(1) 常态化大客流。主要指为实现日常的生产及生活活动而产生的,具有一定周期性的大规模客流。常态化大客流有着相对规律的发生时间和地点,而且在车站内的持续时间一般都较长,如位于学校附近的车站,其客流在上学和放假期间会明显变化。

(2) 突发性大客流。突发性大客流是指由于突发情况所引发的车站短时间内大规模聚集的客流。按照突发事件产生因素,突发性大客流又可分为大型活动大客流、节假日大客流、恶劣天气大客流及其他大客流。

① 大型活动大客流。大型活动大客流是指由于需要在大型公共场所举行活动,活动开始前及结束时所引发的场所附近车站短时间内大规模聚集的客流。活动地点周边车站容易受到活动地点、时间规模等因素的影响。

② 节假日大客流。节假日大客流主要是指由节假日(如劳动节、中秋节和国庆节以及学生寒、暑假期等)所造成的车站较平时有明显增加的客流。暑期大客流主要以放暑假的学生及陪同的家长为主。中国春节前后,随着大批外地劳务人员返乡的出行需要,会对铁路、长短途客运站和机场站附近的地铁站造成较大客流突增压力。而元旦等假期较短的节日,会使位于市内景点或商业区附近的车站产生较大客流。

③ 恶劣天气大客流。由于恶劣天气影响形成的大客流是指车站所在区域出现酷暑、雨雪、大风等特殊天气时,地面道路交通受阻,大量乘客改乘坐地下城市轨道交通、进入车站躲避(如避雨)或出站受阻而滞留车站等原因增加的车站客流量。这类受影响的客流量较难提前预估准确,具有不确定性。

④ 其他大客流。其他大客流是指除前三种情况外,地铁内发生火灾、水灾、列车区间故障和异物入侵等突发事件导致车站内客运秩序混乱,站内形成大量客流聚集,客流难以及时疏导。此时需要启动各类突发事件的应急处置预案对客流进行疏导,使其安全离开站点。

2. 大客流流线

客流在地铁站内行走的目的可以分为进站、出站和换乘三种,对三种客流对应产生的流线进行简单分析。

(1) 进站流线。按照国内地铁设置情况,客流进站一般需经过出入口、楼扶梯、购票(可无)、安检、闸机、楼扶梯(通道)、站台。随着现在移动手机网络的发展,微信小程序以及公交卡购票的出现,进站流线可以更新如图 4-38 所示。

(2) 出站流线。按照国内地铁设置情况,客流出站一般需经过站台、楼扶梯(通道)、站厅、闸机、通道、楼扶梯到出口。出站流线如图 4-39 所示。

(3) 换乘流线。车站具有多种形式,换乘客流下车之后需要经过各个站点特定的换乘方式进行换乘,常用的换乘方式包括站台双向换乘、站厅换乘、指定

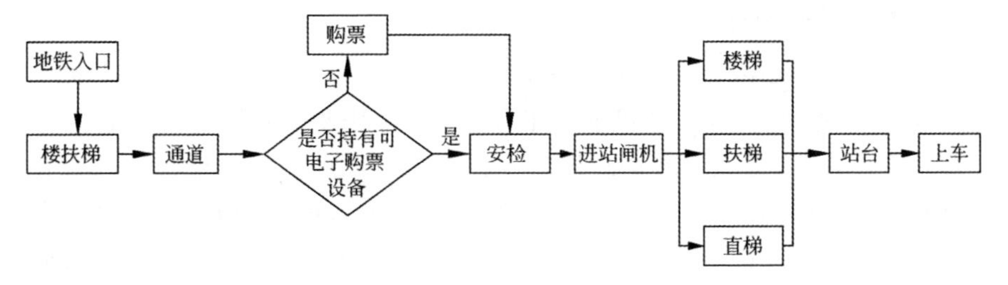

图 4-38　进站流线

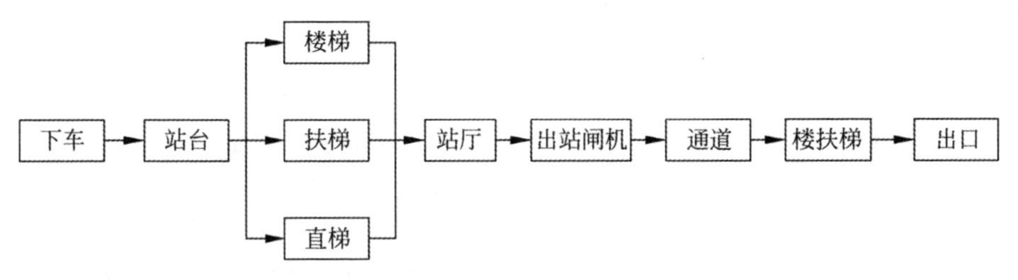

图 4-39　出站流线

通道换乘及出站换乘等。归纳可以绘制出如下两种常用换乘流线。

① 站台双向换乘。若站台为岛式站台，两条平行线路通过公用站台进行换乘。具体换乘流线如图 4-40 所示。

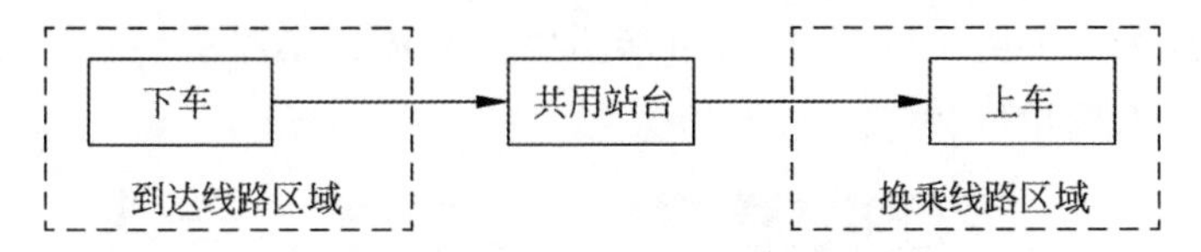

图 4-40　站台换乘流线

② 站厅换乘，通道换乘及出站换乘。到达线路客流下车进入站台后，经楼扶梯或直梯到达站点设置的换乘通道(如站厅、通道及出站)，然后经换乘线路所在的楼扶梯等连接型设施进入换乘线路的站台，进而完成上车过程。具体换乘流线如图 4-41 所示。

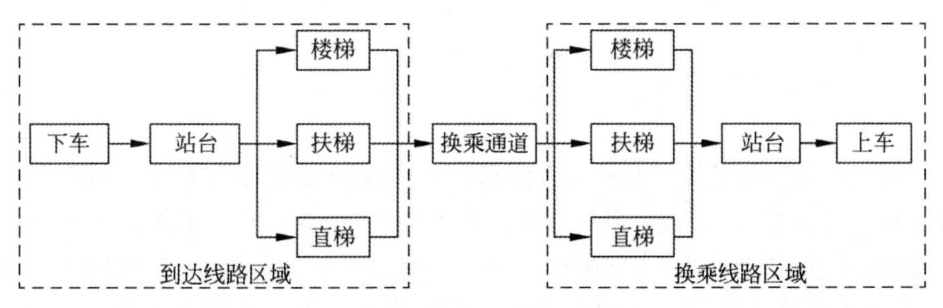

图 4-41　换乘通道换乘流线

3. 大客流瓶颈点

当地铁车站发生大客流时，随之产生的客流拥挤、走行流线交叉干扰等问题不仅降低了乘客乘车效率和车站服务水平，而且客流激增容易引起人员拥堵、踩踏事件发生，造成人员伤亡以及经济损失。因此需要梳理易导致大客流发生的瓶颈点并加强管理和检测，做好事故的预警，降低客伤事故发生的可能性。经过实际乘车感受及文献调研，地铁站出入口、楼扶梯处、安检及闸机处和站台候车区是乘客相对拥挤的部位。尤其在站内客流量高峰期时，往往在这些部位聚集了大量乘客，需要重点关注。

(1) 出入口。车站出入口是衔接城市轨道交通与其他交通出行方式的接驳点，也是大量客流进出、聚集与消散的关键节点。由于进站乘客想快速进站及出站客流想快速出站的心理以及外部进站乘客对于车站内部的客流情况缺乏了解，往往容易忽略前方拥挤的信息，从而加剧站内拥挤情况，造成大客流难以及时消散。

(2) 上下换乘楼扶梯处。上下换乘楼扶梯作为站内连接型服务设施，客流大量涌进和涌出容易对其造成强大的冲击，造成站内客流量急剧上升(图 4-42)。在此时考虑到换乘楼梯处人群流动状态呈双向交叉异向流的特点，行人比较容易因为外在环境因素影响通行受阻(如楼梯狭窄、路面湿滑等)。而且如果是自动扶梯出现突发故障(如发生电梯逆行)，倘若控制不及时，乘坐扶梯的乘客极易受到惊吓即失去平衡而摔倒，极有可能引发大客流密集踩踏事故，导致或者加剧站内的客流拥挤情况。

(a) (b)

图 4-42 深圳地铁实地观察

(a) 楼扶梯处；(b) 站台处

(3) 安检与闸机处。安检处客流通行能力受限于安检服务设施的速度、安检人员的服务能力等因素，当进站客流涌入时，往往会给安检工作造成冲击，从而造成客流拥堵。而进、出站闸机处作为客流出入车站付费区与非付费区的边界，当站内客流量较大时，往往聚集了大量的进站或者出站客流，容易造成客流的拥挤，并影响通信网络，造成进出站速率减慢，从而加剧客流的阻塞程度。

（4）站台候车区。站台候车区作为乘客上下车和临时候车必须经过的场所，是需要关注大客流拥挤的关键节点之一。由于站台区域空间有限，随着列车的到发，进站乘车客流及下车出站客流出现交织，当行人高度密集程度已达到大客流等级时，行人行走速度缓慢、大量乘客在站内滞留，客流交织冲突更为明显，易造成乘客受伤事件。

4. 大客流风险因素

一般来说，大客流拥挤是踩踏事故的前兆，如果没有出现人员伤亡，那么踩踏事故是突发事件，是拥挤造成的最为严重的后果；一旦出现人员伤亡，那么拥挤就变成突发事件。拥挤踩踏可能是一种突发事件，也可能是多种突发事件耦合产生的结果。大客流引发拥挤踩踏风险发生的影响因素一般可分为人员、设备、环境及管理4个方面。

（1）人员因素。人员因素可以分为轨道运营系统内部及外部人员，地铁内部人员对于事故的影响取决于其思想、技术业务、生理及心理等素质。而同时，地铁轨道也承载着系统外部人员的公共交通负荷，包括乘客、沿线居民，尤其在每日早高峰和晚高峰时段形成高密度的人流，同时因为地铁站自身存在一定的密闭性，一旦发生拥挤事故，影响的主体也是人员。

（2）设备因素。依据易加剧大客流发生的瓶颈点分析可得大多数危险点位于地铁站服务设施处，例如楼扶梯处、闸机处及通道等，而如果此时设施设备故障会加剧人员拥挤。而且很多拥挤踩踏事故确实与设备设施有一定的关系。由此可见，设备的不可靠性也是大客流伤亡事故发生的影响因素。

（3）环境因素。引发地铁站大客流的环境因素，包括了自然环境、作业周围环境及设备设施的摆放位置等。作业环境包括温度、湿度、照明及噪声等；设施设备的摆放位置主要涉及地铁设计合理性。环境因素能够对事故的发生造成直接或间接影响。

（4）管理因素。管理包括对设备设施的日常管理和对流动人群的现场管理。地铁系统中离不开人的管理，从进站时的安检人员，到站台上的客流引导人员，再到调度中心的指挥人员和监控室中的监管人员，都是管理的重要组成部分。管理是任何系统都不可缺少的一部分，管理过程中的某一个决策或者某一个制度出现问题后，会直接或间接影响事故发生的可能性，以此引发事故。

由大客流引发的地铁拥挤踩踏事故具有非常规突发事件的特点，特点包括突发性、复杂性、不确定性，以及产生的后果与影响随事故发生易猝变、激化、放大。因此，通过对大客流的特性及影响因素分析可以为做好大客流冲击的预防，制定大客流合理有效的应急处置措施提供依据。

4.3.2 地铁大客流疏散仿真模型构建

1. 客流疏散仿真模型构建

使用 AnyLogic 行人库建立模型,通过调查需要模拟的环境,构建环境模型和逻辑模型。为提高模型准确性,进行不同方案和参数的仿真,并进行结果比对。基本建模步骤如图 4-43 所示。

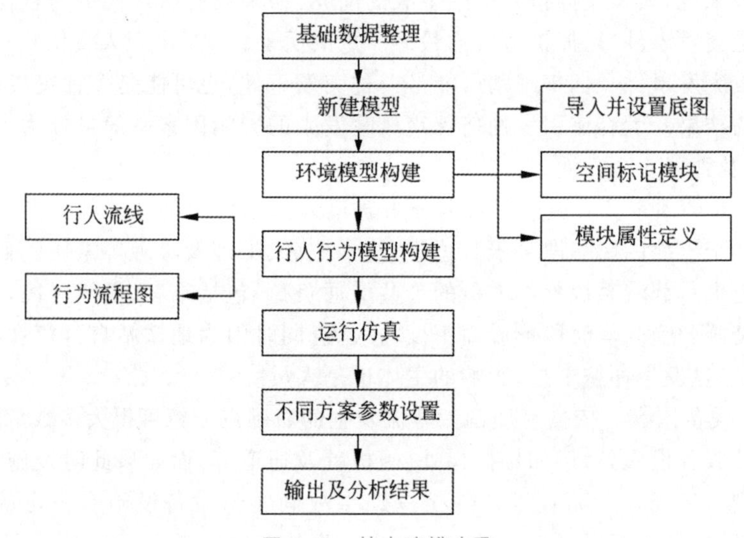

图 4-43　基本建模步骤

1）环境模型构建

环境建模是在实地调查获得详细的建模区域空间布局后,利用区域的底图建立客流环境模型。其涉及众多会影响行人运动的环境设置,如表示边界的墙和柱子、闸机(即自动检票机)、站台屏蔽门以及这些服务设施前的队列排队方式、乘客可候车区域等。建立好的环境模型示意如图 4-44 及图 4-45 所示。

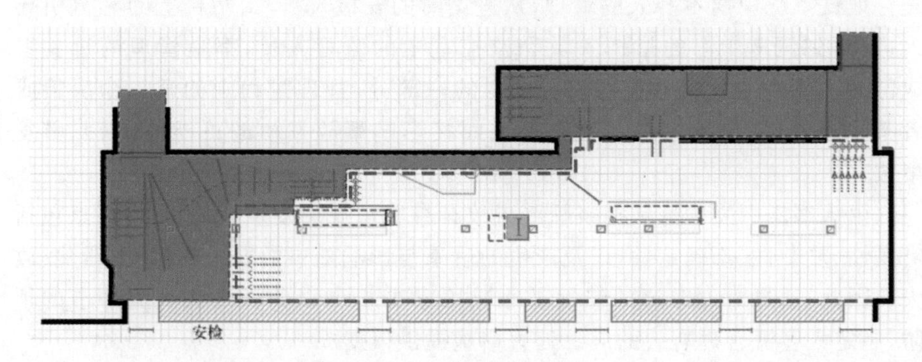

图 4-44　站厅二维模型

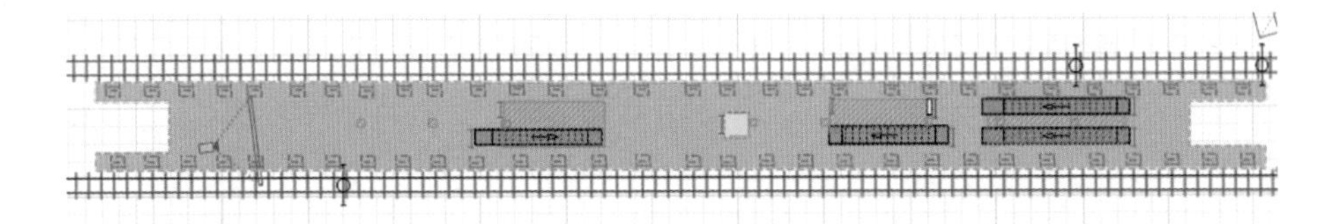

图 4-45　站台二维模型

2）逻辑模型构建

首先进行客流流程构建。构建客流流程图是依据不同类型的客流在地铁仿真区域走行流线分别模拟客流在站内所经历的每个事件流程，如进出站厅、排队候车、站内走行等，从而生成不同类型客流的活动链。主要使用的模块是行人交通行为建模。创建客流逻辑主要有以下三步：首先，从行人库或者模块选项卡里拖拽至图形化编辑区域；其次，根据逻辑顺序连接各个模块；最后，设置每个模块的属性。按照以上三个步骤可以分别构建对应客流流线属性的进站及出站客流逻辑。在各模块属性里链接逻辑与环境模型，可以完成三维环境的乘客行走模拟。当发出客流疏散指示时，乘客疏散逻辑与正常流线会存在出入，如果需要按照指示疏散时，则需要设计特定的疏散逻辑。疏散逻辑主要是设计疏散时的客流路径。

其次进行列车逻辑构建。考虑到客流上下车与列车运行到达有关系，为了更好地模拟客流组织，需要构建列车运行逻辑。构建列车逻辑是依据轨道库，主要使用到的环境模块为轨道绘制和轨道位置标记，如表 4-10 所示。创建逻辑步骤与行人逻辑构建类似，如图 4-46 所示。

表 4-10　轨道库列车逻辑构建模块

模块	描　　述
Train Source	该模块用于产生列车，一般为列车的起始点
Train Dispose	该模块用于接收列车，一般为列车的终点
Train MoveTo	该模块设置列车的目的地或行走路径
Delay	该模块模拟列车的停车，它可以嵌入控制行人上车、下车行为的模块

3）客流疏散功能实现

首先，在正常情况不需要疏散时，需按照车站的实际情况将乘客的到达速率、接受服务时间、站内服务设施数量等参数在模型中对应模块进行设置。其次，在进行客流组织及疏散情况下，由于客流通过观察以及站内的广播，会改变正常情况的行为和流程，则需要动态修改模型中的某些参数进行模拟，如疏散人数、走行速度、疏散路线的选择方式等。

疏散客流路径可以是选择最近的扶梯、最近的出口疏散等，图 4-47 所示是

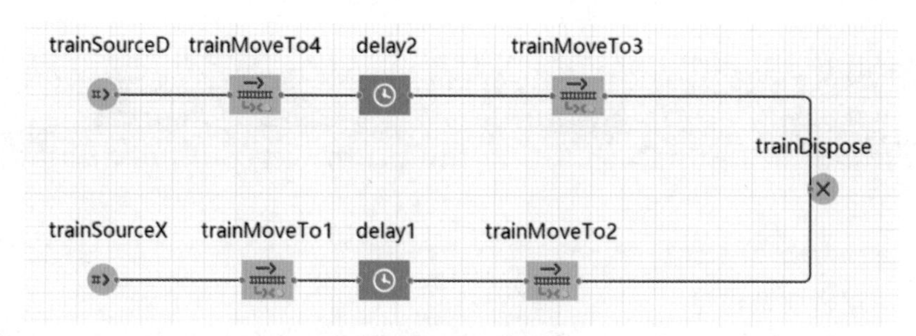

图 4-46　列车逻辑示意图

客流按照最近出口路线进行疏散时建立的疏散逻辑示意图，其中的 evacuation 和 runaway 模块表示的是选择最近的出口目标线。

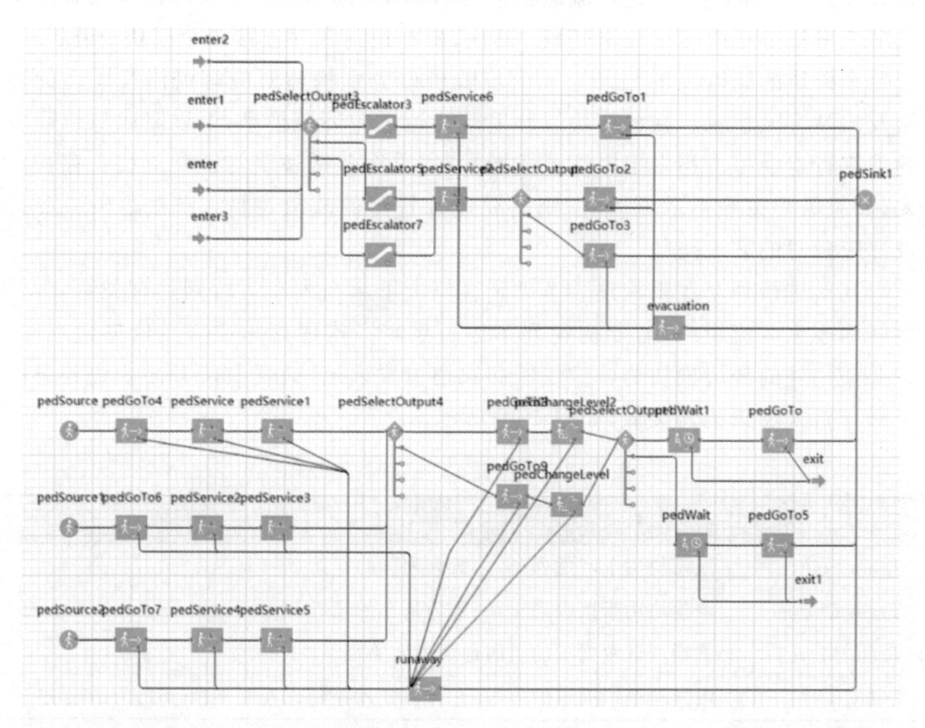

图 4-47　疏散逻辑示意图

在模型中，特定的疏散流程以及行人特性需要个性化设置。此时，需要通过设定在智能体库中的相应函数代码，并在特定的时间进行调用来控制模块逻辑。如在本研究模拟的疏散场景假设当地铁处于客流疏散紧急情况下，有以下设置：站内的所有乘客均停止当前服务流程，按照提前设置的出口选择方式选择出口位置进行疏散；同时设置进站乘客不再进入地铁车站；列车不停站；进出站闸机打开；自动扶梯按照特定的策略进行运行等。

2. 客流安全疏散评价指标

基于安全性，选择评价客流疏散安全的指标为客流密度和应急疏散时间。客流密度反映了一个空间人员的密集程度，通常用单位面积上分布的人员数目表示。由于在地铁站内进、出站及换乘路径上的客流会在站厅的非付费区、付费区、楼扶梯处及站台存在双向冲突交织，当客流密度不断增大时，容易形成不同程度的排队和拥挤现象，如图4-48所示。大客流产生时，往往存在某些部位客流密度过大，则容易出现拥挤踩踏事故，因此需要将站内客流承载量控制在一定的范围内。

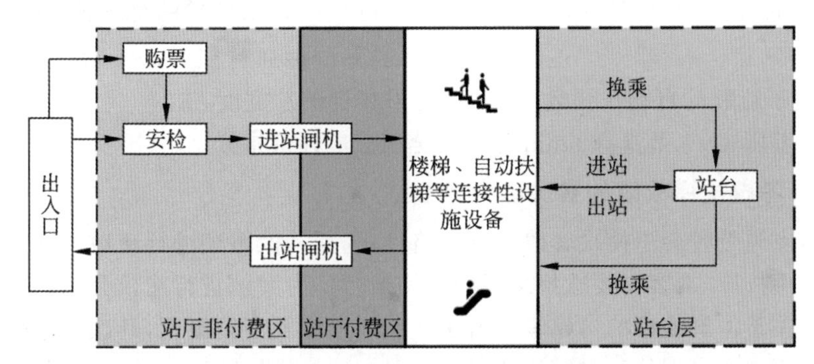

图4-48　站内存在的双向交织冲突

我国《交通工程手册》提出了划分为五级的行人走行时服务水平标准。其中，E级服务水平最拥挤，此时行人流量与设施的实际通行能力差距很小，行人的步行速度降低，且行人与行人之间很难有空间用于超越。美国《道路通行能力手册》(HCM 2000)以及我国学者也对等级划分标准进行了若干改良和优化，如表4-11所示。

表4-11　走行区行人拥挤等级划分

拥挤水平/(人·m^{-2})	《交通工程手册》	HCM 2000	张海丽(2011)	张研(2019)	朱竟争(2012)	李得伟(2015)	张驰清(2008)
A	0～0.20	0～0.17	0～0.26	0～0.26	0～0.29	0～0.21	0～0.21
B	0.20～0.28	0.17～0.27	0.26～0.47	0.26～0.47	0.29～0.55	0.21～0.29	0.21～0.29
C	0.28～0.50	0.27～0.45	0.47～0.73	0.47～0.73	0.55～1.00	0.29～0.50	0.29～0.50
D	0.50～0.83	0.45～0.71	0.73～1.19	0.73～1.19	1.00～2.03	0.50～0.74	0.50～0.74
E	0.83～2.50	0.71～1.33	1.19～1.89	1.19～1.89	>2.03	0.74～1.60	0.74～1.61

早期，研究人员对于人群疏散时间的定量计算主要是建立在理论分析和实地演习观测的基础上，总结出刀川(Togawa)公式、保罗(Puals)公式等经验性公式。而根据《地铁设计规范》的要求，地铁车站发生灾害时，乘客从站台疏散撤离到站厅或其他安全区域的时间应不大于6min。

规范里的疏散时间计算公式为：

$$T=1+\frac{Q_1+Q_2}{0.9\times[A_1(N-1)+A_2B]}\leqslant 6\text{min} \tag{4-2}$$

式中，Q_1 为1趟进站列车在超高峰小时内的最大客流断面流量；Q_2 为站台在超高峰小时内的最大候车乘客；A_1 为1台1m宽的自动扶梯的每分钟通行能力，人/(min·m^{-1})；A_2 为1m的疏散楼梯的每分钟通行能力，人/(min·m^{-1})；N 为用于疏散的自动扶梯数量；B 为疏散楼梯的总宽度，m。

综上所述，本节选择6min作为安全疏散的评价指标。

3. 考虑扶梯故障的客流疏散建模

节点失效时会迫使乘客改变原有路径，选择其他路径进行疏散。本节假设扶梯发生故障，乘客需要选择最近的楼梯出行作为案例进行建模介绍。首先依据本章关于仿真模型的构建步骤搭建好环境模型及客流流程，其次考虑扶梯在疏散过程中会出现故障时客流情况。模拟自动扶梯故障后，客流改变路径的模拟。使用到的行人库模块分别为产生客流的 Ped Source，表示客流终点的 Ped Sink，用于方式选择的 Ped Select Output，仿真行人在楼扶梯上行为的 Ped Escalator、Ped Go To 及 Ped Change Level。将模块拖拽至图形编辑器后，将其属性与环境模型对应。考虑到事故的突发性，在流程建模库中拖入一个 hold 和 selectOutput 模块控制临时阻止客流进入后续模块。建好的流程库如图4-49所示，环境建模如图4-50所示。

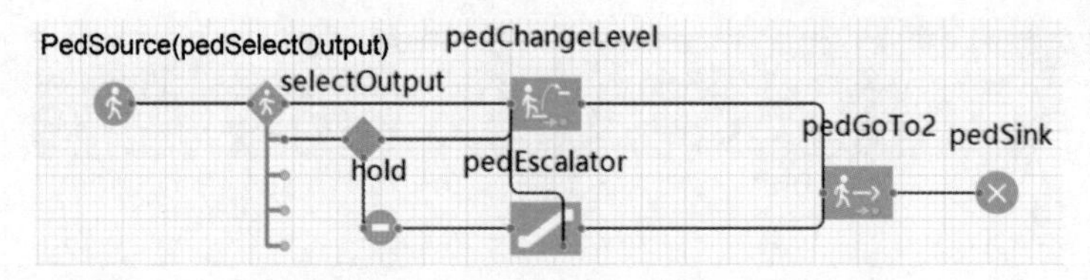

图 4-49 考虑扶梯故障的客流逻辑

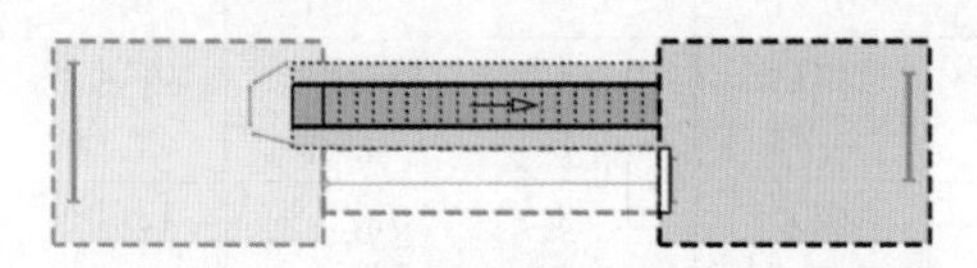

图 4-50 考虑扶梯故障的二维环境

使用4个控件分别模拟扶梯故障、扶梯恢复、扶梯停止运行并用作楼梯以及扶梯继续运行4种情景。节点失效时会迫使乘客改变原有路径，选择其他路径进行疏散的运行效果如图 4-51 所示(图中模拟的其他路径是选择楼梯)。

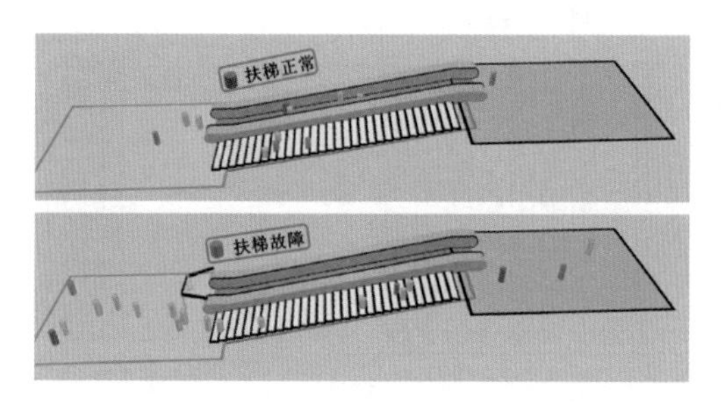

图 4-51 考虑扶梯故障的三维运行效果对比

4.3.3 地铁大客流疏散模拟及结果分析

以深圳地铁车公庙换乘枢纽站 1 号线为研究对象,首先介绍了站点线路的相关情况,再根据前文基于社会力模型构建客流疏散仿真模型的方法建立案例仿真模型,并运用 AnyLogic 软件设置不同的参数来模拟在 1 号线车公庙站大客流应急状态下的人员疏散情况,再调整不同实验场景来观察乘客的应急疏散情况,记录疏散时间和疏散人数,最后进行对比分析。

1. 仿真案例概述

深圳地铁运营的 1 号线起终点为罗湖站与机场东站,共设有车站 30 座。其中,车公庙站属于一期工程,于 2004 年 12 月 28 日开通运营。经过后期新建的 7 号、9 号及 11 号线路,车公庙站成为深圳市第一个四线换乘的综合车站。该站处于车公庙片区的中心地带,属地下三层站。其中,1 号线为地下 2 层 10m 岛式站台车站。深南大道和香蜜湖路口西南地块考虑以物业综合体形式开发,并在地下站厅层部分与地铁枢纽连通。设计包含 11 个出口,截至 2020 年年底,实际共开通 7 个出口,分别为 A、B、C、D(含 D1、D2),F,J(J1)。其中 1/11 号线通过站厅层换乘,7/9 号通过站台和地下 2 层换乘层换乘。1/11 与 7/9 号线路通过换乘大厅换乘。通过实际调研得到目前的 1 号线车公庙站站厅-站台连接方式包括宽度为 1m 的上行扶梯 4 部; 1.8m 宽楼梯 2 部。所采用的列车为 6 节 A 型车厢,列车每车门数为 5 个。站台承载客流有效面积为 906.8m^2。依据地铁设计规范,本次模拟的垂直电梯不视为紧急疏散设施。

基于项目获取的 4 天(2019-12-02,2019-12-03,2019-12-09 和 2019-12-10)客流数据进行分析,通过对自动售检票系统获取的客流数据进行清分后得到车公庙 4 条线路的客流数据如图 4-52 所示。由图可以看出站点明显呈现潮汐现象,且为单向峰型,早高峰出站客流高于进站,而晚高峰则相反。1 号线所承载的客流明显高于其他三条线路。

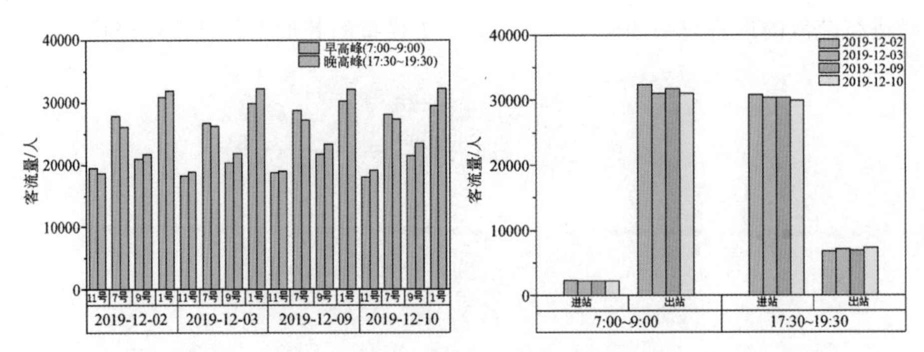

图 4-52　车公庙 4 条线路的客流数据

1）进出站客流分析

按照车公庙进、出站客流数据以及清分后的 4 条线路分别对应的客流比例计算得到 1 号线的进、出站 1h 平均客流量（表 4-12）。

表 4-12　车公庙 1 号线进、出站平均客流　　单位：人次

项　　目	7：00～9：00		17：30～19：30	
	进站	出站	进站	出站
2h	699	9714	7601	1748
平均每小时	349	4858	3800	874

注：表中客流数据按照四舍五入取整

仿真的输入数据参考表 4-12 进行设置，将出站客流平均分配到每个地铁列车门（30 个车门/列），将进站客流分配到最近的 3 个出入口，对应图 4-53 所示的进出站客流目的地 A、B 和 C。依据表中出站客流较多的早高峰数据，通过设定不同的到达速率对输入参数进行基本验证模拟实验。考虑研究目的是应急条件下的疏散模拟，经多次模拟验证，当设定每个门的到达客流量服从均匀分布 uniform(1,5)时，总的疏散人数是大于该站点的统计数据且误差可接受，说

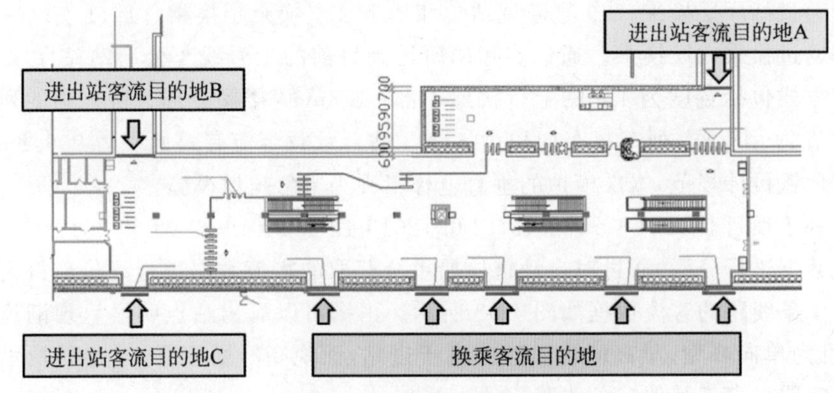

图 4-53　疏散路径目的地

明模型客流到达输入速率是可行的。

2）换乘客流分析

因为按照布局，地铁 1 号线去往 7 号、9 号和 11 号线的换乘客流都必须经过 1 号与 11 号站厅连接处，通常不需要经过站厅的出站闸机换乘，所以本节选择将 1 号线与 11 号线站厅连接的 5 个出入口设置为换乘客流的终点，如图 4-53 所示。换乘客流数据依据表中车公庙进、出站客流数据及 1 号线的总客流清分数据可以将换乘客流数据设置为 9000 人/h。

3）客流疏散行为参数

疏散模拟仿真试验的文献参数设置按照调研确定客流疏散行为参数设置取值。在应急情况下，依据《地铁安全疏散规范》，无实际客流疏散观测数据时，不论男女老少，客流速度可取 1.1m/s；依据文献[56]在分析北京地铁车站客流使用的基本属性设定速度上限，则本次模拟客流速度变化区间设置为[1.1,1.55]m/s，区间尽可能包括了学者疏散模拟文献设置的范围。初始速度依据文献[56]设置为 1m/s，行人肩宽半径参考文献[57]设置为[0.4,0.5]m。

以《轨道交通大客流应对与控制》一书中根据国内外对客流量、客流密度、客流速度的研究成果制定的不同客运设施内客流疏散的密度分级标准为依据，构建站台区客流疏散密度等级表如表 4-13 所示。考虑大客流风险、走行区行人拥挤等级划分以及地铁设计规范 6min 安全疏散时间要求，当客流密度到达 2.5 人/m^2 以上时，按照分级划分，此时已经拥挤并阻塞严重，不仅不满足地铁设计规范最小占据空间要求，而且经过仿真模拟，此时的客流疏散时间远大于 360s。基于以上原因，本研究分别设置 1.2 人/m^2 及 2 人/m^2 两种客流密度情景，分析不同密度条件下分别达到站台区域容纳能力不同比例时进行疏散对于疏散时间的影响。

表 4-13　站台区客流疏散的密度分级　　人/m^2

参　数	客流行为基本自由	客流部分行为受限	客流行为受限	客流拥挤、堵塞严重	客流流动停滞	可能出现拥挤事故
密度分级	A	B	C	D	E	F
站台站厅客流密度	<0.64	[0.64,1.21)	[1.21,2.43)	[2.43,3.33)	[3.33,9]	>9

利用案例站点数据，结合大客流理论、策略分析及建模方法，在 AnyLogic 仿真平台进行地铁车站大客流疏散模拟及结果研究。在仿真过程中考虑客流密度、扶梯故障设置引导等场景进行分析。具体仿真情景设计如图 4-54 所示。

在不影响研究的基础上，为方便后面的仿真，对模拟中的一些设置进行了合理设定和假设。具体如下：

（1）根据实际经验及相关文献的分析，在紧急疏散时，行人如果不对自己的

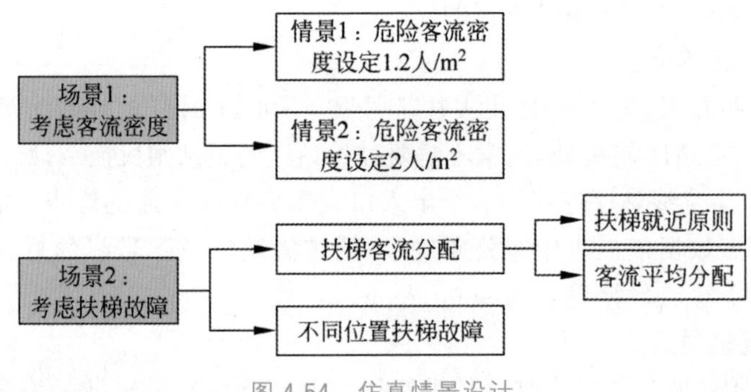

图 4-54　仿真情景设计

选择考虑太多时，通常会选择路线长度最短的路径。所以在疏散过程中，如不设置特定的疏散策略时，行人倾向于选择自认为距离最近的扶梯及距离最近的疏散出口路径进行疏散。

(2) 当设定好疏散策略并制定好疏散路径时，即使在排队时会消耗大量的等待时间，在模型当中也按照设定的疏散路径进行疏散，不重新选择新的路径。场景设计中的客流按照出站和换乘目的有不同的疏散终点。

(3) 依据文献[56]及实地观测结果可知使用扶梯的选择概率远大于使用楼梯的。

(4) 关于大客流的辨识存在有很多区域，本节选择站台下车发生大客流的情况进行研究。

(5) 由于站台触发疏散时，原有路径上之前遗留的楼扶梯处、站厅付费区等位置的客流可能会对站台客流疏散产生影响，本节假设当研究站台大客流疏散时，先正常运行模型模拟客流的下车上车过程，当站台区域达到大客流设定密度触发疏散时开始记录疏散时间。

综上所述，建模中涉及的行人流参数及车站其他环境参数设置如表 4-14 所示。

表 4-14　模型中行人参数及环境参数设置表

参　数	设　置	参　数	设　置
客流速度/($m \cdot s^{-1}$)	Uniform(1.1,1.55)	客流肩宽/m	Uniform(0.4,0.5)
初始速度/($m \cdot s^{-1}$)	1	列车编组/节	6(5 车门)
列车到达间隔/min	2	进站闸机/台	8
进站、出站闸机服务/s	Uniform(2,3)	出站闸机/台	11
扶梯运行速度/($m \cdot s^{-1}$)	0.5	扶梯数量/部	4
楼梯数量/部	2	楼梯方向	单向(仅考虑下行)
扶梯宽度/m	1	楼梯宽度/m	1.8
站台面积/m^2	906.8	进出口/个	3

2. 考虑安全疏散下的大客流辨识依据模拟分析

首先依据站点数据设置并分析进出站与换乘分别爆发大客流时对站点的影响，其次验证构造的疏散模型结果的可行性，最后分别在不同客流密度(1.2人/m^2 和 2 人/m^2)下，模拟分析不同初始客流量对案例站点客流疏散的影响，得出满足地铁设计规范要求的 6min 安全疏散时间时需要设置的客流阈值，从而分析得出案例站点大客流辨识依据方法。

1) 进出站客流对疏散的影响分析

依据 1 号线进站及出站客流的清分数据，在模型中输入对应的数据，并对数据进行合理地简化。通过设置好初始客流产生速率，此时下车客流随着列车到达后在每个门前排队区域产生，并服从均匀分布函数 uniform(1,5)。依据前述建模方法建立客流逻辑图，运行仿真模拟 3600 s 后，逻辑图如图 4-55 所示。本节模拟疏散路径选择的方式为选择最近出口。通过分析库的模块及自定义代码可以统计出站台承载的客流数，结果如图 4-56 所示。

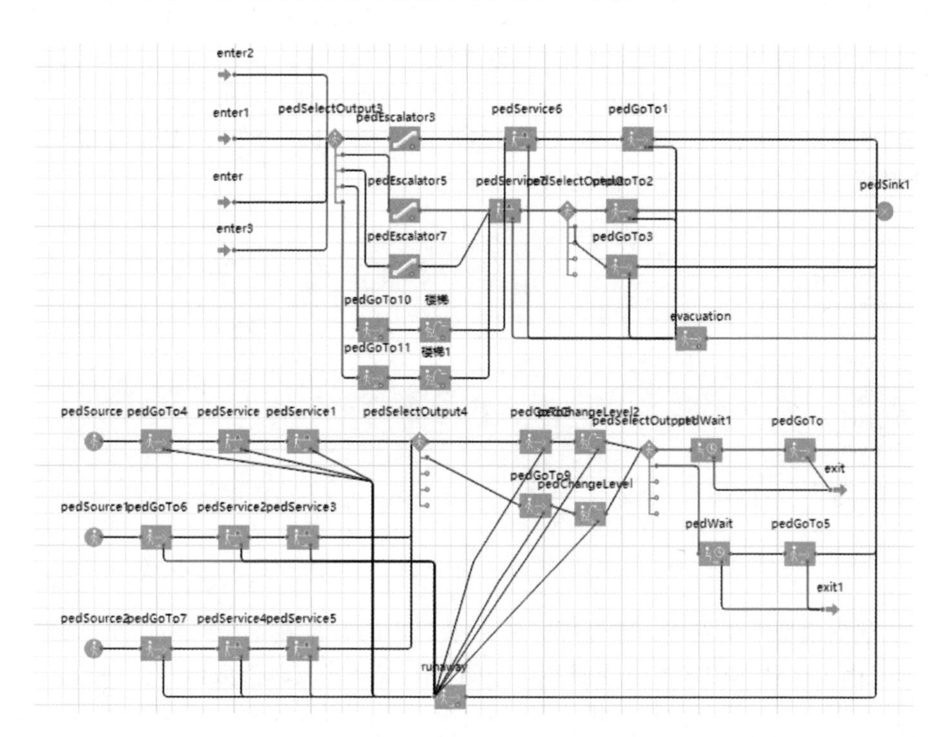

图 4-55 进出站客流逻辑图(不考虑换乘)

模型为未采用客流控制及疏散措施(如客流到达必须通过出站闸机，列车不能越站等)的情况模拟。统计出模型运行的下车出站客流约为 5209 人，进站 333 人，与表 4-12 客流数据误差不大，说明模型客流到达输入速率是可行的。

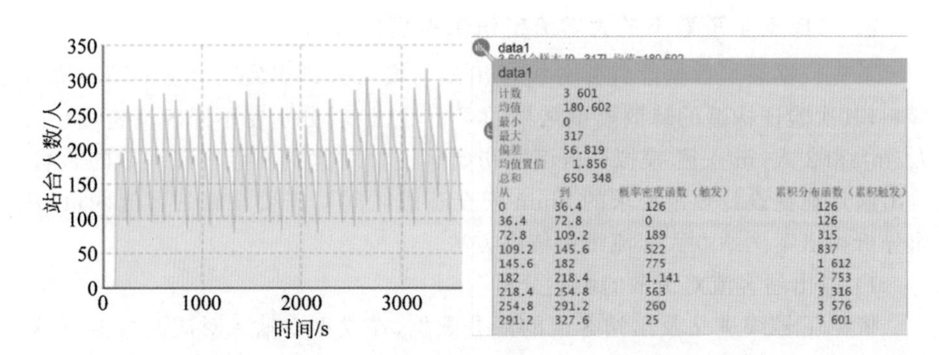

图 4-56　进出站运行结果(不考虑换乘)

经统计得出站台承载的最大客流数约为 317 人,从而计算出站台的密度远低于拥挤密度,运行模型可以看出仅仅输入在该站点进出站的客流量不会造成客流拥堵,虽然随着车辆的到达,站台客流呈现周期性上升,但是会随着客流去往站厅层而消散。这说明在车公庙站点仅考虑 1 号线的进站和出站客流是 1 号线站台可承受的,但是不能忽略突发大客流对 1 号线的冲击。

通过修改设置不同的初始人数产生速率,并服从均匀分布函数 uniform(5,10),此时下车客流随着列车到达后在每个门前排队区域产生。其他设置与之前保持一致,运行模型得到的结果如图 4-57 所示。

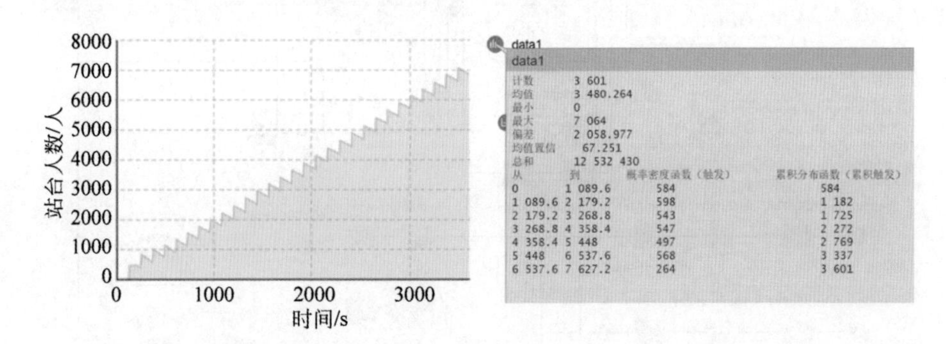

图 4-57　进出站运行结果(设定速率)

依据模型结果发现:随着所设置速率到达的客流在运行时间段里持续增加,是因为该到达的客流量受服务设施能力限制不能及时消散而滞留站台。经统计得出当不采取相关疏散措施时,站台模拟得到的承载最大客流数约为 7064 人,从而计算出站台的最大密度约为 7.775 人/m^2,这个客流密度远高于拥挤密度,客流服务能力达到 F 级。说明在车公庙站点 1 号线需要考虑突发事件造成大客流对站台的冲击,并及时进行客流疏导,保证安全,降低危险事故发生的概率。

2）换乘客流对疏散的影响分析

由于车公庙站为四线换乘，换乘客流数据及换乘路径的获取有难度，而且建模的目的是分析客流疏散问题，因此对换乘路径及数据进行合理简化。

依据进、出站客流数据及1号线的总客流清分数据可以得出换乘客流数据约为9000人/h，在模型中增加pedsource3模块输入换乘客流量，按照速率到达，并按照换乘流线与出站流线分别设置逻辑。本节选择将1号线与11号线站厅连接的5个出入口设置为换乘客流的终点，设置3个进站产生客流目标线为出站的终点。本节模拟的疏散路径选择方式与前文相同，均为选择最近出口策略。设置好1号线换乘其他线路的客流人数以及换乘逻辑后，建立逻辑图如图4-58所示。与前节同样运行仿真模拟3600s后，并通过仿真平台分析库中的模块以及自定义代码可以统计出站台承载的客流数，对站台客流统计结果如图4-59所示。当设置好换乘客流后，依据模型结果，发现站台客流跟随车辆到达呈现客流先增加后消散的过程。经统计得出站台承载的最大客流数约为607人，依据站台面积从而计算出站台的最大客流密度约为0.67人/m^2，此时下车出站的客流到达速率为uniform(1,5)。一旦换乘或者下车客流因其他突发事件影响，拥堵风险和危害会加大。

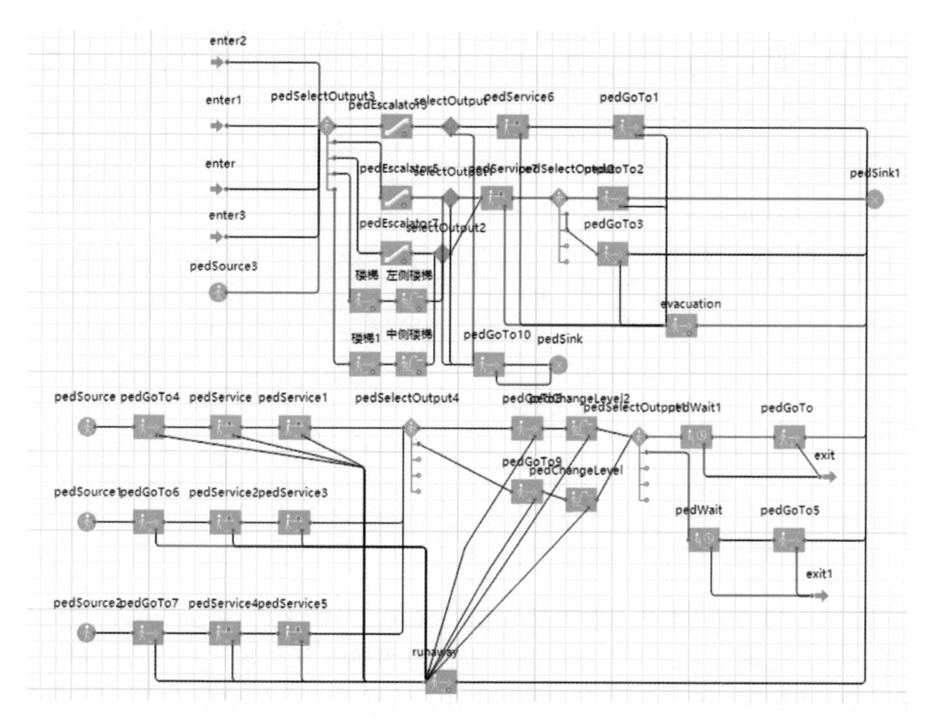

图4-58 换乘客流逻辑图

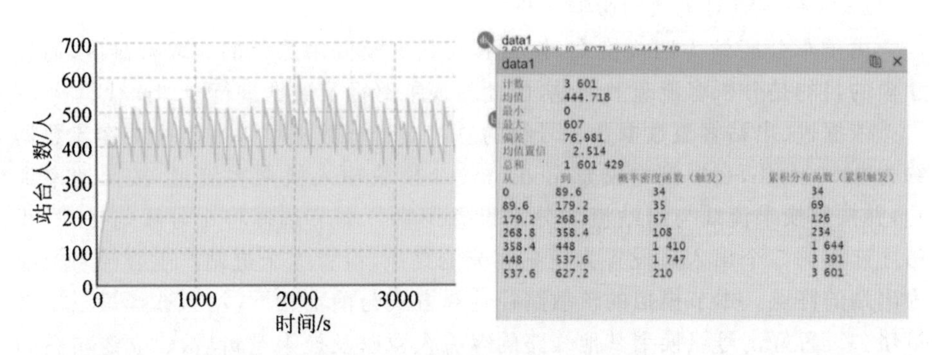

图 4-59 进出站运行结果(考虑换乘)

3) 客流模型结果验证

由于模型选择触发疏散的方式是采用模型判断区域承载人数与危险客流阈值的比较后自动触发,而客流到达速率模型中采用的是服从均匀分布函数的形式,所以会存在进行多次试验而疏散客流量不同的情况。为了分析这种客流产生随机性的影响,选择 1.2 人/m^2 密度条件下,最近扶梯策略作为案例进行分析。首先建立客流密度 1.2 人/m^2 条件下在模型固定运行 170s 时触发疏散模型,此时设置下车客流随着列车到达后产生且到达服从均匀分布 uniform(5, 10),换乘客流速率为 9000 人/h。然后重复运行模型 10 次得到站台承载人数随时间变化曲线如图 4-60 所示。

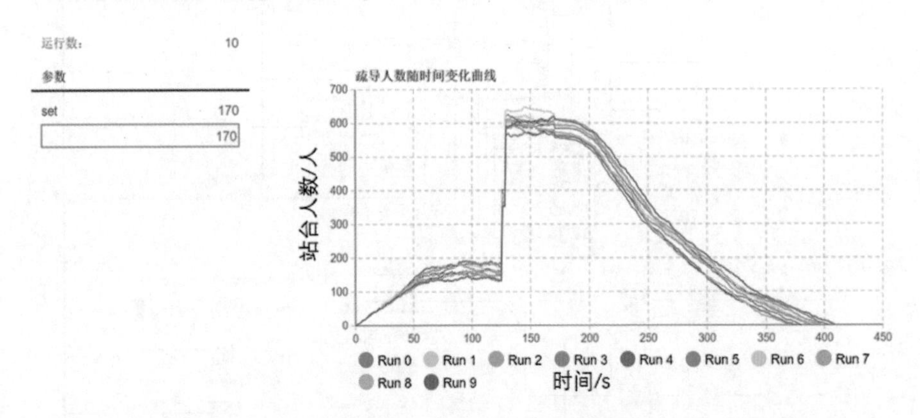

图 4-60 站台人数随时间变化结果对比

在图 4-60 中,由于列车设置的发车间隔落在 170 s 内,则会有双向列车同时到达。此时站台上的客流会在列车到达时呈跳跃状增加。相同设置重复运行 20 次,将数据汇总后,分别计算出平均疏散时间及平均疏散人数,并将每次模拟数据与其平均值进行偏差对比,得到偏差人数、偏差时间与各自的偏差率,结果可得表 4-15。

表 4-15　模型设定在 170s 触发疏散运行结果统计

发车间隔时间	疏散时间/s	疏散人数/人	人数偏差/人	人数偏差率绝对值/%	时间偏差/s	偏差率绝对值/%
170s	216	605	−17.25	2.772	−15.5	6.695
	232	626	3.75	0.603	0.5	0.216
	231	625	2.75	0.442	−0.5	0.216
	236	637	14.75	2.370	4.5	1.944
	226	602	−20.25	3.254	−5.5	2.376
	233	620	−2.25	0.362	1.5	0.648
	241	623	0.75	0.121	9.5	4.104
	241	639	16.75	2.692	9.5	4.104
	223	618	−4.25	0.683	−8.5	3.672
	229	621	−1.25	0.201	−2.5	1.080
	236	605	−17.25	2.772	4.5	1.944
	227	643	20.75	3.335	−4.5	1.944
	241	643	20.75	3.335	9.5	4.104
	228	628	5.75	0.924	−3.5	1.512
	224	614	−8.25	1.326	−7.5	3.240
	245	652	29.75	4.781	13.5	5.832
	237	618	−4.25	0.683	5.5	2.376
	224	592	−30.25	4.861	−7.5	3.240
	232	612	−10.25	1.647	0.5	0.216
	228	622	−0.25	0.040	−3.5	1.512
平均值	231.5	622.25	—	1.860	—	2.549

由上面结果可以看出，虽然客流到达的随机性会导致每次模型运行的疏散客流量不同、产生位置不同，从而导致疏散时间及疏散触发时间存在一定偏差。但是经过统计，与平均疏散时间对比，偏差率平均值为 2.549%，与平均疏散人数对比，偏差率约为 1.860%，误差是可接受的。因此，可以使用该模型模拟客流随机到达进行后续的疏散情况分析。

4）初始客流密度的影响

首先设置危险客流密度为 1.2 人/m^2，经站台面积乘以危险密度求得站台容纳量，此情景 1 下的站台容纳量为 1088 人。其次依据式(4-3)，调整不同占比系数 α，分别计算出模型中设置的触发疏散的不同客流量阈值，即当客流量超过设置的触发疏散客流量阈值时，模型开始进行疏散，分别模拟不同初始客流量疏散的情况。

$$触发疏散客流阈值 = 占比系数\ \alpha \times 站台容纳量 \tag{4-3}$$

式中，占比系数 α 取值范围为[10%，100%]，增加步长为 10%。

每个触发阈值模拟至少 10 次取平均值进行统计。截取设定占比系数为 70%,90%时模型运行热力图如图 4-61(b)所示,即当[模型中站台客流量]≥[70%(或 90%)×站台容纳量]时触发疏散。站台人数随时间变化曲线如图 4-61(a)所示,此时设置下车客流随着列车到达后产生且到达服从均匀分布 uniform(5,10),换乘客流速率为 9000 人/h,选择的疏散方式为扶梯-出口就近原则。

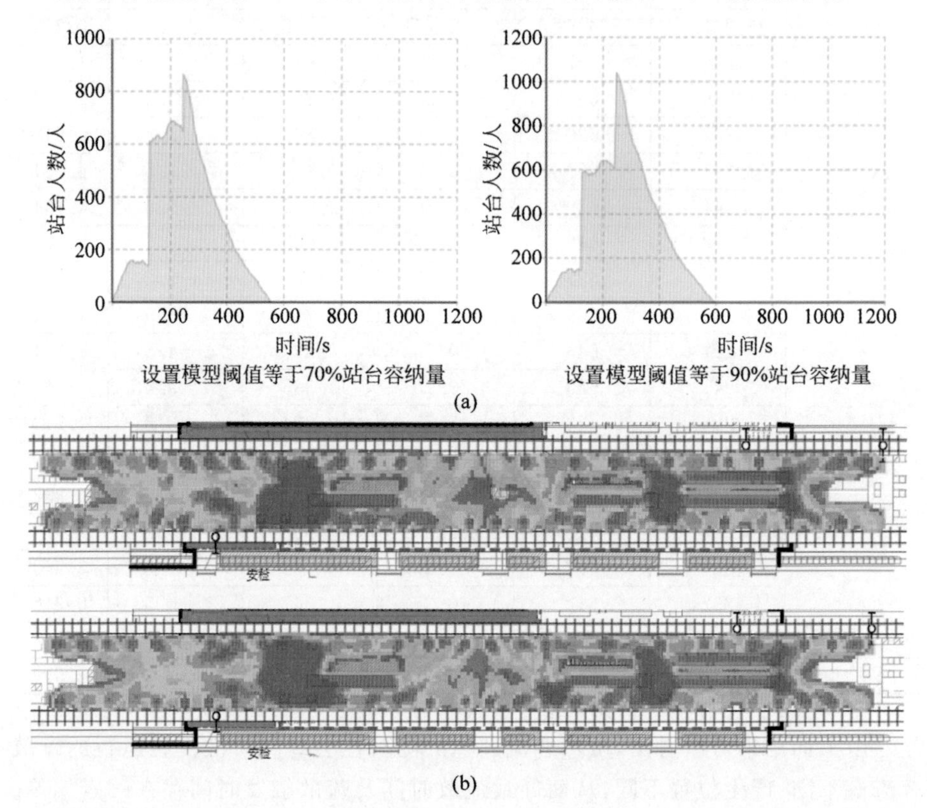

图 4-61 情景 1 部分运行结果

(a) 站台人数随时间变化曲线;(b) 运行结果热力图(由上至下模型阈值分别等于 70%、90%站台容纳量)

将模拟的结果统计整理可以得到表 4-16,不难发现某些设置的占比系数在模型中触发疏散人数很接近,如 20%与 30%,40%与 50%,80%与 90%。这是因为在模型中列车是按照一定时间间隔到达,客流是随机产生的,这与实际是相符的。当到达列车下车乘客与站台乘客之和大于模型所设置的触发疏散客流量阈值时,会触发行人疏散,虽然设置的占比系数较低,但此时实际站台客流量已经远远超过该占比系数计算的客流阈值,所以两者疏散客流接近。由图 4-62 和表 4-16 可以看出,随着触发客流临界点的增加,疏散时间会明显增加,而且扶梯设施处排队拥挤的红色范围也扩大,这是疏散人数的增加以及设施设备疏散能力共同影响下的结果。

表 4-16 情景 1 客流疏散模拟结果分析

占比系数/%	触发阈值/人	疏散人数/人	疏散时间/s	占比系数/%	触发阈值/人	疏散人数/人	疏散时间/s
10	109	116	72	60	653	715	252
20	218	405	169	70	762	850	297
30	326	405	166	80	871	1060	367
40	435	628	236	90	979	1069	371
50	544	629	239	100	1088	1142	427

注：为方便表示，表中数据已四舍五入取整。

从图 4-62 能看出每部扶梯的利用率也是不同的，右侧两处 3 部扶梯在上行扶梯入口已经没有客流，但左侧扶梯入口客流拥堵仍然严重。但同时也进一步说明，当发现大客流出现时，及时地识别并设置疏散，可以有效降低危险，减少危险事故发生时疏散站内客流需要的时间，从而提高安全性。

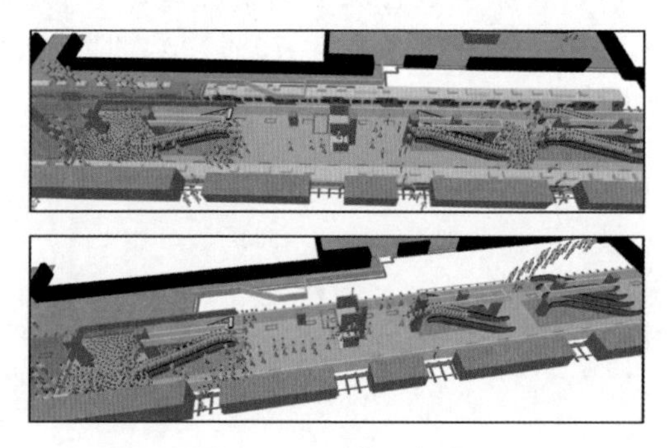

图 4-62 三维运行图

分别使用线性及二次多项式两种曲线对模拟结果进行拟合，如图 4-63 所示。两种拟合曲线相差不大。其中，分析客流密度为 1.2 人/m^2 时，客流疏散时间随疏散人数变化近似为二次函数 $y=45.6615+0.27187x+3.88337\times10^{-5}x^2$，拟合函数的 R^2 值大于 0.99，结果说明二次函数拟合曲线效果较好。在图中绘制规范要求 6 min 疏散时间可以得出此时的疏散人数，取整约为 1010 人，此时站台密度为 1.114 人/m^2，约达到设定的客流密度 1.2 人/m^2 的 92.8%。

考虑到站台客流疏散还需要反应时间，所以危险占比系数设定为 90%较为合理。当最大客流达到 1010 人可认为大客流发生，此时及时进行疏散可以使疏散时间满足规范要求。超过此人数可能会有发生突发事件无法及时疏散的风险。

情景 2 设置客流触发危险密度为 2 人/m^2，站台容纳量＝站台面积×危险密度，此情景 2 下的站台容纳量为 1814 人。与前节模型中设置的触发疏散客流量阈值计算方式类似，调整不同占比系数 α，分别计算出模型中设置的不同触发疏散客流量阈值，即当客流量超过模型中设置的触发疏散客流量阈值时开始

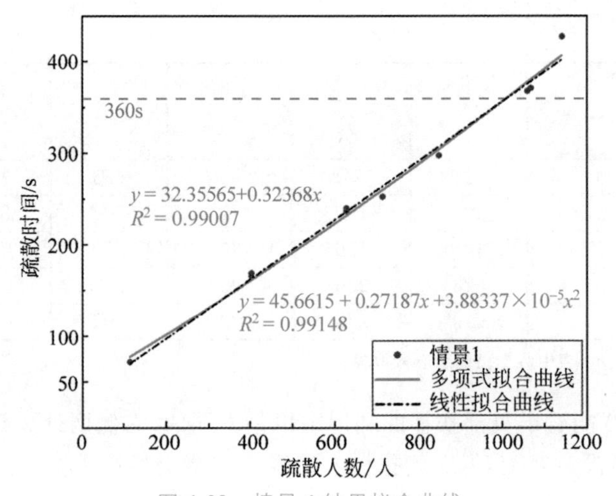

图 4-63　情景 1 结果拟合曲线

进行疏散，模拟不同初始客流量进行疏散的情况。每个触发阈值模拟至少 10 次取平均值进行统计。截取占比系数为 70%、90%时某次模型运行热力图[图 4-64(b)]，即当模型中站台客流量大于或等于 70%（或 90%）站台容纳量时

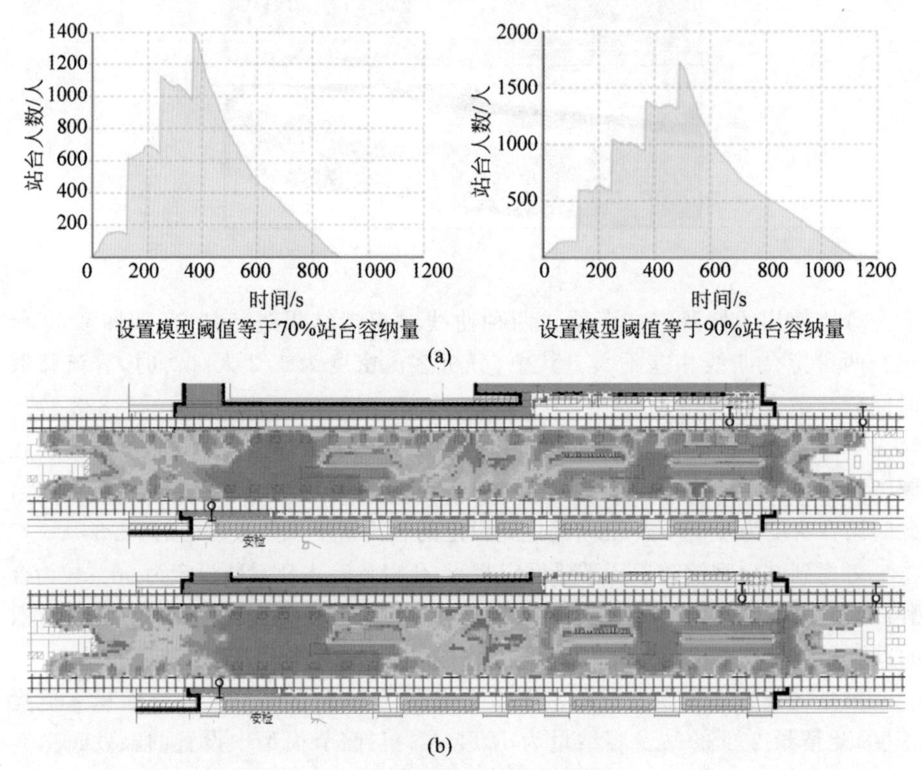

图 4-64　情景 2 部分运行结果

(a) 站台人数随时间变化曲线；(b) 运行结果热力图（由上至下模型阈值分别等于 70%、90%站台容纳量）

触发疏散。站台人数随时间变化曲线如图 4-64(a)所示，此时设置下车客流随着列车到达后产生且到达服从均匀分布 uniform(5,10)，换乘客流速率为 9000 人/h，选择的疏散方式为扶梯-出口就近原则。

将模拟的结果统计整理后可以得到表 4-17。与情景 1 的情况类似，从图 4-65 和表 4-17 可以得到情景 2 条件下，随着触发客流临界点的增加，疏散时间也明显增加，且增长速度加快。而且此密度条件下扶梯设施处达到危险密度的范围也明显扩大。

表 4-17　情景 2 客流疏散模拟结果分析

占比系数/%	触发阈值/人	疏散人数/人	疏散时间/s	占比系数/%	触发阈值/人	疏散人数/人	疏散时间/s
10	181	384	164	60	1088	1188	445
20	363	409	169	70	1270	1379	512
30	544	629	237	80	1451	1605	617
40	725	887	302	90	1632	1717	659
50	907	1097	373	100	1814	1971	768

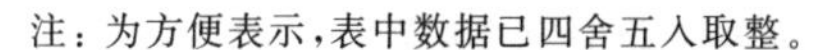
注：为方便表示，表中数据已四舍五入取整。

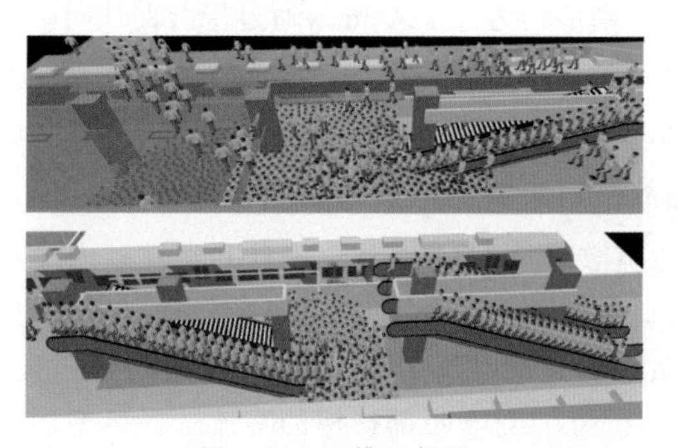

图 4-65　三维运行图

绘制散点图并分别使用线性及二次多项式两种曲线进行拟合后的结果如图 4-66 所示，经过拟合及结果对比可以得出在密度为 2 人/m^2 时，客流疏散时间随疏散人数变化近似为二次函数 $y=64.25854+0.22313x+7.06299\times10^{-5}x^2$，拟合函数的 R^2 值大于 0.99，结果说明拟合曲线效果较好。在图中绘制规范要求 6min 疏散时间可以得出此时的疏散人数，取整约为 1005 人，此时站台密度为 1.108 人/m^2，约达到设定的危险客流密度 2 人/m^2 的 55.4%。考虑到站台客流疏散还需要反应时间，即当最大客流达到 1005 人可认为大客流发生，此时及时进行疏散可以使疏散时间满足规范要求。超过此人数可能会有发生突发事件无法及时疏散的风险。

综上所述，虽然客流产生位置存在随机性，使得距离不同，出现相同客流量

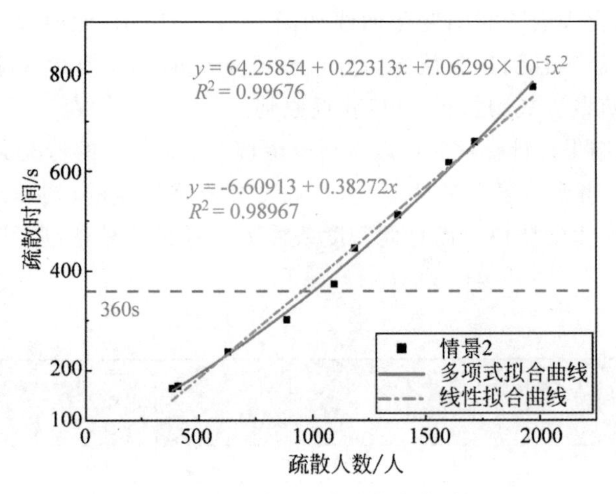

图 4-66　情景 2 结果拟合曲线

在不同时刻触发疏散时会出现不同的疏散时间，但从所得数据能发现两种情景下对比可得疏散时间与疏散初始人数之间基本呈现二次多项式函数关系。通过模拟结果并经曲线拟合可以得出在本研究站台满足地铁规范要求的 6min 安全疏散时间的客流量密度阈值约为 1.1 人/m^2，通过拟合曲线可以得到当初始疏散人数小于站台承载客流量阈值 N 时，疏散时间满足规范要求。当设定危险客流密度为 1.2 人/m^2 时，N 为 1010，当设定危险客流密度为 2 人/m^2 时，N 为 1005。

3. 考虑扶梯故障对大客流疏散的影响模拟分析

进行客流应急疏散时，由于乘客从众现象和地铁站内疏散通道存在的不均匀性选择现象，出口易形成拱形客流。对于疏散时的扶梯选择也有这样的现象。通过对案例站点的分析以及实际观察，客流出站选择扶梯的概率很大，而由于 3 部扶梯的间距不一，对于每部扶梯的客流选择概率影响很大。对于扶梯而言，每部扶梯分担率相同可能是最好的情况，但对于客流的选择来说，安全、距离近是选择的理由。较远的扶梯往往因为距离原因不容易被选择，从而导致客流分布不均，造成拥挤排队现象，影响客流出站效率。依据本章采用最近原则选择出口疏散可以明显发现扶梯选择的概率不一样，因此，我们有必要考虑一种策略，让整个疏散人群比较平均地使用扶梯，这样也许会提高疏散效率。下面对 3 部扶梯的选择概率按照设定人员引导后改变扶梯的选择比例进行模拟。

1 号线车公庙站为 3 处 4 部扶梯（A1、A2、B、C，图 4-67）。本研究设置 4 种模拟场景：所有扶梯正常运行且选择比例相同（0.25：0.25：0.25：0.25）、扶梯 A1 故障、扶梯 B 故障和扶梯 C 故障，模拟分析扶梯故障对于疏散时间的影响。由前文关于不同初始客流的分析可知达到危险密度 1.2 人/m^2 时的区域承载能力 90%后，疏散时间增长会明显加快且超过规范 6 min 要求。本节选择在设定危险密度为 1.2 人/m^2 下，分别模拟当疏散开始客流量达到站台容纳量（站台面积×危险密度）的 70%、80%及 90%时进行疏散，分析扶梯故障对疏散时间的影响。下车客流随着列车到达后产生且到达服从均匀分布 uniform(5，10)，换乘客流速率为 9000 人/h。在分析最坏情境下扶梯故障对疏散的影响时，本文假设楼梯在本次模拟中不承担下车客流，仅分析扶梯故障单因素的影响。本节采用的疏散方案是将受该故障扶梯影响的客流就近选择距离客流最近的两处扶梯进行疏散。

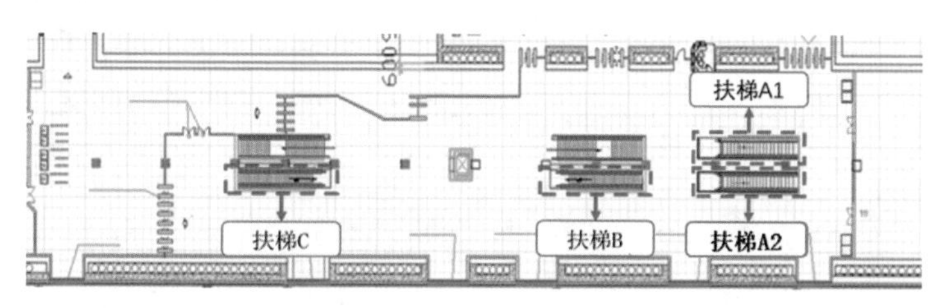

图 4-67　站厅 4 部扶梯所处位置及编号

建立 4 种情景下的客流引导模型，需要增加相应的选择模块，设置好变量及参数，构建的模型逻辑图如图 4-68 所示。图 4-68 中 4 种情景通过设置好的 selectOutput5 模块进行条件判断，每个出口代表一种情景。

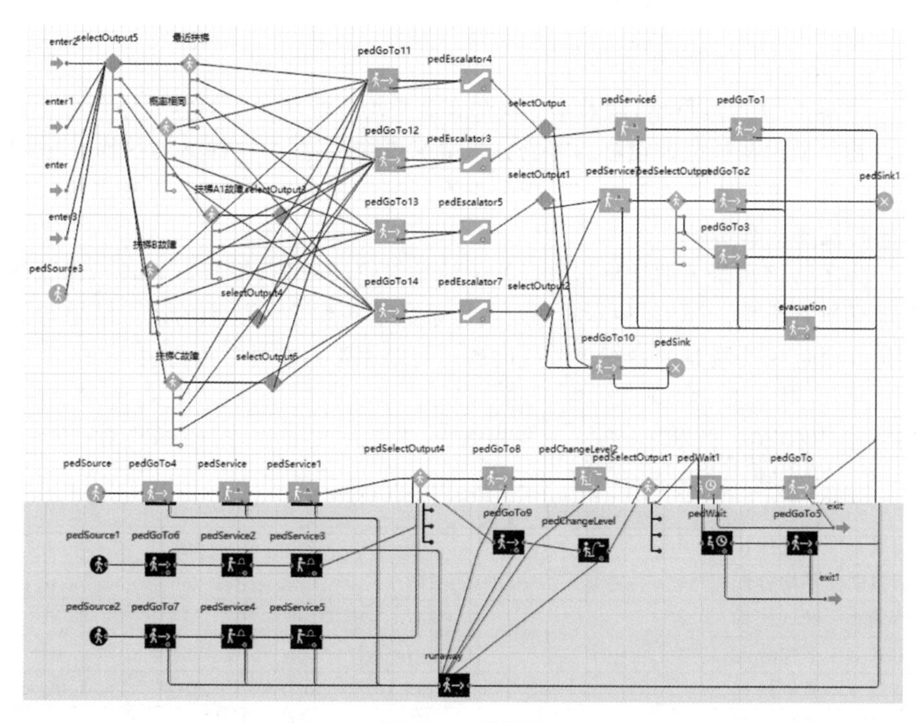

图 4-68　逻辑图

1）扶梯客流平均分配

设置 4 部扶梯的客流平均分配并运行模型，即 4 部扶梯选择概率均为 0.25。在模型中设置好 PedSelectOutput，部分模型运行后的站台热力图展示如图 4-69 所示。

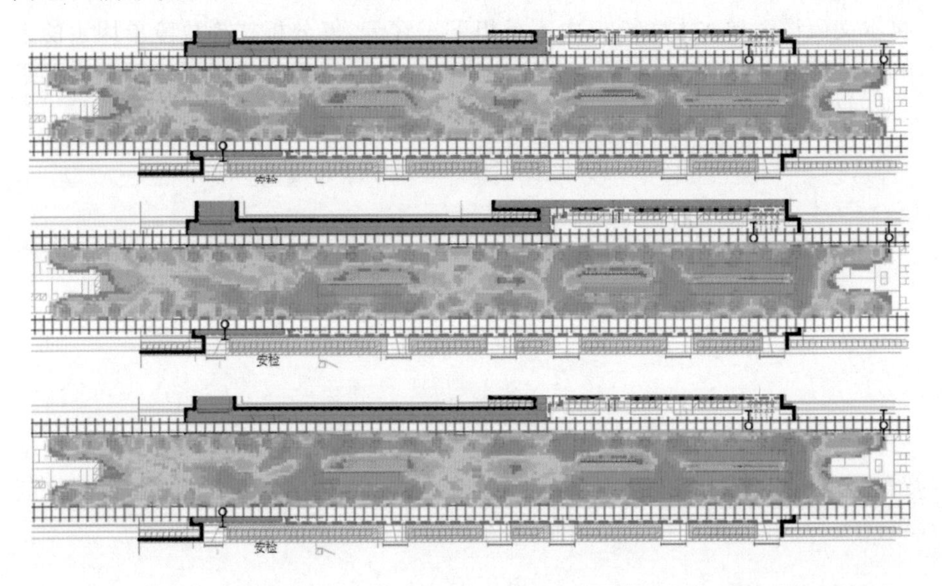

图 4-69 扶梯客流平均分配运行热力图（由上至下占比系数分别为 70%、80%、90%）

由图 4-69 可以看出，设置 4 部扶梯客流平均分配场景下的客流分布情况相比较选择最近扶梯疏散策略的客流分布情况更均匀，其中扶梯 B 与扶梯 C 中间间隔的客流密度也随着客流按照指引去不同的扶梯处而增加，但明显左侧扶梯 C 的客流密度有所减少。

为了将该情景下的结果与最近扶梯的结果进行对比，按照上节同一开始疏散时间进行模拟，并对 3 种不同触发占比系数下平均分配扶梯的运行结果与上节选择最近扶梯场景的最短疏散时间的运行结果汇总统计后可得表 4-18。

表 4-18 客流疏散结果对比（设定危险客流密度 1.2 人/m²）

情景		占比系数/%	触发阈值/人	触发时间/s	疏散时间/s	疏散人数/人	疏散效率/（人・s）
情景 1	最近扶梯	70	762	247	286	862	3.01
情景 2	平均分配			247	196	986	5.03
情景 1	最近扶梯	80	871	247	296	913	3.08
情景 2	平均分配			247	206	907	4.40
情景 1	最近扶梯	90	979	249	347	1048	3.02
情景 2	平均分配			249	245	1359	5.55

从表 4-18 中模拟结果可以看出,如果采用人为指引客流的方式限定客流路径从而达到扶梯客流平均分配会明显减少疏散时间从而提高疏散效率,结合图 4-69 可以分析其原因是选择最近的疏散策略时会使得站点扶梯 C 左侧承载的客流较多,由于扶梯通行能力有限,待疏散客流被堵在该扶梯左侧无法及时出站。此时,通过站点设置引导策略改变站台客流路径使得扶梯客流平均分配虽然会增加走行距离,但是从总体上看反而会减少疏散时间。其中达到站台容纳量的 70%时疏散,疏散效率提高 2.02 人/s;达到 80%时疏散,疏散效率提高 1.32 人/s;达到 90%时疏散,疏散效率提高 2.53 人/s,进一步说明发生大客流事件时设置引导使得每部扶梯客流平均分布比选择最近扶梯方案更优,能有效提高疏散效率。

2) 扶梯 A 故障

为考虑如果扶梯处由于阻塞导致疏散节点失效不能通过时的客流疏散情况,选择扶梯 A 发生故障后,分析其对客流疏散的影响。扶梯 A 存在两部扶梯,由于现实中 A1、A2 两部扶梯同时发生故障的可能性较小,所以本节在仿真平台上模拟扶梯 A1 处发生故障。在前节已经设置扶梯客流平均分配的基础下,将扶梯 A1 被影响的客流按照最近扶梯的原则分配到其他扶梯处(扶梯 A2 处和扶梯 B),在危险客流密度设定为 1.2 人/m^2 时的 3 种不同触发占比系数疏散情景下运行,结果如图 4-70 所示。

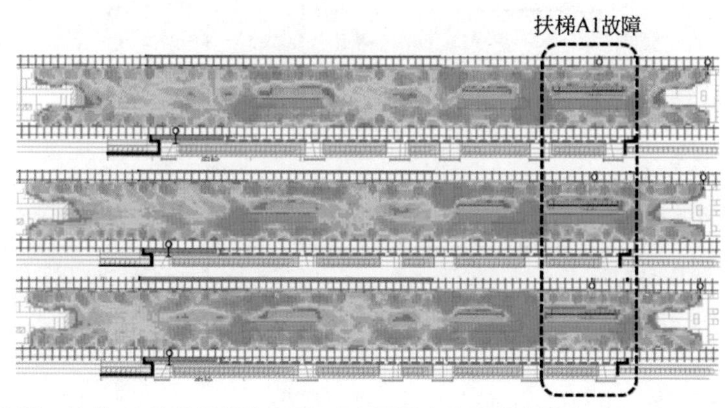

图 4-70 扶梯 A1 故障运行热力图(由上至下占比系数分别为 70%、80%、90%)

由图 4-70 可以看出扶梯 A1 故障后,按照最近扶梯选择策略疏散扶梯 B 的客流会增加,拥挤排队程度相比较上节选择最近扶梯疏散策略的客流分布情况更多,但扶梯 A2 的客流密度较之前区别不大。扶梯客流平均分配与扶梯 A1 故障模型分别重复运行 5 次,将运行结果取平均值汇总统计后可得表 4-19。由表 4-19 可以看出扶梯 A1 故障时,随着占比系数变化为 70%、80%、90%时,疏散效率分别为 3.26 人/s、3.2 人/s、3.32 人/s。相比扶梯客流平均分配,疏散效率分别下降 0.95 人/s、1.11 人/s、1.02 人/s。虽然从数值上看疏散效率变化幅度不大,但疏散时间是很宝贵的,如果每秒的疏散效率提高,则总体疏散时间内会有更多人能在安全疏散时间内疏散。

表 4-19　扶梯 A 故障的疏散结果对比(设定危险密度 1.2 人·m^{-2})

情　景	占比系数/%	触发疏散客流阈值/人	疏散触发时间/s	疏散时间/s	疏散人数/人	疏散效率/(人·s^{-1})
平均分配	70	762	247	214	903	4.21
扶梯 A 故障				278	908	3.26
平均分配	80	871	247	216	930	4.31
扶梯 A 故障				284	907	3.20
平均分配	90	979	249	263	1141	4.34
扶梯 A 故障				341	1134	3.32

3) 扶梯 B 故障

在前文已经设置扶梯客流平均分配的基础下,在仿真平台上模拟扶梯 B 发生故障,该部分客流按照最近扶梯的原则分配到其他扶梯处(扶梯 A1 处和扶梯 A2 处),在危险密度设定为 1.2 人/m^2 时的 3 种不同触发占比系数疏散情景下运行,结果如图 4-71 所示。

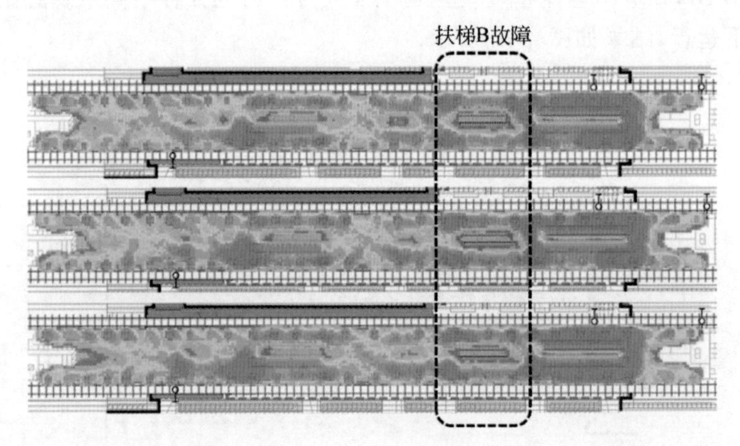

图 4-71　扶梯 B 故障运行热力图(由上至下占比系数分别为 70%、80%、90%)

由图 4-71 可以看出扶梯 B 故障后,分配该部分的扶梯(A1,A2)客流会增加,拥挤排队程度相比较选择最近扶梯疏散策略的客流分布情况明显增多,说明当选择最近的扶梯策略时,扶梯 A 的利用率不高。重复运行 5 次将运行结果取平均值汇总统计后可得表 4-20。

由表 4-20 可以看出扶梯 B 故障时,疏散时间相比扶梯 A1 故障有所增加,考虑到疏散人数也增加了,需要对比分析疏散效率。随着占比系数的增加,疏散效率为 3.04 人/s、3.21 人/s、3.21 人/s,疏散效率有下降。

表 4-20　扶梯 B 故障的疏散结果对比(设定危险密度 1.2 人·m^{-2})

情　　景	占比系数/%	触发疏散客流阈值/人	疏散触发时间/s	疏散时间/s	疏散人数/人	疏散效率/(人·s^{-1})
平均分配	70	762	247	214	903	4.21
扶梯 A 故障			247	278	908	3.26
扶梯 B 故障			247	310	941	3.04
平均分配	80	871	247	216	930	4.31
扶梯 A 故障			247	284	907	3.20
扶梯 B 故障			247	297	952	3.21
平均分配	90	979	249	263	1141	4.34
扶梯 A 故障			249	341	1134	3.32
扶梯 B 故障			249	360	1159	3.21

4）扶梯 C 故障

模拟扶梯 C 发生故障，该部分客流按照最近扶梯的原则分配到其他扶梯处(扶梯 B 和扶梯 A1)，在危险密度设定为 1.2 人/m^2 时的 3 种不同触发占比系数疏散情景下运行，结果如图 4-72 所示。

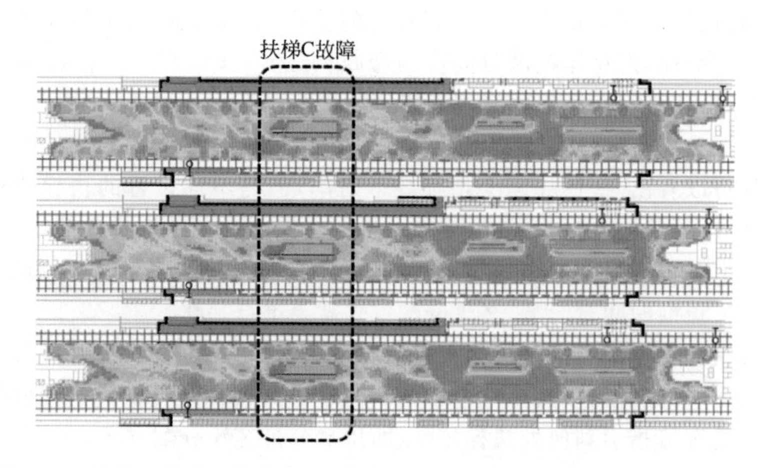

图 4-72　扶梯 C 故障运行热力图(由上至下占比系数分别为 70%、80%、90%)

由图 4-72 可以看出扶梯 C 故障后，分配该部分的扶梯(A1，B)客流会明显增加，扶梯 B 拥挤排队程度相比较选择最近扶梯疏散策略的客流分布情况明显增多，说明当选择最近的扶梯策略时，扶梯 C 为影响客流疏散的瓶颈。重复运行 5 次将运行结果取平均值与前文结果汇总统计后可得表 4-21。

由表 4-21 可以看出扶梯 C 故障时，随着占比系数的增加，疏散效率分别为 3.20 人/s、3.00 人/s、3.11 人/s。在客流达到上节分析得到的 90%阈值时，C 处扶梯故障相比其他扶梯对疏散效率影响较大。

表 4-21　扶梯 C 故障的疏散结果对比(设定危险密度 1.2 人/m^2)

情　　景	占比系数/%	触发疏散客流阈值/人	疏散触发时间/s	疏散时间/s	疏散人数/人	疏散效率/(人·s)
扶梯 A 故障	70	762	247	278	908	3.26
扶梯 B 故障			247	310	941	3.04
扶梯 C 故障			247	296	947	3.20
扶梯 A 故障	80	871	247	284	907	3.20
扶梯 B 故障			247	297	952	3.21
扶梯 C 故障			247	307	922	3.00
扶梯 A 故障	90	979	249	341	1134	3.32
扶梯 B 故障			249	360	1159	3.21
扶梯 C 故障			249	378	1174	3.11

综上所述,考虑扶梯故障对疏散的影响分析总结如下:

(1) 扶梯正常运作时,设置客流引导使客流较为平均地分布在 4 部扶梯虽然会增加走行距离,但是总体疏散时间均有减少,疏散效率提高。由上节模拟结果可知扶梯 C 距离客流较近,所以承载的客流较多,为了实现客流的平均分配,需要将扶梯 C 承载的客流引导至较远的扶梯 A 与扶梯 B,虽然会造成客流走行距离的增加,但总体疏散时间反而会减少,进一步说明需要在扶梯 C 设置指引的必要性。此时,最优的疏散策略是扶梯客流平均分配。

(2) 扶梯故障时,分配发生扶梯故障所承担的客流量选择距离故障扶梯最近的扶梯可以看出,扶梯故障会增加疏散时间,但是不同位置的扶梯故障影响不同。通过不同位置的扶梯故障模拟分析可知模拟的三处扶梯故障影响中,在客流达到上节分析得到的 90%阈值时,扶梯 C 疏散效率下降较大。因此扶梯故障对于客流疏散时间有影响,客流分配方式需要重点关注。

故障扶梯客流指引措施包括设置引导员、指示标志、导流栏杆等,目的是为了分散受影响的客流,使其正常进出站。通过仿真模拟还可以进一步分析具体故障扶梯的客流指引到何处扶梯较优,即仿真分析客流分配方案。

参考文献

[1] ZHENG X P,ZHONG T K,LIU M T. Modeling crowd evacuation of a building based on seven methodological approaches[J]. Building and Environment, 2009, 44(3): 437-445.

[2] 代宝乾,汪彤,宋冰雪. 轨道交通大客流应对与控制[M]. 北京:人民交通出版社,2017.

[3] HUGHES R L. A continuum theory for the flow of pedestrians[J]. Transportation Research Part B-Methodological,2002,36(6):507-535.

[4] YANG X X,DONG H R,WANG Q L,et al. Guided crowd dynamics via modified social

force model[J]. Physica a-Statistical Mechanics and Its Applications,2014,411: 63-73.
[5] LONG S J, ZHANG D Z, LI S Y, et al. Simulation-based model of emergency evacuation guidance in the metro stations of China [J]. IEEE Access, 2020, 8: 62670-62688.
[6] 胡明伟,史其信.行人交通仿真模型与相关软件的对比分析 [J].交通信息与安全,2009,27(4):122-127.
[7] ZHOU M,DONG H R,ZHAO Y B,et al. Optimization of crowd evacuation with leaders in urban railtransit stations[J]. Ieee Transactions on Intelligent Transportation Systems,2019,20(12):4476-4487.
[8] 刘娜.基于旅客行为特性的城市轨道交通车站紧急疏散仿真研究[D].兰州:兰州交通大学,2018.
[9] 李颖.基于社会力模型的地铁车站乘客疏散模拟研究[D].北京:中国地质大学,2018.
[10] 陈鹏.基于行人行为特性的大型铁路客运站应急疏散仿真方法研究[D].北京:北京交通大学,2018.
[11] 张布川.基于社会力模型的广州南站应急疏散仿真研究[D].广州:华南理工大学,2020.
[12] 程蕊.城市轨道交通重点车站识别与应急疏散仿真研究[D].北京:北京交通大学,2014.
[13] 祖铭敏,蔡治勇,岳世东.基于数值模拟的某地铁车站人群紧急疏散研究 [J].安全,2019,40(4):16-19.
[14] WANG J H,YAN W Y,ZHI Y R,et al. Investigation of the panic psychology and behaviors of evacuation crowds in subway emergencies [J]. Procedia Engineering. 2016,135:128-137.
[15] GWYNNE S,GALEA E,LAWRENCE P J,et al. Modelling occupant interaction with fire conditions using the buildingEXODUS evacuation model [J]. Fire Sapety Journal 2001,36(4):327-357.
[16] DAAMEN W. Modelling passenger flows in public transport facilities[M]. Delft:Delft University Press,2004.
[17] BRYAN J L. Human behaviour in fire:the development and maturity of a scholarly study area [J]. Fire Materials,1999,23(6):249-253.
[18] 徐敏.疏散中的典型心理行为特征分析 [J].安全,2007(6):42-44.
[19] 刘文婷.城市轨道交通车站乘客紧急疏散能力研究[D].上海:同济大学,2008.
[20] 张茜.多出口群体疏散模拟研究[D].杭州:浙江大学,2014.
[21] 李之红,文琰杰,许旺土,等.差异化设施布局下的建筑物人流疏散效率研究 [J].系统仿真学报,2019,31(10),2146-2154.
[22] 刘杨.基于 Anylogic 的地铁站应急疏散仿真研究[D].兰州:兰州交通大学,2016.
[23] 赵薇.基于多主体的城市轨道交通车站应急疏散引导研究[D].北京:首都经济贸易大学,2016.
[24] 吴博.地铁导流栏杆对应急疏散的影响及其设置优化研究[D].北京:首都经济贸易大学,2019.
[25] 田鑫.面向某大型公共建筑的应急疏散仿真与优化[D].哈尔滨:哈尔滨工业大

学,2019.

[26] 王世玲.突发事件下地铁车站人员疏散行为及模拟研究[D].郑州：郑州大学,2019.

[27] 李慧.大连地铁西安路站应急疏散仿真及优化[D].大连：大连交通大学,2018.

[28] CHENG H,YANG X J P S,SCIENCES B. Emergency evacuation capacity of subway stations [J]. Procedia-Social and Behavioral Sciences 2012,43,339-348.

[29] 曾建军.城市轨道交通应急管理模式初探 [J].都市快轨交通,2011,24(4),74-77,85.

[30] 辛晓敏.城市轨道交通车站应急疏散研究[D]. 北京：北京交通大学,2015.

[31] 张炜.地铁车站在极端强降水事件时安全疏散的研究[D]. 兰州：兰州交通大学,2014.

[32] 许慧,田铖,王永.轨道交通换乘站密集客流应急疏散仿真研究 [J].系统仿真学报,2020,32(3),492-500.

[33] SHI C,ZHONG M, NONG X, et al. Modeling and safety strategy of passenger evacuation in a metrostation in China [J]. Safety Science,2012,50(5)：1319-1332.

[34] JEON G Y,KIM J Y,HONG W H,et al. Evacuation performance of individuals in different visibility conditions [J]. Building Environment,2011,46(5)：1094-1103.

[35] 唐涵.基于疏散路径配流的城市轨道交通车站应急疏散研究[D].北京：北京交通大学,2016.

[36] 王文璇.基于 AnyLogic 的地铁换乘站行人行为特性研究[D].西安：长安大学,2017.

[37] 胡明伟,黄文柯.行人交通仿真方法与技术[M].北京：清华大学出版社,2016.

[38] HENDERSON L F. On the fluid mechanics of human crowd motion [J]. Transportation Research,1974,8(6)：509-515.

[39] CHENG Y,ZHENG X P. Effect of uncertainty on cooperative behaviors during an emergency evacuation [J]. Communications in Nonlinear Science and Numerical Simulation,2019,66：216-225.

[40] 何理.地铁车站大客流疏运风险形成机理及行为特征研究[D].北京：北京科技大学,2016.

[41] 熊国强,雷嘉烨.基于突发事件的城市地铁客流应急疏散模型与仿真分析[J].工业工程,2020,23(3)：99-106.

[42] 杨灵.城市轨道交通大客流运输组织方案研究[D].北京：中国铁道科学研究院,2019.

[43] 刘艺林.拥挤踩踏预防与应急[M].上海：同济大学出版社,2016.

[44] 王起全.拥挤踩踏事故风险分析[M].北京：气象出版社,2017.

[45] 于福权.城市轨道交通运营安全与应急处理[M].北京：北京理工大学出版社,2015.

[46] 北京市规划委员会.地铁设计规范：GB 50157—2013[S].北京：中国建筑工业出版社,2014.

[47] 李景瑞.基于 LEGION 仿真技术的城市轨道交通换乘车站大客流疏运组织研究[D].廊坊：华北科技学院,2020.

[48] 中国公路学会《交通工程手册》编委会.交通工程手册[M].北京：人民交通出版社,1995.

[49] 美国交通研究委员会.道路通行能力手册[M].任福田,刘小明,荣建,等译.北京：人民交通出版社,2007.

[50] 张海丽. 城市轨道交通车站乘客通行服务水平的仿真评价研究[D]. 北京：北京交通大学，2011.

[51] 张研. 城市轨道交通同台换乘站台乘客拥挤水平评价研究[D]. 北京：北京交通大学，2019.

[52] 朱竞争. 基于客流特征的轨道换乘站换乘设施服务水平研究[D]. 北京：北京交通大学，2012.

[53] 李竟伟，张琦，韩宝明. 城市轨道交通大客流风险动态控制理论与方法[M]. 北京：人民交通出版社股份有限公司，2015.

[54] 张驰清. 城市轨道交通枢纽乘客交通设施服务水平研究[D]. 北京：北京交通大学，2008.

[55] 全国公共安全基础标准化技术委员会. 地铁安全疏散规范：GB/T 33668—2017[S]. 北京：中国标准出版社，2017.

[56] YANG X X，YANG X L，WANG Z L，et al. Acost function approach to the prediction of passenger distribution at the subway platform [J]. Journal of Advanced Transportation，2018，1-15.

[57] CHEN X，LI H Y，MIAO J R，et al. A multiagent-based model for pedestrian simulation in subway stations[J]. Simulation Modelling Practice and Theory，2017，71：134-148.

[58] ZHANG L，LIU M，WU X，et al. Simulation-based route planning for pedestrian evacuation in metrostations：a case study[J]. Automation in Construction，2016，71：430-442.

第5章

城市地下空间运行安全风险应对决策支持知识库

本章基于第2～4章的研究成果，集成地下空间灾害演化机理、灾害识别关键指标、风险分级及应急处置策略等知识，构建城市地下空间运行安全风险应对决策支持知识库系统，实现非结构化知识的结构化存储和应用。通过应用反馈，实现知识库的交互与补充、动态更新，实现知识库系统在监测预警、风险研判、决策支持、指挥调度中的应用，改善应急知识共享与利用效率，解决由于知识不对称而导致的应急效率差异化问题，降低突发事件造成的损失与负面影响。

5.1 决策支持知识库概述

5.1.1 决策支持知识库的含义

知识库是存储、组织和处理知识以及提供知识服务的重要知识集合，知识库的构建正在成为各行各业开展知识管理和知识服务的基础。国内的研究成果主要集中在知识库构建的理论、实践以及不同类型知识库研究三个方面，国外则对知识库的概念认识、框架和结构、知识库中运用的技术和方法以及知识库在不同领域的应用均有较为深入的研究。通过对国内外研究成果的比较分析得出，国内外知识库研究的共同点在于研究关注点、研究方法，虽然知识库已有应用在监测预警系统、应急故障诊断系统、应急决策支持系统、应急指挥与调度系统，但目前仍存在以下三大问题：①应急知识库与监控系统、预警系统的联系还不够紧密，大多数研究以人机交互的形式生成虚拟化实例，很少有基于真实案例的研究；②应急知识库运行效果需要用户检验，缺乏通过用户反馈对其修正的研究；③当前应急知识库基本上都面向单领域的突发事件，缺少顶层设计与宏观规划研究。目前国内外均缺少对地下空间灾害应对决策知识库的研究。这既是当前研究中存在的问题，也是未来研究的重要方向。

5.1.2 决策支持知识库的作用

由于我国城市地下空间基础设施（地铁、地下综合体、地下综合管廊等）开发数量快速增长，且开发利用呈现多样化、深度化和复杂化等特点，保障城市地下空间基础设施安全高效运行压力巨大。利用物联网等先进手段，实现城市地下空间基础设施的综合监测，保证其长寿命、高稳定的安全、高效运行至关重要。然而，目前我国地下空间基础设施监测数据量庞大、数据类型繁多、知识存储分散、格式多样化，导致知识查找困难、管理不便等问题给综合监测平台的推进带来了巨大的阻碍。因此，将各类知识进行结构化储存并运用，构建一个针对于地下空间灾害演化及风险应对的智能决策支持知识库系统是保障城市地下空间综合监测平台高效运行的前提条件之一。

5.1.3 决策支持知识库的定位

（1）构建地下空间（地下综合体、地铁、地下综合管廊等）基础设施灾害知识最全的、支持智能检索的静态知识库。

（2）针对特定灾害情境，能够快速关联相关知识，构建该情境下具备驱动能力的动态知识库，可结合特定灾害情景，输出灾害等级、灾害原因、灾害趋势分析和应急处置预案等。

5.1.4 决策支持知识库的用户

知识库系统主要服务于以下三类用户：

(1) 技术人员，他们是技术、资金、平台等要素的提供者，为应急知识库的构建与运行提供保障；

(2) 科研人员，他们在知识库构建及更新过程中，随着自身研究能力、科研条件的不断提升，为知识库提供大量、更准确的知识内容，是知识库的技术保障之一；

(3) 应急专家，应急知识库不能完全解决层出不穷的新问题，需要应急专家结合自身经验与知识背景进行攻关求解，并将知识动态更新到知识库中。

5.1.5 决策支持知识库的内容

针对地下空间，如地下综合体、地下综合管廊和地铁的灾害特点，采用风险知识逻辑分析和风险知识语言表达技术，构建地下空间灾害演化及风险应对决策支持知识库，覆盖 6 种灾害情境(土建结构功能失效致灾、关键设备及管线系统故障致灾、异物入侵致灾、火灾、水灾、突发事件致灾)、20 种灾害风险事件(结构渗漏水、结构开裂、结构变形超标、管片接缝张开、管片加固钢环失效、电扶梯故障、接触网(轨)故障、轨道系统故障、管线系统故障、外部施工入侵、轨旁设备脱落侵界、维修机具遗落侵限、移动物体进入、地铁/地下综合体/管廊火灾、地铁/地下综合体/管廊水灾、城市大范围停电、恐怖袭击、人群踩踏、地震、战争)，解决当前应急知识库基本上都面向单领域突发事件的问题。

机理研究与知识库系统之间的关系如图 5-1 所示，知识库系统将非结构化研究成果(地下空间灾害作用机理、脆弱性分析及多灾耦合作用机理、风险推理

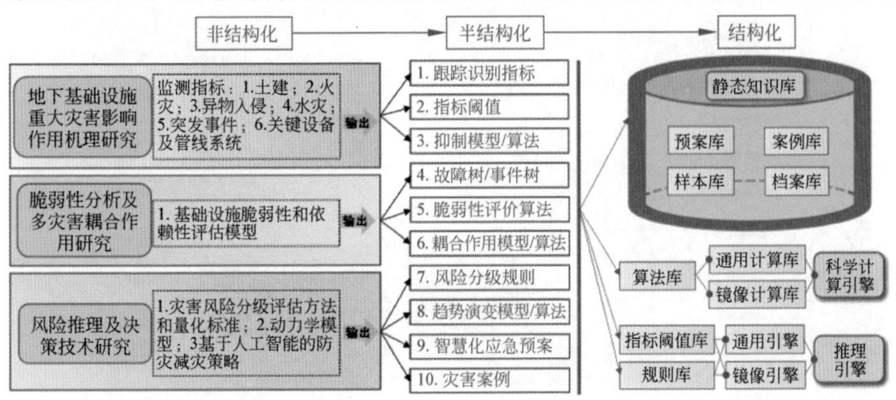

图 5-1 机理研究与知识库系统之间的关系

及决策技术)以知识库-机理需求表形式,根据知识类型将其进行半结构化,并将半结构化知识(如图 5-1 中 10 类算法、规则等知识)进行结构化并储存至预设的对应库中,包括预案库、案例库、样本库、档案库、指标阈值库、算法库和规则库,为静态知识库、特定灾害情景下的灾害模板配置提供知识支撑。

如图 5-2 所示,介绍了知识库系统中数据流向,用户可通过知识库系统模板配置层,根据特定灾害情境,调用知识层合适的模板配置框架(含需实现的功能),在计算层中调用实现目标功能的算法、推理规则等知识,接入既有系统实时监测数据,并在计算层完成计算,输出计算结果,推送给数据展示平台。知识

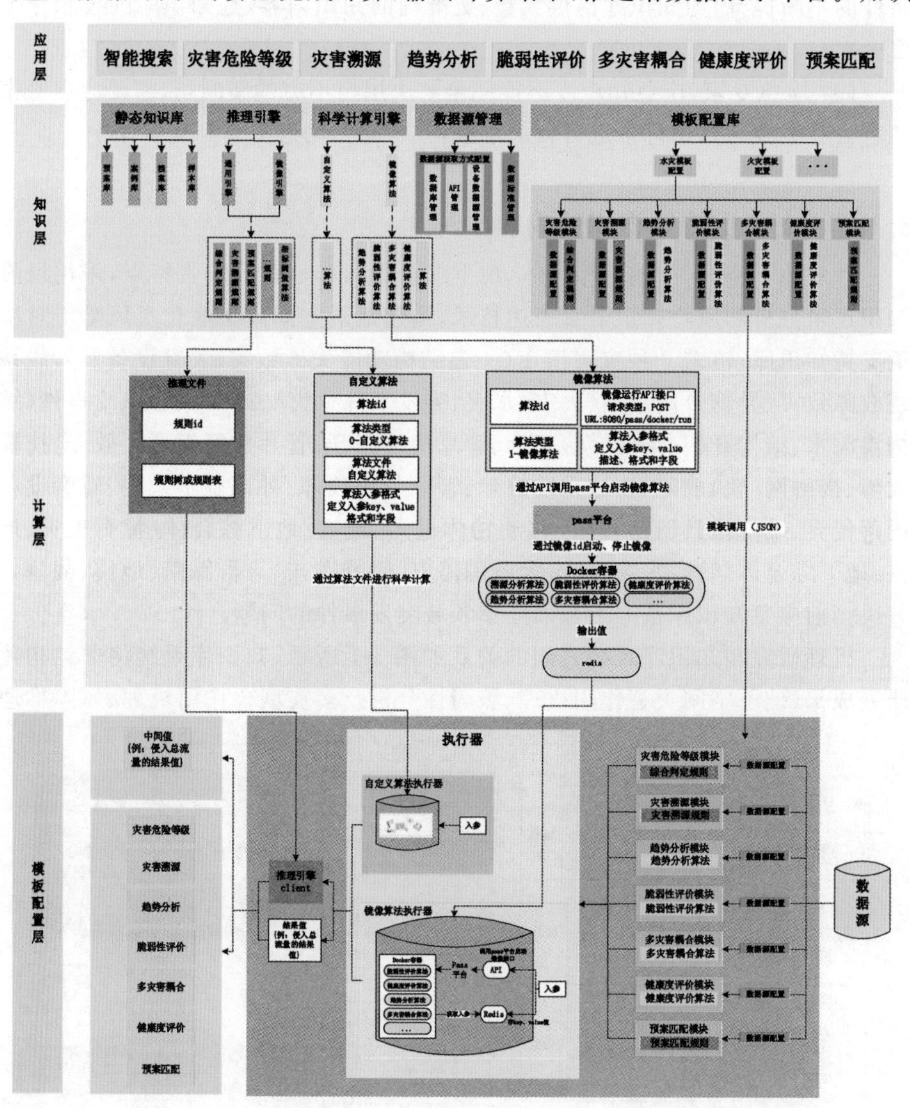

图 5-2　知识库系统框架图

库系统可支持计算输出灾害危险等级、灾害溯源、趋势分析、脆弱性评价、多灾害耦合、健康度评价、应急预案等内容，最终实现对目标情境下灾害的智能决策诊断与灾害智能应对支持。知识库与既有监测系统、数据展示平台通过应用反馈，实现知识库的交互与补充、动态更新，最终实现知识库在监测预警、故障诊断、决策支持、指挥调度中的应用。这样可以解决应急知识库与监控系统、预警系统的联系还不够紧密，大多数研究以人机交互的形式生成虚拟化实例，很少基于真实案例的问题和应急知识库运行效果缺乏通过用户反馈对其修正的问题。

5.2　决策支持知识库软件系统设计

5.2.1　系统需求分析

通过问卷调研方式，与深圳地铁、西安地铁、南京地铁就知识库系统功能及内容进行需求调研。总结深圳地铁、西安地铁、南京地铁对知识库功能和内容需求调研表，将知识库主要分为指标阈值库、样本库、预案库、案例库、档案库、算法库和规则库七大库。指标阈值库主要用于对地铁病害、灾害的识别知识进行存储与搜索，如钢轨裂纹形成机理、识别指标等内容。样本库主要用于管理病害典型检测数据，用于后期算法模型的优化训练。预案库主要用于预案(病害、灾害应对知识)存储、搜索，以及对预案的管理维护，信息包括：标题、预案分类、灾害等级、灾害主要原因、预案内容，以及相关的预案附件。案例库主要用于案例(病害、灾害处理的历史案例)存储、搜索，以及对案例的管理维护，信息包括：标题、案例来源、灾害时间、灾害地点、灾害类型、灾害等级、灾害主要原因、案例内容，以及相关的案例附件。档案库主要用于档案存储、搜索，以及对档案的管理维护，信息包括：标题、档案分类、档案描述，以及相关的档案附件，其主要内容为标准、规范等需归档的文本类资料。算法库和规则库主要用于管理实现知识库七大功能的算法模型和推理规则。

5.2.2　系统业务架构设计

知识库系统业务架构主要包括多模态数据源、平台层、应用层、计算层，如图 5-3 所示。

1. 多模态数据源

通过实时数据总线引擎主要获取数据库数据、API 接口数据、IOT 设备实时数据。其中，数据库数据主要是根据对应数据库的 binlog 日志，获取数据并将数据推送到对应 Kafka 消息队列中；API 接口数据获取需要先配置好对应的

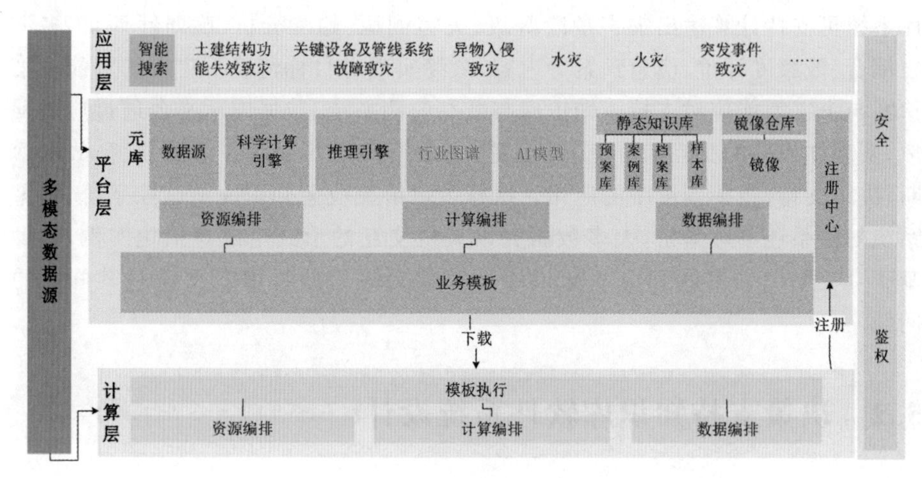

图 5-3　系统业务架构设计图

API 地址、请求参数、请求方式、接口返回数据参数以及获取数据频率，配置好后将根据对应 API 设置的获取数据频率，定时获取对应 json 数据。获得 json 数据后将推送到对应 Kafka 消息队列中；IOT 设备实时数据主要是采集设备实时上传上来的 json 格式数据，也可通过设备与平台建立 TCP 连接，设备实时将进制数据传输到平台，平台将进制数据转化为对应 json 数据，获得 json 数据后将推送到对应 Kafka 消息队列中。多模态数据源逻辑视图和组件视图分别如图 5-4 和图 5-5 所示。

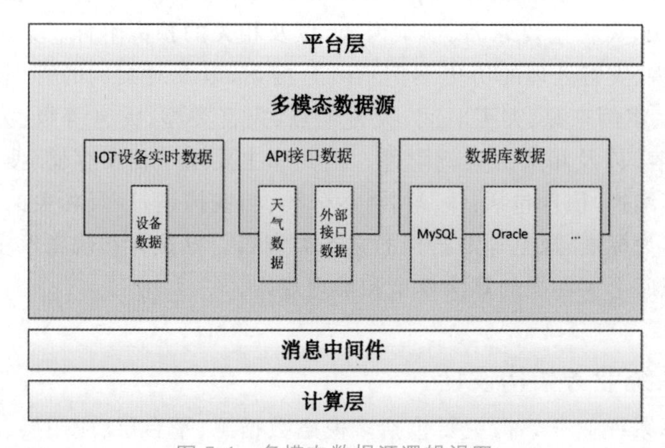

图 5-4　多模态数据源逻辑视图

2. 平台层

平台层主要是实现平台对元库、业务模板、注册中心的管理，如图 5-6 所示，其中元库内容主要包括数据源、科学计算引擎、推理引擎、行业图谱、AI 模型、静态知识库、镜像仓库。

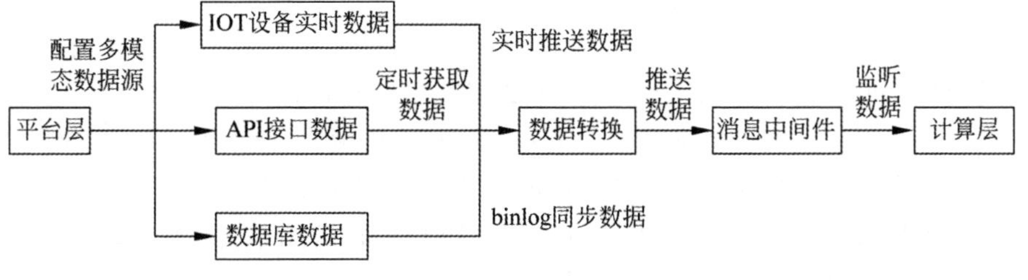

图 5-5　多模态数据源组件视图

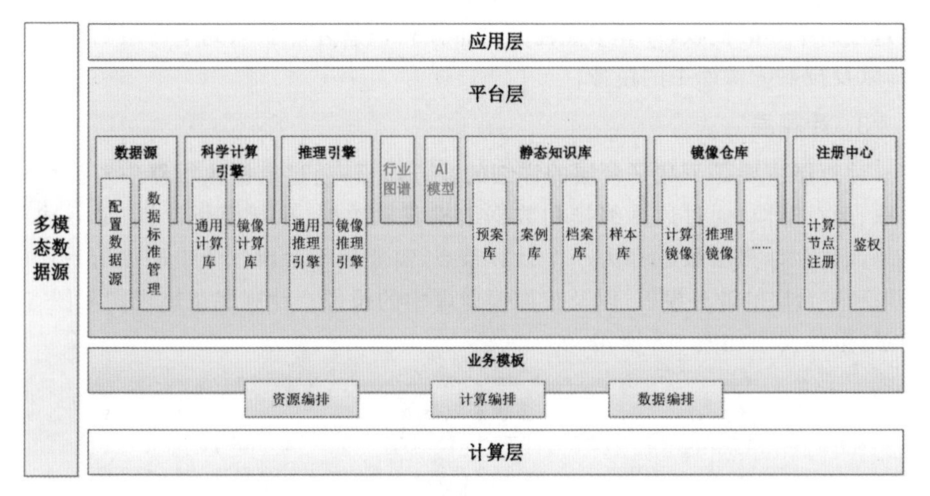

图 5-6　平台层逻辑视图

数据源：定义获取数据的方式以及对应的配置信息。

科学计算引擎：主要是用来满足复杂计算，主要分为通用计算库和镜像计算库。通用计算库中会提供基础的函数库，用户可以通过可视化编辑工具任意选择多种基础函数构成复杂的计算公式；为了满足计算的灵活性以及对多种语言的支持，系统提供镜像计算库，用户可以将通过不同编程语言实现的算法打包成镜像，上传到镜像计算库中。

推理引擎库：主要是将复杂的业务逻辑从业务代码中剥离出来，降低业务逻辑实现难度；同时，剥离的业务规则使用推理引擎实现，这样可以使多变得业务规则变得可维护，配合推理引擎提供的良好的业务规则设计器，不用编码就可以快速实现复杂的业务规则。推理引擎库主要分为通用推理引擎库和镜像推理引擎库。通用推理引擎中用户可以自定义指标对应的规则，根据匹配的规则输出；镜像推理引擎主要用于在通用推理引擎无法满足需求的情况下，用户可将实现的程序打包成镜像，上传到镜像推理引擎库中。

行业图谱：主要是针对各个产业趋势等数据进行研究分析和探索，每一个领域范畴内有一个行业图谱，用图谱清楚、准确地反映出一个行业每一个领域的数据。

AI模型：是从大量历史数据中学习规律，通过大量的数据处理得到模型，然后使用此模型进行预测结果，处理的数据越多，预测结果就越精准。

静态知识库主要分为四种：预案库、案例库、档案库、样本库。

镜像仓库：主要是用来管理上传的计算镜像、推理镜像等。

业务模板内容主要由数据源、科学计算引擎、推理引擎、静态元库、镜像仓库、资源编排、计算编排、数据编排构成，供计算层调用。

注册中心主要是用来管理计算节点，所有计算节点都需向注册中心注册，通过注册中心的授权，计算节点需要携带授权信息才能获取到平台层的业务模板，以及拉取镜像库中的镜像。

3. 计算层

计算层主要是下载平台层的详细的业务模板，通过模板执行器中资源编排拉取、运行镜像，通过计算编排和数据编排获取数据、执行模板计算，最后输出结果。每个计算层服务都为一个计算节点，需要向平台层注册中心注册后才能获取到平台层的业务模板，以及拉取镜像库中的镜像。计算层逻辑视图如图 5-7 所示，组件视图如图 5-8 所示。

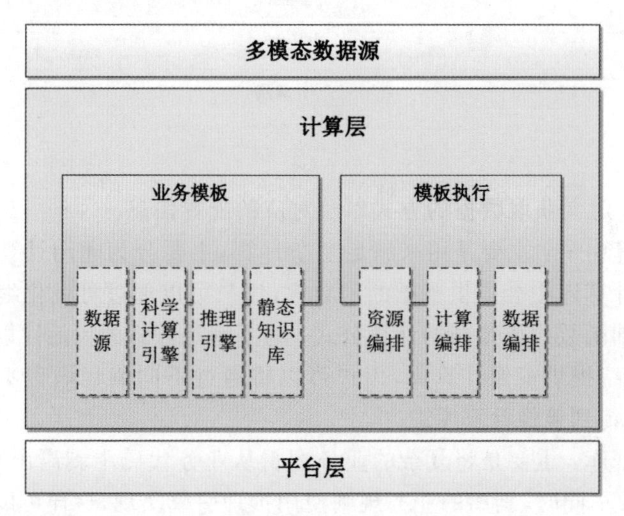

图 5-7　计算层逻辑视图

4. 应用层

应用层可根据定义的业务模板以及对应的计算结果数据生成对应的应用。主要包括基础应用和业务应用，其中基础应用内容包含智能搜索、权限管理、系统管理、日志管理；业务应用将覆盖 20 种灾害风险事件，如水灾、火灾等。应用层业务均可实现模块化，应用层逻辑视图如图 5-9 所示。

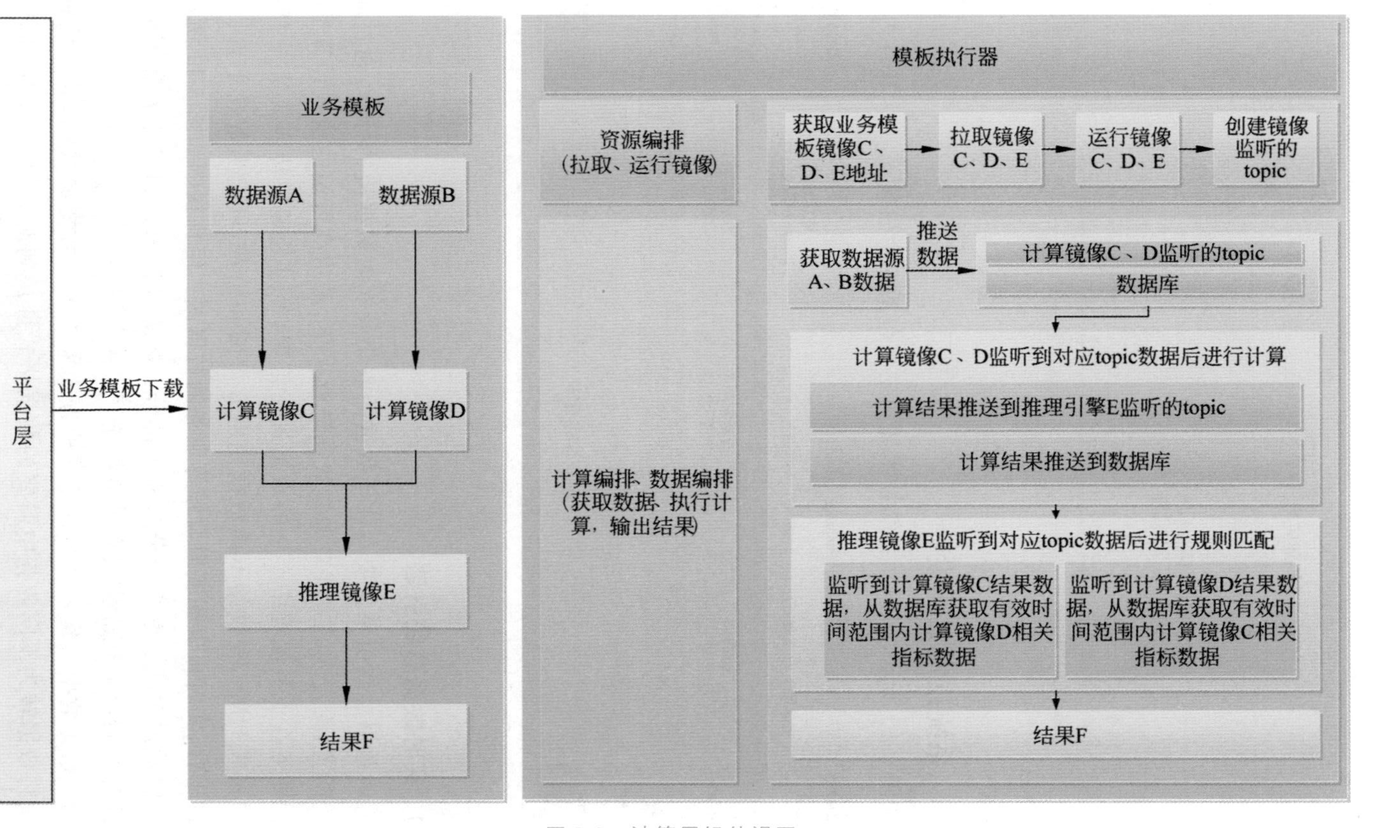
平台层
业务模板下载
业务模板
数据源A
数据源B
计算镜像C
计算镜像D
推理镜像E
结果F
模板执行器
资源编排
(拉取、运行镜像)
获取业务模板镜像C、D、E地址
拉取镜像C、D、E
运行镜像C、D、E
创建镜像监听的topic
计算编排、数据编排
(获取数据、执行计算，输出结果)
获取数据源A、B数据
推送数据
计算镜像C、D监听的topic
数据库
计算镜像C、D监听到对应topic数据后进行计算
计算结果推送到推理引擎E监听的topic
计算结果推送到数据库
推理镜像E监听到对应topic数据后进行规则匹配
监听到计算镜像C结果数据，从数据库获取有效时间范围内计算镜像D相关指标数据
监听到计算镜像D结果数据，从数据库获取有效时间范围内计算镜像C相关指标数据
结果F

图 5-8　计算层组件视图

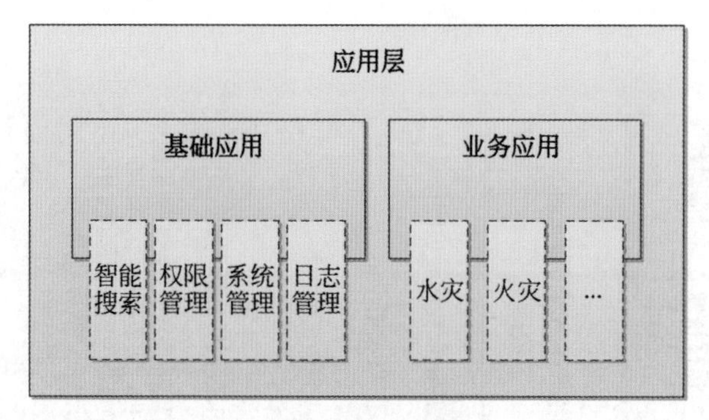

图 5-9 应用层逻辑视图

5.2.3 系统技术架构设计

如图 5-10 所示，知识库系统技术架构主要包括 6 个引擎。

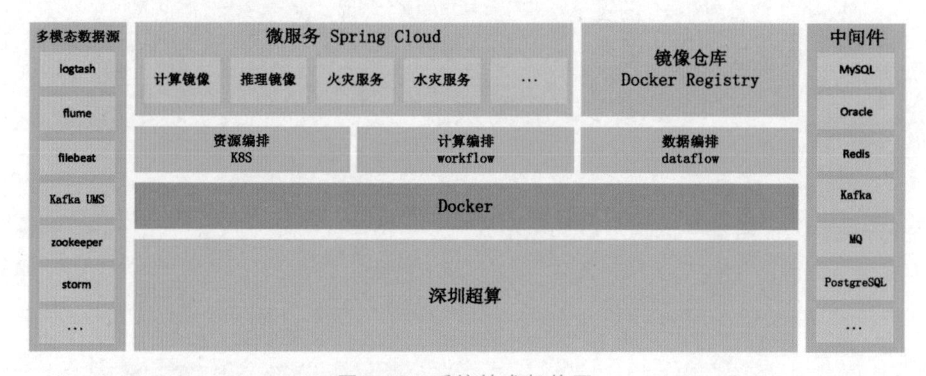

图 5-10 系统技术架构图

1. 实时数据总线引擎

实时数据总线引擎主要专注于数据的收集及实时数据流的计算，通过简单灵活的配置，无侵入的方式对源端数据进行采集，采用高可用的流式计算框架，对不同业务在业务流程中产生的数据进行汇聚，经过处理后转换成统一 JSON 的数据格式 UMS，提供给不同数据使用方订阅和消费，可充当数仓平台、大数据分析平台、实时报表和实时营销等业务的数据源。组件视图如图 5-11 所示。

实时数据总线引擎主要分为两个部分：贴源数据采集和多业务数据分发。两个部分之间以 Kafka 为媒介进行衔接。

(1) 贴源数据采集：主要通过三种方式采集不同数据源数据，经过数据转换模块将数据转为不同业务中需要的数据格式推送到对应的 topic 中，同时保存在数仓中。

① 通过日志拉取模块实现数据库 binlog 日志实时同步数据。

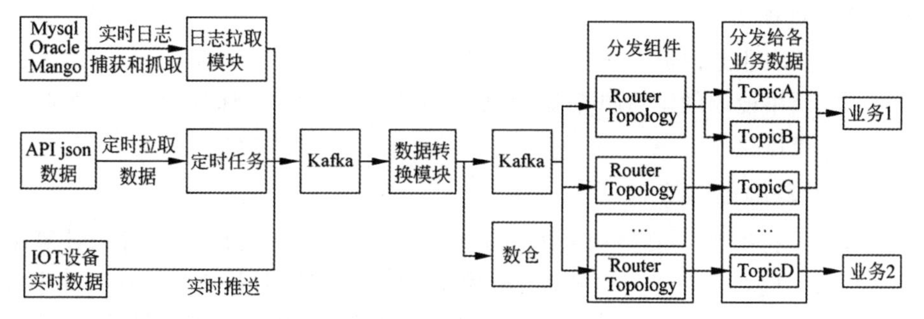

图 5-11　组件视图

② 通过定时任务定时拉取数据。

③ IOT 设备数据实时推送到 Kafka。

(2) 多业务数据分发：主要是针对不同业务对不同源端数据有不同访问权限、脱敏需求的情形，需要引入 Router 分发模块，将源端贴源数据，根据配置好的权限、用户有权获取的源端表、不同脱敏规则等，分发到分配给业务的 Topic。这一级的引入，在实时数据总线引擎管理系统中，涉及用户管理、Sink 管理、资源分配、脱敏配置等。不同业务消费分配给它的 topic。

2. 推理引擎

如图 5-12 所示，推理引擎支持决策表、决策树两种模式。

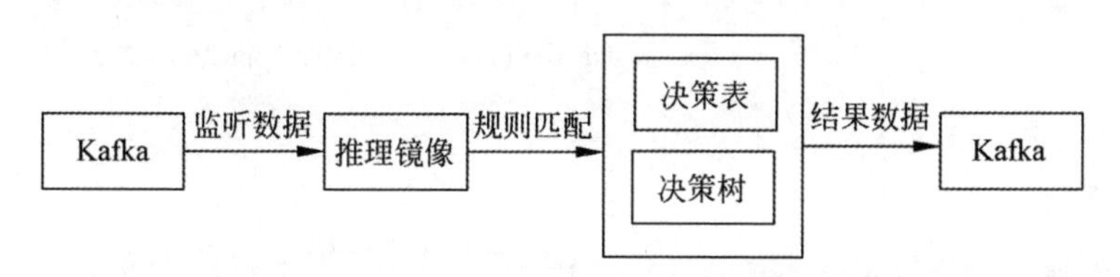

图 5-12　推理引擎组件视图

(1) 决策表：决策表是一种以表格形式表现规则的工具，它非常适用于描述处理判断条件较多，各条件又相互组合、有多种决策方案的情况，决策表提供精确而简洁描述复杂逻辑的方式，可将多个条件及与这些条件满足后要执行动作以图形化形式进行对应，对于决策表的定义，我们提供的是全可视化、图形化的操作方式，通过简单的鼠标点击就可以快速定义出与业务相匹配的决策表。

(2) 决策树：决策树是以树形结构来表现规则，通过决策树实现起来更为形象、快捷。

3. 资源编排引擎

资源编排引擎主要利用 K8S 容器管理工具镜像下载、运行、维护管理。根据模板自动完成所有资源的创建和配置，实现自动化部署及运维，将构成业务模板的镜像运行、管理起来。

主要流程：

（1）获取业务模板中所有镜像地址；

（2）调用镜像创建 API 镜像（参数：镜像地址、镜像名称、镜像运行地址）；

（3）镜像运行。

4. 计算编排引擎

计算编排引擎主要采用云原生计算编排 Argo,Workflow 等进行计算编排。针对不同业务功能其构成的计算引擎和推理引擎不同,之间的执行次序也不同,为了满足不同的业务功能,保证其正常运行,采用了计算编排技术,通过计算编排引擎可以将执行步骤定义为工作流,每个步骤都为一个工作任务,并可以定义工作任务之间的并行度,定义好后将自动执行。

5. 数据编排引擎

如图 5-13 所示,数据编排引擎主要是定义数据流转顺序通过定义数据的流向,也就是将不同的数据的输入和输出进行串联,最终构建一个数据的处理流程。

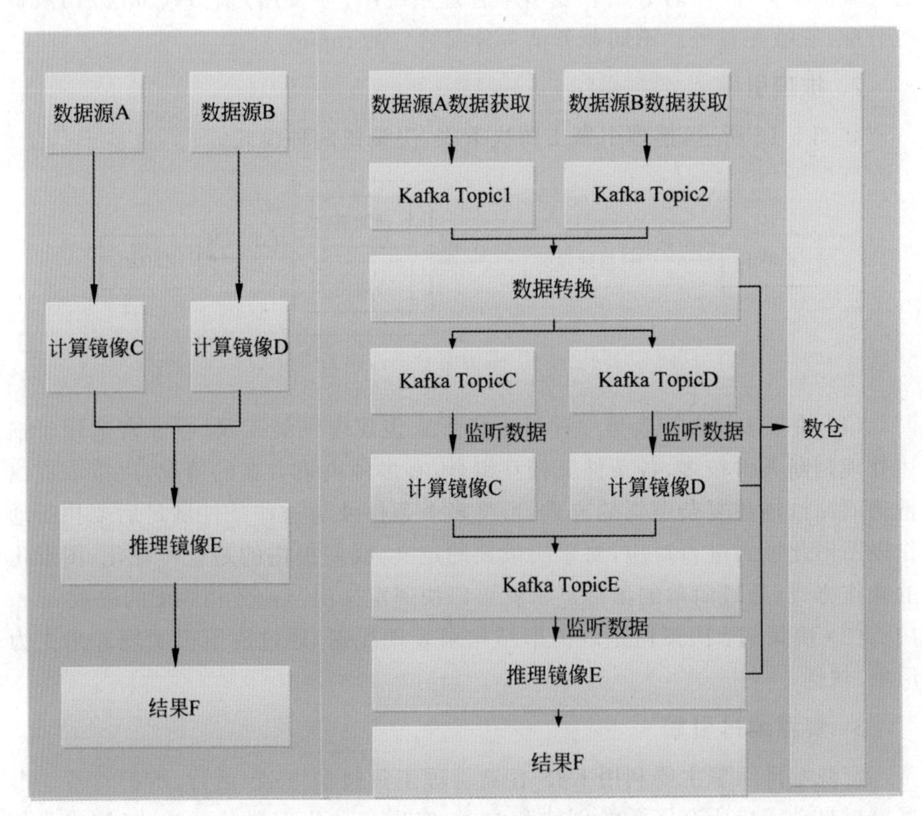

图 5-13　数据编排引擎组件视图

6. 模板执行引擎

由于不同业务模板对应的业务功能不同，而不同业务功能对应的数据源、计算引擎和推理引擎也不相同，模板配置满足了根据不同使用场景自由设定对应的业务功能，自由配置每个业务功能对应的数据预源、计算引擎和推理引擎。模板执行引擎主要是根据下载的业务模板，执行模板内容，输出计算结果。流程如下：

(1) 下载业务模板；

(2) 获取业务模板中需要运行的镜像地址；

(3) 拉取和运行镜像，创建镜像对应的 topic；

(4) 拉取数据源数据；

(5) 计算镜像监听到对应 topic 数据后，计算出结果，将结果推送给下一步需要执行的计算镜像或者推理镜像监听的 topic 中，同时保存到存储引擎中；

(6) 推理引擎监听到对应 topic 数据后，同时会从数据库中读取其他指标数据，匹配对应规则得出结果。

5.3 决策支持知识库系统主要功能

5.3.1 知识库系统功能清单

根据知识库系统需求分析、业务架构设计和技术架构设计的需要，知识库系统主要包括模板配置、业务管理、静态知识库、计算引擎管理、推理引擎管理、数据源管理、智能搜索、系统管理和界面展示功能模块，各功能模块具体功能点及功能描述详见表 5-1 所示。

表 5-1 知识库系统功能清单

父功能模块	子功能模块	功能点	功能描述
模板配置	模板配置	模板列表	查看所有模板信息包括模板名称、灾害发生情景、灾害发生类型、灾害风险事件等，可通过灾害分类、模板名称等筛选
		新建模板	新增模板信息包括模板名称、灾害发生情景、灾害发生类型、灾害风险事件等
		编辑模板	编辑模板基本信息
		数据源管理	添加模板数据源信息包括数据源类型、关联数据源等，操作包括新增、编辑、删除等
		业务功能配置	添加模板业务，信息包括名称、业务功能分类、计算引擎或推理引擎等，操作包括新增、编辑、删除等
		模板启用禁用	对模板进行启用禁用操作

续表

父功能模块	子功能模块	功能点	功能描述
业务管理	业务功能分类管理	业务功能分类列表	查看所有业务功能分类(监测指标数据、综合灾害风险判定规则、灾害溯源、健康度评价、预案匹配等)
		业务功能分类新增	新增业务功能分类,信息包括业务功能名称、描述等
		业务功能分类修改	修改业务功能分类
		业务功能分类启用禁用	对业务功能分类进行启用禁用操作,已禁用的分类配置业务功能时无法选择
	灾害分类管理	灾害分类列表	查看所有灾害分类
		灾害分类新增	新增灾害分类,信息包括灾害分类名称、描述等
		灾害分类修改	修改灾害分类
		灾害分类启用禁用	对灾害分类进行启用禁用操作
静态知识库	指标阈值库	查询、浏览	主要用于知识库用户搜索病害/故障/灾害形成机理、识别特征、指标等信息
	预案库管理	预案列表	查看所有预案,信息包括标题、灾害情景、灾害类型、灾害区域、病害/灾害主要原因等,可通过灾害分类、标题等筛选
		新增预案	新增预案,信息包括标题、灾害情景、灾害类型、灾害区域、病害/灾害主要原因等
		编辑预案	编辑预案信息
		预案删除	删除预案
	案例库管理	案例列表	查看所有案例,信息包括标题、灾害地点、灾害情景、灾害类型、灾害区域、灾害等级、案例来源等,可通过灾害分类、标题等筛选
		新增案例	新增预案,信息包括标题、灾害地点、灾害情景、灾害类型、灾害区域、灾害等级、案例来源等
		编辑案例	编辑案例信息
		案例删除	删除案例
	档案库管理	档案列表	查看所有档案,信息包括档案名称、档案分类、大小、上传人等,可通过档案名称等筛选
		新增档案	新增档案,信息包括档案名称、档案分类等
		编辑档案	编辑档案信息
		档案删除	删除档案
	算法规则库	查询、浏览	主要用于映射计算引擎和推理引擎中算法、规则的基本信息,供知识库用户查询、浏览知识库算法、规则对应的功能等基本信息

续表

父功能模块	子功能模块	功能点	功能描述
静态知识库	检测数据库管理	检测数据列表	查看所有检测数据
		新增检测数据	新增检测数据,可导入检测数据
		检测数据删除	删除检测数据
	分类设置	分类类型	分类主要包括：档案分类管理、检测数据库模板分类管理、病害等级管理、灾害等级管理、病害/灾害主要原因管理、案例来源管理、灾害地点管理
		分类列表	查看所有分类
		分类新增	新增分类,包括名称、描述等
		分类修改	修改分类
		分类启用禁用	对分类进行启用禁用操作
计算引擎管理	镜像计算引擎	镜像计算列表	查看所有镜像计算,信息包括名称、灾害分类、描述、镜像地址、输入参数、输出参数等,可通过灾害分类、标题等筛选
		新增镜像计算	新增镜像计算,信息包括名称、灾害分类、描述、镜像地址、输入参数、输出参数等
		编辑镜像计算	编辑镜像计算信息
		镜像计算启用禁用	对镜像计算进行启用禁用操作
推理引擎管理	通用推理引擎	通用推理列表	查看通用推理,信息包括名称、灾害分类、描述、输入参数、输出参数等,可通过灾害分类、名称等筛选
		新增通用推理	新增通用推理,信息包括名称、灾害分类、描述、输入参数、输出参数等
		编辑通用推理	编辑通用推理信息
		通用推理启用禁用	对通用推理进行启用禁用操作
	镜像推理引擎	镜像推理列表	查看镜像推理,信息包括名称、灾害分类、描述、镜像地址、输入参数、输出参数等,可通过灾害分类、名称等筛选
		新增镜像推理	新增镜像推理,信息包括名称、灾害分类、描述、镜像地址、输入参数、输出参数等
		编辑镜像推理	编辑镜像推理信息
		镜像推理启用禁用	对镜像推理进行启用禁用操作

续表

父功能模块	子功能模块	功能点	功能描述
数据源管理	API数据源	API数据源列表	查看API数据源,信息包括名称、API地址、API请求类型、API请求频率、数据源topic、推送topic等,可通过名称等筛选
		新增API数据源	新增API数据源,信息包括名称、API地址、API请求类型、API请求频率、API请求参数、数据源topic、推送topic、参数及对应转换参数等
		编辑API数据源	编辑API数据源信息
		API数据源启用禁用	对API数据源进行启用禁用操作
	数据库数据源	数据库数据源列表	查看所有数据库数据源,信息包括名称、链接地址、用户名、密码、数据源topic、推送topic等,可通过名称等筛选
		新增数据库数据源	新增数据库数据源,信息包括名称、链接地址、用户名、密码、数据源topic、推送topic、参数及对应转换参数等
		编辑数据库数据源	编辑数据库数据源信息
		数据库数据源启用禁用	对数据库数据源进行启用禁用操作
智能搜索	智能搜索	知识常规搜索	文档资料的名称、类型、时间等搜索,包含模糊搜索
		多级标签搜索	可通过标签、名称、类型等多条件搜索
系统管理	系统管理	用户管理	用户信息管理维护
		租户管理	租户信息管理维护
		角色管理	角色信息管理维护
		菜单管理	当前用户的树形菜单、返回树形菜单集合、返回角色的菜单集合、通过ID查询菜单的详细信息、菜单管理增删改查
		日志模块	系统dbug日志采集、业务SysLog日志采集、日志查询
界面展示	界面展示	监测指标数据	监测各个传感器的指标数据,获取设备数据、公式计算、规则匹配、获取检测指标数据
		灾害等级判定	获取监测指标数据、规则匹配、获取灾害等级判定
		灾害溯源	监测各个传感器的指标数据,获取设备数据、规则匹配、获取灾害溯源
		趋势分析	监测各个传感器的指标数据,获取设备数据、算法计算、规则匹配、获取趋势分析
		预案匹配	根据综合判定、溯源分析匹配对应的预案,通过预案ID获取预案
		脆弱性评价	根据脆弱性评价算法,获取脆弱性等级
		多灾害耦合	通过多灾害耦合的风险评估方法,明确事件链耦合关系矩阵,确定危险源耦合评估结果
		健康度评价	监测各个传感器的指标数据,获取设备数据、公式计算、规则匹配、获取健康度评价

5.3.2 知识库系统主要功能界面及说明

1. 界面展示

通过界面展示，可直观显示业务功能，根据不同灾害类型展示不同的功能模块，如图 5-14 所示，目前界面主要展示灾害类型、等级、原因、预案、脆弱性评价、健康度评价，趋势分析等功能。

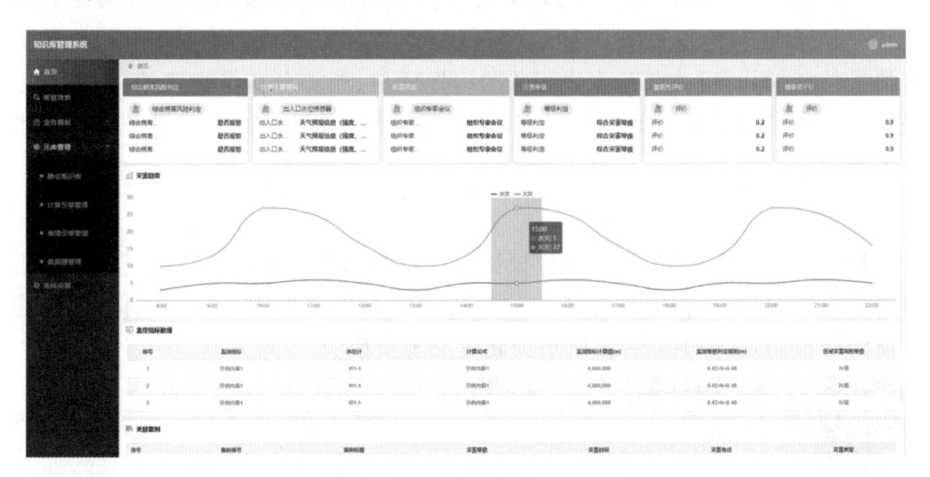

图 5-14　知识库系统首页展示

2. 智能搜索

知识库系统支持信息智能检索，用户可使用常规搜索、多级标签搜索、知识图谱检索，系统会快速匹配灾害相关知识，使用户了解、学习、应对突发事件，其内容包括灾害指标阈值信息、监测检测信息、等级判定规则、灾害趋势规则、灾害溯源规则、灾害应对预案、历史案例、相关文档等专业性数据，如图 5-15 所示。

图 5-15　知识库系统智能搜索界面

常规搜索：页面为用户提供关键字输入框，用户输入后系统自动匹配较合适的知识。关键字搜索内容可通过匹配程度进行有效排序，并且支持模糊搜索。

多级标签搜索：页面提供输入框、分类、标签选择项，根据分类、标签的选择，精确、快速匹配合适的知识。

知识图谱：用户输入检索关键信息时，系统自动关联与之相关的其他信息，将搜索结果范围缩小到用户最想要的那种含义；同时，可让搜索更有深度和广度，了解到某个新的事实或新的联系，促使其进行一系列的全新搜索查询。例如：搜索“水灾”，通过知识图谱可关联出地下综合体、地铁、地下综合管廊等灾害情景信息，同时可关联与水灾相关的指标阈值、趋势分析等灾害信息，还可以关联出与水灾相关的其他关联灾害，如土建结构功能失效、关键设备故障等耦合灾害信息。

3. 业务模板配置

根据不同灾害情境，配置对应模板。支持知识库系统计算层通过调用已设置的模板框架，调用指定功能所需的对应算法和推理规则，完成针对特定灾害情境的模板制定。如图 5-16 所示为新建灾害模板。

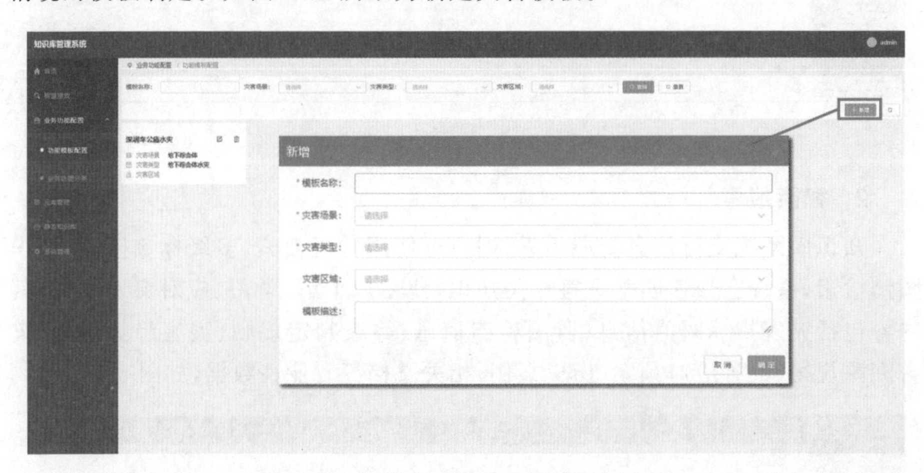

图 5-16 知识库系统模板配置新建界面

如图 5-17 所示为配置某地铁出入口水灾等级判定计算流程，包括数据源、计算引擎和推理引擎配置，选取对应数据来源、算法和推理规则。如图 5-18 所示为知识库系统水灾配置完成界面。

4. 分类设置

主要包括档案类型管理、灾害风险/故障等级管理、灾害等级管理、病害/灾害主要原因管理、案例来源管理、参数管理、知识分类管理、标签管理和知识来源管理，如图 5-19 和图 5-20 所示，分别为知识分类管理和病害/灾害主要原因管理界面。

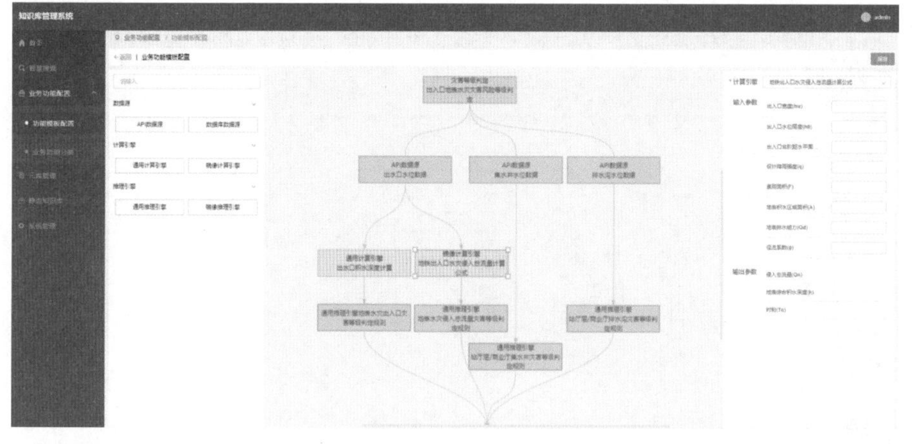

图 5-17　配置水灾等级判定功能(以某地铁出入口水灾为例)

知识库管理系统　admin

首页　智慧搜索　业务功能配置　功能模板配置　业务功能分类　元库管理　静态知识库　系统管理

业务功能配置 / 功能模板配置

←返回 | 模板详情

模板名称：深圳车公庙水灾

灾害场景：地下综合体　　灾害类型：地下综合体水灾　　灾害区域：

模板描述：深圳车公庙地下综合体水灾

业务功能配置

灾害趋势分析

地下综合内部水灾趋势分析	地下综合体内部水灾趋势分...	地表出入口水灾趋势分析（...
描述：地下综合内部水灾趋势分析	描述：地下综合体内部因水管破裂引起的水...	描述：地表出入口因暴雨引起的水灾趋势分析

灾害风险等级判定

商业区水灾灾害风险等级判定	出入口地表水灾灾害风险等...	停车场水灾灾害风险等级判定	轨行区水灾灾害风险等级判定	站厅层水灾灾害风险等级判定
描述：确定商业区水灾灾害的风险等级	描述：确定出入口地表水灾的灾害风险等级	描述：确定停车场水灾的灾害风险等级	描述：确定轨行区水灾的灾害风险等级	描述：确定站厅层水灾的灾害风险等级

灾害溯源

停车场水灾灾害溯源	轨行区水灾灾害溯源	商业区水灾灾害溯源	站厅层水灾灾害溯源	地表出入口水灾溯源
描述：确定停车场水灾灾害源	描述：确定轨行区水灾灾害源	描述：确定商业区水灾灾害源	描述：确定站厅层水灾灾害源	描述：确定地表出入口水灾源

预案匹配

地下综合体轨行区水灾预案...	地下综合体商业区/站厅层水...	自动扶梯故障预案匹配	地下综合体出入口水灾预案...
描述：	描述：	描述：	描述：

图 5-18　知识库系统水灾模板配置完成界面

知识库管理系统　admin

首页　智慧搜索　业务功能配置　元库管理　静态知识库管理　计算算法库管理　推理规则库管理　数据源管理　静态知识库　系统管理

元库管理 / 静态知识库管理 / 分类设置

预案库管理　案例库管理　预案库管理　指标阈值库　标本库　字典库　分类设置

档案类型管理　灾害风险/故障等级管理　灾害等级管理　原因/灾害定责原因　案例来源管理　参数管理　知识分类管理　标签管理　知识来源管理

知识分类列表　+新增

知识分类	描述	状态	创建时间	操作
› 地下综合管廊	—	启用	2021-06-11 10:42:26	新增子分类 | 禁用 | 编辑 | 删除
⌄ 地铁	—	启用	2020-12-02 16:31:30	新增子分类 | 禁用 | 编辑 | 删除
⌄ 水灾	—	启用	2021-06-10 10:35:51	新增子分类 | 禁用 | 编辑 | 删除
⌄ 地铁水灾	—	启用	2020-12-02 16:32:00	新增子分类 | 禁用 | 编辑 | 删除
轨行区	—	启用	2021-01-19 01:37:55	禁用 | 编辑 | 删除
全部（出入口、轨行区、站厅层）	—	启用	2020-12-14 15:10:06	禁用 | 编辑 | 删除
站厅层	—	启用	2020-12-14 15:08:41	禁用 | 编辑 | 删除
出入口	—	启用	2020-12-14 15:08:31	禁用 | 编辑 | 删除
⌄ 关键设备及管线系统故障致灾	—	启用	2021-06-10 10:34:59	新增子分类 | 禁用 | 编辑 | 删除
› 自动扶梯故障	—	启用	2020-12-10 01:50:48	新增子分类 | 禁用 | 编辑 | 删除
⌄ 土建结构功能失效致灾	—	启用	2021-05-26 15:32:46	新增子分类 | 禁用 | 编辑 | 删除
› 结构渗漏水	盾构地铁隧道结构渗漏水	启用	2020-12-25 14:50:16	新增子分类 | 禁用 | 编辑 | 删除
› 结构开裂	盾构地铁隧道结构开裂	启用	2020-12-25 14:49:48	新增子分类 | 禁用 | 编辑 | 删除
› 结构变形超标	盾构地铁隧道结构变形超标	启用	2020-12-25 14:49:22	新增子分类 | 禁用 | 编辑 | 删除
› 管片接缝张开	盾构地铁隧道管片接缝张开	启用	2020-12-25 14:48:31	新增子分类 | 禁用 | 编辑 | 删除

图 5-19　知识库系统分类设置界面

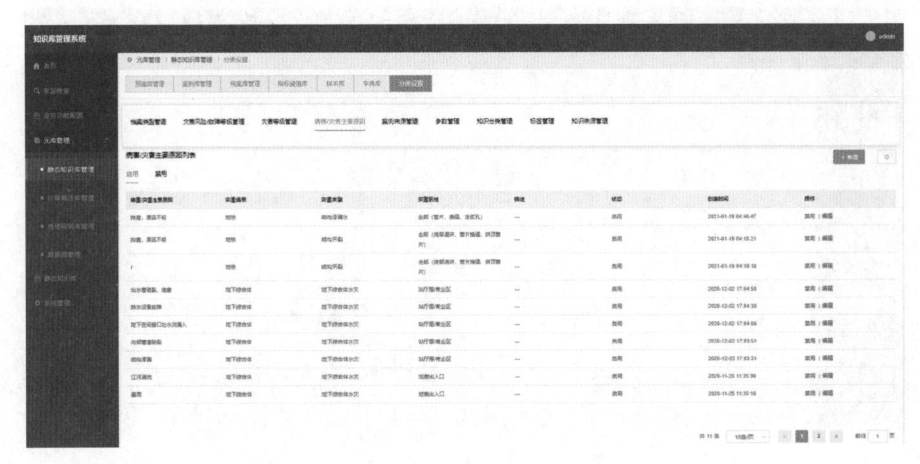

图 5-20　知识库系统业务功能分类管理界面

5. 静态知识库

主要对预案库、案例库、档案库、指标阈值库、算法库、规则库、样本库等进行管理，如图 5-21～图 5-26 所示。其中算法库管理包括通用算法和镜像算法管理，规则库同算法库一致，档案库包括标准规范、论文、文档等内容。静态知识库主要用于支持知识的搜索功能，可根据实际需求添加或删除数据库。

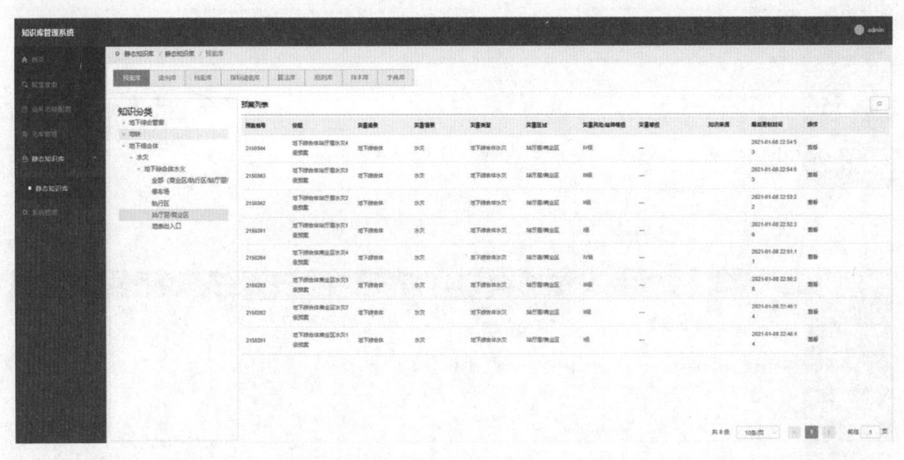

图 5-21　知识库系统预案库管理界面

6. 计算算法库管理

计算算法库管理主要对支持知识库系统各功能的算法进行统一管理，如趋势分析、灾害等级判定中计算部分等。其中，对通用计算算法的管理称为通用计算引擎管理，对镜像计算算法的管理称为镜像计算引擎管理。通用计算引擎管理主要管理比较简单的，可在界面直接编辑、修改的算法；镜像计算引擎管理

图 5-22　知识库系统指标阈值库管理界面

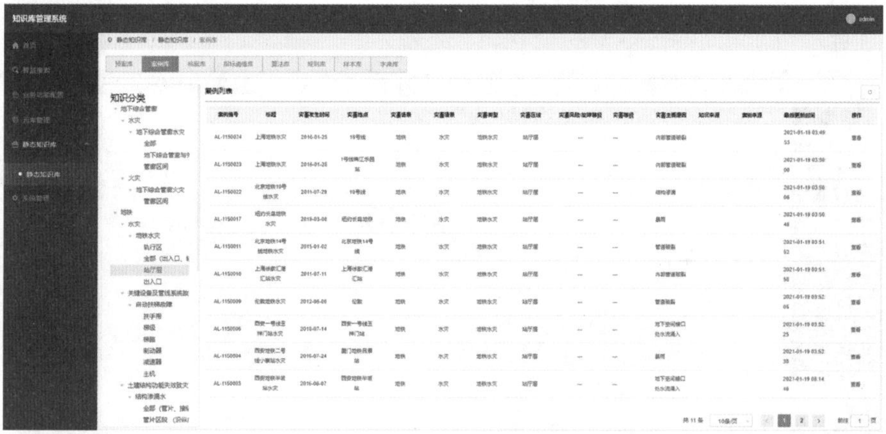

图 5-23　知识库系统案例库管理界面

图 5-24　知识库系统档案库管理界面

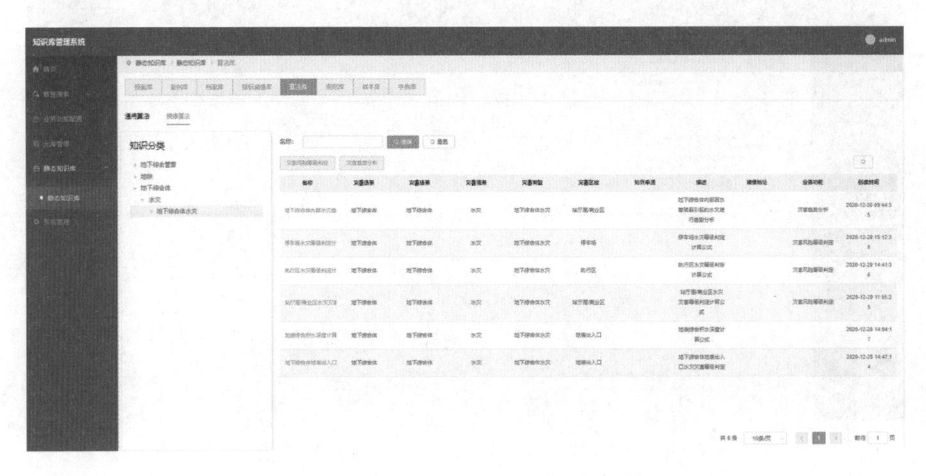

图 5-25　知识库系统算法库管理界面

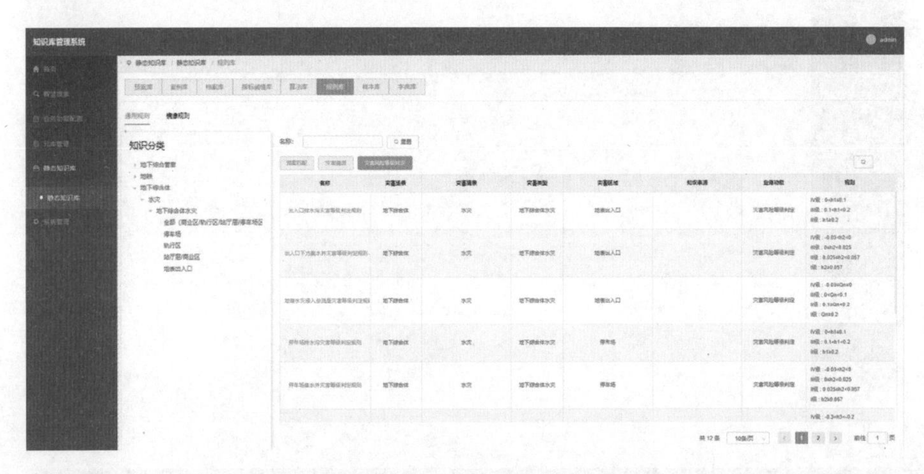

图 5-26　知识库系统规则库管理界面

主要管理复杂的、由第三方提供的算法，不可以在界面进行直接编辑和修改的算法，分别如图 5-27 和图 5-28 所示。

7. 推理规则库管理

推理规则库管理主要对支持知识库系统各功能的推理规则进行统一管理，如灾害溯源、预案匹配功能等。推理规则库管理与计算算法库管理类似，也分为通用规则引擎管理和镜像规则引擎管理，通用推理引擎主要管理比较简单的，可在界面编辑、修改、配置的推理规则，如灾害等级判定规则；镜像计算引擎主要管理复杂的、由第三方提供的推理规则，不可以在界面进行直接编辑和修改的规则，如图 5-29 所示。

图 5-27　知识库系统计算算法库通用计算引擎管理界面

图 5-28　知识库系统计算算法库镜像计算引擎管理界面

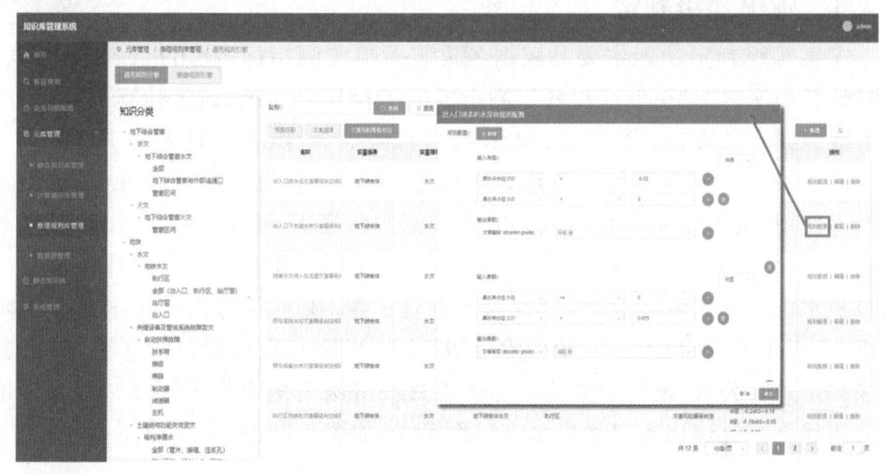

图 5-29　知识库系统推理规则库通用规则引擎管理界面

8. **数据源管理**

数据源管理主要针对不同数据来源进行统一接口管理，其中包括：API 数据源管理、数据库数据源管理，如图 5-30 所示。

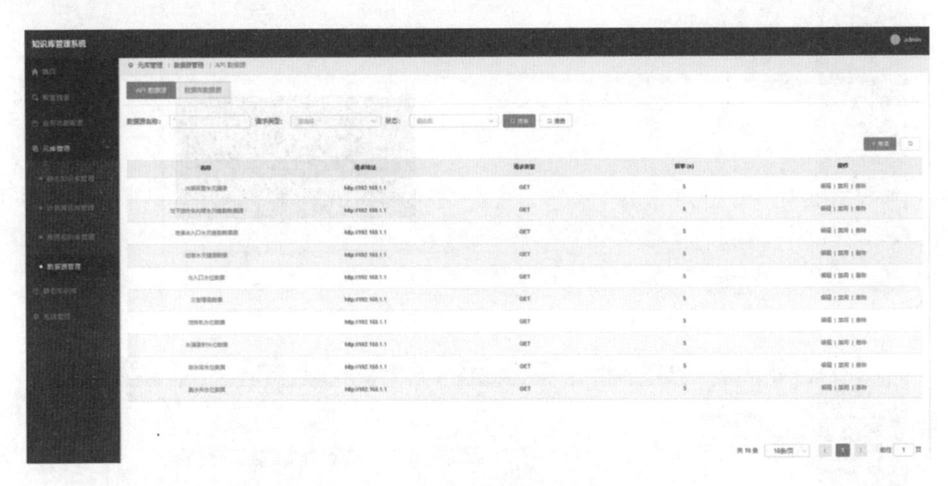

图 5-30 知识库系统数据源管理界面

5.4 决策支持知识库系统业务功能管理

决策支持知识库系统主要包含七大业务功能，分别为灾害等级判定、灾害趋势分析、灾害溯源、预案匹配、脆弱性评价、健康度评价和多灾害耦合作用分析。下面从通用流程及部分案例分别介绍知识库系统七大业务功能。

5.4.1 灾害等级判定

灾害等级判定功能主要是根据各灾害对应监测指标，调用指标监测数据，通过计算引擎、推理引擎获得各监测指标的指标危险等级，通过计算引擎（调用灾害等级判定计算公式），综合判断出灾害风险等级，如图 5-31 所示。

以深圳车公庙地下综合体地表水灾为例，车公庙地下综合体有 10 个出入口投入使用，地表水灾监测指标为出入口积水深度 h 和侵入总流量 Q，通过平台获取 10 个出入口水位传感器监测实时水位数据，再由计算引擎计算出各出入口积水深度和侵入总流量，分别通过推理引擎，确定各出入口积水深度危险等级（Ⅰ～Ⅳ级）和侵入总流量危险等级（Ⅰ～Ⅳ级），最后通过计算引擎（灾害等级判定计算公式，此时取监测指标灾害最高等级为地表水灾等级），计算得出车公庙地下综合体出入口地表水灾风险等级，如图 5-32 所示。

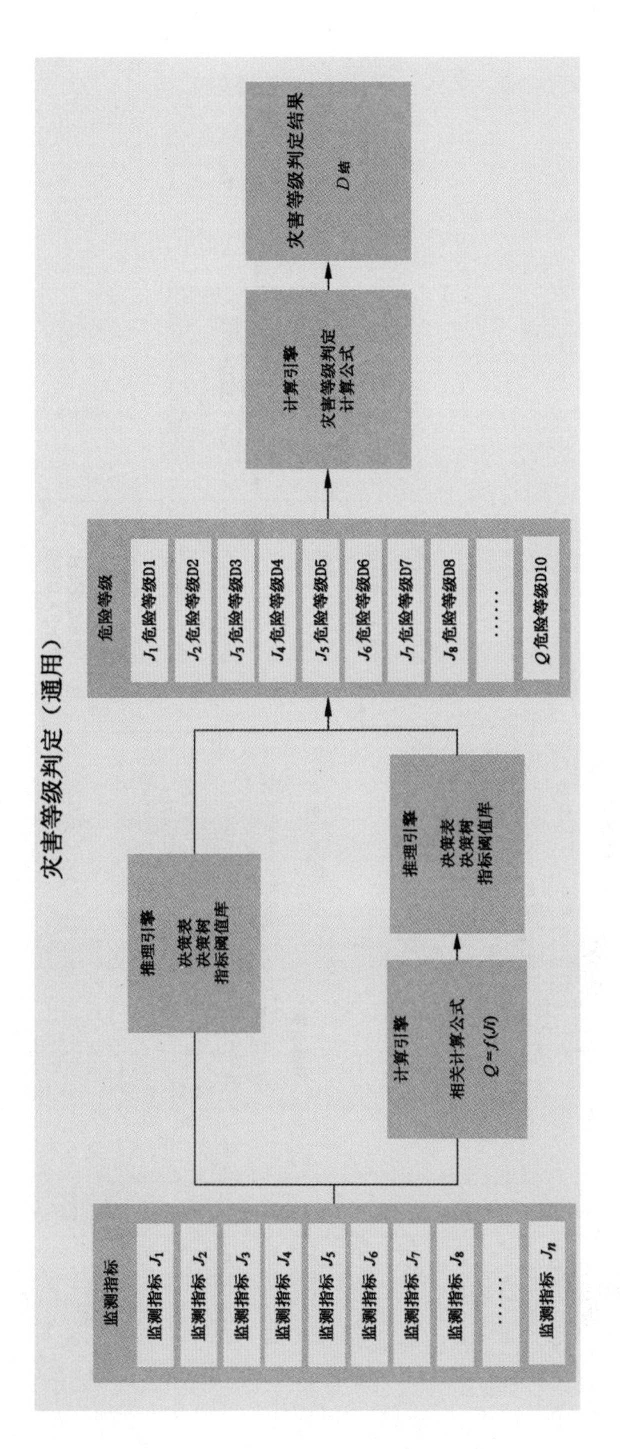

图 5-31　灾害等级判定逻辑图（通用）

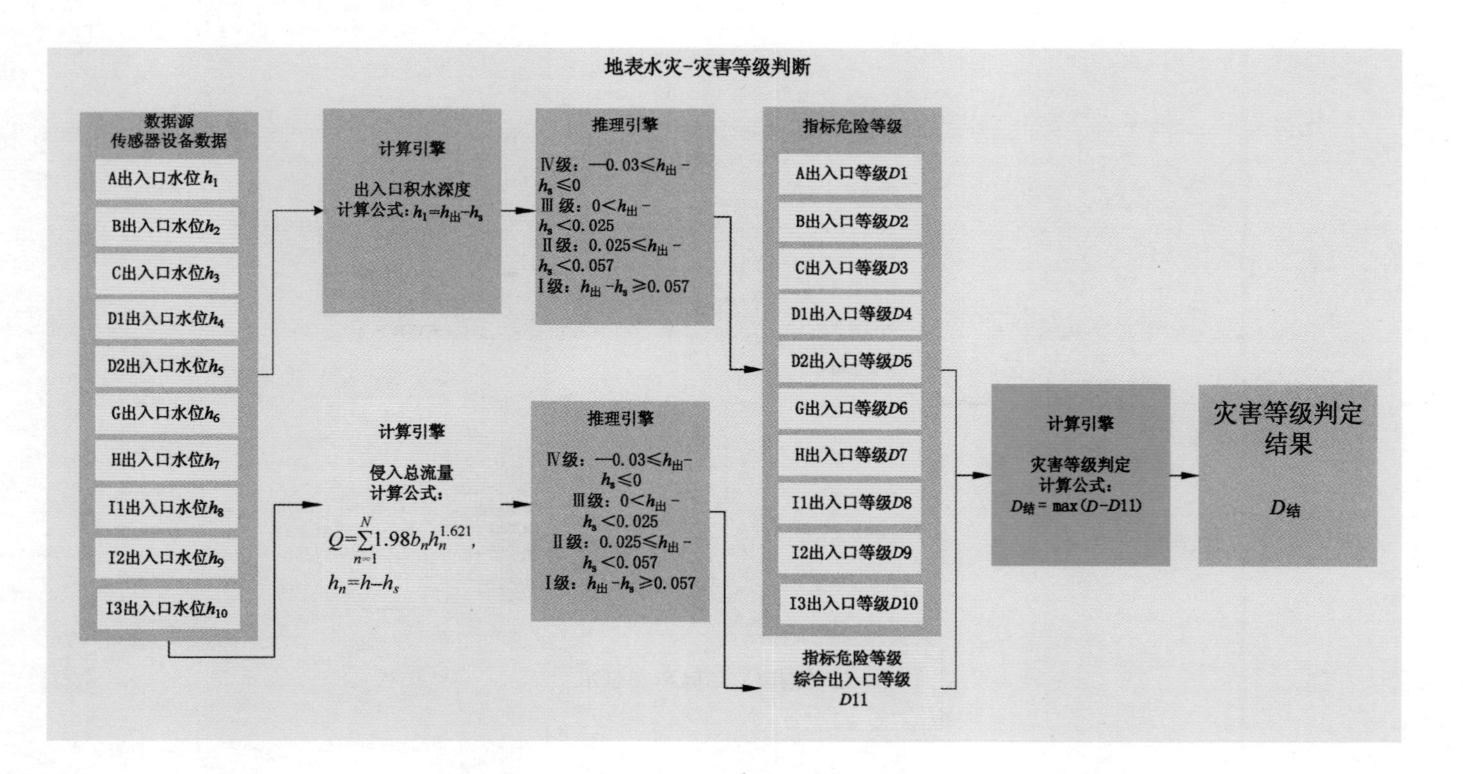

图 5-32　灾害等级判定逻辑图(以车公庙地下综合体出入口地表水灾为例)

5.4.2 灾害趋势分析

灾害趋势分析主要通过特定灾害条件下的相关指标数据，通过计算引擎（主要为特定灾害条件下，趋势分析经验公式）计算，输出灾害等级与时间 t 的匹配关系图，从而推算出灾害发展趋势，如图 5-33 所示。

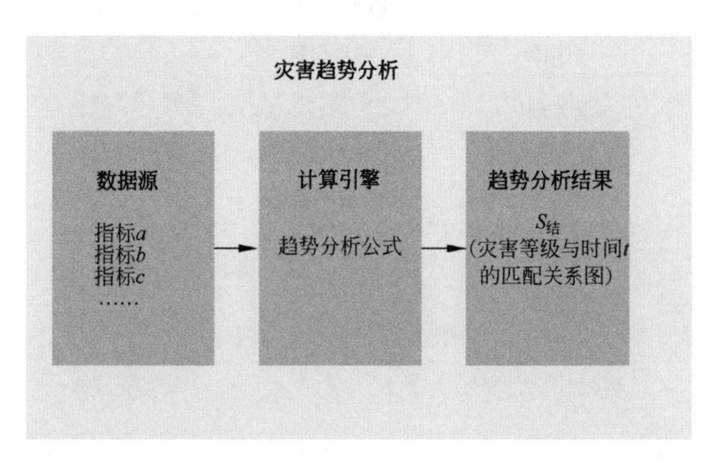

图 5-33 灾害趋势分析逻辑图

以地下综合体暴雨引起地表水灾为例，地表水灾趋势分析主要是综合径流系数 φ，设计降雨强度 q，集雨面积 F，地表积水区域面积 A，地表积水上升速度 V_t 等，通过趋势分析算法公式计算，输出地表积水深度 h 与时间 t 的关系曲线，实现地下综合体地表水灾的趋势预测，如图 5-34 所示。

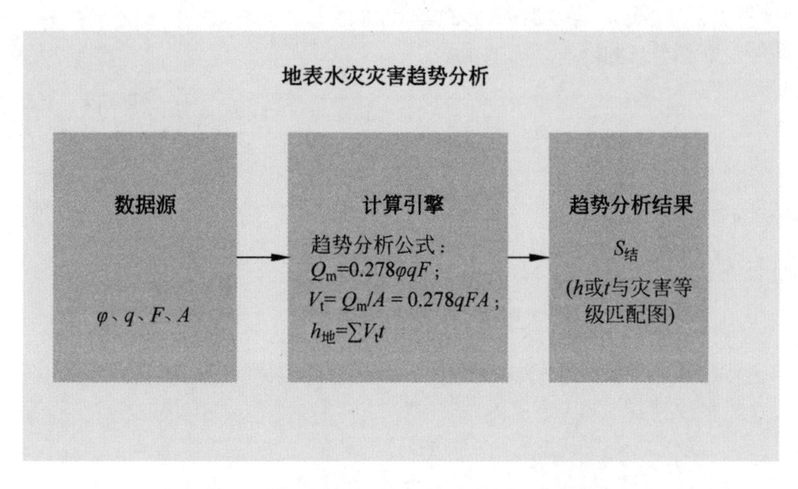

图 5-34 灾害等级判定逻辑图(地下综合体暴雨引起地表水灾为例)

5.4.3 灾害溯源

灾害溯源主要根据灾害对应监测指标数据及摄像头等人工辅助判断，确定灾害发生原因，为灾害应对提供数据支撑，如图 5-35 所示。

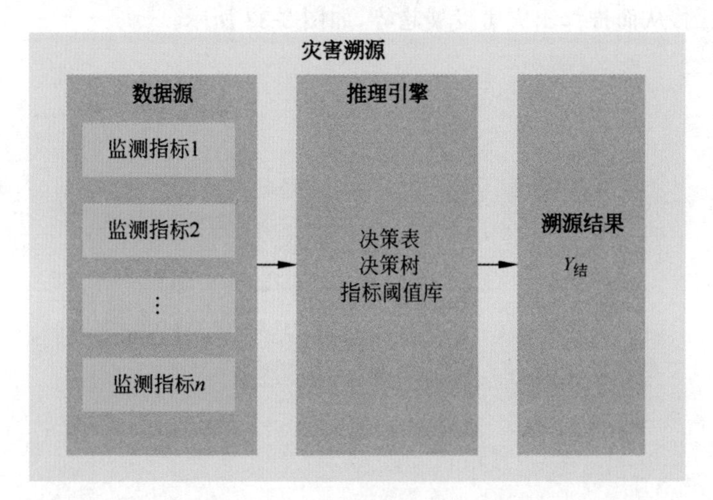

图 5-35 灾害溯源逻辑图(通用)

以车公庙地下综合体出入口水灾为例，溯源主要是根据摄像头数据、降水量、河流水位 3 个监测指标推理出出入口水灾发生的原因，如图 5-36 所示。

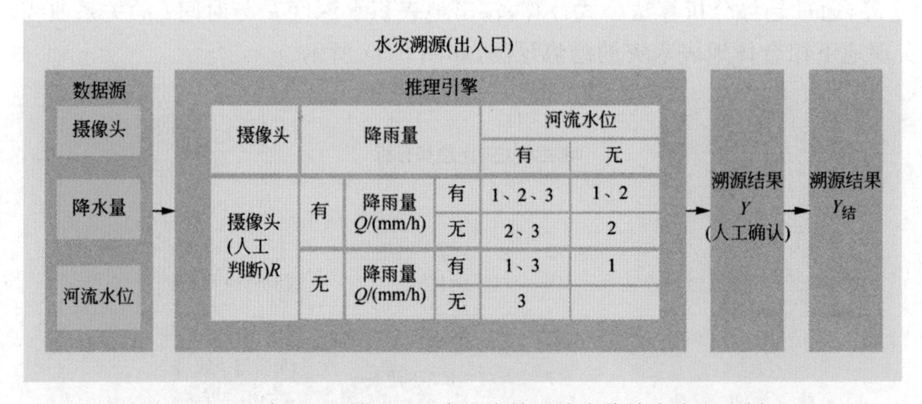

图 5-36 灾害溯源逻辑图(以车公庙地下综合体地表水灾为例)

注：(1) 降雨量 Q 达到当地城市 100 年一遇降雨强度为“有”，反之则为“无”；

(2) 摄像头(人工判断)R 判断存在水管破裂为“有”，反之则为“无”；

(3) 河流水位 H 超过河堤为“有”，反之则为“无”；

(4) 1 表示管道破裂，2 表示暴雨，3 表示江河漫流。

5.4.4 预案匹配

预案匹配主要是根据灾害等级判定结果和灾害溯源结果通过推理引擎综合判定，匹配最佳应对预案，如图 5-37 所示。

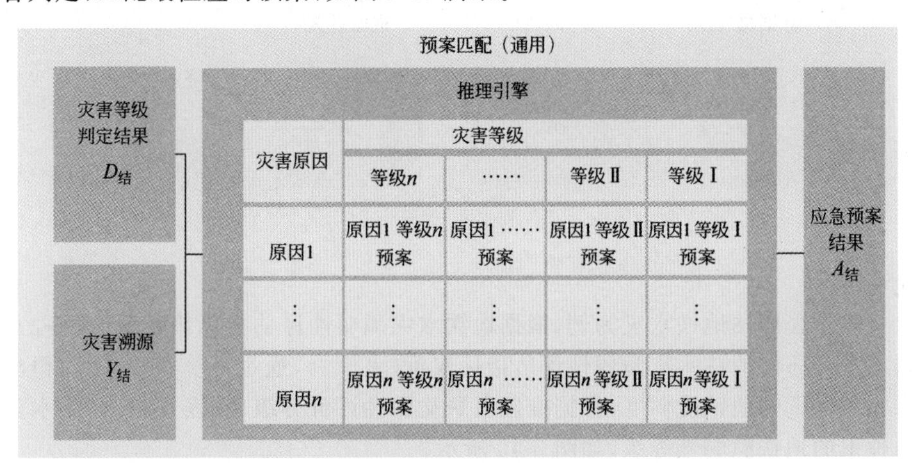

图 5-37 灾害溯源逻辑图（以车公庙地下综合体地表水灾为例）

以车公庙地下综合体地表水灾为例，原因主要有地表水管破裂、暴雨、河流水位上涨，与灾害等级组合，形成预案匹配决策表，如图 5-38 所示，综合灾害溯源结果和灾害等级判定结果，输出应对预案。

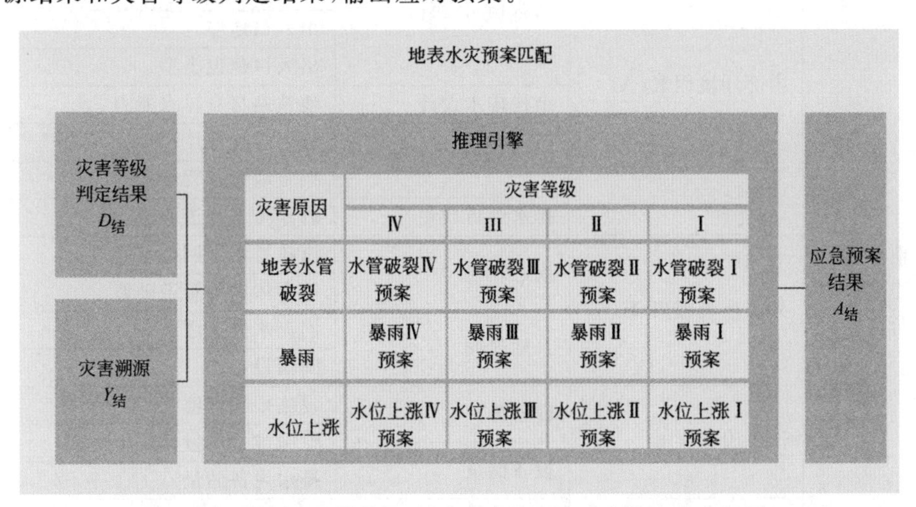

图 5-38 预案匹配逻辑图（以车公庙地下综合体地表水灾为例）

5.4.5 脆弱性评价

脆弱性评价主要是根据特定灾害情境对应的脆弱性评估指标体系表，录入对应的指标权重，通过计算引擎，计算出在特定灾害情境下的脆弱度，再通过推理引擎，得出最终脆弱性评价结果，如图 5-39 所示。

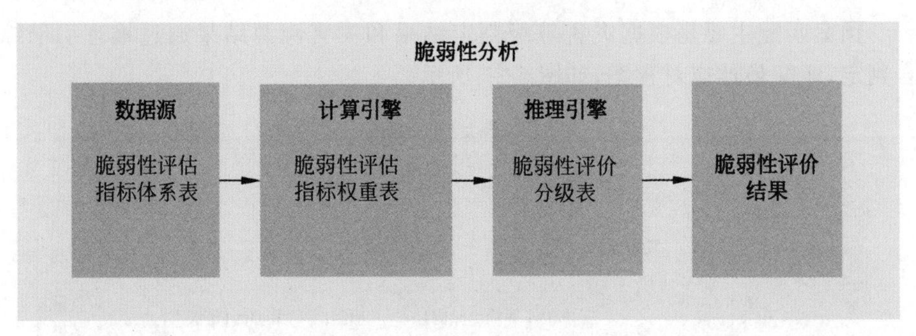

图 5-39　某灾害情境下的脆弱性评价逻辑图

以车公庙站地铁水灾为例，根据地铁水灾脆弱性评估指标体系表（表 5-2），输入车公庙站地铁水灾脆弱性评估指标权重（表 5-3），通过计算引擎计算，得出水灾条件下的地铁脆弱度，根据推理引擎脆弱性评价分级表（表 5-4），得出水灾条件下的地铁脆弱性等级，如图 5-40 所示。

表 5-2　地铁水灾脆弱性评估指标体系表

	一级指标	二级指标	三级指标
地铁水灾脆弱性评价指标	内部环境因素(A)	结构挡水设计	出入口台阶高度
			出入口宽度
			出入口地势
			出入口建设类型
		结构排水设计	地铁站自身排水能力
		土建结构质量	隧道渗漏程度
			挡土墙渗漏程度
		排水管道质量	内部排水管道质量
	外部环境因素(B)	周边环境	市政排水管网排水能力
			综合体周围管道破裂
		自然气候	河流水位上涨
			降雨量
	设备因素(C)	设备维护	设施损耗程度
			设施维护质量
		设备储量	排水设备储量
	管理因素(D)	灾前防灾能力	监控预警能力
			安全管理能力
		应急处置能力	应急保障
			应急救援

表 5-3 地铁水灾脆弱性评估指标权重表

	一级指标	一级指标权重	二级指标	二级指标权重	三级指标	三级指标权重
地铁水灾脆弱性评价指标	内部环境因素(A)	0.531	结构挡水设计(A_1)	0.226	出入口台阶高度	0.041
					出入口宽度	0.010
					出入口地势	0.157
					出入口建设类型	0.018
			结构排水设计(A_2)	0.113	地铁站自身排水能力	0.113
			土建结构质量(A_3)	0.094	隧道渗漏程度	0.051
			排水管道质量(A_4)	0.098	挡土墙渗漏程度	
					内部排水管道质量	0.098
	外部环境因素(B)	0.212	周边环境(B_1)	0.085	市政排水管网排水能力	0.042
					综合体周围管道破裂	0.027
					河流水位上涨	0.016
			自然气候(B_2)	0.127	降雨量	0.127
	设备因素(C)	0.144	设备维护(C_1)	0.067	设施损耗程度	0.035
					设施维护质量	0.032
			设备储量(C_2)	0.077	排水设备储量	0.077
	管理因素(D)	0.113	灾前防灾能力(D_1)	0.089	监控预警能力	0.068
					安全管理能力	0.021
			应急处置能力(D_2)	0.024	应急保障	0.015
					应急救援	0.009

表 5-4 地铁水灾脆弱性评价分级表

等级划分	说　　明	脆弱度范围
低脆弱	可以抵御强降雨的侵袭，对车站的正常运行毫无影响	$v_i < 0.25$
较低脆弱	可以抵御强降雨的侵袭，但是市政道路可能会积水，需要提高警惕，做好应急准备	$0.25 \leqslant v_i < 0.5$
脆弱	强降雨对车站的正常运营产生影响，市政道路会积水，有雨水倒灌的危险	$0.5 \leqslant v_i < 0.75$
高脆弱	强降雨对车站的正常运营产生影响，雨水大有可能倒灌进入系统内部	$0.75 \leqslant v_i < 1$

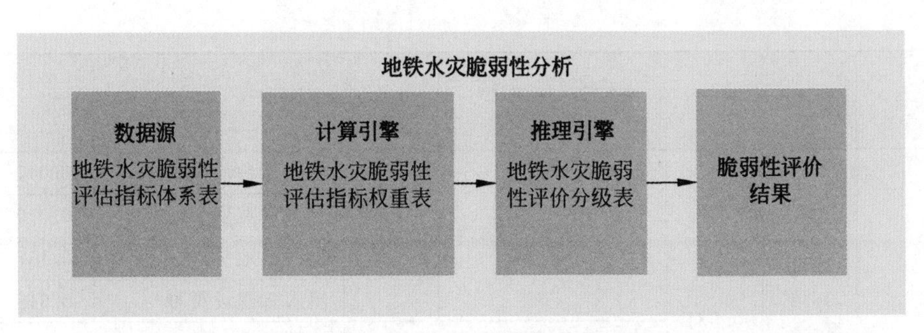

图 5-40　水灾情境下的地铁脆弱性评价逻辑图(以车公庙站地铁水灾为例)

5.4.6 健康度评价

健康度评价主要是根据对应的健康度评级表,通过镜像计算引擎,经过计算得出健康度结果,如图 5-41 所示。

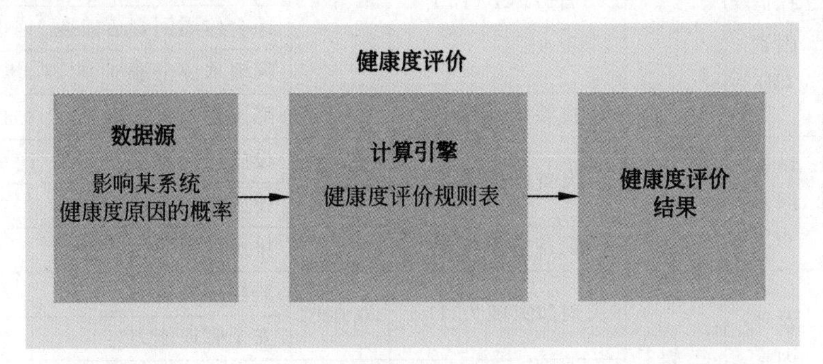

图 5-41　健康度评价逻辑图

以自动扶梯健康度为例,自动扶梯健康度评价主要通过输入影响自动扶梯健康度原因的概率,通过计算引擎,经过计算得到自动扶梯健康度评价规则表(表 5-5),从而得出健康度评价结果,如图 5-42 所示。

表 5-5　自动扶梯健康度评价规则表

序号	部　　件	部件故障概率 P_i	扣分权重 ρ_i	扣分分值 G_i	备　　注
1	梯级	梯级故障概率 P_1	10	$G_1=P_1\cdot\rho_1$	
2	主驱动轮	主驱动轮故障概率 P_2	20	$G_2=P_2\cdot\rho_2$	
3	梯路	梯路故障概率 P_3	20	$G_3=P_3\cdot\rho_3$	
4	主机	主机故障概率 P_4	50	$G_4=P_4\cdot\rho_4$	
5	减速器	减速器故障概率 P_5	50	$G_5=P_5\cdot\rho_5$	
6	扶手带	扶手带故障概率 P_6	20	$G_6=P_6\cdot\rho_6$	

说明: ① 健康度 $H=100-\sum_{i=1}^{n}G_i$; ②G_i 为不同部件故障扣分分值,根据各部件概率确定,$n=6$; ③85 ~ 100 分为优良,60 ~ 85 分为合格,60 分以下为不合格。

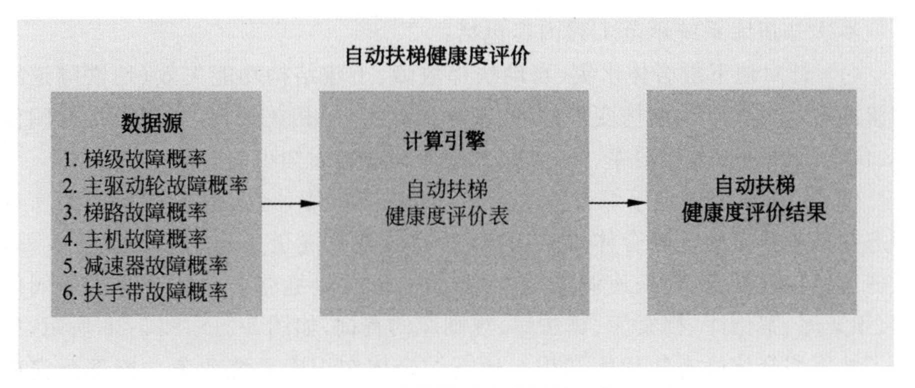

图 5-42　自动扶梯健康度评价逻辑图

5.4.7　多灾害耦合作用分析

多灾害耦合作用分析主要是根据特定灾害情境下对应的多灾害共现概率矩阵及复杂网络模型，通过链接第三方 Pajek 软件计算获得中间中心度/边界数、灾害链，确定关键致灾环节和耦合作用路径，如图 5-43 所示。

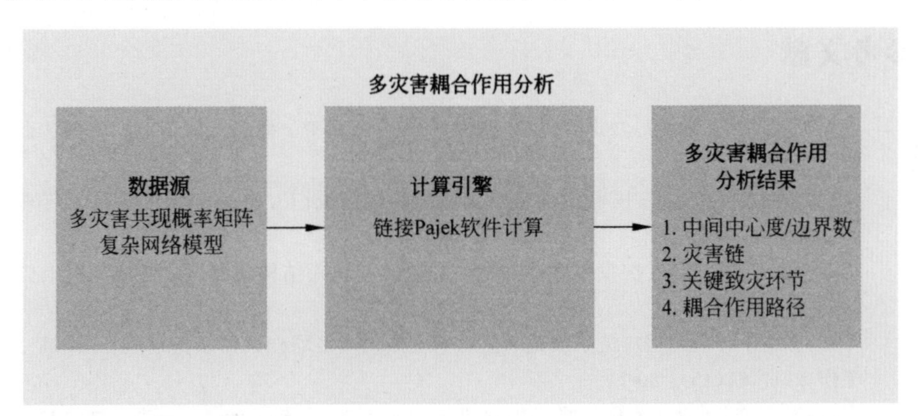

图 5-43　多灾害耦合作用分析逻辑图

5.5　决策支持知识库应用案例

地下空间灾害演化及风险应对智能决策支持知识库系统于 2020 年 12 月在深圳车公庙地下综合体进行应用示范，并取得良好应用示范效果。

深圳车公庙地下综合体位于深圳市福田中心区，总体建筑面积约 2.7 万 m^2，该综合体集轨道交通、商业运营及物业管理为一体，是多功能属性集成化的超大型地下综合体典型代表，是深圳首个四线换乘的地铁车站，为深圳市最大的城市交通枢纽之一，早晚高峰人流量超过 1 万人/h，具有很强的示范代表性。

本次知识库系统示范工程内容包括：

(1) 针对地下综合体水灾、自动扶梯故障、土建结构功能失效(地铁隧道结构渗漏水、结构开裂、结构变形超标、管片接缝张开)相关知识，实现了指标阈值库、预案库、案例库、档案库、样本库、算法库和规则库知识的智能检索。

(2) 针对车公庙地下综合体水灾和自动扶梯故障，完成业务功能配置，实现静态知识库覆盖地下综合体水灾、自动扶梯及地铁隧道土建结构功能失效(地铁隧道结构渗漏水、地铁速调结构变形超标、管片接缝张开)，实现了指标阈值库、预案库、案例库、档案库、算法库、规则库的查询，如图5-21～图5-26所示，展示了地下综合体静态知识库知识。地下综合体知识库系统业务功能部分完成了针对车公庙地下综合体水灾和自动扶梯业务功能模板的配置，实现了地下综合体水灾风险等级判定(包括出入口、商业区、站厅层、轨行区、停车场区域)、水灾趋势分析(包括暴雨引起的地下综合体出入口水灾、管道破裂引起的地下综合体内部水灾)、水灾溯源(包括出入口、商业区、站厅层、轨行区、停车场区域)，实现了地下综合体自动扶梯预案匹配功能，完成了针对车公庙地下综合体水灾和自动扶梯故障的业务功能配置。

参考文献

[1] 周军，苏新宁，孔敏，等.知识管理系统下的知识仓库研究：概念与模型[J].情报学报，2002(5)：542-546.

[2] 张平，蓝海林，黄文彦.技术整合中知识库的构建研究[J].科学学与科学技术管理，2004(1)：31-34.

[3] 蒋勋，苏新宁，刘喜文.突发事件驱动的应急决策知识库结构研究[J].情报资料工作，2015(1)：25-29.

[4] 蒋勋，苏新宁，周鑫.适应情景演化的应急响应知识库协同框架体系构建[J].图书情报工作，2017，61(15)：60-71.

[5] 李纲，陈璟浩，毛进.突发公共卫生事件网络语料库系统构建[J].情报学报，2013，32(9)：936-944.

[6] 徐健.国内突发事件应急知识库构建综述[J].图书馆学研究，2018(2)：2-8.

[7] ANTONIOU G. Integrity and rule checking in nonmonotonic knowledge bases[J]. Knowledge-Based System. 1996，9(5)：301-306.

[8] COLOMBELLI A，KRAFFT J，QUATRARO F. Properties of knowledge base and firm survival：Evidence from a sample of French manufacturing firms[J]. Technological Forecasting & Social Change. 2013，80(8)：1469-1483.

[9] WINIWARTER W. Adaptive natural language interfaces to FAQ knowledge bases[J]. L Data & Knowledge Engineering. 2000，35(2)：181-199.

附　　录

附表 1　2009—2020 年城轨交通牵引供电系统故障

序号	时间	地点	致因类型	故障类型	致因链	等效中断运营时长/min
1	2009/06/01	北京	◆(◆)	●	质量缺陷/安装缺陷/道岔失电/雷击/异物侵限→接触轨跳闸→运营中断	60
2	2010/06/13	上海	◆	●●	绝缘子质量缺陷→破损→接触网故障→运营中断	<120
3	2010/08/23	北京	◆	●●	乘客坠轨→接触轨断电→运营中断	>60
4	2011/08/11	上海	◆◆	●●	绝缘子质量缺陷→绝缘层破损＋强降雨→接触网短路→运营中断	>120
5	2011/08/14	广州	◆◆	●	绝缘子脏污＋潮湿→绝缘子打火花→接触网断电→运营中断	0
6	2011/11/03	北京	◆(◆)	●	质量缺陷/安装缺陷/道岔失电/雷击/异物侵限→接触轨跳闸→运营中断	20
7	2012/02/27	北京	◆(◆)	●	质量缺陷/安装缺陷/道岔失电/雷击/异物侵限→接触轨跳闸→运营中断	60
8	2012/02/27	北京	◆	●	临时存放的鱼尾板侵限→接触轨跳闸→运营中断	26
9	2012/06/11	北京	◆◆	●●	绝缘子质量缺陷→破损＋潮湿→接触网供电故障→运营中断	13
10	2012/07/21	北京	◆	●●	隧道积水→感应板受流故障→运营中断	80
11	2012/07/23	沈阳	◆	●	接地状态故障→架空地线故障→运营中断	80
12	2012/09/05	深圳	◆	●●	受电弓安装缺陷→受电弓故障→承力索断裂→绝缘器断裂→运营中断	488
13	2012/11/18	上海	◆	●●	异物与接触轨搭接→接触轨跳闸→运营中断	<120
14	2012/11/19	广州	◆	●●●●	受电弓安装缺陷→受电弓故障→供电线路短路→火灾→运营中断＋人员伤亡	86
15	2013/09/08	杭州	◆	●●	隧道潮湿→可断开装置腐蚀脱落→运营中断	48

续表

序号	时间	地点	致因类型	故障类型	致因链	等效中断运营时长/min
16	2014/05/29	西安	◆	●	短滑道消弧棒固定螺栓安装缺陷→拉弧、放电→车顶烧伤	0
17	2015/12/21	北京	◆	●●	乘客坠轨→接触轨断电→运营中断	106
18	2016/02/05	西安	◆	●	分段绝缘器长导滑板质量缺陷→断裂	0
19	2016/02/12	北京	◆	●●	乘客坠轨→接触轨断电→运营中断	92
20	2016/12/31	西安	◆	●●	接触网隔离开关质量缺陷→拉弧、打火→对地短路、失电→运营中断	20
21	2017/04/12	西安	◆	●●	大风天气→防尘网侵限→接触网短路→运营中断	115
22	2017/07/14	北京	◆◆	●	潮湿＋绝缘子脏污→击穿、电弧→闪络	0
23	2019/01/10	西安	◆	●	汇流排中间接头安装缺陷→接触网异常磨耗	0
24	2019/02/11	西安	◆	●	螺栓安装缺陷→吊弦线夹螺栓松动	0
25	2019/02/22	西安	◆	●	弓网受流不稳＋磨耗→分段绝缘器拉弧	0
26	2019/02/27	西安	◆	●	弓网受流不稳＋磨耗→接触网拉弧打火→接触线损伤	0
27	2019/06/15	西安	◆	●	汇流排中间接头安装缺陷→接触网异常磨耗	0
28	2019/08/28	西安	◆	●	天气潮湿→防霉涂层脱落	0
29	2020/01/07	西安	◆	●	管理疏漏→开关合闸不到位	0
30	2020/04/12	西安	◆◆	●	施工缺陷＋潮湿＋绝缘子脏污→击穿、电弧→闪络	0
31	2020/05/17	西安	◆	●	疲劳→补偿绳搭接接触网→开关跳闸→停电	0

注：(1) ◆人员因素　◆设备因素　◆环境因素

(2) ●人员伤亡　●火灾　●运营中断　●设备损伤

(3) (x)致因不明的事故　[x]多因素耦合事故

(4) 乘客每轻伤1人，折算中断运营时长10min；乘客每重伤/死亡1人，折算中断运营时长60min；直接经济损失L万元折算中断运营时长$(10+L/10)$min。

(5) 事故案例来源：西安地铁接触网(轨)运营事故(2014—2020年)来自于西安市轨道交通集团有限公司的地铁接触网(轨)事故报告，其他城市地铁接触网(轨)运营事故(2009—2017年)来自于学位论文以及新闻报道。

附表 2　刚性接触网动态阈值指标检测的内容、方法及标准

检查内容	检查标准	检查方法
检查支持定位装置状态	埋入杆件周围隧道结构无明显辐射性裂纹。槽钢底座、悬吊槽钢、绝缘横撑、悬垂吊柱、T形头螺栓等构件无变形，镀锌层完整，T形头螺栓应有调节余量(净空限制地段除外)	目视检查
检查绝缘部件状态	复合绝缘子(硅橡胶)表面洁净，无明显放电痕迹，其破损或破裂长度不得大于5mm	目视检查，无法确定时使用钢卷尺测量
检查定位线夹状态	汇流排定位线夹表面无裂纹、无缺损。紧固件、内衬尼龙垫齐全、夹口衬垫无破损、无松动，可旋转部位无卡滞现象，留有因温度变化使汇流排产生位移而需要的间隙	目视检查
检查汇流排状态	汇流排安装不得扭曲变形，无明显转折角，表面无裂纹，无缺损，无腐蚀	目视检查
	汇流排中间接头、外包式接头接触良好，在机械连接上应保证被连接的两汇流排在同一直线上。接头部位螺栓力矩符合要求，螺栓垫片应整齐和完好	目视检查外观，无划线处使用50N·m紧固，划线处划线无变化即可
	接触线在锚段末端沿汇流排终端方向顺延并上翘，汇流排终端紧固螺栓力矩符合要求	目视检查，观察划线无变化，如需紧固使用30N·m力矩进行紧固
检查接触线状态	接触线应可靠嵌入汇流排内，在锚段内接触线无接头、无硬弯	目视检查
	接触线的磨耗要均匀，其最大磨耗量控制在残余接触线面距汇流排夹口不得小于2mm	目视检查，无法确定时使用钢卷尺测量
检查中心锚结状态	中心锚结绝缘子表面应无大于5mm的破损和裂纹。中心锚结线夹处接触线应平顺，导高符合要求	使用激光测量仪测量导线高度，目视检查绝缘子表面，有缺损使用钢卷尺测量缺损长度
	中心锚结与汇流排固定牢固、可靠，螺栓紧固，调整螺栓应处于可调状态	目视划线无变化，无划线处紧固后进行划线
检查接触线高度及拉出值	定位点接触线高度4040mm，允许误差±5mm，相邻的定位点相对高差一般不得超过所在跨距值的0.05%，设计变坡段工作支不应超过0.1%，跨中弛度不得大于跨距值的0.1%，对于碎石道床，接触线高度确保整体平顺即可	使用激光测量仪测量导线高度，并判断
	刚性接触网定位点处接触线的拉出值与标准值允许误差不应大于±10mm，最大值为250mm。其调整以将汇流排调整成类“之”字布置形状为原则	使用激光测量仪测量定位处拉出值，并判断

续表

检查内容	检查标准	检查方法
测量及调整线岔导高及拉出值	线岔处在受电弓可能同时接触两支接触线范围内的两支接触线应等高；在受电弓始触点后至岔尖方向，渡线非支定位点接触线导高应比正线接触线高出 3～8mm	使用激光测量仪测量
	单开道岔渡线定位点的拉出值距正线汇流排中心线为 200mm，允许误差±20mm	
	交叉渡线道岔处的线岔，在交叉渡线处两线路中心的交叉点处，两支悬挂的汇流排中心线均距交叉点 100mm，允许误差±20mm	

附表 3　柔性接触网动态阈值指标检测的内容、方法及标准

检查内容	检查标准	检查方法
吊弦的安装位置	吊弦线夹在直线处应安装端正，曲线处应尽量与接触线的倾斜度一致	目视检查，曲线处无打碰弓隐患
柔性接触网中心锚结检查	中心锚结线夹应安装牢固，在直线上应安装端正，在曲线上应与接触线的倾斜度相一致	目视检查，曲线处无打碰弓隐患
	两端中锚辅助绳受力均匀	目视检查，中锚辅助生无明显松弛
	中心锚结线夹处导线高度比相邻两侧悬挂点导高高 10～20mm，中心锚结线夹处接触线应平顺无打碰弓现象	使用激光测量仪测量
	中心锚结所在的跨距内承力索、接触线不得有接头和补强，各部件无腐蚀、损伤等情况	目视检查
检查支柱	支柱无锈蚀、变形、裂纹、开焊、镀锌层无脱落现象	目视检查
	支柱直立及倾斜情况无明显变化	
接触线磨耗测量	测量柔性接触线接头线夹、锚段关节、线岔、分段绝缘器两端接头处磨损	目视检查，严重损耗点使用钢卷尺测量
	刚柔过渡处接触线磨损	
	测量刚性分段绝缘器两端接头处，刚性悬挂锚段关节，线岔工作支点与非工作支转换点处接触线磨耗	
检查复合绝缘部件	复合绝缘部件(含刚性悬挂弹性绝缘组件)表面应无大于 5mm 的破损和裂纹	目视检查，无法确定时使用钢卷尺测量
检查柔性棒式绝缘子、下锚绝缘子的状态	绝缘子不得有裂纹、瓷体无破损、烧伤，其瓷釉剥落面积不大于 $300mm^2$	目视检查，无法确定时使用钢卷尺测量

续表

检查内容	检查标准	检查方法
检查避雷器外观	避雷器的引线和各部螺栓要紧固，动作计数器要完好，其绝缘部件不能有裂纹、破损、老化和放电痕迹	目视检查
检查架空地线损伤情况并进行分析处理	架空地线绞线断股、损伤面积不超过其截面积的5%	目视检查
	当断股、烧伤面积为5%～20%时，要对架空地线进行补强	
	当断股、烧伤面积大于20%时，须对架空地线进行更换，切断做接头